高等职业教育精品工程系列教材

电子产品质量工程 技术与管理

许耀山　编著

电子工业出版社
Publishing House of Electronics Industry
北京·BEIJING

内 容 简 介

本书以为电子信息制造业培养具有质量工程技术与管理能力的高技术技能型创新人才为主要目的，充分考虑了电子信息企业的质量工作岗位（QE、IQC、IPQC、FQC、OQC）、工程技术岗位（PE、IE、TE、ME）、生产现场管理岗位和研发岗位（PCBLAYOUT）的需求，以任务驱动方式编写。

本书主要内容包括：质量工程技术与管理基础，可接受性标准与可制造性设计，检验、统计抽样检验和可靠性验证，QCC 活动与 QC 新旧七大工具的应用，控制图、过程能力和测量系统分析，六西格玛管理及 DMAIC 常用工具的应用。本书通过大量实用的案例、图表并结合新版的 Minitab 统计软件对质量工程理论、方法和工具进行详细说明，便于师生学习、理解和借鉴应用。

本书可作为应用型本科、高职高专和成人高等教育学生教材，同时可作为电子信息企业品质管理人员、工程技术人员、生产管理人员及产品研发人员的参考用书或培训教材。

未经许可，不得以任何方式复制或抄袭本书之部分或全部内容。
版权所有，侵权必究。

图书在版编目（CIP）数据

电子产品质量工程技术与管理 / 许耀山编著. —北京：电子工业出版社，2023.1
ISBN 978-7-121-44888-1

Ⅰ. ①电… Ⅱ. ①许… Ⅲ. ①电子产品－生产工艺－高等学校－教材②电子产品－质量管理－高等学校－教材 Ⅳ. ①F407.636.3

中国国家版本馆 CIP 数据核字（2023）第 006882 号

责任编辑：郭乃明　　特约编辑：田学清
印　　刷：三河市良远印务有限公司
装　　订：三河市良远印务有限公司
出版发行：电子工业出版社
　　　　　北京市海淀区万寿路 173 信箱　邮编：100036
开　　本：787×1092　1/16　印张：19.25　字数：493 千字
版　　次：2023 年 1 月第 1 版
印　　次：2023 年 1 月第 1 次印刷
定　　价：55.00 元

凡所购买电子工业出版社图书有缺损问题，请向购买书店调换。若书店售缺，请与本社发行部联系，联系及邮购电话：（010）88254888，88258888。
质量投诉请发邮件至 zlts@phei.com.cn，盗版侵权举报请发邮件至 dbqq@phei.com.cn。
本书咨询联系方式：（010）88254561，guonm@phei.com.cn。

前　言

随着 5G、工业互联网、人工智能、VR/AR、超高清视频、区块链、柔性电子等新技术、新产品、新平台应用日趋成熟，通信设备、电子元件及电子专业材料、电子器件（集成电路）、计算机、智能家居等电子信息制造业已成为各区域经济支柱产业，电子信息制造业处于高质量发展的关键期。质量水平的高低反映一个国家的综合经济实力的强弱，质量问题是影响国民经济和社会发展的重要因素。

我国高等职业教育也正在经历着一场深刻的变革。2019 年 1 月，国务院颁发了《国家职业教育改革实施方案》，对职业教育给出了类型教育的定位，职业教育迎来了有史以来最好的发展期。2021 年 4 月，全国职业教育大会召开，强调在全面建设社会主义现代化国家新征程中，职业教育前途广阔、大有可为。为了实现我国职业教育的高质量发展，教育部把"教师""教材""教法"三教改革作为职业教育改革发展的切入点和突破口，其中教材是基础，教法是手段，教师是关键。

因此，在经济与教育高质量发展关键时期，编著者编写了《电子产品质量工程技术与管理》，以满足培养电子信息制造业高素质、高技术技能人才的需求。

本书将质量意识、质量标准、质量评价、质量管理等融入人才培养全过程，主要内容包括：质量工程技术与管理基础，可接受性标准与可制造性设计，检验、统计抽样检验和可靠性验证，QCC 活动与 QC 新旧七大工具的应用，控制图、过程能力和测量系统分析，六西格玛管理及 DMAIC 常用工具的应用。

本书所采用的国家标准和国际标准都是最新的，IPC-A-610H，2020 年 9 月；控制图，第 2 部分：常规控制图，GB/T 17989.2—2020，2020 年 10 月；FMEA 手册，2019 年；其他如 GB/T 2828.1—2012、ISO 9001：2015 也是目前最新的。

本书具有以下特点。

一、定位准确，适应性强

编写本书前，编著者先后调研了厦门天马微电子有限公司、厦门信达光电科技有限公司、联达电脑（厦门）有限公司、晶宇光电（厦门）有限公司、开发晶照明（厦门）有限公司、宸鸿科技（厦门）有限公司、厦门阳光恩耐照明有限公司、斯贝特电子科技（厦门）有限公司、厦门华联电子股份有限公司、厦门市智联信通物联网科技有限公司等国内名企。本书通过调研了解企业需求和素质要求，使得本课程培养人才的定位更加准确、适应性更强。

二、内容新颖，具有很强的可读性、实用性和操作性

本书所采用的国家标准和国际标准都是最新的，新旧标准有明显的不同，其可操作性更强，更适合生产实际。本书结合新型职业教材的特点，强调以学生为中心、产出导向、持续改进的理念，每个任务都需要学生独立或团队共同完成，所设置的任务与企业工作高度相关，案例具有典型性。编著者具有二十多年企业相关技术与管理经验和十年的高校质量课程教学经历，编写本书时充分考虑了学生学习成效和教学上的可操作性。

三、创新性与立德树人

本书的编写改变了一般质量相关课程的纯理论化，实施工学一体模式，将质量的意识教育与技术技能相结合；以最新的 Minitab 20 中文版统计软件为主线，把各个任务联系起来，由浅入深，逐步提高。

在本书编写内容中融合立德树人、课程思政相关因素。这些课程思政元素隐含在任务、案例或任务实施中，包括职业素养、爱岗敬业、职业规范、质量理念、零缺陷要求、社会责任、创新、团队合作等。

本书建议学时为 48 学时，使用多媒体实训室进行理实一体化教学。各学校可根据不同专业的需要和实际教学情况对部分章节内容和学时进行适当调整。

序 号	学 习 模 块	建 议 学 时	
		理 论	实 验
1	模块 1 质量工程技术与管理基础	2	2
2	模块 2 可接受性标准与可制造性设计	2	2
3	模块 3 检验、统计抽样检验和可靠性验证	4	4
4	模块 4 QCC 活动与 QC 新旧七大工具的应用	5	5
5	模块 5 控制图、过程能力和测量系统分析	6	6
6	模块 6 六西格玛管理及 DMAIC 常用工具的应用	5	5

本书由厦门海洋职业技术学院信息工程学院高级工程师许耀山编著和组织审核。编著者所调研的校企合作单位的部分质量工程师、工程技术人员、生产管理人员参与审核。

本书在编写过程中得到了厦门海洋职业技术学院信息工程学院领导集体和校企合作单位工程技术人员的支持，也参考了大量企业技术和管理资料，并引用了互联网上的相关资料，不能一一列举，在此对相关人员与作者表示最诚挚的谢意！

由于时间仓促，编著者水平有限，书中难免存在不足之处，恳请广大读者批评指正。

注：为与 Minitab 软件显示一致，涉及软件的介绍部分，变量采用正体。

编著者

目　　录

模块 1　质量工程技术与管理基础 ·· 1
　　任务 1.1　识别质量术语、了解工具应用及评价 6S 管理水平 ·· 1
　　　　1.1.1　质量管理常用术语 ··· 1
　　　　1.1.2　质量工程技术与管理常用工具 ·· 4
　　　　1.1.3　质量工作程序 PDCA 循环 ··· 8
　　　　1.1.4　质量管理的基础 6S 活动 ··· 10
　　练习 ·· 17
　　任务 1.2　认识质量管理体系，制订质量技术学习计划 ·· 18
　　　　1.2.1　ISO 9000 基本概念 ··· 18
　　　　1.2.2　ISO 9001 七项质量管理原则 ··· 19
　　　　1.2.3　ISO 9001 质量管理体系结构 ··· 20
　　　　1.2.4　ISO 9001 质量管理体系认证 ··· 23
　　　　1.2.5　8D 改善报告 ·· 24
　　　　1.2.6　质量活动计划工具 ··· 25
　　练习 ·· 27

模块 2　可接受性标准与可制造性设计 ·· 28
　　任务 2.1　识别 PCBA 安装可接受条件，制作质量目标统计表 ·· 28
　　　　2.1.1　PCBA 常见品质缺陷 ··· 28
　　　　2.1.2　电子产品 PCBA 安装可接受条件 ··· 30
　　　　2.1.3　质量管理中常用的统计指标 ··· 36
　　练习 ·· 38
　　任务 2.2　PCB 的可制造性设计评审 ·· 39
　　　　2.2.1　生产工艺流程 ··· 39
　　　　2.2.2　PCB 设计方案 ··· 40
　　　　2.2.3　PCB 的外形尺寸 ··· 41
　　　　2.2.4　PCB 的定位孔尺寸和位置 ··· 42
　　　　2.2.5　定位标识的设计 ··· 44
　　　　2.2.6　元器件的布局规则 ··· 46
　　　　2.2.7　部品禁止区域 ··· 47
　　　　2.2.8　板号、位号标识设计 ·· 48
　　　　2.2.9　焊盘设计注意事项 ··· 49
　　　　2.2.10　可制造性评审的内容与表单格式 ··· 50
　　练习 ·· 51

模块3　检验、统计抽样检验和可靠性验证 ... 53
任务3.1　设计IQC、IPQC、FQC、OQC检验内容及数据统计表 ... 53
- 3.1.1　检验的定义、目的和分类 ... 53
- 3.1.2　IQC ... 54
- 3.1.3　IPQC ... 57
- 3.1.4　FQC ... 59
- 3.1.5　OQC ... 60
- 练习 ... 63

任务3.2　计数抽样检验方案的求解 ... 64
- 3.2.1　抽样检验的定义及特定术语 ... 65
- 3.2.2　批质量的表示方法 ... 66
- 3.2.3　抽样检验的分类 ... 68
- 3.2.4　抽样检验与免检、全数检验 ... 71
- 3.2.5　GB/T 2828.1的适用范围和特点 ... 71
- 3.2.6　GB/T 2828.1的检验水平 ... 72
- 3.2.7　GB/T 2828.1的架构 ... 72
- 练习 ... 81

任务3.3　运用Minitab分析与设计抽样方案及试验计划 ... 81
- 3.3.1　抽样方案的接收概率 ... 82
- 3.3.2　OC曲线 ... 83
- 3.3.3　平均检验总数与平均检出质量 ... 87
- 3.3.4　Minitab简介 ... 88
- 3.3.5　Minitab在抽样检验中的应用 ... 90
- 3.3.6　电子产品的可靠性验证 ... 94
- 练习 ... 106

模块4　QCC活动与QC新旧七大工具的应用 ... 108
任务4.1　制订提高实训中心6S管理水平的QCC活动计划 ... 108
- 4.1.1　QCC活动的概念 ... 108
- 4.1.2　QCC活动程序 ... 110
- 4.1.3　QCC活动小组的产生 ... 112
- 4.1.4　QCC活动实施步骤 ... 113
- 4.1.5　QCC活动的创造性思维方法 ... 115
- 练习 ... 119

任务4.2　运用QC旧七大工具分析制造过程数据 ... 120
- 4.2.1　QC旧七大工具的用途 ... 120
- 4.2.2　查检表、层别法、柏拉图和因果图 ... 121
- 4.2.3　直方图、散布图和控制图 ... 134
- 4.2.4　雷达图 ... 144
- 练习 ... 148

任务 4.3　用 QC 新七大工具找关键问题与路线并确定对策 ················· 149
　　　　4.3.1　QC 新七大工具的用途 ··· 149
　　　　4.3.2　关联图法 ·· 149
　　　　4.3.3　亲和图法 ·· 152
　　　　4.3.4　系统图法 ·· 154
　　　　4.3.5　矩阵图法 ·· 158
　　　　4.3.6　矩阵数据分析法 ·· 160
　　　　4.3.7　PDPC 法 ·· 161
　　　　4.3.8　网络图法 ·· 163
　　练习 ··· 168

模块 5　控制图、过程能力和测量系统分析 ······································· 171
　　任务 5.1　制作集成电路测量数据 SPC 控制图并分析过程状态 ·············· 171
　　　　5.1.1　SPC 的定义与特点 ··· 172
　　　　5.1.2　控制图的基本原理 ··· 173
　　　　5.1.3　常规控制图的类型与选定方法 ··· 176
　　　　5.1.4　控制图的判稳与判异准则 ··· 179
　　练习 ··· 184
　　任务 5.2　电子产品制造关键工序控制图的制作与状态判断 ·················· 185
　　　　5.2.1　控制图的前期准备 ··· 185
　　　　5.2.2　计量控制图的构建方法 ·· 187
　　　　5.2.3　计量控制图的应用 ··· 188
　　　　5.2.4　计数控制图的特点与应用 ··· 191
　　练习 ··· 199
　　任务 5.3　基于产品制造过程关键工序过程能力分析 ··························· 199
　　　　5.3.1　过程能力概述 ·· 200
　　　　5.3.2　过程能力指数 ·· 200
　　　　5.3.3　计量型过程能力 ··· 201
　　　　5.3.4　计数型过程能力 ··· 209
　　　　5.3.5　西格玛水平 ··· 211
　　练习 ··· 215
　　任务 5.4　评价产品设计与制造过程中测量系统的适宜性 ····················· 216
　　　　5.4.1　测量系统的定义、组成与变异的来源 ···································· 216
　　　　5.4.2　测量系统 6 个评估项目 ·· 217
　　　　5.4.3　量具线性和偏倚研究 ··· 219
　　　　5.4.4　重复性与再现性的度量指标与判断标准 ·································· 220
　　　　5.4.5　创建量具 R&R 研究工作表 ··· 222
　　　　5.4.6　量具 R&R 研究方法与案例 ··· 223
　　　　5.4.7　计数型测量系统分析 ··· 227
　　练习 ··· 234

模块 6　六西格玛管理及 DMAIC 常用工具的应用 235

任务 6.1　运用 VOC-CTQ 矩阵选择六西格玛项目或质量改进课题 235
- 6.1.1　六西格玛基本概念 236
- 6.1.2　六西格玛组织的构成 239
- 6.1.3　VOC-CTQ 矩阵与六西格玛项目的选择 241
- 6.1.4　六西格玛 DMAIC 改进流程方法 243

练习 246

任务 6.2　运用假设检验工具评估试验效果 247
- 6.2.1　假设检验的定义、类别和步骤 247
- 6.2.2　均值检验 248
- 6.2.3　方差分析 255

练习 261

任务 6.3　响应变量为生产效率与合格率的全因子试验设计 262
- 6.3.1　试验设计的定义与用途 262
- 6.3.2　试验设计的基本原理和常用术语 263
- 6.3.3　试验设计的常用类型 264
- 6.3.4　试验设计的一般步骤 264
- 6.3.5　全因子试验设计 265

练习 277

任务 6.4　运用质量屋工具将客户需求转化为关键技术方案 278
- 6.4.1　质量功能展开的定义 278
- 6.4.2　质量屋 278
- 6.4.3　质量屋的应用 281

练习 283

任务 6.5　电子产品设计及制造过程潜在失效模式及后果分析 284
- 6.5.1　FMEA 的定义、分类与任务 284
- 6.5.2　FMEA 方法 285
- 6.5.3　DFMEA 七步法 286
- 6.5.4　PFMEA 的结构分析与功能分析 294

练习 296

参考文献 298

模块 1 质量工程技术与管理基础

能力目标

1. 识别质量术语与工具，能够对生产现场实施 6S 管理并进行水平评价；
2. 能够依据 PDCA 循环原理合理地制订质量计划；
3. 针对存在的问题，能够撰写 8D 改善报告。

知识目标

1. 理解质量管理常用术语，能够举例说明术语的含义；
2. 了解常见质量工程技术常用工具的应用情境，掌握计量型数据与计数型数据、不良品与缺陷、准确性与精密度的区别；
3. 理解 PDCA 循环工作程序和 6S 管理内涵，掌握运用 PDCA 循环开展 6S 管理活动的方法；
4. 理解 8D 改善报告含义、ISO 9001 管理体系的七项质量管理原则和认证流程。

任务 1.1 识别质量术语、了解工具应用及评价 6S 管理水平

任务描述

"质量强则国家强，质量兴则民族兴"，质量高低，决定着一个民族的形象和声誉。大国质量，更是中国崛起必经的历史节点。"以人品带产品，以品质带品牌""有百分之百的工作态度，才有百分之百的产品质量""高质量的产品出自高素质的员工"这些与质量相关的名言说明了人是高质量产品的决定因素。质量意识教育是每个从事产品研发、生产制造、质量管理、售后服务等工作的人都必须进行的重要任务。质量意识教育需要从质量相关基础知识抓起，而 6S 管理则是开展质量活动的基础。因此本任务要求：首先，能够识别相关术语；其次，了解质量工程技术工具的应用范围；最后，学习 6S 管理知识与技能，对工学现场实施 6S 管理并进行评价。课程思政：播放纪录片《大国质量》之《质量时代》。

知识准备

1.1.1 质量管理常用术语

1. 质量的定义

质量是质量管理（Quality Management）的对象，正确、全面地理解质量的概念，对开

展质量管理工作十分重要。在不同的历史时期，人们对质量这一概念的理解在不断地变化，并向更深化、更透彻和更全面的方向发展。在相当长的一段时间里，人们普遍把质量理解为：质量为达成产品的使用目的所必须具备的性质。使用产品的是消费者，我们希望生产出消费者最满意、最合适的东西，而不是最高级、最优良的东西。举世公认的现代质量管理的领军人物朱兰博士，给出了质量的一个基本定义：质量是一种合用性，即在产品使用期间能满足使用者的要求。目前这个定义在世界上仍然被普遍接受。

例如，现有甲、乙、丙三种手机。甲种手机非常高级，性能优良，价格在5000元以上；乙种手机性能还算不错，使用方便，价格在1000～3000元；丙种手机性能一般，功能单一，价格只有800元。如果这三种手机要普通人挑选的话，大部分都愿意选购乙种手机。

所以我们评价质量的好坏，绝不能把产品的性能和产品的价格分开考虑，只有在估计产品实际用途和其价格后才能确定。

当前质量的内涵比以往更广。根据ISO 9000：2015，质量是客体的一组固有特性满足要求的程度。它包括以下几个方面的含义。

（1）质量不仅针对产品，即过程的结果（如硬件、软件、流程性材料和服务），也针对过程和体系，或者它们的组合。

（2）质量定义中的"要求"是指"明示的、通常隐含的或必须履行的需求或期望"。其中，"明示的需求或期望"是指在标准、规范、图样、技术要求和其他文件中已经做出明确规定的要求；"隐含的需求"是指用户和社会所期望的，或者人们公认的、不言而喻的、不再进行明确说明的要求。

（3）无论是产品还是过程或体系，都是为了满足顾客或其他相关方一定的"要求"而生产的。

2．质量管理

ISO 9000的定义：质量管理是"指导和控制某组织与质量有关的彼此协调的活动"。与质量有关的活动，通常包括质量方针和质量目标的建立、质量策划、质量控制、质量保证和质量改进。

质量管理是企业围绕使产品质量满足不断更新的质量要求而开展的策划、组织、计划、实施、检查和监督审核等所有管理活动的总和，是企业管理的一个中心环节，其职能是负责制定并实施质量方针、目标和建立健全质量体系。

例如，企业开展QC小组活动、进行SPC统计过程控制和六西格玛管理，以及进行ISO 9001、ISO 14000等认证，均是质量管理的一部分。

3．质量方针

质量方针（Quality Policy）是"由组织的最高管理者正式颁布的该组织总的质量宗旨和方向"。质量方针是企业总方针的一个组成部分，由最高管理者批准。它是企业的质量政策，是企业全体职工必须遵守的准则和行动纲领，是企业长期或较长期内质量活动的指导原则，反映了企业或单位领导的质量意识和决策。

4．质量目标

质量目标（Quality Objective）是"与质量有关的、所追求或作为目的的事物"。质量方针是总的质量宗旨、总的指导思想，而质量目标是比较具体的、定量的要求。因此，质量目标应是可测的,并应与质量方针、持续改进的承诺相一致。

例如,下一年度的质量目标:生产直通率≥98%、物料报废率≤0.1%、开箱合格率≥99.9%、客户满意度≥99%等均属于质量目标。

5. 质量策划

质量策划(Quality Planning)是"质量管理中致力于设定质量目标并规定必要的作业过程和相关资源以实现其质量目标的部分"。最高管理者应对实现质量方针、目标和要求所需的各项活动和资源进行质量策划,策划的输出应当文件化。

必须注意质量策划与质量计划的差别,质量策划强调的是一系列活动,而质量计划是一种书面的文件,编制质量计划是质量策划的一部分。

6. 质量计划、质量控制和质量改进

① 质量计划是"对特定的项目、产品或合同规定由谁及何时应使用哪些程序和相关资源的文件"。质量计划提供了一种途径将某一项目、产品或合同的特定要求与现行的通用质量体系程序联系起来。

② 质量控制(Quality Control)是"质量管理中致力于达到质量要求的部分",是指通过日常的检验、试验和配备必要的资源,使产品质量维持在一定的水平。质量控制贯穿于产品形成的全过程,目标是确保产品质量能够满足用户的要求。可以形象地将质量控制描述为"该做到的做到"。

③ 质量改进是指消除系统性的问题,对现有的质量水平在控制的基础上加以提高,使质量达到一个新水平、新高度。质量改进通过不断采取纠正和预防措施来增强企业的质量管理水平,使产品的质量不断提高。可以形象地将质量改进描述为"应该做到的做好"。质量计划、质量控制、质量改进统称为朱兰三部曲。

7. 质量特性

把顾客所期待的质量,使用能测定的具体特性值来表示,这种特性就是质量特性。质量特性最好能用定量的值来把握,有计数值和计量值两种。能以连续量来测定的质量称为计量值;以个数来计算质量特性称为计数值。

例如,某一LED照明灯技术指标(计量值):$P \geq 12W$,光通量≥1680 lm,光效≥137 lm/W。对照明灯驱动电路板制造过程要求(计数值):缺陷率≤300DPPM。这些都是质量特性。

8. 质量水准

一般质量可分为生产者想要达到的所谓的目标质量(设计质量)及在实际生产时所能达到的实际质量(制造质量)。在实施质量控制时,主要的问题是如何使实际质量与目标质量一致,如果未达到目标质量应立刻采取某种适当的措施使实际质量与目标质量一致。所以要实施质量控制与管理之前必须先决定质量的目标放在哪个水准。质量水准必须考虑下列事项:一是企业的经营方针;二是市场需求;三是公司经营能力。

例如,现代企业常用 σ 来衡量质量水准,大多数中小企业处于 3σ,较好的企业处于 $4\sigma \sim 5\sigma$,优秀企业处于 $5\sigma \sim 6\sigma$。

9. 质量保证

质量保证（Quality Assurance）是"质量管理中致力于对达到质量要求提供信任的部分"。质量保证的基本思想强调对用户负责，其思路是：为了使用户或其他相关方能够确信产品过程和体系的质量，能够满足规定的质量要求，组织必须提供充分的证据，以证明其有足够的能力满足相应的质量要求。其中，所提供的证据应包括质量测定证据和管理证据。为了提供这种"证据"，组织必须开展有计划的、有系统的活动。质量保证分为内部质量保证和外部质量保证。内部质量保证是指为了使组织的领导确信本组织提供的产品或服务等能够满足质量要求所进行的活动。外部质量保证是指为了使用户确信本组织提供的产品或服务等能够满足质量要求所进行的活动。例如，ISO 9001 质量体系认证就是一种质量保证。

1.1.2 质量工程技术与管理常用工具

在电子信息企业中，质量控制称为 QC，质量工程称为 QE，质量工程的范围比质量控制更广，难度更大。QE 的职责一般是根据公司计划，组织改进并运行质量管理体系，规划实施质量管理方案，实现对产品质量的控制目标，提升产品品质，通过质量创新增强客户的满意度。

企业在开展质量工程技术与管理活动过程中，需要找到影响质量的因素，探索出质量问题的症结所在，分析产生质量问题的原因，这些都取决于能否恰当应用质量管理理论和质量工具。而质量工具对寻找关键问题、分析问题、解决问题起着事半功倍的作用。常见的工具有 QC 七大工具、MSA 工具、SPC 工具、六西格玛工具（VOC-CTQ 矩阵、假设检验、DOE、QFD、FMEA），以及在汽车行业较为流行的 APQP（产品质量先期策划）、PPAP（生产件批准程序）工具等。

1. QC 七大工具

1）QC 旧七大工具

QC 旧七大工具包括五图（柏拉图、因果图、直方图、散布图、控制图），一表（查检表），一法（层别法）。QC 旧七大工具的组成与作用如图 1-1 所示，图中各工具的作用已口诀化。例如，查检表的作用是集数据；层别法的作用是做解析；柏拉图的作用是抓重点。

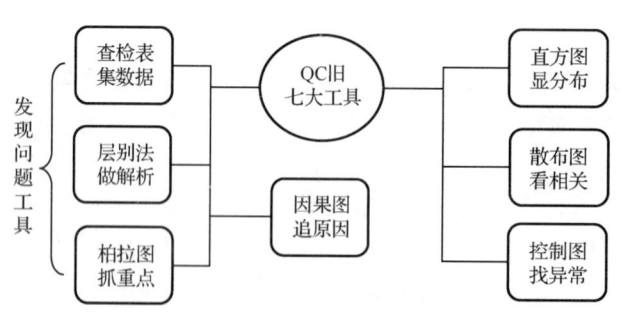

图 1-1 QC 旧七大工具的组成与作用

2）QC新七大工具

QC新七大工具是指将原始信息通过筛选、推敲以达到解决问题产生新想法所采取的加工方法，并给出其图形表现手法。QC新七大工具包括关联图、亲和图、系统图、矩阵图、矩阵数据分析法、PDPC法、网络图，主要用于非数字数据分析，使用简单，日常应用广泛，容易理解，且可以使用Office中的Word或Excel进行数据处理。QC新七大工具的主要作用如下。

（1）关联图：厘清复杂因素之间的关系。

（2）亲和图：从杂乱的语言数据中汲取信息。

（3）系统图：系统地寻找实现目标的手段。

（4）矩阵图：多角度考察存在的问题变量关系。

（5）矩阵数据分析法：多变数转化少变数资料分析。

（6）PDPC法：预测设计中可能出现的障碍和结果。

（7）网络图：合理制订进度计划。

3）QC新、旧七大工具应用场合比较

QC新、旧七大工具应用场合比较如表1-1所示。

表1-1 QC新、旧七大工具应用场合比较

应用场合	QC旧七大工具	QC新七大工具
用于数字数据分析（统计型）	柏拉图、直方图、控制图、散布图	矩阵数据分析法
用于非数字数据分析（情理型）	因果图	关联图、亲和图、系统图、矩阵图、PDPC法、网络图
用于数字或非数字数据分析	查检表、层别法	—

QC新七大工具不取代QC旧七大工具，而是与QC旧七大工具相辅相成。

2. SPC工具

SPC（Statistical Process Control，统计过程控制）的目的是通过各种工具，区分普通原因变差和特殊原因变差，以便对特殊原因采取措施。

1）数据类型

数据类型可分为计量型数据和计数型数据。

（1）计量型数据：就是连续可测量的数据，也称连续或变量数据。在收集计量型数据时，通常需要使用测量工具、仪器、设备来进行。计量型数据是有计量单位的量，如长度、电压、电流等。

（2）计数型数据：就是可计数（包括计件、计点）的数据，也称离散或属性数据。计数型数据是非计量单位的量，通常以不良数、缺点数来表示。

2）不良品与缺陷

（1）缺陷：一个不满足规格要求的质量特性；一个产品会具有一个或多个缺陷；它可

能会也可能不会影响产品性能或对客户规格的符合性。

（2）不良品：包含一个或多个影响产品性能或规格的缺陷产品。不良品与缺陷区分示意图如图 1-2 所示。

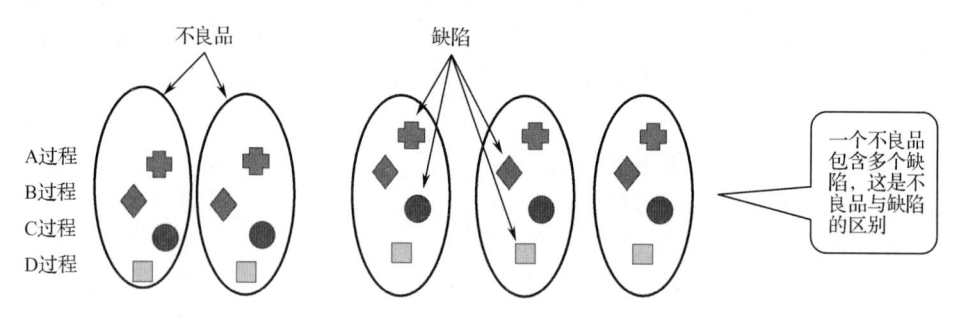

图 1-2　不良品与缺陷区分示意图

3）控制图

控制图是用于区分特殊原因所引起的波动和过程固有波动的一种工具。控制图通过图形的方法，显示过程随时间的变化而产生的波动。通过分析，可以判断这些波动造成的原因是偶然原因还是系统原因，从而提醒人们及时做出正确的对策。

（1）计量控制图。

计量控制图是为一个过程特性的数值进行量度（如温度、时间、尺寸）而制作的，通常有以下几种图表可以选用：$\bar{X}$-R 控制图、$\bar{X}$-s 控制图等。

（2）计数控制图。

计数控制图是为计数值的量度（如不合规格品数、客户投诉次数、缺勤率）而制作的，通常有以下几种可以选用：p 控制图（关于不良品比率）、np 控制图（关于不良品数）、u 控制图（关于缺陷率）、c 控制图（关于缺陷数图，子组数应固定）。

4）过程能力分析

在用控制图确认过程处于统计过程控制状态后，可以进行过程能力分析，进一步判断过程是否达到顾客的要求。过程能力分析是评价过程的基线和改进方向的重要工具。计量型数据的过程能力评价指数有 C_p 与 C_{pk}、P_p 与 P_{pk}，计数型数据的过程能力评价指标有 DPU、DPMO 和 Z 值。

3. MSA 工具

建立评价测量系统的目的，在于确保人员或仪器测量与判断的准确性及精密性。实际测量系统是测量人员依据一定的操作程序，利用适当或特定的测量仪器、软件、设备等，取得被测量对象的测量特性结果的过程所构成的整个系统。图 1-3（a）精密度高、准确性低；图 1-3（b）精密度高、准确性高；图 1-3（c）精密度低、准确性高；图 1-3（d）精密度低、准确性低。MSA（Measurement System Analysis，测量系统分析）是对每个零件能够重复读数的测量系统进行分析，评定测量系统的质量，判断测量系统产生的数据可接受性。

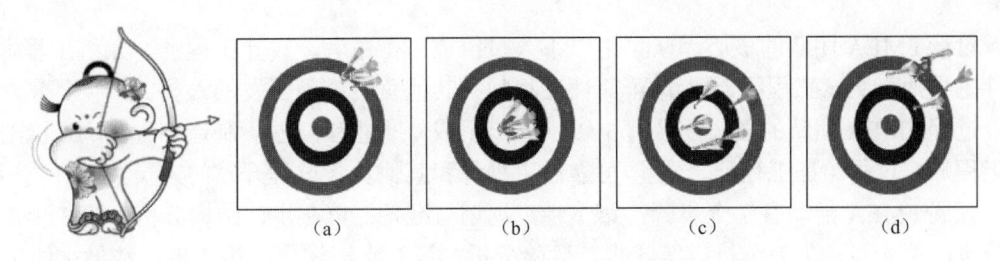

图 1-3　准确性与精密度示意图

1）计量型 MSA

计量型 MSA 通常包括偏倚、稳定性、线性、重复性和再现性。

2）计数型 MSA

计数型 MSA 重点分析测量系统中检验员自身、检验员之间与标准一致性评估（kappa 值），以及检验员与测量系统的误判风险和漏检风险的评估。

（1）误判风险：将良品当成不良品，会导致制造成本增加。

（2）漏检风险：将不良品当成良品，会导致客户抱怨、上线使用不良率增加。

3）测量系统的分析方法

测量系统的分析方法如表 1-2 所示，不同的数据类型分别采用不同的分析方法。对测量系统的要求主要包括：①测量系统必须稳定，即测量系统的变异只能由普通原因造成，不能由特殊原因造成；②测量误差（变异）要保持在一定范围内，即测量系统的最大变异必须小于过程变异或规格限值；③具有足够的分辨力，即测量仪器的解析度应为规格公差（过程变异）的十分之一或更多。

表 1-2　测量系统的分析方法

数 据 类 型	分 析 方 法
基本计量型（连续数据）	均值和极差，方差分析（ANOVA），偏倚，线性，控制图
基本计数型（离散数据）	信号探测，假设试验分析 两元数据一致性（只有两个选择） 多元数据一致性（具有两个以上选择）
不可重复数据（破坏试验）	控制图，方差分析（ANOVA）
多重系统、量具或试验台	控制图，方差分析（ANOVA），回归分析

4. FMEA 工具

FMEA（Failure Modes & Effective Analysis）是一套面向团队的系统的、定性的分析方法，其目的是：评估产品/过程中失效的潜在技术风险；分析失效的起因和影响；记录预防和探测措施；针对降低风险的措施提出建议。

制造商考虑的风险类型有很多，包括技术风险、财务风险、时间风险和战略风险。FMEA 仅用于分析技术风险，从而减少失效、提高产品和过程的安全性。图 1-4 显示了 FMEA 应用范围。FMEA 团队包括核心团队和拓展团队，其中：

设计 FMEA 团队的核心团队可由以下人员组成：推进者、设计工程师、系统工程师、零件工程师、测试工程师、质量/可靠性工程师和其他负责产品开发的人员。

过程 FMEA 团队的核心团队可由以下人员组成：推进者、过程/制造工程师、人机工程学工程师、过程验证工程师、质量/可靠性工程师和其他负责过程开发的人员。

开展 FMEA 活动有 7 个步骤：第 1 步，规划与准备；第 2 步，结构分析；第 3 步，功能分析；第 4 步，失效分析；第 5 步，风险分析；第 6 步，优化；第 7 步，结果文件化。

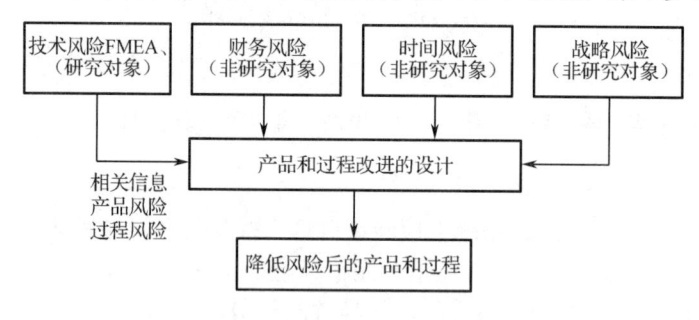

图 1-4 FMEA 应用范围

5．DOE 工具

试验设计（Design Of Experiments，DOE）或设计实验（Designed Experiments，DE）是一系列试验及分析方法集，通过有目的地改变一个系统的输入来观察输出的改变情况。DOE 在产品流程中的应用如图 1-5 所示。

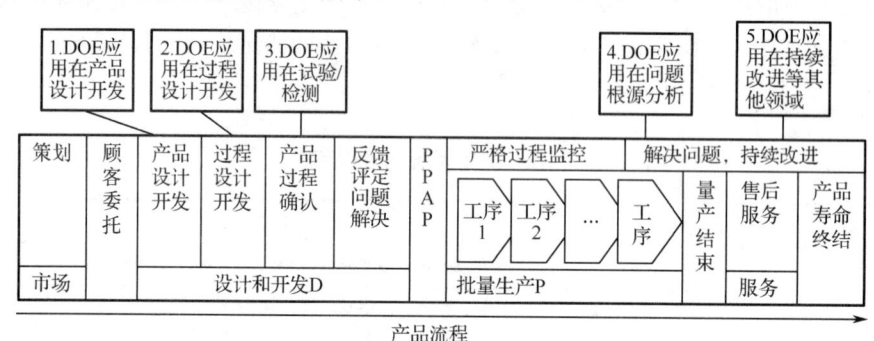

图 1-5 DOE 在产品流程中的应用

DOE 所要达到的主要目的是分析出"哪些自变量 x 显著地影响着 y，这些自变量 x 取什么值时将会使 y 达到最佳值"。

以上的工具将在之后的各模块与任务中详述其在生产实际中的应用方法。

1.1.3 质量工作程序 PDCA 循环

做好质量管理，除了要有正确的指导思想，还必须有一定的工作程序和管理方法。PDCA 循环就是质量管理活动所应遵守的科学工作程序，是全面质量管理的基本方法。

PDCA 循环是英语单词 Plan（计划）、Do（执行）、Check（检查）和 Action（调整）的第 1 个字母，是按照这样的顺序进行质量管理，并且循环不止地进行下去的科学程序。它包括 4 个阶段、8 个步骤，如表 1-3 所示。

表 1-3　PDCA 循环基本步骤

阶　段	步　　骤	PDCA 过程示意图
计划阶段（P）	1. 分析现状，找出问题 2. 分析产生问题的原因 3. 找出主要原因 4. 制订措施计划	④ A 调整　① P 计划 ③ C 检查　② D 执行
执行阶段（D）	5. 执行措施，执行计划	
检查阶段（C）	6. 检查效果，发现问题	
调整阶段（A）	7. 把工作结果、工作方法标准化 8. 遗留问题，转到下个循环	

1. 计划阶段（P）

这一阶段的总体任务是确定质量目标，制订质量计划，拟定实施措施。具体分为 4 个步骤：第一，对质量现状进行分析，找出存在的质量问题。根据顾客、社会，以及企业的要求和期望，衡量企业现在所提供的产品和服务的质量，找出差距或问题所在。第二，分析造成产品质量问题的各种原因和影响因素。根据质量问题及某些迹象，进行细致的分析，找出导致质量问题产生的各种因素。第三，从各种原因中找出影响质量的主要原因。影响质量的因素往往很多，但起主要作用的则为数不多，找出这些因素并加以控制或消除，可产生显著的效果。第四，针对影响质量问题的主要原因制定对策，拟定相应的管理技术措施。

2. 执行阶段（D）

按照预定的质量计划、目标和措施去执行。

3. 检查阶段（C）

根据计划的要求，对实际执行情况进行检查，寻找和发现计划执行过程中的问题。

4. 调整阶段（A）

对存在的问题进行深入的剖析，确定其原因并采取措施。此外，在该阶段还要不断地总结经验、教训，以巩固取得的成绩，防止问题再次发生。这一阶段分为两个具体的步骤：第一，根据检查结果，总结成功的经验和失败的教训，并采取措施将其规范化，纳入有关的标准和制度中，巩固已取得的成绩，同时防止不良结果的再次发生；第二，提出该循环尚未解决的问题，并将其转到下一循环中，使其得到有效解决。

PDCA 循环有以下几个特点：一是大环套小环，小环保大环，推动大循环，互相衔接，互相促进。二是螺旋式上升，不断循环、不断上升。通过 PDCA 循环，企业可以使各环节、各方面的工作相互结合、相互促进，形成一个有机的整体。这样一来产品质量得以持续改进，不断提高，如图 1-6 所示。三是 4 个阶段一个也不能少。PDCA 循环的 4 个阶段反映了从事一项工作的逻辑思路，是必须遵循的。它不仅适用于整个质量管理过程，也适用于质量管理任何一个方面的活动。

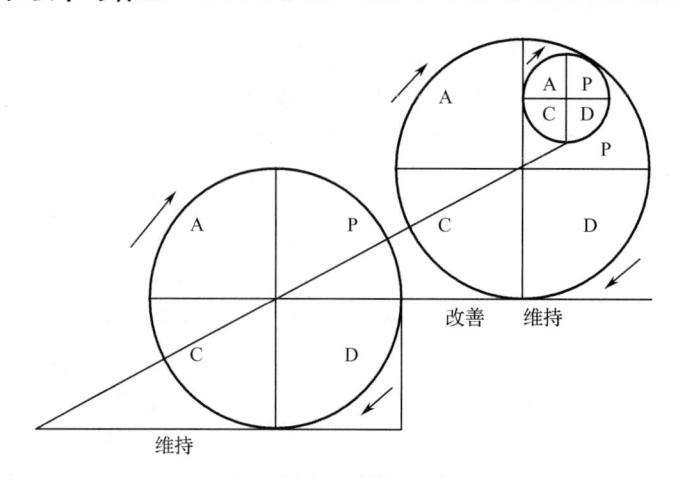

图 1-6　PDCA 大环套小环逐级上升

1.1.4　质量管理的基础 6S 活动

1．什么是 6S

6S 是现场管理的一种方法，就是整理（Seiri）、整顿（Seiton）、清扫（Seiso）、清洁（Seiketsu）、素养（Shitsuke）和安全（Safety）6 个工作项目的简称。

因为前 5 个词的日语中罗马拼音的第 1 个字母都是"S"，后 1 个词是英文字母也是 S，所以简称为 6S。

2．基本内容与实施方法

1）整理

（1）定义：整理就是将必要和非必要的物品进行区分，并将非必要的物品进行废弃的活动。

（2）目的：主要是腾出空间，防止误用，塑造清爽的工作环境。具体的目的如下：①改善和增加作业面积；②现场无杂物，行道通畅，提高工作效率；③减少磕碰的机会，保障安全，提高质量；④消除管理上的混放、混料等差错事故；⑤有利于减少库存量，节约资金；⑥改变作风，提高工作情绪。

（3）对象：①无使用价值的物品；②不使用的物品；③造成运输不便的物品。

（4）流程：整理的实施步骤可以按照流程图（见图 1-7）来进行。在行动之前，首先进行意识培训（包括整理的定义、目的、对象等）；其次进行现场调查和制定标准。整理的标准主要是区分必要的物品与非必要的物品的基准，如表 1-4 所示；最后把非必要的物品处理掉，留下必要的物品。

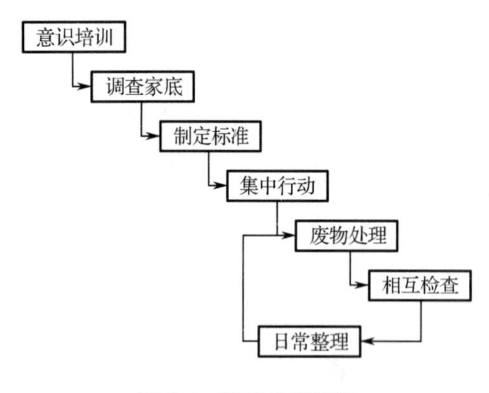

图 1-7　整理的流程图

表 1-4 必要的物品与非必要的物品的区分基准

类 别	使用频度		处 理 方 法	备 注
必要的物品	每小时		放在工作台上或随身携带	
	每天		现场存放（工作台附近）	
	每周		现场存放	
非必要的物品	每月		仓库存储	
	三个月		仓库存储	定期检查
	半年		仓库存储	定期检查
	一年		仓库存储（封存）	定期检查
	二年		仓库存储（封存）	定期检查
	未定	有用	定期检查	定期检查
		非必要用	变卖/废弃	定期清理
	不能用		废弃/变卖	立刻废弃

（5）推行要领：①马上要用的、暂时不用的、长期不用的要区分对待；②即便是必要的物品，也要适量，要将必要的物品的数量降到最低程度；③在哪儿都可有可无的物品，不管是谁买的，有多昂贵，也应坚决处理掉，决不手软。

（6）实施方法：①定点摄影法：把存在的问题拍摄下来进行通报并要求整改；②红牌作战法：对存在的问题开出红色的整改通知单；③寻宝活动：是 6S 现场管理初期整理活动趣味化的一种手段。所谓的"宝"，是指需要彻底找出来的非必要的物品。说它是宝，并不是说它本身多大价值，而是因为它隐藏较深、不易被发现。

2）整顿

（1）定义：整顿是指必要的物品要根据用途和频度指定保管场所，必要时可随时取出使用。

（2）目的：①工作场所一目了然；②消除寻找物品的时间；③整整齐齐的工作环境；④消除过多的物品积压。

（3）活动要点：①物品摆放要有固定的地点和区域，以便于寻找，消除因乱放而造成的差错；②物品摆放地点要科学合理；③物品摆放目视化，使定量装载的物品做到过目知数，摆放不同物品的区域采用不同的色彩和标记加以区别。

（4）整顿的三要素。

① 场所：物品的放置场所在原则上要 100%设定，物品的保管要定点、定容、定量，生产线附近只能放置真正需要的物品。

② 方法：易取，不超过所规定的范围，在放置方法上多下功夫，要细化，比如要问一下到底是装上，还是放上，还是放入，还是挂上，还是其他等。

③ 标识：从方法上讲，选择很多，标签、KANBAN、图示、颜色或其他方法标识。同时放置场所和物品在原则上要一对一，如图 1-8 所示。

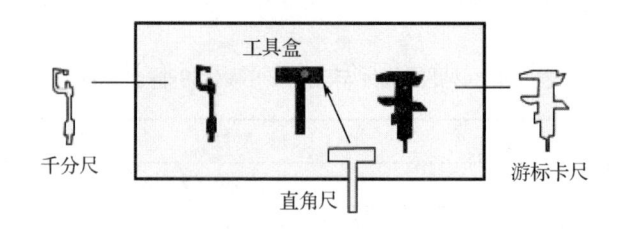

图 1-8 工具整顿示意图

(5) 整顿的"三定"原则。

① 定义：在 6S 活动的整顿阶段中，使任何人都能够很容易地找到、使用和放回物品（材料、工具等）的方法就是"三定"，即使任何人都容易了解物品放在何处——定点，用什么颜色、容器——定容，规定的数量是多少——定量。

② 活动要点："整顿"是一门"摆放""标识"的技术。物品的标识要达到以下目的。

a. 看了能够立即明白物品是什么，即在实物上进行标识，具体指出物品名称、使用时期、使用场所、现有状态（有用、无用、合格品或不合格品）。要站在新人、其他现场的人的立场来看，使什么东西该放在什么地方更为明确。

b. 物品可以立即取出，使用后能正确放回原位，不会忘记也不会放错，即使忘记或放错了，也能很容易地辨别出来。整顿的结果要成为任何人都能立即取出所需要的东西的状态，使用后要能容易地恢复原位，没有恢复或错放时能马上知道。

3）清扫

(1) 定义：清扫是对作业场所（岗位）的灰尘、污染、污垢等进行去除，并发现设备机器的缺陷等后，使其恢复到原有状态的改善活动。清扫活动的三阶段如下。

第一阶段：日常清扫（干净的清扫）。对作业场所（地面、作业台、墙壁、空间、车床、设备）全面地实施灰尘、污垢、油迹等的去除，将工作场所内看得见和看不见的地方清扫至无垃圾、无灰尘，干净整洁。

第二阶段：点检清扫（感知的清扫）。点检清扫是以机器、设备、仪器和工具为重点发现缺陷的清扫活动，包括：机器、设备本体、驱动部位等的点检，以及油、液压、排气等的点检；仪器功能点检、工具日常测试点检，如对电烙铁的温度、电动螺钉旋具的力矩进行测试点检等。

第三阶段：保全清扫（改善的清扫）。对于发现的缺陷，作业者自己直接进行复原或改善；当作业者自己改善遇到困难时，可邀请相关担当者进行帮助。清扫三阶段如图 1-9 所示。

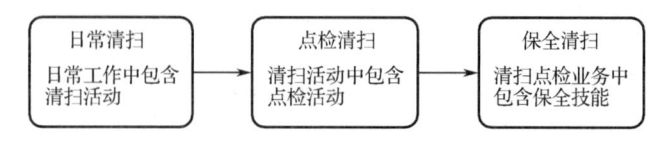

图 1-9 清扫三阶段

(2) 目的。

① 保持良好的工作情绪。

② 稳定品质，达到零故障、零损耗。

4）清洁

（1）定义：整理、整顿、清扫之后要认真维护，使现场保持完美和最佳状态。
清洁是对前三项活动的坚持与深入，从而消除发生安全事故的根源。
（2）目的：创造明朗现场，使管理规范化、标准化。
（3）活动要点：①工作场所或车间环境清洁卫生，不受污染；②落实前3S工作，将整理、整顿、清扫具体实施做法规范化、制度化，维持其成果；③制定目视管理及看板管理的基准。④制定6S实施办法、考核方法、奖惩制度并严格执行。

5）素养

（1）定义：素养是指对整理、整顿、清扫、清洁活动不间断地进行亲身实践，即不论何时都严格遵守约定的事项，逐步形成习惯。也就是人人依照规定和制度行事，养成好习惯，培养积极进取的精神。工作素养示例如图1-10所示。

图1-10 工作素养示例

（2）目的：营造团队精神、工匠精神，培养具有好习惯、遵守规则的劳动者。
（3）实施要点：①思考问题的原则：不逃避问题，能积极面对问题；不依赖、不等待、不依靠；反省自身的问题，不简单指责别人；对自己不断提出新的要求；相信对方，并真诚地给予对方支援。②解决问题的原则：不问时间，只要发生问题立即解决；解决问题时，尽量从对方优先的立场出发；解决问题时行动要迅速；集中、有效地解决问题，不拖泥带水；持续跟进，解决后有效跟进并确认效果。
（4）表现：①严格遵守规章制度，认真按照标准作业；时间观念强，按时上班，遵守会议时间约定；工作认真、无不良言行；着装得体、规范，正确佩戴工作牌，诚恳待人，互相尊重和帮助。②遵守社会公德，维护公共秩序。③富有责任感，关心他人，助人为乐。
（5）活动培育的内容：①作业（工作）方面的行为素养；②交往方面的行为素养；③出席会议方面的行为素养；④接洽公务方面的行为素养；⑤公共场所的行为素养。
（6）活动的实施方法：①持续推行前4S活动，全员形成习惯；制定规章制度（如工作服穿着标准看板）；教育培训；积极开展各种精神提升活动；培养员工热情和责任感。②实施素养活动应做的工作：规范早会制度；举办各种激励活动；制定服装、工牌识别标准；制定相关规则、守则；开展员工教育，学习相关规章制度。

6）安全

（1）定义：安全是指消除事故隐患，排除险情，预防事故的发生。

（2）目的：保障员工安全，减少工伤事故，改善工作环境，减少机械设备损坏事故，降低生产成本，确保安全生产，保障食品安全。

（3）主要内容：检测设施安全、治安安全、特种设备安全、财产安全、设备运转安全、防火防爆安全、作业环境安全、食品安全、机动车辆安全等。

（4）推进方法：①建立严格的安全制度：依法建立健全安全生产责任制，制定完善安全生产规章制度和操作规程；②保证安全生产投入并有效实施；③落实规章制度，消除生产隐患，完善安全生产事故应急预案并组织实施安全生产标准化。

3. 推进程序

可以用 PDCA 循环的 4 个阶段中的 8 个步骤推进 6S 管理活动，如表 1-5 所示。在计划阶段中高层领导起关键作用。没有高层领导的参与和支持，6S 管理活动是难以取得实质成效的。一般来说，单位最高领导者通常是 6S 管理推进组织的委员会主任，各部门的第一责任人是这个组织的委员会委员，单位全体员工都应当积极参与。同时，在计划阶段中也要进行现场调查，提出 6S 管理活动的短期目标、中期目标和长期目标。

表 1-5 6S 管理活动的推进程序表

阶　　段	步　　骤
计划阶段（P）	第 1 步：现状调查，设定目标
	第 2 步：成立 6S 管理推进委员会并制定职责
	第 3 步：拟订推行方案
	第 4 步：宣传与培训
执行阶段（D）	第 5 步：局部推进：① 现场诊断
	② 选定样板区
	③ 实施改善
	第 6 步：全面启动：④ 区域责任制
	⑤ 制定评价标准
检查阶段（C）	⑥ 评价、检查、考核
调整阶段（A）	第 7 步：维持 6S 管理成果（标准化、制度化）
	第 8 步：挑战新目标

在执行阶段中最为重要的是选定样板区和制定评价标准，评价标准应当量化。在检查阶段中要注意及时公告考核结果。在调整阶段中要注意标准化和制度化，特别强调持之以恒，不断创新。

任务实施

1. 实验目的

通过对实训现场实施 6S 管理和对实施成效进行评价，进一步理解 6S 管理中各个 S 的内涵，把握管理活动的真意，学会开展 6S 管理的方法。

2．实验准备

（1）联网计算机（Windows 操作系统）。

（2）Office 软件。

3．实验过程

建议以学生所处的实训室为对象，以小组为单位按照 6S 管理活动的推进程序实施 6S 管理；参照表 1-6 的评价方法进行水平评价，找出差距，持续改善。

若不具备条件，则按以下的说明进行评价练习，提出改进策略。

（1）识读如图 1-11 所示的平面布局图（图中尺寸单位为 mm），了解该实训室的生产工艺流程，明确物流的方向。了解评价对象：实训现场，包括人员、设备、材料、方法、环境和测量六大要素。依据下列①～⑥的检查结果，学习 6S 管理的现场检查方法。

① PCBA 测试区域有 1 台示波器不能正常使用，放置时间超过 1 年；功能测试区域有 2 台稳压电源一直未使用。

② 各操作岗位有分组标识，但有 2 个岗位没有作业内容标识；清扫工具未按要求放置；作业工具电烙铁摆放不整齐有 3 处。

③ 积分球测试系统区域有 3 台产品未通过测试，没有及时处理；积分球表面有许多灰尘；实训室有 3 台空调多年未进行除尘处理。

④ 没有进行看板管理；6S 管理区域负责人不明确，导致不能始终保持较好的环境。

⑤ 手工焊接区域有 2 个岗位浪费焊接材料；有 2 个作业人员做与实训无关事情。

⑥ 有 3 人未按规定要求佩戴防静电腕带，容易造成半导体器件损坏；有 1 个岗位结束实训时未将电烙铁插头及时拔出，切断电源。其余没有发现异常。

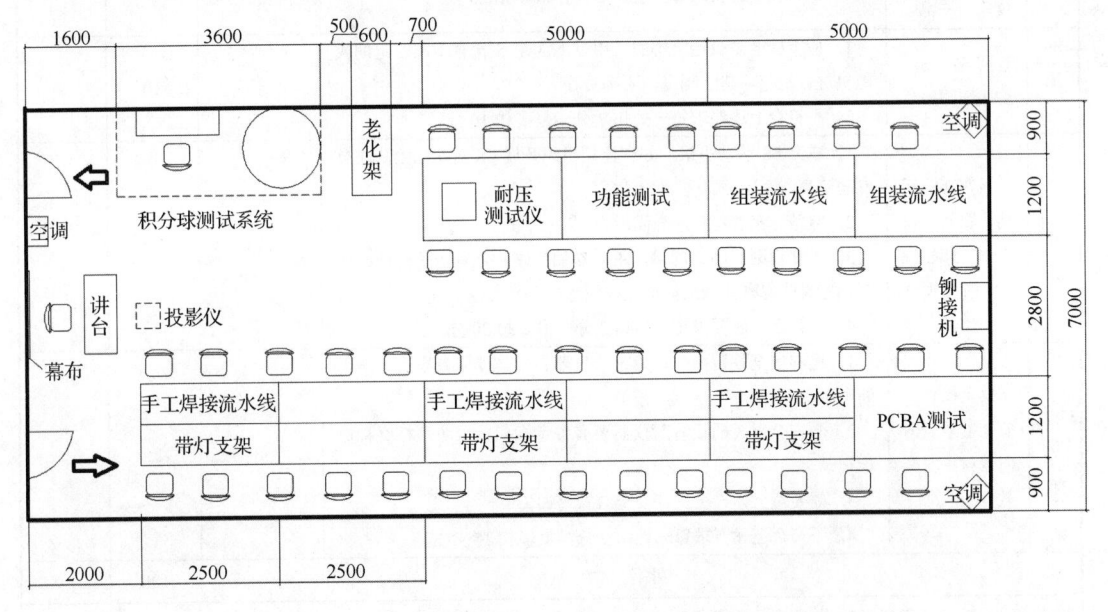

图 1-11 某一 LED 应用技术（可生产性）实训室平面布局图

（2）利用 Excel 制作评价表。评价表包括检查项目、评价基准、不足之处、配分与得分及评价结果。评价表要体现 6S 管理活动的核心内涵——地物明朗化和人的规范化。可参照表 1-6 进行。

表 1-6　6S 检查、考核评价表

6S	检查项目	评价基准	不足之处	配分	得分
S1 整理	通道、现场仪器、设备、材料、台面、货架、文件	1. 实训室的通道必须通畅、整洁。 2. 现场不能有损坏的物品或一年不用的设备、仪器、工具和材料。一个月不使用的文件资料必须置于文件柜中。 3. 不符合上述要求每一处扣 1 分，最多扣 15 分		15	
S2 整顿	零件、部件、工具、设备、仪器、文件、物品区域	1. 零件与部件分类摆放，且有大小、轻重之分、规格尺寸顺序排列、标签标识明确一目了然，先入先出有序。 2. 工具分类摆放、固定工具放置场所图示化管理。 3. 设备、仪器按照用途分类，按区域、货架摆放，标识清楚，一目了然。 4. 作业指导书、图纸、文件等资料分类放置、新旧有别、目录清晰、由担当者管理。 5. 物品按品名、用途、大小、轻重放置，且标识、定位清晰。 6. 不符合上述要求每一处扣 2 分，最多扣 20 分		20	
S3 清扫	通道、作业场所、办公桌、作业台、墙壁、天花板灯管、空调、设备、工具、仪器、产品	1. 通道地面平坦、无杂物、无污水痕迹、清洁、明亮。 2. 作业场所、办公桌、作业台干净亮丽，墙壁、天花板灯管光洁亮丽，灯光明亮舒爽。 3. 空调、设备、仪器、工具有日常点检，内外无灰尘，有防尘、防锈措施。不良产品能够及时处置。 4. 不符合上述要求每一处扣 2 分，最多扣 20 分		20	
S4 清洁	同 S1、S2、S3 检查内容	1. 检查标准是长期坚持的，用以上 3 个 S 检查基准，定期或随机进行检查。建立制度，明确责任人。 2. 不符合上述要求每一处扣 2 分，最多扣 10 分		10	
S5 素养	日常 6S 活动、服装、仪表、行为规范、时间观念	1. 成立 6S 活动小组，并有计划组织开展 6S 活动。团队成员参与率高，氛围好。 2. 佩戴、穿着整齐，充满活力。 3. 遵守规则，团结同事，主动参加工作，具有团队精神；能在约定时间内有计划地提早完成任务。 4. 不符合上述要求每一处扣 2 分，最多扣 20 分		20	
S6 安全	安全操作、安全警示、消防器材、安全教育	1. 遵守安全规范操作，设备、仪器、工具使用完毕后必须切断电源。 2. 与安全相关的设备与仪器要有警示标识；消防器材要有点检记录。 3. 需要对全体人员进行安全教育培训。 4. 不符合上述要求每一处扣 2 分，最多扣 15 分		15	
小计				100	
评价结果：□立即改善（70 分以下），□务必改善（70~79 分），□持续改善（80~100 分）					

(3) 根据上述①～⑥所描述的问题对该现场的 6S 管理水平进行评价,并依据评价结果提出改进目标与方案。

4. 提交实验报告

将已经完成 6S 管理评价的电子档评价表提交至作业平台(职教云或学习通平台等)。

练 习

一、名词解释

1. 质量控制;2. 质量改进;3. QC 七大工具;4. 计量型数据与计数型数据;5. 缺陷与不良品;6. 准确性与精密度;7. 整顿的三要素与"三定"原则;8. DOE;9. PDCA 循环。

二、选择题

1. 确保产品质量能够满足用户的要求是(   )。
   A. 质量水准   B. 质量特性   C. 质量控制   D. 质量方针
2. 计量型数据服从(   )。
   A. 正态分布   B. 泊松分布   C. 二项分布   D. Weibull 分布
3. 下列选项中属于计数型数据特点的是(   )。
   A. 定量观察   B. 有度量单位
   C. 定性观察   D. 统计指标:均值±标准差
4. 坚持与深入整理、整顿、清扫三项活动,从而消除发生安全事故的根源是(   )的内涵。
   A. 整理   B. 节约   C. 安全   D. 清洁
5. 下列选项中不属于整顿三要素的是(   )。
   A. 场所   B. 标志   C. 方法   D. 定位
6. (   )的目的是节省空间。
   A. 整理   B. 整顿   C. 清扫   D. 清洁
7. 开展 6S 管理活动的最终目的是(   )。
   A. 提高质量   B. 提高员工素养
   C. 节约成本   D. 提高生产效率
8. 不属于整顿的"三定"原则的是(   )。
   A. 定点   B. 定时   C. 定量   D. 定容

三、判断题

(   )1. 凡是可以连续取得的或者可以用测量工具具体测量出小数点以下的数据称为计量型数据,如长度、质量、力度等。

(   )2. 凡是不能连续取得的或者即使使用测量工具也得不到小数点以下的只能以 0 或 1、2、3 等整数来描述的数据称为计数型数据,如不合格品数、缺陷数等。

(   )3. 开展 6S 管理活动最主要的内容是把环境打扫得干干净净。

（　　）4."整顿"是一门"摆放""标识"的技术。

（　　）5. 物品可以立即取出，使用后能正确放回原位，这是整理的重点。

（　　）6. 严格遵守规章制度，认真按照标准作业，遵守会议时间约定是有素养的表现。

四、简答题

1. QC 新七大工具与 QC 旧七大工具的应用场合有何不同？
2. 开展 FMEA 活动所需的步骤有哪些？
3. PDCA 循环有几个阶段和步骤？
4. 写出 6S 管理活动的推进程序。

任务 1.2　认识质量管理体系，制订质量技术学习计划

任务描述

"质量是维护顾客忠诚度的最好保证"，为适应世界经济一体化的进程，世界上许多国家都制定了比较高的市场准入制度，即国家以法律的形式规定：必须符合某种标准要求的商品才能进入市场，这就涉及生产商品的厂商的合格评定问题。通过权威的认证机构对厂商的质量管理体系进行评价，当证明符合"质量管理和质量保证"标准的有关规定后，便确定其为合格的供应商，予以注册，发给证书。开展质量管理体系认证活动，已经成为厂商赢得用户、占领市场必不可少的活动。

ISO 9000 族标准是推荐标准，而不是强制执行标准。但是，由于国际上独此一家，各国政府又予以承认，因此谁不执行，谁就无法在国际市场站稳脚跟。同时，有许多企业利用这套标准来改善自己的质量管理体系。本任务主要是学习 ISO 9000 相关知识，即 ISO 9001：2015 和一般体系认证的常识，利用 PDCA 循环和甘特图制订质量技术学习计划，对过程中未通过考核要求的撰写 8D 改善报告。

知识准备

1.2.1　ISO 9000 基本概念

1. 什么是 ISO

国际标准化组织（International Organization for Standardization，ISO）是由多国联合组成的非政府性国际标准化机构。ISO 在 1946 年成立于瑞士日内瓦，负责制定在世界范围内通用的国际标准，以推进国际贸易和科学技术的发展，加强国际经济合作。ISO 的技术工作是通过技术委员会（简称"TC"）来进行的。根据工作需要，每个 TC 可以设立若干分委员会（简称"SC"）。TC 和 SC 下面还可设立若干工作组（简称"WG"）。

2. 什么是 ISO 9000

ISO 9000 是质量管理体系系列标准代号，是由 ISO 组织的 TC176（质量保证技术委员会）制定的。它首次颁布于 1987 年，在 1994 年、2000 年、2005 年进行了修订。近百个国

家已正式将 ISO 9000 系列的国际标准引用为自己的国家标准,如中国的 GB/T 19001—2015 等同于 ISO 9001：2015。GB/T 是指推荐性国家标准,GB 即"国家标准"的汉语拼音缩写,"T"是推荐的意思。推荐性国家标准是指在生产、交换、使用等方面,通过经济手段调节而自愿采用的一类标准,又称自愿标准。这类标准任何单位都有权决定是否采用,违反这类标准,不承担经济或法律方面的责任。但是,一经接受并采用,或各方商定同意纳入经济合同中,就成为各方必须共同遵守的技术依据,具有法律上的约束性。

1.2.2　ISO 9001 七项质量管理原则

ISO 9001：2015 标准的主要变化在于其格式变化,以及增加了风险的重要性,其主要的变化包括：采用与其他管理体系标准相同的新的高级结构,有利于公司执行一个以上的管理体系标准；风险识别和风险控制成为标准的要求；要求最高管理层在协调质量方针与业务需要方面采取更积极的职责。其重要的七大变化有：①采用新的高级结构；②风险管理引入标准,但不再使用预防措施；③新的要求、组织的环境背景；④更加提升过程方法的应用；⑤更适用于"服务"型组织；⑥文件化的信息；⑦七项质量管理原则。七项质量管理原则组成图如图 1-12 所示。

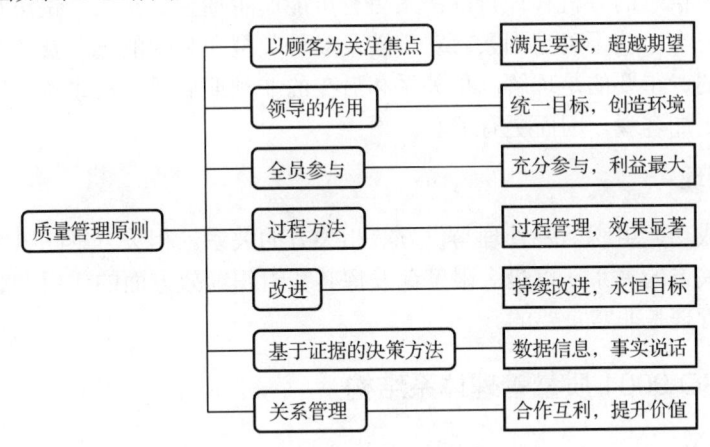

图 1-12　七项质量管理原则组成图

1. 以顾客为关注焦点

质量管理的主要关注焦点是满足顾客要求并且努力超越顾客的期望。组织只有赢得顾客和其他相关方的信任才能获得持续成功。与顾客相互作用的每个方面都提供了为顾客创造更多价值的机会。理解顾客和其他相关方当前和未来的需求,有助于组织的持续成功。

2. 领导的作用

各层领导建立统一的宗旨和方向,并且创造全员参与的条件,以实现组织的质量目标。统一的宗旨和方向,以及全员参与能够使组织将战略、方针、过程和资源保持一致,以实现其目标。

3．全员参与（积极参与）

整个组织内各级人员的胜任、授权和参与是提高组织创造价值和提供价值能力的必要条件。为了有效和高效地管理组织，各级人员得到尊重并参与其中是极其重要的。通过表彰、授权和提高能力，促进在实现组织的质量目标过程中的全员参与。

4．过程方法

当活动被作为相互关联的功能连贯过程进行系统管理时，可更加有效和高效地始终得到预期的结果。质量管理体系是由相互关联的过程所组成的。理解体系是如何产生结果的，能够使组织尽可能地完善其体系和绩效。

5．改进

成功的组织总是致力于持续改进。改进对组织保持当前的业绩水平，对其内、外部条件的变化做出反应并创造新的机会都是非常必要的。

6．基于证据的决策方法

基于数据和信息的分析和评价的决策更有可能产生期望的结果。决策是一个复杂的过程，并且总是包含一些不确定因素。它常涉及多种类型和来源的输入及其解释，而这些解释可能是主观的。重要的是理解因果关系和潜在的非预期后果。对事实、证据和数据的分析可导致决策更加客观，因而更有信心。

7．关系管理

为了持续成功，组织需要管理与供方等相关方的关系。相关方影响组织的绩效，组织管理与所有相关方的关系，以最大限度地发挥其在组织绩效方面的作用。对供方及合作伙伴的关系网的管理是非常重要的。

1.2.3　ISO 9001 质量管理体系结构

1．两个模型

新版标准更新了两个模型，即过程模型和 QMS 结构模型。单一过程要素示意图如图 1-13 所示。

1）过程模型

传统的过程模型只是关注输入、活动和输出，以及对这 3 个过程环节的监控。新的过程模型则进一步向过程的两端延伸，从而强化和确保过程的效率和有效性。

（1）在输入方面，需要进一步考虑输入的来源。它可能是一个过程或几个过程，也可能是一个对象或者几个相关方。为了确保输入的结果和过程的有效性，组织也需要考虑对输入的来源的监控。

（2）在输出方面，需要进一步考虑输出的接收者。它可能是一个过程或几个过程，也可能是一个对象或者几个相关方。为了确保输出的结果和过程的有效性，组织也需要考虑对输出的接收者的监控。

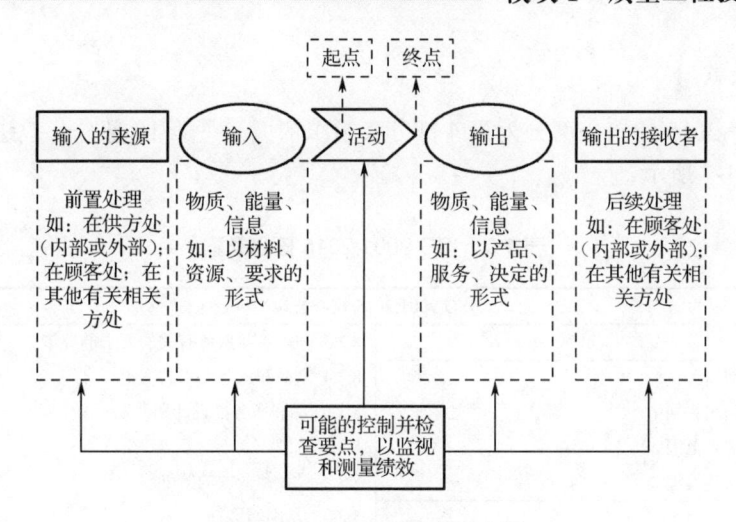

图 1-13　单一过程要素示意图

2）QMS（质量管理体系）结构模型

这一全新的 QMS 结构模型蕴含很多新意，如图 1-14 所示，简单地说，它包括以下几个方面。

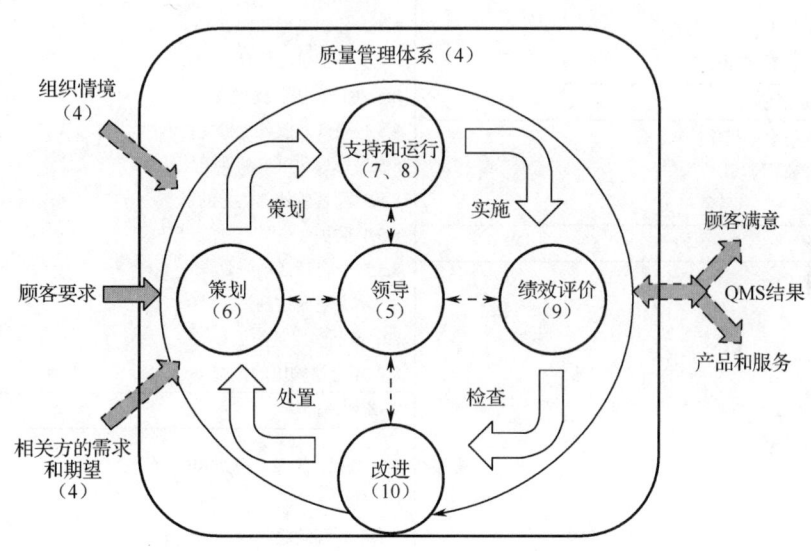

图 1-14　基于 PDCA 循环的 QMS 结构模型示意图

（1）QMS 是在领导力驱动下的 PDCA 循环。这意味着管理者特别是最高管理者需要更积极地参与和支持 QMS 的活动，标准也明确要求最高管理者对 QMS 的有效性负责。

（2）QMS 的输入依然来自顾客要求，但是需要进一步考虑组织情境，以及相关方的需求和期望。考虑组织情境，以及相关方的需求和期望是组织实现持续成功不可缺少的环节。

（3）QMS 的输出则直接关注 QMS 的结果。这一结果包括产品和服务是否满足要求，是否使顾客满意，并考虑最终是否符合组织的战略方向。

事实上，上述几个方面是相互强化、相互激励的关系，从而促进 QMS 的有效性。

2. 核心条款

ISO 9001：2015 的核心部分为第 4 部分（组织情境）～第 10 部分（改进），各部分的主要条款如表 1-7 所示。

表 1-7　ISO 9001:2015 核心条款

ISO 9001:2015 核心条款	
4 组织情境	8.2.3 与产品和服务有关的要求的评审
4.1 理解组织及其情境	8.2.4 产品和服务要求的变更
4.2 理解相关方的需求和期望	8.3 产品和服务的设计和开发
4.3 确定质量管理体系范围	8.3.1 总则
4.4 质量管理体系及其过程	8.3.2 设计和开发的策划
5 领导力	8.3.3 设计和开发的输入
5.1 领导力和承诺	8.3.4 设计和开发的控制
5.1.1 总则	8.3.5 设计和开发的输出
5.1.2 以顾客为关注焦点	8.3.6 设计和开发的更改
5.2 质量方针	8.4 外部提供的过程、产品和服务的控制
5.2.2 制定质量方针	8.4.1 总则
5.2.2 沟通质量方针	8.4.2 控制类型和程度
5.3 组织的角色、职责和权限	8.4.3 外部供方信息
6 质量管理体系策划	8.5 生产和服务提供
6.1 应对风险和机会的措施	8.5.1 生产和服务提供的控制
6.2 质量目标和实现计划	8.5.2 标识和可追溯性
6.3 变更的策划	8.5.3 顾客或外部供方的财产
7 支持	8.5.4 防护
7.1 资源	8.5.5 交付后活动
7.1.1 总则	8.5.6 变更的控制
7.1.2 人员	8.6 产品和服务的放行
7.1.3 基础设施	8.7 不合格输出的控制
7.1.4 过程运行环境	9 绩效评价
7.1.5 监视和测量资源	9.1 监视、测量、分析和评价
7.1.6 组织知识	9.1.1 总则
7.2 能力	9.1.2 顾客满意
7.3 意识	9.1.3 分析和评价
7.4 沟通	9.2 内部审核
7.5 文件化信息	9.3 管理评审
7.5.1 总则	9.3.1 总则
7.5.2 编制和更新	9.3.2 管理评审输入
7.5.3 文件化信息的控制	9.3.3 管理评审输出
8 运行	
8.1 运行的策划和控制	10 改进
8.2 产品和服务要求的确定	10.1 总则
8.2.1 顾客沟通	10.2 不合格和纠正措施
8.2.2 与产品和服务有关的要求的确定	10.3 持续改进

1.2.4　ISO 9001 质量管理体系认证

ISO 9001 质量管理体系认证也称"质量体系注册"。由公正的第三方体系认证机构，依据正式发布的质量管理体系标准，对企业的质量管理体系实施评定，并颁发体系认证证书和发布注册名录，向公众证明企业的质量管理体系符合某一质量管理体系标准的全部活动。

ISO 9001 质量管理体系认证过程主要分为两个阶段：一是认证的申请和评定阶段，其主要任务是受理并对接受申请的供方质量体系进行检查评价，决定能否批准认证和予以注册，并颁发合格证书；二是对获准认证的供方质量体系进行日常监督管理的阶段，目的是使获准认证的供方质量体系在认证有效期内持续符合相应质量体系标准的要求。ISO 9001 质量管理体系认证流程图如图 1-15 所示。

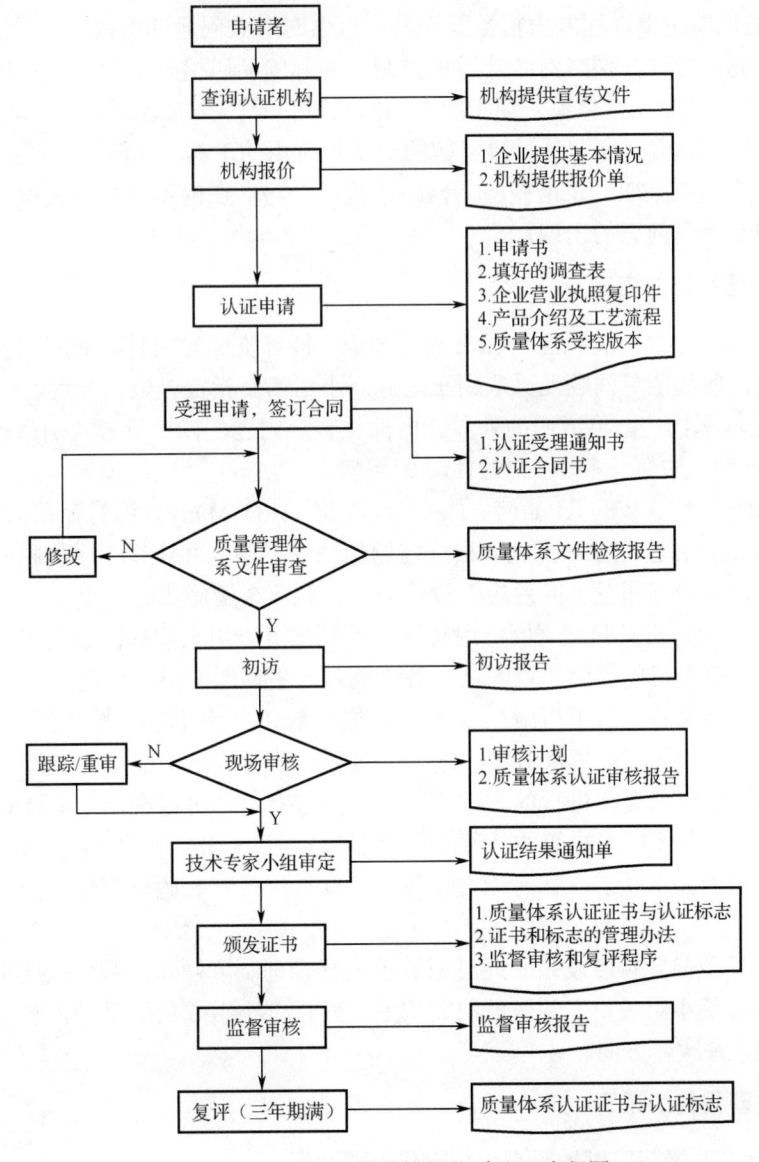

图 1-15　ISO 9001 质量管理体系认证流程图

ISO 9001 质量管理体系认证主要包括以下流程。

（1）申请：认证申请的提出，认证申请的审查与批准。

（2）检查与评定：文件审查、现场检查前的准备、现场检查与评定、提供检查报告。

（3）审批与注册发证：审批、注册发证。

（4）获准认证后的监督管理：供方通报、监督检查、认证暂停或撤销、认证有效期的延长。

1.2.5 8D 改善报告

1．什么是 8D

8D 的原名是 8 Disciplines，是团队导向解决问题的 8 个步骤，是企业处理问题的一种方法。8D 方法也适用于过程能力指数低于其应有值时有关问题的解决，它提供了一套符合逻辑的解决问题的方法，同时对统计过程控制与实际的品质提升架起了一座桥梁。

8D 方法就是建立一个体系，便于整个团队共享信息，努力达到目标。8D 本身不提供解决问题的方法或途径，但它是解决问题的一个很有用的工具，其内容包括：①纠正措施：针对现存的不合格项采取纠正措施；②预防措施：针对潜在的不合格项采取预防措施，并杜绝或尽量减少重复问题的出现。

2．8D 改善报告的内容

（1）D1：成立小组。将具备产品与制程知识、能够支配时间且拥有职权及技能的人员组成一个小组，解决所见问题及采取纠正措施。小组需要指定一位领导者。

（2）D2：问题描述。将遭遇的外界、内部、客户问题，以计量方式确认该问题的人、事、时、地、为何、如何及多少（5W2H），即用何人（Who）、何事（What）、何时（When）、何地（Where）、为何（Why）、如何（How）、多少（How Many）等对存在问题进行描述。

（3）D3：执行并验证临时措施。根据问题的性质，确定并执行相应的临时措施，以控制外界、内部、客户问题发生的效应不致扩大，直到永久措施执行为止。

（4）D4：原因分析及验证真因。用统计工具列出可以用来解释问题起因的所有潜在原因，再分别针对每个可能原因予以测试，最终确定产生问题的根本原因。

（5）D5：决定及验证纠正措施。针对真正的原因，应群策群力、脑力激荡并提出措施，拟订改善计划，列出可能的解决方案，选定与执行长期对策，验证改善措施，清除 D4 发生的真正原因，通常以逐步进行的方式说明长期改善对策，可以应用专案计划甘特图（有计划性的安排日程与安排人员等的一种工作日程表），并说明品质改善的具体方法。

（6）D6：执行永久措施。执行永久措施，注意持续改善，确保消除原因，提出持续纠正的措施。

（7）D7：避免问题再度发生。此时应着手进行管理制度操作，避免问题再度发生。

（8）D8：恭贺小组成员。问题解决完成后，应肯定小组成员的努力，恭贺小组的每位成员，并规划未来改善方向。

3．8D 改善报告的撰写

8D 改善报告的撰写可以按照表 1-8 所列步骤进行。

表 1-8　8D 改善报告表　　　　　　　　　　　　　　　表单编号：

客户名称		产品名称		产品型号	
D1：第一步，成立小组					
团队成员： 时间：			成员签名：		
D2：第二步，问题描述				日期：	
责任部门：		责任人：			
D3：第三步，执行并验证临时措施				日期：	
责任部门：		责任人：			
D4：第四步，原因分析及验证真因				日期：	
责任部门：		责任人：			
D5：第五步，决定及验证纠正措施				日期：	
责任部门：		责任人：			
D6：第六步，执行永久措施				日期：	
责任部门：		责任人：			
D7：第七步，避免问题再度发生				日期：	
责任部门：		责任人：			
D8：第八步，恭贺小组成员				日期：	
责任部门：		责任人：			
处理期限：国内 3 天完成；国外 7 天完成					

4．撰写 8D 改善报告时的注意事项

（1）问题描述：在描述不良品何时、何地、如何发生时，可再增加说明问题的不良品照片。

（2）临时纠正措施：写出临时纠正措施，包含执行时间、责任人，以及改善效果，最好以数据方式呈现。

（3）发现原因：必须明确提出可能与不良品相关的原因，经过分析后用图片表示。

（4）永久纠正措施：写出永久纠正措施，包括执行时间、责任人、计划表，并考虑是否讨论仍有其他相似的问题也可能发生。主要以改善前后的现象做对比，或者经过数据统计分析，体现改善成效。

1.2.6　质量活动计划工具

在质量活动中通常应用甘特图来进行任务计划与跟踪。甘特图也称条状图，它直观地表明任务计划在何时进行，及实际进展与计划要求的对比。它主要用于安排各种活动计划以及企业中的生产、检验计划。一张甘特图只能展开一个过程的各项作业时间。时间单位可用日、周、旬、月、季、年等持续时间。计划时间用虚箭线表示，实际完成的时间用实箭线表示。

任务实施

1. 实验目的

通过建立学习（工作）小组，共同制订质量技术学习计划，落实 ISO 9001 管理体系全员参与、团队协作、过程控制、持续改进等的理念；通过 PDCA 循环程序和甘特图工具相结合学会质量工具的应用方法。

2. 实验准备

（1）联网计算机（Windows 操作系统）。

（2）Office 软件。

3. 实验过程

（1）建立学习（工作）小组，以班级为单位，每 5~6 人建立 1 个小组，选出组长。组长可以轮流进行，每人负责担任 2~3 周。

（2）每个小组共同拟订一个学习计划，计划格式可参照表 1-9，表中每周 4 学时，各模块的学习时间参照教材前言所列的建议学时或按照各校自定的课程标准所规定的学时。

表1-9 用 PDCA 循环和甘特图制订活动计划示例

步骤	模块	区分	学习活动日程（周别）												负责人
			1	2	3	4	5	6	7	8	9	10	11	12	
P	选定课题成立小组	计划													
		实际													
	模块1	计划													
		实际													
	模块2	计划													
		实际													
	模块3	计划													
		实际													
	模块4	计划													
		实际													
	模块5	计划													
		实际													
	模块6	计划													
		实际													

续表

步骤	模块	区分	学习活动日程（周别）												负责人
			1	2	3	4	5	6	7	8	9	10	11	12	
D	课前、课中、课后作业	计划													
		实际													
C	单元或阶段测试	计划													
		实际													
A	总结/8D改善报告	计划													
		实际													

（3）组长负责跟踪进度及学习效果，要求测试成绩达不到要求的小组撰写 8D 改善报告或建立 QC 小组解决存在的问题。

4．提交实验报告

将已经完成的实验报告提交至作业平台（职教云或学习通平台等）。

练　习

一、名词解释

1．ISO 9000；2．七项质量管理原则；3．8D 改善报告；4．甘特图。

二、填空题

1．GB/T 19000 族，其中 GB/T 是指＿＿＿＿＿＿＿＿，19000 是指标准顺序号。

2．ISO 9001：2015 标准采用了过程方法，该方法结合了＿＿＿＿＿＿循环与基于风险的思想。

三、选择题

1．七项质量管理原则是 ISO 9001：2015 标准的（　　）。

A．补充　　　　　　B．附加条件　　　C．理论基础　　　D．A+B

2．以下描述不属于 8D 程序规定步骤的是（　　）。

A．创建工作团队　　　　　　　　　　B．问题描述

C．制定临时措施　　　　　　　　　　D．5Why 分析根本原因

模块 2　可接受性标准与可制造性设计

能力目标

1. 会用 IPC-A-610H：2020 标准判定电子产品 PCBA 安装可接受条件，即缺陷条件、可接受条件和制程警示条件；
2. 能够依据可制造性相关规范要求对 PCB 的可制造性进行评审。

知识目标

1. 掌握缺陷与不良的分类、质量指标的定义及计算公式；
2. 了解生产工艺流程、相关术语，掌握 PCB 设计方案；
3. 理解 PCB 的可制造性的规范要求，知道评审方法。

任务 2.1　识别 PCBA 安装可接受条件，制作质量目标统计表

任务描述

"零缺陷"精髓之一是第一次就把事情做对，即第一次就把正确的事情做正确。而要想把事情做对，就要让别人知道什么是对的，如何去做才是对的。PCBA（Printed Circuit Board Assembly）是指装有各种电子元器件的电路板组件，其安装质量对电子产品的质量有着重大影响。而要控制好 PCBA 质量必须从认识缺陷开始，把握其缺陷的判定和可接受条件。本任务是：①学习电子产品 PCBA 缺陷定义和 IPC-A-610 标准，以达到能正确识别常见的缺陷的目标；②学习质量管理中常用的统计指标，制作质量目标统计表。课程思政：播放纪录片《大国质量》之《强国之基》。

知识准备

2.1.1　PCBA 常见品质缺陷

1. 缺陷的定义与分类

1）定义

缺陷：指在产品单位上任何不符合特定要求条件者。

2）分类

（1）严重缺陷：指根据判断及经验显示，对使用、维修或依赖该产品的个人，有发生

危险或不安结果的缺陷，有可能会造成严重的后果及影响。例如，安全缺失。

（2）主要缺陷：指严重缺陷以外的缺陷，其结果或许会导致故障发生，或在实质上降低产品单位的使用性能，以致不能达到期望的目标。例如，功能不全或缺件。

（3）次要缺陷：指产品单位在使用性能上不至于降低期望目的的缺陷，或虽与已设定的标准有所差异，但在产品单位的使用与操作上并无多大的影响。例如，外观轻微划伤。

2．电子产品 PCBA 常见缺陷

电子产品 PCBA 缺陷的种类很多，这里仅列一些较为常见的部分，如表 2-1 所示。

表 2-1　电子产品 PCBA 常见缺陷

序号	名称	描述	主要原因	检测方法
1	反向	极性元器件方向错误	贴片程序错误、贴装或插件疏忽	外观检查、AOI 测试
2	错位	元器件贴装或插件的位置错误	贴片程序错误、贴装或插件疏忽	外观检查、功能测试
3	少件	PCB 上漏焊接 BOM 要求的元器件	贴片程序错误、贴装或插件疏忽	外观检查、功能测试
4	空焊	元器件焊接端没有与 PCB 形成焊接	回流焊接或波峰焊接的温度曲线不合理	外观检查、功能测试
5	桥接	两焊点被锡短接	锡膏印刷过多、补焊人员疏忽	外观检查、功能测试
6	虚焊	元器件焊接端与 PCB 形成的焊点不牢靠，呈现时而开路时而通路状态	PCB 来料不良、焊接温度不够、锡线松香含量不够	外观检查、功能测试
7	少锡	元器件焊接端或 PCB 焊盘上锡面积小于规格值	元器件或 PCB 可焊性差、印刷不良	外观检查、AOI 测试
8	锡球	PCB 焊盘边缘或板面上有易松脱的颗粒状锡球	锡膏成分不良、焊接温度曲线不合理、补焊手法不正确	外观检查、AOI 测试
9	锡尖	焊点有拉伸状突出尖角，容易断裂	补焊烙铁温度偏低、补焊手法不正确	外观检查、AOI 测试
10	锡孔	锡点有孔	锡膏助焊剂含量过高、锡膏受潮、升温太快、波峰焊接时喷助剂过多	外观检查、AOI 测试

3．不良品的定义与分类

1）定义

不良品：一个产品单位上含有一个或以上的缺陷。

2）分类

（1）严重不良品：一个产品单位上含有一个或以上的严重缺陷，同时含有主要或次要缺陷。

（2）主要不良品：一个产品单位上含有一个或以上的主要缺陷，同时含有次要缺陷，但并无严重缺陷。

（3）次要不良品：一个产品单位上含有一个或以上的次要缺陷，但并无严重缺陷或主要缺陷。

2.1.2 电子产品 PCBA 安装可接受条件

1．IPC-A-610 标准简介

IPC-A-610 标准是国际电子元器件安装可接受性标准。IPC 是印制电路协会（Institute of Printed Circuits）的英文首字母缩写。IPC-A-610 标准针对有关印制电路板和电子组件在相对理想条件下表现的各种高于最终产品性能标准所描述的最低可接受条件的特征及反映各种不受控（制程警示或缺陷）情形以帮助生产现场管理人员定夺采取纠正行动需要的图片说明性文件。IPC-A-610 作为业界认同的标准，但并无法涵盖元器件和产品设计相关的所有情况。当使用特殊或不普遍的技术时，可能有必要另设验收条件。

IPC-A-610 标准更新很快，目前最新的版本是 IPC-A-610H：2020。该版的标准中包含了文件的一般更新内容，介绍了一些新型表面贴装元器件，同时删除了目标条件，是检查人员、操作人员及其他与电子组件验收要求相关的人员必须掌握的技术标准。

IPC-A-610H：2020 标准规定的条件分为 3 个级别，分别是：

（1）1 级普通类电子产品：包括那些以组件功能完整为主要要求的产品。

（2）2 级专用服务类电子产品：包括那些要求持续运行和较长使用寿命的产品，最好能保持不间断工作但该要求不严格。一般情况下不会因使用环境而导致故障发生。

（3）3 级高性能电子产品：包括以连续具有高性能或严格按指令运行为关键的产品。这类产品的服务间断是不可接受的，且最终产品使用环境可能异常苛刻，有需要时，产品必须能够正常运行。例如，救生设备或其他关键系统。

对各级别产品均给出了 3 级验收水平：可接受条件、缺陷条件和制程警示条件。

（1）可接受条件：可接受是指组件不必完美但要在使用环境下保持完整性和可靠性的特征。

（2）缺陷条件：缺陷是指组件在其最终使用环境下不足以确保外形、装配和功能的情况。缺陷情况应当由制造商根据设计、服务和客户要求进行处置。用户有责任定义适用于产品的特有缺陷。1 级缺陷自动成为 2 级缺陷。2 级缺陷意味着对 3 级也有缺陷。

（3）制程警示条件：制程警示（非缺陷）是指没有影响到产品的外形、装配和功能的情况。这种情况是由于材料、设计和操作人员/机器设备等相关因素引起的，既不能完全满足可接受条件又非缺陷。②应该将制程警示纳入过程控制系统而对其施行监控。③不要求对单一性制程警示进行处置。

2．PCBA 安装缺陷判定和可接受条件的依据

（1）用户与制造商之间达成的采购文件。

（2）反映用户具体要求的总图或总装图。

（3）用户引用或合同协议引用 IPC-A-610 标准。

这里仅对电子产品 PCBA 安装时的两个关键工序——SMT 和插件工序的安装位置和焊接要求进行详细的说明。

3．SMT 元器件放置与焊接状态的缺陷条件和可接受条件

（1）SMT 元器件放置状态的缺陷条件（1、2、3 级）。这里列出的缺陷主要包括缺件、错件、反向、侧立、立碑、反白和偏移等,属于不可接受情况,如表 2-2 所示。

表 2-2 SMT 元器件放置状态的缺陷条件

类别	缺陷描述	图片说明
缺陷条件	缺件:应贴片的位置未贴上元器件	
	错件:所贴元器件与工艺要求不相符。 反向:元器件放置方向错误。 侧立:元器件侧面与焊盘接触	应贴 0603 元器件　　错贴成 0805 元器件
	立碑:片状元器件站立于一个端子上。 反白:元器件字面向下	
	偏移:端子偏出焊盘。 末端重叠不充分	

(2)SMT 元器件放置状态的可接受条件分为可接受 1、2、3 级。其中 3 级能接受的,1、2 级也能接受,2 级能接受的,1 级也能接受,即高级向低级兼容,如表 2-3 所示。

表 2-3 SMT 元器件放置状态的可接受条件

类别	图片说明	1 级	2 级	3 级
可接受条件		侧面偏移(A)小于或等于元器件端子宽度(W)的 50%,或焊盘宽度(P)的 50%,取两者中的较小者(1、2 级要求相同)		侧面偏移(A)小于或等于元器件端子宽度(W)的 25%,或焊盘宽度(P)的 25%,取两者中的较小者
		最大侧面偏移(A)为城堡宽度(W)的 50%(1、2 级要求相同)		最大侧面偏移(A)为城堡宽度(W)的 25%

续表

类别	SMT 元器件放置状态			
	图片说明	1级	2级	3级
可接受条件		最大侧面偏移（A）不大于引线宽度（W）的 50%或 0.5mm（0.02in），取两者中的较小者（1、2 级要求相同）		最大侧面偏移（A）不大于引线宽度（W）的25%或0.5mm（0.02in），取两者中的较小者
		元器件端子的垂直表面润湿明显（1、2 级要求相同）		最小填充高度（F）为焊料厚度（G）加上端子高度（H）的 25%，或焊料厚度（G）加上 0.5mm（0.02in），取两者中的较小者
		散热面端子的侧面偏移不大于端子宽度的 25%。散热面末端端子的末端连接宽度在与焊盘接触区域有 100%润湿（1、2、3 级要求相同）		

（3）SMT 元器件焊接状态的缺陷条件如表 2-4 所示，主要包括空焊、桥接、虚焊和锡球等常见的缺陷。

表 2-4 SMT 元器件焊接状态的缺陷条件

类别	SMT 元器件焊接状态	
	缺陷描述	图片说明
缺陷条件	空焊：引脚与焊盘之间无焊料填充	
	桥接（短路）：线路与线路或元器件引脚之间不应导通而导通	
	虚焊：焊点外观良好，焊锡量适合，但没有与引脚焊接在一起	
	锡球：锡球未被裹挟、包封、连接，或在正常工作环境下会引起锡球移动。锡球违反最小电气间隙	

（4）SMT 元器件焊接状态的可接受条件如表 2-5 所示。

模块 2　可接受性标准与可制造性设计

表 2-5　SMT 元器件焊接状态的可接受条件

类别	图片说明	SMT 元器件焊接状态		
		1 级	2 级	3 级
可接受条件		有吹孔、针孔、空洞等，只要焊接连接满足所有其他要求即可	制程警示	制程警示
		锡球被裹挟、包封或连接（如裹挟在免洗残留物内、包封在敷形涂敷层下、焊接于金属表面、埋入阻焊膜或元器件下）。锡球不违反最小电气间隙（1、2、3 级要求相同）		
		润湿填充明显（润湿是指焊料与基底形成金属结合）	最小填充高度（F）为焊料厚度（G）（未图示）加城堡高度（H）的 25%，即 $F=G+H \times 25\%$	最小填充高度（F）为焊料厚度（G）（未图示）加城堡高度（H）的 50%，即 $F=G+H \times 50\%$
		润湿填充明显（图中 E 为最大跟部填充高度，IPC 标准：除非另有规定，焊料不应当触及封装本体或密封处）	最小跟部填充高度（F）等于焊料厚度（G）加连接侧的引线厚度（T）的 50%，即 $F=G+T \times 50\%$	最小跟部填充高度（F）等于焊料厚度（G）加连接侧的引线厚度（T），即 $F=G+T$
		BGA 焊料球不违反最小电气间隙（C），无焊料桥连，BGA 焊料球接触并润湿焊盘，形成一个连续不断的椭圆形或柱形的连接（1、2、3 级要求相同）		

4．插件元器件放置与焊接状态的缺陷条件和可接受条件

（1）插件元器件放置状态的缺陷条件如表 2-6 所示。

表 2-6　插件元器件放置状态的缺陷条件

类别	插件元器件放置状态	
	缺陷描述	图片说明
缺陷条件	未按规定选用正确的元器件（错件）（A）；元器件没有安装在正确的孔内（B）；极性元器件逆向安放（C）；多引线元器件取向错误（D）	

续表

插件元器件放置状态		
类别	缺 陷 描 述	图 片 说 明
缺陷条件	极性元器件逆向安装	
	要求加套管的元器件引线或导线没有加套管；套管损伤/不足，不能起到防止短路的作用；套管妨碍形成所要求的焊接连接；跨越非公共导体的元器件引线违反了最小电气间隙	
	元器件的倾斜超出元器件最大高度限制；元器件倾斜使引线伸出不满足验收要求	
	引线朝向非公共导体弯折并违反最小电气间隙（C）	
	焊盘与未绝缘元器件本体之间的距离小于最小电气间隙	距离小于最小电气间隙
	由于倾斜或错位，实际使用中无法配接；元器件违反高度要求；板销没有完全插入或扣入板子；引线伸出不满足验收要求	

（2）插件元器件放置状态的可接受条件如表 2-7 所示。

表 2-7 插件元器件放置状态的可接受条件

插件元器件放置状态				
类别	图 片 说 明	1级	2级	3级
可接受条件		极性元器件和多引线元器件定向正确；手工成形和手工插装时，极性标识符可辨识；所有元器件按规定选用，并安放到正确的焊盘上；无极性元器件没有按照标记同向读取（从左至右或从上至下）的原则定向（1、2、3级要求相同）		

续表

类别	图片说明	1级	2级	3级
插件元器件放置状态				
可接受条件	(图)	元器件的倾斜限制在引线最小伸出长度和高度要求范围内(1、2、3级要求相同)		
可接受条件	(1、2级) (3级)	从元器件本体的密封处到引线弯曲起始点的距离小于1倍引线直径或厚度,但不小于0.8mm(0.031in)(1、2级要求相同)		从元器件本体的密封处到引线弯曲起始点的距离大于1倍引线直径或厚度
可接受条件	元器件倾斜 C	元器件倾斜不违反最小电气间隙(C)	元器件倾斜不违反最小电气间隙(C)。元器件底面与板面/盘之间的距离小于0.3mm(0.012in)或大于2mm(0.079in)(制程警示)(2、3要求相同)	
可接受条件	H D C	元器件本体与板面的最大间隙(D)没有违反引线伸出要求或元器件高度要求(H)。H是一个由用户规定的尺寸(1、2级要求相同)		元器件本体与板面的间隙(C)不超过0.7mm(0.028in)

（3）插件元器件焊接状态的缺陷条件如表2-8所示。

表2-8 插件元器件焊接状态的缺陷条件

类别	缺陷描述	图片说明
插件元器件焊接状态		
缺陷条件	①焊料接触元器件本体或末端密封处;②因焊料过多,引线轮廓不可辨识;③焊料没有润湿引线或焊盘	
缺陷条件	①搭焊在元器件引线上的导线长度小于从焊盘边缘至引线膝弯处距离的75%;②导线延伸超过元器件引线的膝弯处,伸出的导线违反最小电气间隙	
缺陷条件	焊接连接呈现不良润湿,辅面的焊接连接内可看到绝缘层	

（4）插件元器件焊接状态的可接受条件如表2-9所示。

表 2-9 插件元器件焊接状态的可接受条件

类别	图片说明	插件元器件焊接状态		
		1级	2级	3级
可接受条件		未建立-1级	对于2级产品,允许镀覆孔的垂直填充最小为50%	最少75%的填充。允许包括主面和辅面一起最多25%的下陷
		未建立-1级	引线和孔壁至少呈现180°的润湿	引线和孔壁至少呈现270°的润湿
		最少270°的润湿和填充(引线、孔壁和端子区域)(1、2级要求相同)		最少330°的润湿和填充(引线、孔壁和端子区域)
		金属基材暴露于:导体的垂直面;元器件引线或导线的剪切端(1、2、3级要求相同)		
		导线搭焊在元器件的引线上,搭焊长度至少为从盘边缘至引线膝弯处距离的75%;导线搭焊在PTH/导通孔表面;导线在焊料中可辨识(1、2、3级要求相同)		

2.1.3 质量管理中常用的统计指标

质量管理的指标有许多,其中常用的统计指标的名称与定义如表 2-10 所示。这些指标常用于质量控制水平的描述。

表 2-10 质量管理中常用的统计指标的名称与定义

部门	指标名称	定义
制造部	直通率(也称第一次良品率)	直通率=第一批产品出量(良品)÷批投入量×100% 可用于衡量现场质量控制水平,以及产品可制造性和稳定性
	良品率	良品率=批总产出量(含返工)÷批总投入量×100%
	准时交货率	准时交货率=准时交货批数÷应交货总批数×(1-批退货率)×100%
	缺陷率(DPPM)	缺陷率=缺陷点数÷总点数×10^6(百万分之缺陷数)

模块 2　可接受性标准与可制造性设计

续表

部　门	指 标 名 称	定　　义
品管部	开箱不良率	开箱不良率=顾客第一次使用不良数÷本批次销售数×100%
	返修率	返修率=市场退回不良数÷销售数×100%
	顾客满意度	顾客满意度=满意数÷调查总数×100%
	来料检验出错率	来料检验出错率=物料检验出错数÷物料总数×100%
	成品合格率	成品合格率=产品合格总数÷产品出货总数×100%

任务实施

1．实验目的

学会利用 IPC-A-610 标准识别良品与不良品，能够根据统计指标制定质量目标。

2．实验准备

（1）联网计算机（Windows 操作系统）。
（2）Office 软件。

3．实验过程

（1）通过查找 IPC-A-610H 标准，识别如表 2-11 所示的元器件安装接受条件：缺陷条件、可接受条件、制程警示条件（1、2、3 级）。

表 2-11　PCBA 可接受性判断表

序　号	图 片 说 明		判定（括号内填级别）
1		立碑与侧面偏移程度	□缺陷条件　　（　）级 □可接受条件　（　）级 □制程警示条件（　）级
2		末端连接宽度	□缺陷条件　　（　）级 □可接受条件　（　）级 □制程警示条件（　）级
3		共面性与极性	□缺陷条件　　（　）级 □可接受条件　（　）级 □制程警示条件（　）级
4		叠装与散热面	□缺陷条件　　（　）级 □可接受条件　（　）级 □制程警示条件（　）级
5		润湿填充	□缺陷条件　　（　）级 □可接受条件　（　）级 □制程警示条件（　）级

续表

序 号	图 片 说 明	判定（括号内填级别）
6	绝缘层损伤	□缺陷条件　　　（　）级 □可接受条件　　（　）级 □制程警示条件　（　）级

（2）表2-12所示为某电子科技有限公司的质量目标。请依据今年实际值制定明年的质量目标。

表2-12　某电子科技有限公司的质量目标

序号	责任部门	项　　目	考核目标	今年实际值	明年目标值	计算公式
1	生产部	炉后缺陷率（DPPM）	1000	900		
2		半成品良品率	≥99.30%	99.50%		
3		成品良品率	≥99.00%	99.10%		
4		成品报废率	≤0.60%	0.40%		
5	工程技术部	直通率	≥99.7%	99.7%		
6	品管部	开箱合格率	99.90%	99.50%		
7		客退返修率	≤0.25%	0.25%		

4．提交实验报告

将已经完成的实验报告提交至作业平台（职教云或学习通平台等）。

练　习

一、名词解释

1．缺陷条件；2．可接受条件；3．制程警示条件；4．DPPM；5．直通率。

二、选择题

1．（　　）是指根据判断及经验显示，对使用、维修或依赖该产品的个人，有发生危险或不安结果的缺陷。

　　A．次要缺陷　　　　B．主要缺陷　　　　C．严重缺陷　　　　D．不良品

2．以连续具有高性能或严格按指令运行为关键的产品属于（　　）产品。

　　A．1级　　　　　　B．2级　　　　　　　C．3级　　　　　　　D．专业服务类

3．元器件焊接端与PCB形成的焊点不牢靠，呈现时而开路时而通路状态，称为（　　）。

　　A．空焊　　　　　　B．桥接　　　　　　C．浮高　　　　　　D．虚焊

三、判断题

（　　）1．空焊就是元器件焊接端没有与PCB形成焊接。

（　　）2．引线和孔壁至少呈现270°的润湿是插件元器件焊接状态的可接受条件2级水平。

（　　）3．IPC-A-610 是业界表决通过的标准。
（　　）4．制程警示条件是指已经影响到产品的外形、装配和功能的情况，属于缺陷。
（　　）5．任何违反最小电气间隙的情况都是缺陷。
（　　）6．IPC-A-610 提供的标准和出版物是强制性的。

四、简答题

1．PCB 常见的缺陷有哪些？
2．电子产品的安装质量是如何分级的？
3．直通率和良品率有什么区别？

任务 2.2　PCB 的可制造性设计评审

任务描述

"零缺陷"要求把质量管控放在上游。在开始就建立起缺陷预防系统，力求防患于未然，做到"无火可救"。据统计，电子产品总成本的 60%以上是由设计过程决定的，产品 70%~80%的缺陷可归于设计方面的问题。某电子企业为了提高产品的质量、生产效率与降低成本，经过数据分析认为 PCB 设计缺陷是关键因子，存在不规范设计使得自动化作业率较低，影响产品品质控制和质量水平的提升。因此，应从设计入手通过规范设计和加强可制造性设计评审来达到目标。本任务是：通过学习 PCB 布局方案、外形尺寸、定位孔和定位标志的设计规范，提高可制造性设计能力，要求能够对 PCB 进行可制造性设计评审。

知识准备

2.2.1　生产工艺流程

SMT（Surface Mount Technology，表面组装技术）的内容包含表面组装元器件、组装基板、组装材料、组装工艺、组装设计、组装测试与检测技术等诸多学科，是一项综合性工程科学技术。

如图 2-1 所示，SMT 回流工艺流程主要经过丝印、贴片、回流等过程，其中为了确保丝印效果，增加了 SPI（锡膏检测机）；为了确保焊接质量，采用了 Xray（X 光检查机）及 AOI（全自动光学检测机）等进行在线检测。

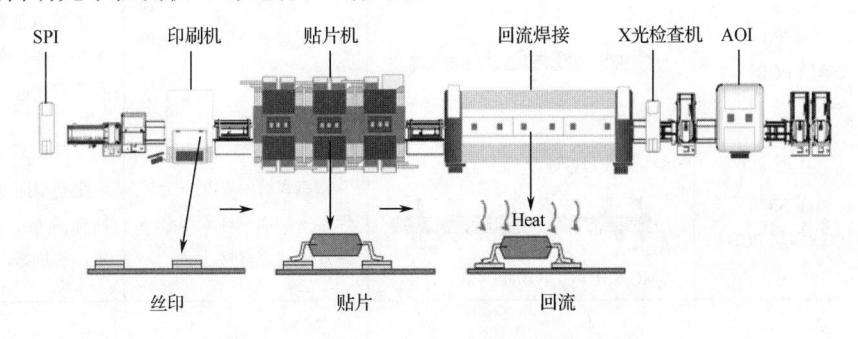

图 2-1　丝印、贴片和回流的过程示意图

图 2-2 点胶、贴片和固化示意图

SMT 的另一种工艺是点胶工艺,这种工艺的特点是:贴片是使用 SMT 完成的,而元器件的焊接则是使用波峰焊接机完成的。在 SMT 中只完成点胶,把元器件贴上并且通过固化炉将元器件固定。点胶、贴片和固化示意图如图 2-2 所示。

因此,PCB 的生产工艺流程可以归纳为如图 2-3 所示的流程。从图 2-3 中可以看出,整个 PCB 的生产工艺流程依据不同的侧重点可以分为两个部分:一是以机器为主的表面贴装和自动插件作业;二是以人工为主的机器与人工相结合手工插件、焊接、装配和测试等作业。

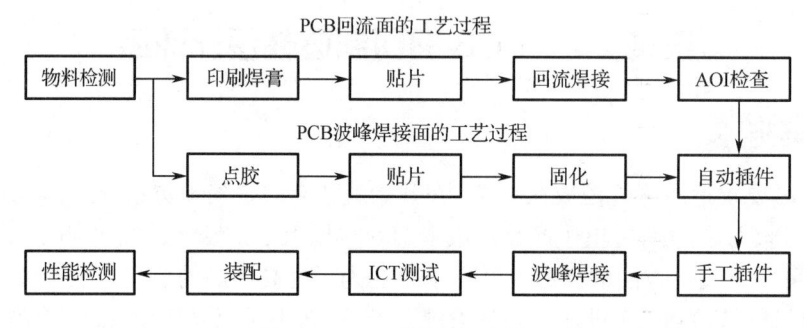

图 2-3 PCB 的生产工艺流程

2.2.2 PCB 设计方案

PCB 上的元器件安装方式与布局所形成的方案决定了工艺流程的长短,影响了产品制造成本、质量控制、生产效率及产品售后服务成本。方案选择原则是在满足产品所需的性能指标的情况下,尽可能选择 SMT 自动化生产作业方式,选择最短的生产工艺流程完成生产,以及依据可制造性设计的相关规范要求进行 PCB 布局设计。

表 2-13 列举了 3 种 PCB 设计的安装方式,从质量控制与保证、生产成本的降低考量,建议产品设计时优先采用表中方案。

表 2-13 PCB 安装方案

序号	工艺名称	元器件安装结构示意图	主要工艺流程	选择说明
(1)	单面 SMT(单层 PCB)		印刷焊膏→贴片→回流焊接	采用单面板和 SMT 工艺,具有成本低的优势,应优选
(2)	双面 SMT(双层或多层 PCB)		印刷焊膏→贴片→回流焊接→翻面→印刷焊膏→贴片→回流焊接	采用双面 SMT、双面回流焊接,生产流程短,质量好,应优选

续表

序号	工艺名称	元器件安装结构示意图	主要工艺流程	选择说明
（3）	SMT/THT 混装（双层或多层 PCB）	SMC/SMD/THC（元器件面） 焊接面	印刷焊膏→贴片→回流焊接→插件→波峰焊接	用回流焊接保证贴片质量，用波峰焊接保证通孔元器件焊接质量，应优选

2.2.3 PCB 的外形尺寸

PCB 的可制造性设计的目的之一就是提高自动化生产作业水平，也就是提高机器作业率，这是最基本的，也是最重要的目的。而要提高自动化生产作业水平就必须了解设备的性能，依据设备的能力特点对 PCB 的设计进行各种规范。

1. 设备的极限能力

针对生产工艺流程中的设备，设计人员需要对设备特点有所了解，知道这些设备的极限参数。表 2-14 为某企业的设备极限尺寸参数表，仅供参考。了解设备极限参数的目的就是为了避免所设计的 PCB 超出了设备的加工能力，造成需要重新购买新设备，增加投入、浪费资源。这里的设备是指机器或生产流水线。对于设备来说，最为关注的是能否适应 PCB 的长度与宽度尺寸的需求；对于流水线来说，最为关注的是宽度尺寸，这一点常常被一些设计人员忽视。需要注意的是，表 2-14 所列的参数是某一电子企业的，不同的企业，其设备极限参数是不相同的，设计时应参照所在企业的设备极限参数进行 PCB 集合板的外形尺寸设计。

表 2-14 某企业的设备极限尺寸参数表　　　　　　　单位：mm

设备	最大 PCB 尺寸（长×宽）	最小 PCB 尺寸（长×宽）	设备	PCB 最大宽度	PCB 最小宽度
跳线机	508×381	90×60	UV 炉	500	50
卧插机	450×450	50×50	插件线	370	50
直插机	400×300	150×80	波峰焊接机	400	50
贴片机	510×460	50×50	ICT	370	50
点胶机	457×407	50×50	割板机	460	50
丝印机	470×520	50×50			

2. PCB 的外形长、宽尺寸的要求

PCB 的外形长、宽尺寸应参照表 2-14 进行设计。在保证满足各种设备的要求下，各型号产品的 PCB 拼板应尽量相同，使之具有通用性，减少调整设备时间，以确保自动化生产的顺利进行。一般来说，对于小工作台的贴片设备选择 PCB 最大的面积：$X \times Y = 330 \text{mm} \times 250 \text{mm}$；对于大工作台的贴片设备选择 PCB 最大的面积：$X \times Y = 460 \text{mm} \times 460 \text{mm}$，最小面积：$X \times Y = 50 \text{mm} \times 50 \text{mm}$。PCB 的外形尺寸的最大值建议设置在 250mm×200mm 以内；以减少 PCB 的变形，从而保证元器件的组装质量。与此同时，PCB 外形长、宽尺寸也应尽量符合生产厂家的要求，以减少生产过程中的废边产生。

3. PCB 的厚度尺寸要求

目前 SMT 机台可生产的 PCB 的厚度为 0.5～4mm，对于厚度小于 0.5mm 的 PCB，可以通过辅助夹具进行生产，最小厚度要求可放宽至 0.2mm，但最大厚度不可超出 4mm，建议 PCB 的厚度尽量大于或等于 1.0mm，一般采用 1.6mm。

2.2.4 PCB 的定位孔尺寸和位置

1. SMT 定位孔

SMT 定位孔的作用是固定 PCB，使之在机台中的相对位置保持不变并和基准点识别的光学定位方式（MARK 点）相结合以提高定位精度，满足高密度、高精度的装配要求。相对于基准点识别的光学定位方式，SMT 定位孔是一种机械定位，定位精度较低。

（1）对于厚度≥0.8mm 的 PCB（如手机主板等），需要在确定 PCB 生产流向后，在上下工艺边设置 4 个 SMT 定位孔。定位孔的直径均为 $\phi 3.2^{+0.05}$mm，下工艺边定位孔的中心距左右工艺边缘 5mm，距下工艺边缘 5mm，如图 2-4 中的 A、B 点所示；上工艺边定位孔的中心距左右工艺边缘 5mm，距上工艺边缘 3mm，如图 2-4 中的 C、D 点所示。

（2）对于厚度<0.8mm 的 PCB，由于生产过程中需要使用载板进行辅助生产，在 PCB 上需要在上下工艺边上设计 4 个定位孔进行定位，定位孔中心距左右工艺边缘 5mm，距上下工艺边缘 2mm。并在上工艺边的中间设计 1 个防错孔，定位孔及防错孔的直径均为 $\phi 2^{+0.05}$mm，如图 2-5 所示。

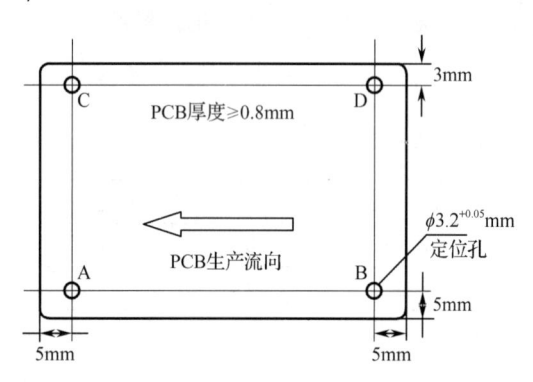

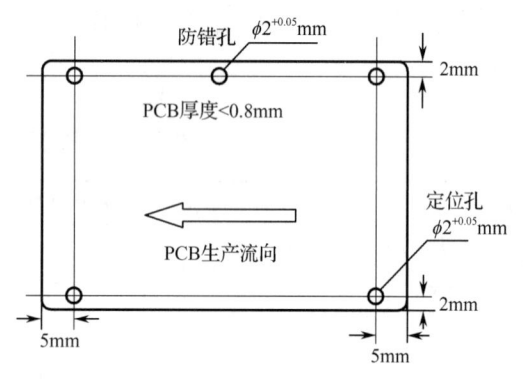

图 2-4 PCB 厚度≥0.8mm 时定位孔的设计　　图 2-5 PCB 厚度<0.8mm 时定位孔、防错孔的设计

2. 插件定位孔的设计

插件定位孔主要应用于自动插件、波峰焊接、ICT 测试和 PCBA 电路板性能测试等工序的定位。这些工序要求在 PCB 的两个对角上设置定位孔 A、B、C、D，并且 4 个定位孔必须是对称的，如图 2-6 所示。

3. PCB 的工艺边宽度设置

为了加强 PCB 的连接强度，减少变形量，防止机台加/卸载的传感器检测不到 PCB 或误动作，以及机台加/卸载传送时干涉到元器件，对 PCB 的工艺边要求为：PCB 四边都需要加工艺边，对边应平齐且相互平行，尽量避免有缺口，具体的工艺边宽度尺寸如表 2-15 所示。

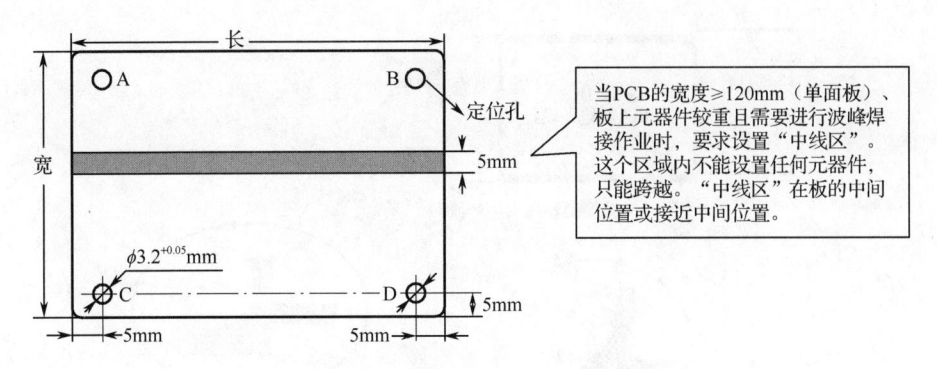

模块 2　可接受性标准与可制造性设计

图 2-6　PCB 插件定位孔的设计示意图

表 2-15　PCB 的工艺边宽度尺寸

PCB 厚度	上工艺边	下工艺边	左工艺边	右工艺边
≥0.8mm	5mm	8mm	3mm	3mm
<0.8mm	4mm	4mm	3mm	3mm

注：工艺边尺寸均不包括铣槽。当 PCB 强度足够、板边无元器件干涉且不影响机台自动化贴装的条件下，可以不设置左右工艺边。智能化设备也可能对工艺边或定位孔没有要求，需要依据企业的情况进行设置。

4．PCB 缺口

PCB 外缘，特别是沿 PCB 生产流向的左右工艺边 50mm×15mm 的范围内（图 2-7 的阴影内），不可出现大于 5mm×5mm 的缺口，以防止机台加/卸载的传感器检测不到 PCB 或误动作，以保证机台加/卸载能将 PCB 传送到位。若出现 5mm×5mm 以上的缺口，则需要用板子填充，以免机台误判。

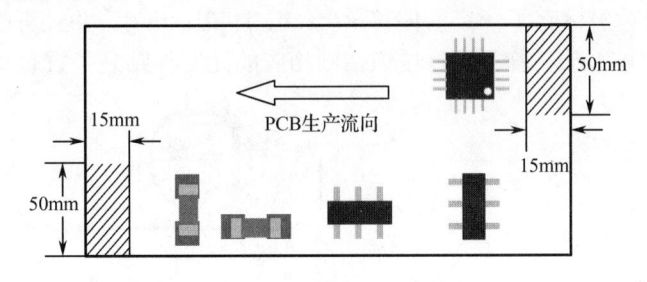

图 2-7　PCB 缺口示意图

5．PCB 的边角倒圆角半径 R

为了防止 PCB 锐利的边角在生产过程中造成人身伤害，保护作业人员，同时防止 PCB 在传送过程中卡板（原理解释见图 2-8），所有 PCB 的 4 个边角应倒圆角，圆角半径 R≥3mm。

如图 2-8 所示，对于机台前后轨道的不一致，由于采取了圆弧边角设计，水平分量的力 F_x 较未采用圆弧边角设计时小，同时产生的垂直分量的力 F_y 可帮助 PCB 通过传送轨道，防止 PCB 卡板。

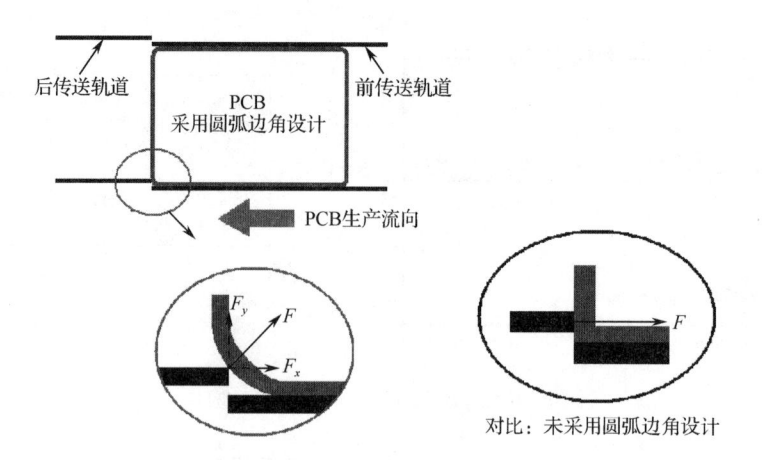

图 2-8　PCB 的边角倒圆角原理图

2.2.5　定位标识的设计

1. MARK 点

MARK 点是基准点识别的光学定位方式，是 SMT 的定位标识，其外形如图 2-9 所示。不同 PCB 之间，MARK 点与 PCB 上贴装元器件间的相对坐标是不变的，机台原点也是不变的。一般情况下，MARK 点外形有 3 种方式，分别为 MARK1、MARK2 和 MARK3。

2. MARK 点识别的基本原理

MARK 点和 PCB 上的其他焊盘图形是在同一工艺流程的相同工序中制作出来的，所以不同 PCB 上两者的相对坐标的误差很小。

由于 PCB 制造误差或实际生产过程中的定位误差，不同 PCB 间的同一 MARK 点相对机台坐标原点的绝对坐标有了一定的偏移量(dx_1, dy_1)和(dx_2, dy_2)，并且可能存在一定的转角偏差 θ，如图 2-10 所示。若不进行校识，则相应的元器件贴装位置也将产生偏差。

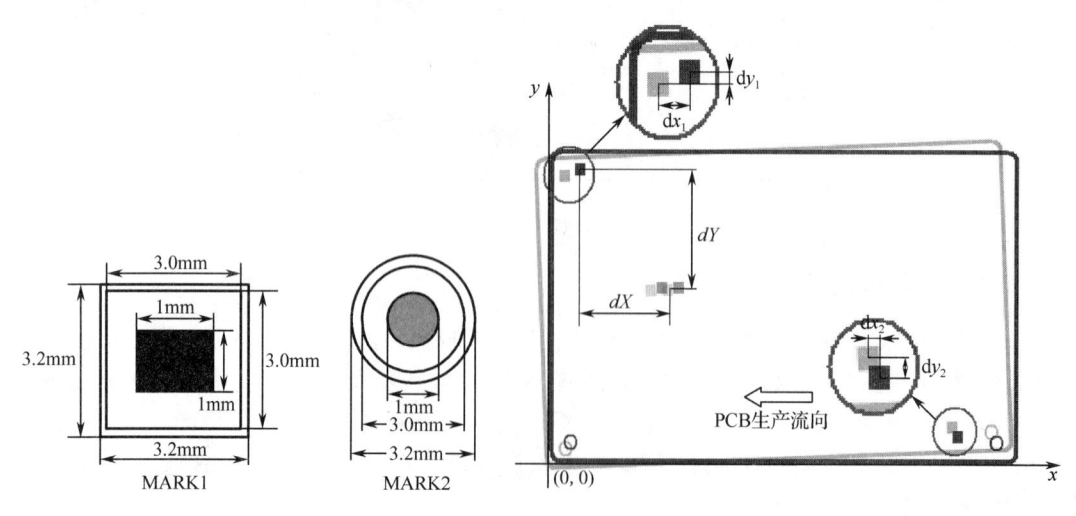

图 2-9　MARK 点外形图　　　　图 2-10　MARK 点识别的基本原理示意图

机台通过 MARK 点的识别，可以取得基准点间 X、Y、θ 的偏移量，并计算出相应的贴装位置坐标补偿量，从而实现高精度的贴装。

3．常见 MARK 点尺寸要求与选择

（1）MARK1 的外形要求：①标志区：1mm×1mm 的方形焊盘，要求表面平整无内凹，反光性好；②亚光区：离中心 1.5mm 区域（不含标志区）为亚光区；③保护区：亚光区外圈要有 0.2mm 宽的铜箔保护圈。

（2）MARK2 的外形要求：①标志区：ϕ1mm 的圆形焊盘，要求表面平整无内凹，反光性好；②亚光区：离中心 1.5mm 区域（不含标志区）为亚光区（反光性差）；③保护区：亚光区外圈要有 0.2mm 宽的铜箔保护圈。

对于 MARK1 和 MARK2，如果 MARK 点周围的线路太密，标志点及亚光区的尺寸可以适当减少，但必须保证亚光区的尺寸至少为标志点尺寸的 2 倍。

（3）MARK 点的选择。

由于圆形 MARK 点的加工难度较大，加工出来的外形尺寸难以保证，当 PCB 生产厂家的加工能力较差时，推荐采用更容易加工的方形 MARK1。当 PCB 生产厂家的加工能力较高时，推荐优先采用圆形 MARK2。

4．拼板 MARK 点、单板 MARK 点、元器件 MARK 点的区别及作用范围

（1）拼板 MARK：针对整个 PCB 上的所有贴装元器件进行表面贴装位置标识。对于由几块相同的或不同的单元板构成的拼板，除了每一块单元板上有各自的单元标识 MARK 点，整个拼板还必须有拼板 MARK 点，如图 2-11 中的 A1 与 A2 所示。

（2）单板 MARK 点：针对单块单元板上的所有贴装元器件进行表面贴装位置标识，如图 2-11 中的 B1 与 B2 所示。

（3）元器件 MARK 点：针对局部的单个元器件或几个元器件构成的元器件组进行表面贴装位置标识。目的是进一步提高细间距元器件或局部元器件组的贴装位置精度，如图 2-11 中的 C1 与 C2 所示。

5．拼板 MARK 点、单板 MARK 点的数量及分布

（1）MARK 点外圈距板边 3mm，定位孔中心 5mm×4mm 的范围内不配置 MARK 点。

（2）MARK 点应成对出现，设置在对角尽量远处，但其位置不要对称，如图 2-12 所示，$a_1 \neq a_2$ 或 $b_1 \neq b_2$。其目的是保证：当 PCB 转置 180°时，机台无法识别，以防止放错板。

（3）若 PCB 为双面板，则两面的拼板 MARK 点的外形最好不同，如一面为圆形 MARK 点，另一面则为方形 MARK 点，或者以不同的 MARK 点设置位置加以区分以防止 PCB 板面放反。

6．QFP 封装 IC 的定位标识 MARK 点

（1）正常情况下，当 IC 引脚间距≤0.5mm 时，该 IC 需加 MARK 标识，以提高该 IC 的贴装精度。但是如果布线太密，允许仅对引脚间距为 0.4mm 及其以下的 IC 增加 MARK 标识。

（2）如图 2-13 所示，该 QFP 封装 IC 的 MARK 点为一对，在通过 IC 本体的对角中心

线上（应尽量靠近 IC 的对角）设置，其形成的对角线方向最好与拼板 MARK 点的对角线方向相反。

（3）若无法设置在 IC 的外部，也可设置在 IC 内部靠近对角处。

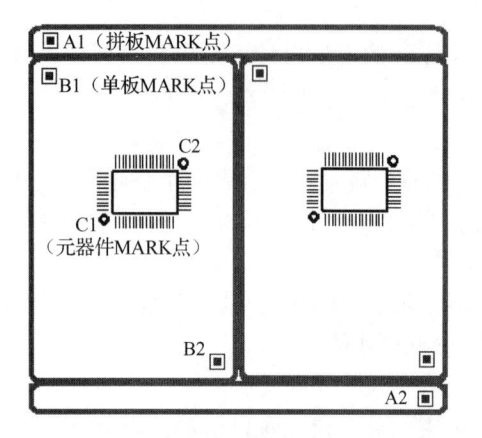

图 2-11　MARK 点的应用范围示意图

图 2-12　MARK 点分布尺寸图

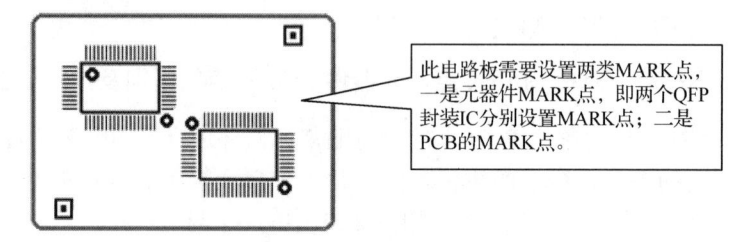

图 2-13　QFP 封装 IC MARK 点设置图

2.2.6　元器件的布局规则

（1）DIP 标识指明 PCB 流水作业的方向，在该方向下元器件的布局请参照图 2-14 和图 2-15 的要求。无功焊盘即独立焊盘，是为解决连续引脚焊接时，易出现桥接缺陷而设置的。

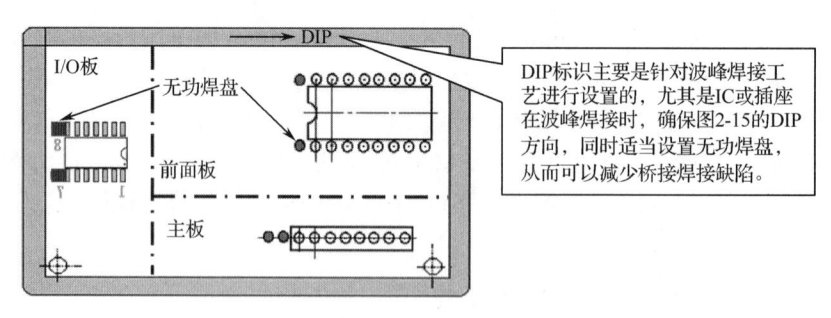

图 2-14　DIP 方向示意图

（2）REFLOW 标识指明回流焊接工艺下，SMT 作业时 PCB 的流向，如图 2-16 所示。

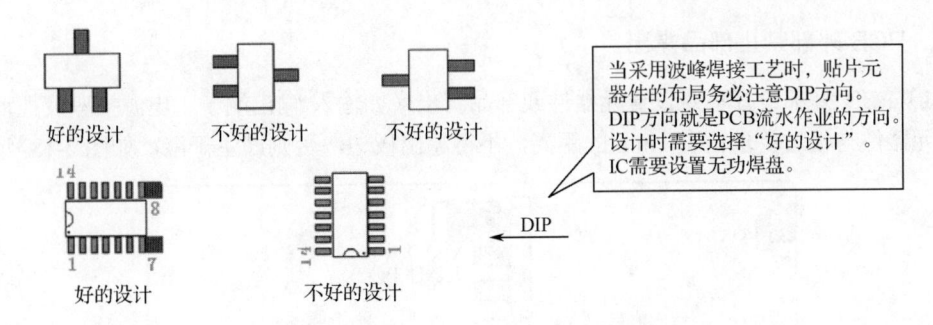

图 2-15 采用波峰焊接工艺时贴片元器件布局示意图

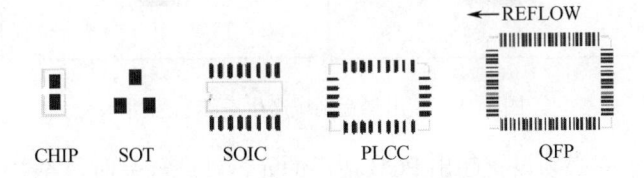

当采用波峰焊接工艺时，贴片元器件的布局务必注意DIP方向。DIP方向就是PCB流水作业的方向。设计时需要选择"好的设计"。IC需要设置无功焊盘。

图 2-16 回流工艺贴片器件排列

大体积的元器件在回流焊接时，热容量较大，过高的密度易引起局部温度偏低而造成虚焊。因此，大体积元器件周围应留有足够的空间，以避免其挡住周边元器件，吸收热能形成所谓的遮蔽效应。

（3）为了防止元器件反插，同时方便过程检查，同一 PCB 上有极性或方向的元器件，其极性或方向标识应设置成一致，且要相对集中，如有极性的电解电容、二极管等，有方向的三极管、贴片 IC、排阻等。

2.2.7 部品禁止区域

为了提高设备自动化作业率、减少修补性人工作业，在 PCB 设计时要求设计人员不得在禁止区域内放置元器件，必须遵守相关规范。

1. PCB 外沿、定位孔周围的部品禁止区域设置

PCB 沿 DIP 方向的两侧起至少 5mm 宽的区域不得配置任何元器件（包含打弯后的元器件引脚，但该区域可设置为工艺边）。工艺边的尺寸参照图 2-17。

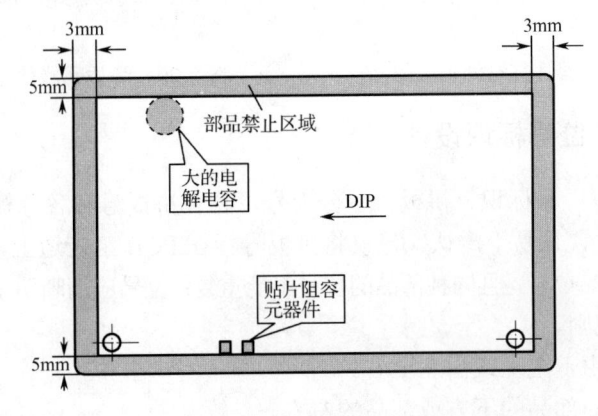

图 2-17 PCB 外沿、定位孔周围的部品禁止区域示意图

2. PCB外部禁止部品露出

（1）PCB外部最好不要设置元器件或部品露出（如输入/输出端子、电源插座及拨动开关等）。元器件与板边要求留有1mm的距离，不得超出板边，否则产生干涉，如图2-18所示。

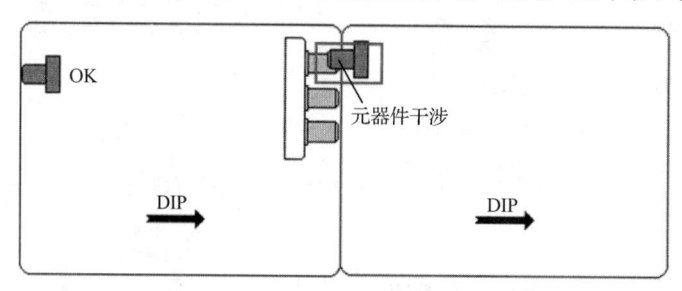

图2-18　超出禁止区域产生干涉示意图

（2）若各拼板之间必须设置超出PCB边沿的元器件或部品时，各拼板之间应根据元器件或部品的本体尺寸合理布局，元器件或部品之间必要遵循有关元器件或部品间间距的相关规定。出现这种情况时，需要对端子进行手工焊接，但是会对生产效率及品质将产生不利的影响。

3. 竖插元器件的禁止区域设置

（1）竖插元器件引脚处：由于竖插元器件在自动插件作业时引脚会被打弯，因此，在打弯处不能设计裸露的铜箔，如图2-19所示，图中灰色区域为禁止裸露铜箔区。

（2）竖插元器件间的最小距离：以不出现元器件实体相互干涉为原则。

4. 卧插元器件的禁止区域设置

卧插元器件（包括跨接线）引脚处：禁止布裸露铜箔和配置元器件，如图2-20所示。

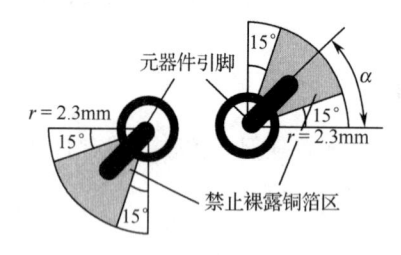

图2-19　竖插元器件打弯处示意图 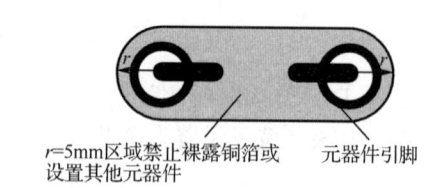　　　图2-20　卧插元器件打弯处示意图

2.2.8　板号、位号标识设计

（1）PCB必须有厂家标识、拼板号、分板号，且各拼板号和各分板号不能重复；各标识应尽量标在醒目位置且易于辨认。建议将拼板号标在PCB工艺边上，如图2-21所示。

（2）必须设定部品位号，且同种部品的位号不能重复；位号应清晰明了，不容易产生误解。

（3）位号编号规则。

① 文字方向：由下至上或由左至右。

② 文字的位置：部品的下方或部品的右方。

所有部品的位号都要靠近部品进行标识。若因空间制约不能邻近表示时，则可在附近找一空白区域，按元器件排列位置及方向进行标识，同时应明确标识已标识的区域和引出的部品区域间的对应关系，如图2-22所示。

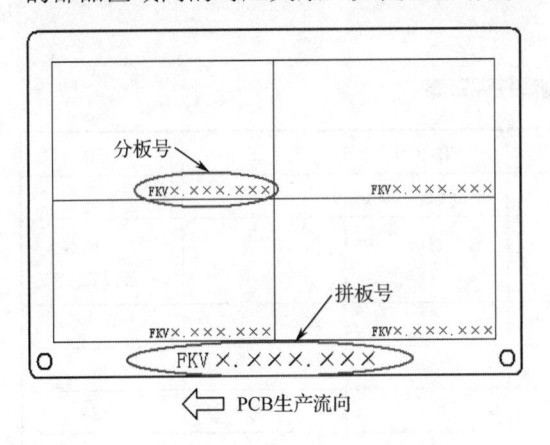

图2-21 板号、拼板号的标识示意图

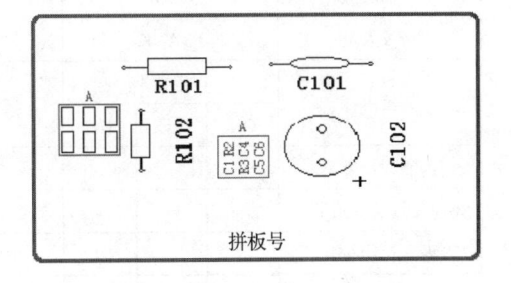

图2-22 部品位号标识示意图

2.2.9 焊盘设计注意事项

1. 金属化通孔的设置

（1）焊盘上不能有贯穿金属化通孔或者贯穿金属化通孔距离焊盘过近，否则焊接时容易造成焊料流失，使周边的元器件"桥接"或流失的焊料污染板面。

（2）贯穿金属化通孔不能设计在元器件底下，以避免焊接时的助焊剂残渣等物质残留在通孔内无法清除，影响产品寿命，此外，元器件底下的贯穿金属化通孔还可能造成元器件底下夹藏锡珠而无法清除。同时对于较大的贯穿金属化通孔，波峰焊接时的焊料可能由于毛细作用上涌到元器件插装面，影响到元器件上已焊接好的焊点并造成对元器件的热冲击。如果无法避免元器件底下的通孔设置，那么在元器件底下的通孔应设置阻焊膜覆盖。解决的方法如图2-23中左边的"合理设计"所示。

2. 焊盘与大面积铜箔连接

与焊盘相连接的铜箔走线过粗使得焊盘吸热慢散热快对焊接也会产生不利的影响，容易造成虚焊缺陷。因此，对于焊盘与大面积的铜箔相连接请参照图2-24的方式进行设计。具有多年设计经验的研发人员也常会出现这类问题，应当引起足够的重视。

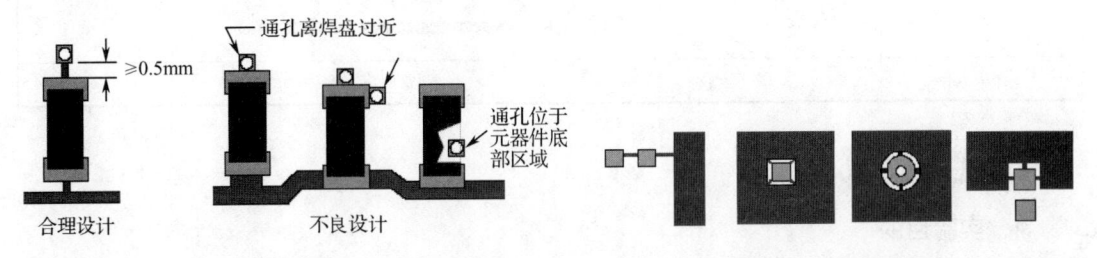

图2-23 金属化通孔设计位置示意图

图2-24 焊盘与大面积铜箔合理连接示意图

2.2.10 可制造性评审的内容与表单格式

可制造性评审（也称工艺评审）的内容是综合以上各点的要求列出的项目，如表2-16所示。

表2-16 可制造性评审表

产品类型	ODM			产品型号	PB-2021	评审工序	PCB
研发人员	FRANK			板件号	9000-0101-0000	负责人	
评审内容	评审结果			现象描述	建议内容	设计更改答复	工艺技术部门确认
	OK	更改	NG				
PCB设计方案	√						
MARK点/定位孔设置			√	未设置MARK点	增加	同意	OK
四角设计圆弧			√	四角无圆弧	修正	同意	OK
IC第一脚/板号标志			√	IC无第一脚标志	增加	同意	OK
部品最小间距设置	√						
回流焊盘设计			√	焊盘有过孔	改进	同意	OK
V形槽/邮票孔设置	√						
REF/DIP标识设置	√						
PCB尺寸	√						
工艺边设置	√						
波峰焊盘设置	√						
焊盘连接设置	√						
部品禁止区域设置	√						
插件元器件最小间距	√						
PCB板号及位号设置			√	未设置PCB板号	增加	同意	OK
其他							
图片	焊盘有过孔 PCB尺寸：120mm×80mm×1.6mm						工艺流程：印刷焊膏→贴片→回流焊接→翻面→印刷焊膏→贴片→回流焊接
评审人	班级××××				评审时间		

任务实施

1. 实验目的

学会制作可制造性评审表，能够对PCB的设计方案、外形尺寸、定位方式等进行评审，使之能够适应大批量自动化生产作业。

2．实验准备

（1）联网计算机（Windows 操作系统）。

（2）Office 软件。

3．实验过程

（1）仔细识别图 2-25 的 PCB 布局图及元器件实物图并参照表 2-16 制作可制造性评审表。

（2）对 PCB 的设计方案、外形尺寸、定位方式等进行评审。

（3）指出不利于进行批量自动化生产作业的问题。图 2-25 中明显有两处不合理，导致部分元器件无法进行自动化生产作业。

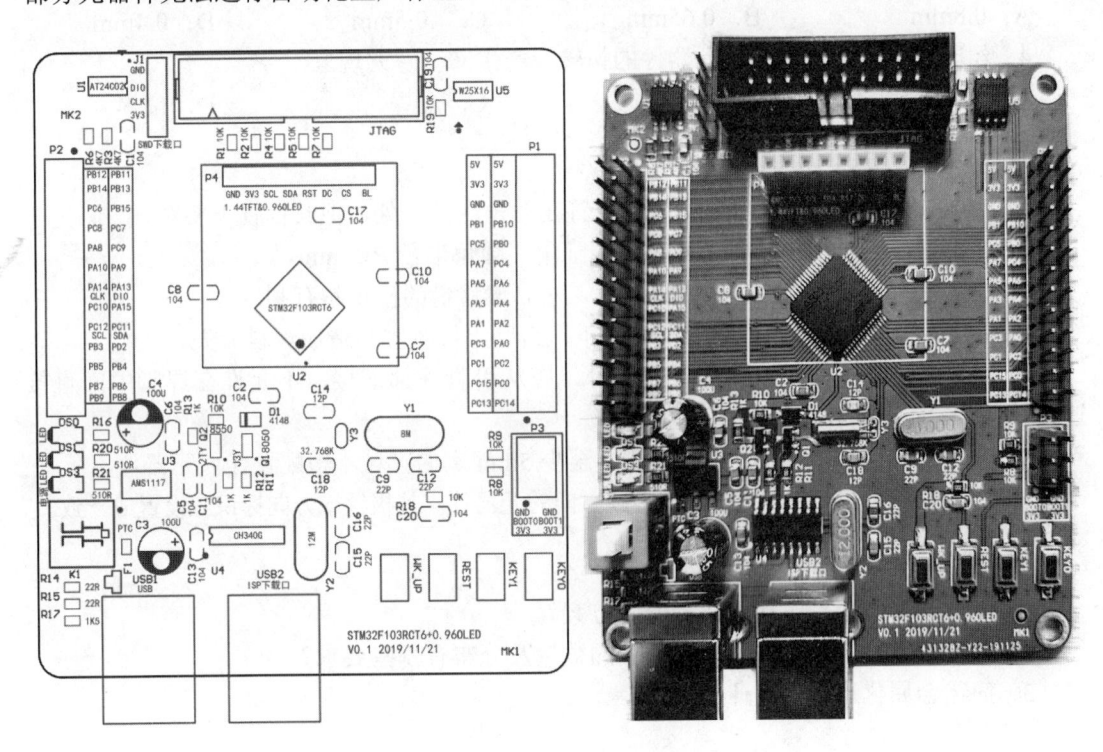

图 2-25　某一产品的开发板 PCB 装配与实物图

4．提交实验报告

将已经完成的实验报告提交至作业平台（职教云或学习通平台等）。

练　习

一、名词解释

1．MARK 点；2．REFLOW 方向；3．DIP 方向。

二、选择题

1．工艺流程为印刷焊膏→贴片→回流焊接→插件→波峰焊接的工艺是（　　）。

A．单面 SMT 工艺 B．双面 SMT 工艺
C．多层 SMT 工艺 D．SMT/THT 混装工艺

2．下列方案中最有利于质量的控制的是（　　）。
A．点胶→贴片→固化黏胶→翻面→自动插件→手工插件→波峰焊接
B．印刷焊膏→贴片→回流焊接→插件→波峰焊接
C．点胶→贴片→固化黏胶→翻面→插件→波峰焊接→手工插件→手工焊接
D．印刷焊膏→贴片→回流焊接→点胶→贴片→固化黏胶→插件→波峰焊接

3．正常情况下，当 IC 脚间距≤0.5mm 时，该 IC 需加 MARK 标识，以提高该 IC 的贴装精度。但是如果布线太密，允许仅对（　　）及其以下的器件增加 MARK 标识。
A．0.8mm B．0.65mm C．0.5mm D．0.4mm

4．丝印焊盘偏宽容易造成元器件的扭转及产生（　　）现象。
A．半边焊和立碑 B．桥接 C．虚焊 D．空焊

三、判断题

（　）1．MARK 点应成对出现，设置在对角尽量远处，但其位置不要对称。
（　）2．所有 PCB 的 4 个边角应倒圆角，圆角半径 R≤3mm。
（　）3．MARK 点的对角距离越远，对 θ 偏移量的校识越有利。
（　）4．通孔不能设计在元器件底下，否则焊接时容易造成焊料流失。
（　）5．IC 引脚焊盘间需要连接时，应从引脚外部连接，不允许在焊脚中间直接连接。
（　）6．PCB 沿 DIP 方向的两侧起至少 5mm 宽的区域不得配置任何元器件。
（　）7．同一 PCB 上有多个极性或方向的元器件，其极性或方向标识应设置成一致。

四、简答题

1．当安装密度较高时如何选择安装方案？
2．拼板 MARK 点及单板 MARK 点的数量及分布有哪些要求？
3．简述金属化通孔的设计要求。

模块 3　检验、统计抽样检验和可靠性验证

能力目标

1. 会制作 IQC、IPQC、OQC 的检验记录表，能够依据 GB/T 2828.1—2012 标准确定抽样方案；
2. 看懂 OC 曲线表示的含义，能用 Minitab 分析或设计抽样方案；
3. 能用 Minitab 确定可靠性试验方案，分析试验结果。

知识目标

1. 理解抽样检验常见术语、OC 曲线的含义，掌握抽样检验的分类和抽样标准；
2. 掌握抽样方案的制订与实施方法；
3. 理解可靠性验证的定义，了解可靠性验证的内容，掌握可靠性分析的相关术语。

任务 3.1　设计 IQC、IPQC、FQC、OQC 检验内容及数据统计表

任务描述

质量是设计、制造和管理出来的，检验是质量管理的手段，贯穿于产品的整个过程。检验工作是把好产品质量关的关键。企业通过对生产过程中各个环节和各道工序的质量检验，保证不合格的原材料不投产、不合格的半成品不流入下道工序、不合格的产品不出厂。本任务以某电子科技公司生产电子传感器为例，说明 IQC、IPQC、FQC、OQC 检验内容，要求对物料检验、AOI 检测、出货检验 3 个主要质量控制点设计质量记录表，并依据相关数据对检验结果做出判断。某传感器生产工艺流程如图 3-1 所示。课程思政：播放纪录片《大国质量》之《天下规则》。

IQC → 印刷焊膏 → 贴片 → 回流焊接 → AOI检测

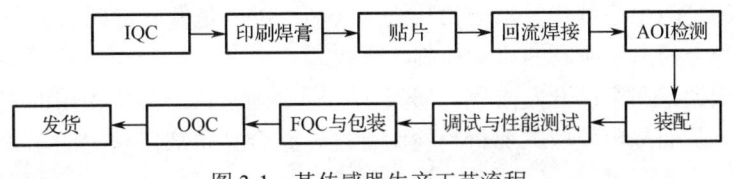

发货 ← OQC ← FQC与包装 ← 调试与性能测试 ← 装配

图 3-1　某传感器生产工艺流程

知识准备

3.1.1　检验的定义、目的和分类

1. 检验的定义

检验是指借助于某种手段或方法来测定产品的一个或多个质量特性，然后把测定的结

果同规定的产品质量标准进行比较，从而对产品做出"合格"或"不合格"判定的活动。质量检验的具体工作包括度量、比较、判断、处理。质量检验是质量管理中不可缺少的一项工作，它要求企业必须具备 3 个方面的条件：①足够数量的合乎要求的检验人员；②可靠且完善的检测手段；③明确且清楚的检验标准。

检验判定"合格""不合格"是符合性的判定；而不合格的处理是适用性的判定，不是检验的职能。判定"合格"只是对品质标准而言，并不意味质量水平的高低。

2．检验的目的

（1）鉴定被检验对象是否符合技术要求，保证检验验收的产品达到规定的质量水平。

（2）提供有关质量信息，以便及时采取措施和提高产品质量。检验是企业实施质量管理的基础，通过检验工作，可以了解企业的产品质量现状，以及时采取纠正措施来满足客户的需求。

3．检验的分类

根据企业的生产流程，一般将检验分为以下几种。

（1）来料检验（Incoming Quality Control，IQC）。

（2）过程检验（In Process Quality Control，IPQC）。

（3）最终检验（Finish or Final Quality Control，FQC）。

（4）出货检验（Outgoing Quality Control，OQC）。

3.1.2 IQC

1．IQC 作用

来料检验（Incoming Quality Control，IQC）主要指从供应商处采购的材料、半成品或成品零部件在加工和装配之前进行检查，以确定其完全符合生产要求。IQC 的作用在于验证供应商的来料质量水平是否满足公司的生产和使用要求。IQC 的工作质量主要从送检及时率、漏检率和误判率等指标来衡量。IQC 的检验结果不仅会影响到生产线的生产效率，而且会直接影响到产品的质量水平，进而影响到客户的满意度。

2．IQC 的依据和原则

IQC 的目的是防止不符合要求的物料进入公司。IQC 是做好供应商管理（SQM）的依据，IQC 也有利于提高供应商的质量控制水平。

（1）检验依据：在产品开发阶段，研发工程师必须确认产品所使用的相关物料应满足的标准和要求，从而提出相应的原材料检验标准，结合品质部门制定的相关的检验规范作为 IQC 的依据。

（2）抽样依据：IQC 的抽样标准依据检验规范所规定的抽样标准执行。在实际应用中会执行抽检的加严检验、正常检验、放宽检验，以及全检、免检等方式。而选择何种检验方式主要取决于以下因素：①物料对成品质量的重要程度；②供应商的质量保证程度；③物料的数量、单价、体积、检验费用；④实施 IQC 的可用时间；⑤客户的特殊要求等。但在一般情况下，全检适用于数量少、单价高的重要物料，如 A 类材料；抽检适用于数量多或使用频率高的物料,也是大多数物料的检验方式;免检适用于数量多、单价低,或一般性补助或经认定列为免检厂商的物料。

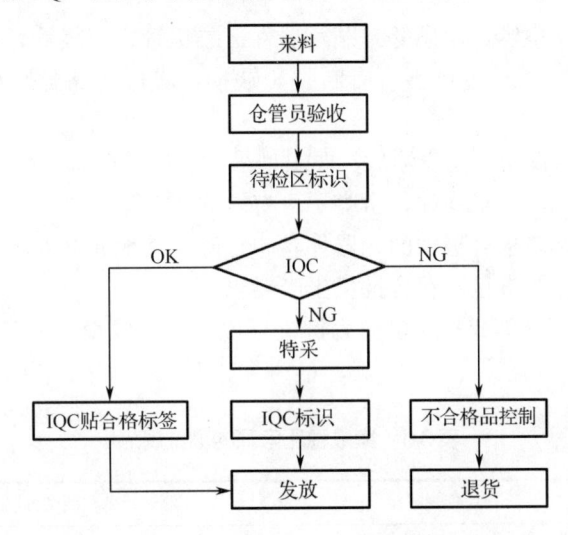

3．IQC 的一般作业流程

IQC 的一般作业流程如图 3-2 所示,IQC 实施步骤:核对来料验收单→按样品或规格检验电性和外观→试验→填写 IQC 报表→贴检验结果标示卡。来料经过 IQC 后可分为两种状态:一是检验合格,则在物料上贴合格标签,物料可以发放;二是检验不合格,则分为两种情形处理,特采和退货。特采是指因物料不符合接收标准,但不会影响或降低产品性能,在生产急需时而采取的降级全批使用,对供应商可进行折价处理。退货是因来料不良率达到一定比例时依据 IQC 检验报告及采购合同,判定退货。

图 3-2 IQC 的一般作业流程

4．IQC 岗位职责

(1) 来料检验:对供应商所送物料,按照验收检验(技术)标准或作业指导书进行检验。有时仅仅是对供应商提供的附属检验材料的验证。

(2) 处理物料质量问题:对检验过程中发现的质量问题进行跟踪处理,以及对生产和市场反馈的重大物料质量问题的跟踪处理,并建立预防措施以防质量问题的再次发生。

(3) 全过程物料质量问题统计:统计来料接收、检验过程中的质量数据,以周报、月报形式反馈给相关部门,作为供应商的来料质量控制和管理的依据。

5．一般检验规范

对所有原材料、辅助材料、外放产品和委外加工产品,IQC 人员都需要进行品质检验。检验的内容一般包括:

(1) 测试检验:指进料时,需抽样做外观、特性、尺寸测试实验。

(2) 验证检查:指进料时,确认品名、规格、数量、厂商、RoHS、MSDS 等的符合性。其管理办法如下。

① 进料点收:若来料错误,则及时通知供应商处理,并标明来料批号及进料日期,同

时通知 IQC 人员进行检验。

② 环保要求：必须确认供应商有提供原材料的 ICP 数据（精密的化学分析报告）。IQC 人员根据环保物料清单进行核对，确认此物料是否符合环保要求。

③ 元器件类：按照 GB/T 2828.1—2012 正常检验一次抽样方案、一般检查水平 II 进行。合格品质水准 AQL=0.4；此外，还要计算出 C_{pk} 值。

④ 检验仪器、仪表、测量工具：要求所有的检验仪器、仪表、测量工具都必须校正准确。

6．常见电子元器件的来料性能检验规范

1）贴片类元器件检验要求及检验方法

贴片元件：电阻、电容、电感等。贴片器件：二极管、三极管、集成电路等。

（1）外观：目视，要求本体不可有断裂、缺损，集成电路封装形式正确、表面无脏污等。

（2）规格尺寸：用仪器、仪表测量，要求型号、规格正确。目视，要求标称公差正确。

（3）可焊性：目视，要求焊端、引脚不可有氧化、变形。

（4）丝印：目视，要求有极性的元器件丝印正确，其他元器件丝印清晰。

（5）包装：目视，要求包装符合批量生产要求。

元器件的测试规范以集成稳压电源为例进行说明，集成稳压电源的测试规范如表 3-1 所示。

表 3-1 集成稳压电源的测试规范

测试项目	性能指标	测试设备与测试方法（常温 25℃±2℃）
输出电压	符合产品规格书的要求，如 7805 系列的输出电压为 4.75～5.25V	在集成稳压电源输入端输入规定的直流电压，然后用精密的万用表测出其输出电压
空载和负载输出电压、C_{pk} 值	$C_{pk} \geq 1$	按照产品规格书的要求，取输出电压的范围，记录 25 组数据，并计算 C_{pk} 值
输出电流调整	符合产品规格书的要求，如 7805 系列的输出电流的变化不超过 100mA	在集成稳压电源输入端输入规定的直流电压，然后在规定的范围内改变输出电流，输出电压应在规定范围内
输入电压调整	符合产品规格书的要求，如 7805 系列的输入电压的变化为 4.75～5.25V	在集成稳压电源输入端输入规定的直流电压，然后使其在规定的范围内变化（如 7805 系列：7～20V），输出电压应在规定范围内
静态电流	符合产品规格书的要求，如 7805 系列的静态电流不超过 8mA	在集成稳压电源输入端输入适当的直流电压，使输出电压到规定值，然后分别测试此时的输入电流和输出电流，计算静态电流（输入电流−输出电流）

2）插件类元器件检验要求及检验方法

（1）外观：目视，要求本体不可有断裂、缺损等。

（2）规格尺寸及性能：目视，要求型号、规格正确、满足样品要求，或用仪器测量，要求参数符合产品规格书的要求。

（3）可焊性：目视，要求焊端、引脚不可有氧化、变形。

（4）丝印：目视，要求有极性的元器件丝印正确，其他元器件丝印清晰。

(5) 包装：目视，要求包装符合批量生产要求。

3) 结构件检验要求及检验方法

结构件主要分为五金件和注塑件，其中注塑件：

(1) 注塑件检验要求包括以下项目：冷热循环、强度试验、应力破坏、耐候性试验、耐酸性碱性试验、耐洗涤剂耐酒精试验、附着力试验、涂装硬度等。

(2) 注塑件外观缺陷：色差、异色、项白；欠注、毛边、缩水、水纹、熔接痕、气泡；断裂、开裂、变形、划伤；斑点、油污等。

(3) 注塑件试装检验要求：装配的难易程度应符合设计要求；装配中不能存在错位，卡扣应扣紧；装配完成后进行跌落试验应满足设计要求；有打螺丝孔的要打螺钉，要求连续打3次不会滑牙，螺钉柱不能断裂等。

3.1.3 IPQC

1. IPQC 的定义

过程检验（In Process Quality Control，IPQC）是指在生产过程中，对产品（软件、硬件、服务、流程性材料等）以各种质量控制手段，根据产品工艺要求对其规定的参数进行检测检验，以达到对产品质量进行控制的目的。

IPQC 是保证产品质量的重要环节，但 IPQC 的作用不是单纯把关，而是要同工序控制密切结合起来，判定生产过程是否正常。通常要把首检、IPQC 同控制图的使用有效地配合起来，同时要与质量改进密切联系，把检验结果变成改进质量的信息，从而采取质量改进行动。

2. IPQC 的目的和作用

IPQC 的目的是防止出现大批不合格品，避免不合格品流入下道工序继续加工。因此，IPQC 不仅要检验产品，还要检定影响产品质量的主要工序要素（如 4M1E），即人、机、料、法、环。实际上，在正常生产成熟产品的过程中，任何质量问题都可以归结为 4M1E 中的一个或多个要素出现变异而导致，因此 IPQC 可起到以下两种作用。

(1) 根据检测结果对产品做出判定，即产品质量是否符合规格和标准的要求。

(2) 根据检测结果对工序做出判定，即过程中各个要素是否处于正常的稳定状态，从而决定工序是否应该继续进行生产。为了达到这一目的，IPQC 常常与使用控制图相结合。

3. IPQC 的要求

(1) 依据质量计划和文件要求进行检验。按企业形成的相关文件或依据质量计划，以及过程检验规范、检验标准、工艺规程等文件进行检验，合格后转入下道工序。

(2) 设置质量控制点进行 IPQC。以关键部位或对产品质量有较大影响及发现不合格项目较多的工序设置质量控制点，可以应用统计技术对过程控制情况进行分析，为质量改进提供依据。

(3) 一般不得将没有完成 IPQC 的产品转入下道工序。若生产急需又来不及完成检验要求就要转入下道工序，则必须做好标识、做好记录，确保可追溯性，同时要相应授权人批准，方可让步放行进入下道工序。

4．IPQC 的范围与任务

IPQC 的范围包括产品、人员、设备、工艺技术、环境等方面。

1）产品

（1）范围：半成品、成品的质量。

（2）任务。

一是首件检验。首件检验也称为"首检制"，长期实践经验证明，首件检验是一项尽早发现问题、防止产品成批报废的有效措施。通过首件检验，可以发现诸如工夹具严重磨损或安装定位错误、测量仪器精度变差、看错图纸、投料或配方错误等系统性问题，从而采取纠正或改进措施，以防止批次性不合格品发生。通常在下列情况下应该进行首件检验：①一批产品开始投产或产品生产切换时；②设备重新调整或设计变更或工艺有重大变化时；③轮班或操作人员变化时；④供应商变更、物料或毛坯种类变化时。对于大批量生产的产品而言，"首件"并不限于一件，而是要检验一定数量的样品。

二是巡回检验。巡回检验就是检验人员按一定的时间间隔和路线，依次到工作地或生产现场，用抽查的形式，检查刚加工出来的产品是否符合图纸、工艺或检验指导书中所规定的要求。在大批量生产时，巡回检验一般与使用工序控制图相结合，是对生产过程发生异常状态实行报警、防止成批出现废品的重要措施。

三是末件检验。末件检验就是一批产品加工完毕后，全面检查最后一个加工产品，如果发现有缺陷，可在下批投产前把装置修理好，以免下批投产后才发现有缺陷而影响生产。

2）人员

（1）范围：操作人员的工艺执行质量、设备操作技能等。

（2）任务：主要通过检查员工的上岗证，确认操作人员已经经过培训并获得相应的操作资格，特别是关键工序的操作人员必须持证上岗。

3）设备

（1）范围：设备运行状态、负荷程度。

（2）任务：主要通过查核对应设备的点检记录和维修保养记录，确认相关生产设备已得到正确的点检、保养等。

4）工艺技术

（1）范围：工艺是否合理、技术是否符合产品特性要求。

（2）任务：主要通过检查操作人员的操作过程记录、设备参数记录等，确保操作人员是按工艺要求操作的。同时对所记录的数据进行处理，以便于改进过程。若发现重大异常情况，则立即开出《异常反馈联络单》。

5）环境

（1）范围：环境是否满足产品生产需要。

（2）任务：主要通过记录工作环境状况的温度、湿度等，确认生产环境是否满足产品生产要求。

5. IPQC 的岗位职责与工作流程

1) IPQC 的岗位职责

（1）依照首件制作流程，对首件进行检验及确认。

（2）依照 IPQC 的工作流程与规定进行过程品质控制与检验。

（3）监督各工艺操作过程，严格要求工序按工艺要求及客户要求生产，监督车间 6S 工作。

（4）做好相关的品质记录与统计工作，并对异常情况进行反馈。

2) IPQC 的工作流程

如图 3-3 所示，IPQC 相对比较复杂，涉及的部门也较多。

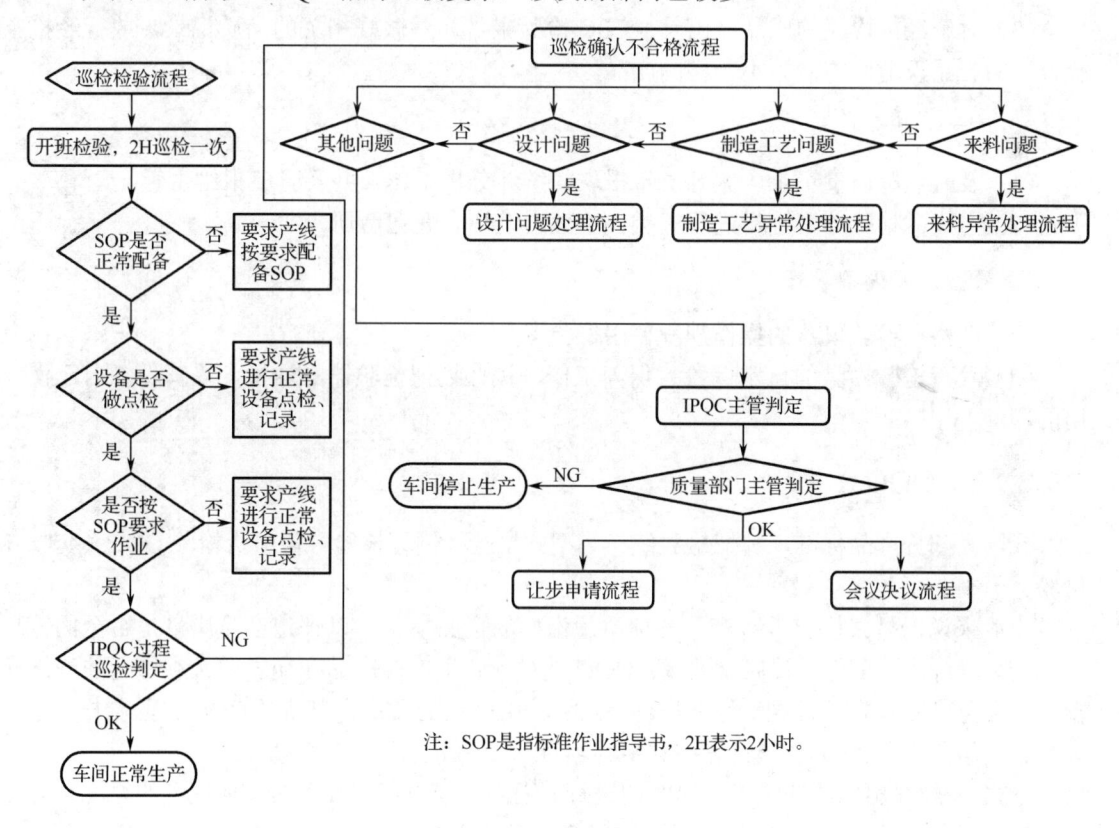

注：SOP 是指标准作业指导书，2H 表示 2 小时。

图 3-3　IPQC 的工作流程

3.1.4　FQC

1. FQC 的定义

FQC 是最终检验（Finish or Final Quality Control）的简称。有的企业将 FQC 放在生产部门，有的企业则将 FQC 放在质量部门。FQC 是验证产品是否符合顾客要求的最终保障。当产品复杂时，检验活动会被策划成与生产同步进行，这样有助于 FQC 的快速完成。

2. 检验项目

(1) 成品功能、性能检验：功能能否实现，技术指标能否达到标准所规定的要求。
(2) 成品外观检验：外观是否被损、开裂、划伤等。
(3) 成品标识检验：如商标批号是否正确。
(4) 成品包装检验：包装是否牢固，是否符合运输要求等。

3. FQC 岗位职责

1) 成品检验

(1) 根据出货计划与生产计划制订成品检验计划。
(2) 严格按照成品检验规程及其他相关规定进行成品抽样和检验工作。
(3) 对于经过检验的成品，出具《FQC 检验报告》并做好相关的品质记录，放行经检验合格的产品，退回经检验不合格的产品。

2) 质量统计分析

(1) 及时填写质量记录，做好质量报表的统计分析工作，并及时上报给主管。
(2) 对成品检验档案资料进行分类、整理、统计、登记造册。

3) 检验仪器设备管理

(1) 严格按检验仪器的操作规程使用检验器具。
(2) 负责检验器具的日常保管、保养工作，按计划把检验器具送检，妥善保管自己使用的印章。

3.1.5 OQC

我国大部分产品标准，都把检验统一为型式检验（例行检验）与出货检验 OQC（交收检验）两类。

一般来说，型式检验是对产品各项质量指标的全面检验，以评定产品质量是否全面符合标准，是否达到全部设计质量要求。OQC 是对正式生产的产品在交货前必须进行的最终检验，检查交货前的产品质量是否具有型式检验中确认的质量。产品经 OQC 检验合格，才能作为合格品交货。OQC 项目是型式检验项目的一部分。

OQC 一般在出厂前的最近一段时间进行。因为对于电子产品而言，环境中的温度和湿度往往会对成品的质量造成影响，所以 OQC 时间应当有所选择。OQC 有时与 FQC 相同，有时会更加全面，有时则只检查某些项目，如外观检验、性能检验、寿命试验、特定的检验项目、包装检验等。

1. OQC 的目的和作用

(1) OQC 的目的是防止不合格品出厂和流入用户手中，以免损害用户的利益和企业的信誉。
(2) OQC 可以全面确认产品的质量水平和质量状况，即 OQC 是确认产品是否符合规范和技术文件要求的重要手段，并为最终产品符合规定要求提供证据。

2. OQC 的要求

(1) 依据企业制定的相关检验标准、检验规范和检验工作指引进行检验,合格后办理入库手续。

(2) 按规定要求进行检验且要求完成了全部规定的检验要求,最后做出结论:产品是否符合标准要求。

3. OQC 的内容

(1) 部件装配检验。部件装配是依据产品图样和装配工艺规程,把零件装配成部件的过程。因此,部件装配检验是依据产品图样、装配工艺规程及检验规程对部件的检验。

(2) 总装检验。把零件和部件或外购配套件按工艺规程装配成最终产品的过程称为总装。总装检验是依据产品的图样、装配工艺规程及检验规程对最终产品(成品)的检验。主要检验内容包括:①成品的性能,包括正常功能、特殊功能及效率三个方面;②成品的精度,包括几何精度和工作精度两个方面;③结构,指产品的可维修性、空间位置等;④操作,主要要求操作简便、灵巧;⑤外观;⑥安全性,指产品在使用过程中保证安全的程度;⑦环保性。

(3) 型式检验。型式检验是根据产品技术标准或设计文件要求,或产品试验大纲要求,对产品的各项质量指标所进行的全面试验和检验。通过型式检验,评定产品技术性能能否达到设计功能要求,并对产品的可靠性、可维修性、安全性、外观等进行数据分析和综合评价。OQC 的检验流程如图 3-4 所示。

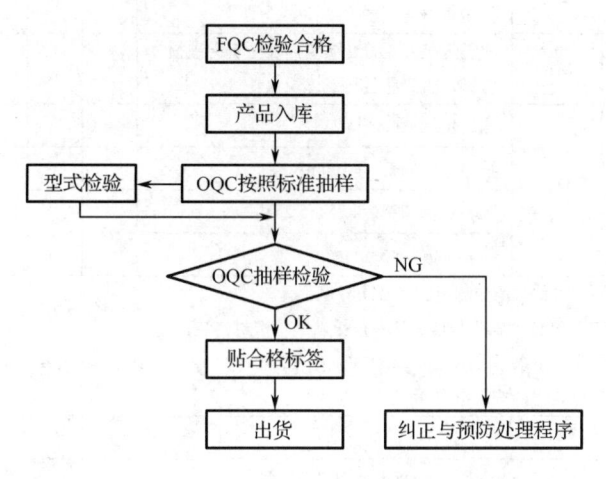

图 3-4 OQC 的检验流程

任务实施

1. 实验目的

(1) 依据参考样本设计 IQC、IPQC 和 OQC 的检验记录表。

(2) 了解 IQC 的检验规范,能够依据检验规范实施电子元器件检验,并将检验结果填写于 IQC 检验记录表中。知道 IPQC 的工作内容与作业程序,能够检验数据,进行处理,提出提升过程质量的对策。了解 OQC 的工作内容和程序,能根据已有的数据对产品的检验结果做出判断。

2．实验准备

（1）联网计算机（Windows 操作系统）。

（2）Office 软件。

3．实验过程

先参照表 3-2、表 3-3 和表 3-4 进行 IQC、IPQC 和 OQC 的检验记录表的设计，然后依据要求填写表格。

表 3-2　集成电路 7805 检验记录表

公司名称：					文件编号		
		IQC			采购数量		
物料名称			物料编码		供应商名称		
检验依据		☑质量标准　文件编号：　GB/T 2828.1—2012 □其他　　　文件编号：			检验数量		
					合格数量		
项目	器具	缺陷属性	检验内容及要求		检测 OK/NG 数据		判定结果
1.型号规格	目检	MA	检查型号、规格是否符合规定要求				
2.包装数量	目检	MA	检查包装是否为防静电密封包装，清点数量是否符合要求				
3.封装标志	目检	MA	检查封装是否符合要求，表面有无破损、引脚是否平整且无氧化现象				
4.性能测试	万用表	MA	输出电压：4.8～5.2V				
			输出电流调整：<100mA				
			输入电压调整：4.75～5.25V				
			静态电流：<8mA				
注意事项		1．检验元器件时戴防静电腕带及防静电手套。 2．MSD、ESD 元器件检验完成后应重新进行密封包装。 3．可接收质量水平（AQL）：①严重缺陷（CR）：0；②主要缺陷（MA）：0.4；③次要缺陷（MI）：1.5。 4．盘带包装物料按每盘取 4 个进行测试						
IQC 检验结果：□合格　　　□不合					检验员		
最终结果：□合格　□不合格　□让步放行　□挑选使用　□退货					审核		

（1）从一盘集成电路 7805 中取出 4 个，结合检验规范，填写 IQC 检验记录表于表 3-2 中。

（2）依据表 3-3，计算 DPPM，指出改进产品质量的对策，即优先解决哪些板号的电路板的什么类型缺陷。

表 3-3　AOI 过程控制检查表

产品型号	***D3Y2		检查人（IPQC）					时间			
板号	0136	0003	0083	0062	0021	0041	0059	0005	0140	0001	0025
总点数	1680	38000	11800	33300	22400	47520	15873	33600	1392	12544	30240

续表

缺陷项目												
	少锡	10	10	0	3	0	1	0	23	0	5	1
	偏移	3	0	0	0	2	0	0	4	0	0	4
	起翘	0	1	0	0	0	0	0	0	0	0	0
	立碑	0	0	1	0	0	0	0	0	1	0	0
	短路	0	0	0	0	0	0	0	0	0	0	0
	少件	14	0	0	0	1	1	1	1	0	5	3
	多件	1	0	0	0	0	0	0	0	1	0	0
不良点数		28	11	1	3	3	2	1	28	3	10	8
DPPM												
备注		DPPM=不良点数÷总点数×10^6										

（3）某一电子产品的 OQC 检验数据如表 3-4 所示，请依据相关标准及测试数据，给出可否出货的结论。

表 3-4 电感接近传感器产品 OQC 检验记录表

产品名称		电感接近传感器（5mm）		会签							
产品型号		非金属外壳		测试者			日期				
序号	检测项目	检测标准		测试设备	测量结果					单位	OQC判定
1	动作距离	距离的±10%		专用设备	4.90	4.90	5.10	5.08	5.00	mm	□OK □NG
2	回差	标准距离×（3%～8%）		专用设备	0.20	0.25	0.15	0.20	0.25	mm	□OK □NG
3	绝缘电阻	500MΩ 以上（DC500V）		绝缘电阻测试仪	>500	>500	>500	>500	>500	MΩ	□OK □NG
4	静电放电	金属外壳用接触放电≥4kV，非金属外壳用空气放电≥8kV		静电测试仪	>8	>8	>8	>6	>8	kV	□OK □NG
5	外观	产品表面无划伤，电源线无破皮等现象		目测	无	无	无	无	无		□OK □NG
最终结论		□合格	□不合格	批准							

4．提交实验报告

将已经完成的实验报告提交至作业平台（职教云或学习通平台等）。

练 习

一、名词解释

1．IQC；2．IPQC；3．FQC；4．OQC；5．首件检验；6．型式检验。

二、选择题

1. 以下不正确的是（   ）。
   A．质量是检验出来的　　　　　　　　B．质量是设计出来的
   C．质量是管理出来的　　　　　　　　D．质量是制造出来的
2. （   ）条件下不需做首件检验。
   A．设备维修　　　　　　　　　　　　B．修模
   C．每日开线前　　　　　　　　　　　D．换同种批号材料
3. IPQC 是（   ）的简称。
   A．来料检验　　　B．过程检验　　　C．最终检验　　　D．出货检验
4. 出货检验时发现产品性能严重缺陷而无法修复，且批量不大时，应如何处理该不合格品？（   ）
   A．特采　　　　　B．重工　　　　　C．报废　　　　　D．挑选
5. 巡查各工位的半成品质量是否与相应作业指导书要求相符是（   ）的职责。
   A．OQC　　　　　B．IQC　　　　　C．IPQC　　　　　D．FQC
6. 过程检验的标准依据是（   ）。
   A．标准作业指导书　　B．生产工程图纸　　C．标准检验规范　　D．以上都需要

三、判断题

（   ）1. IPQC 人员每小时检查 FQC 的记录表，如果发现重大异常情况，立即开出《异常反馈联络单》。
（   ）2. 检验标准的依据来源于工程图纸和客户要求。
（   ）3. 检验的主要目的就是"不允许不合格的零件进入下道工序"。
（   ）4. 全检后的产品就是 100%合格品。
（   ）5. 产量和质量是绝对矛盾的。
（   ）6. FQC 与 OQC 分别是出货检验与成品检验。

四、简答题

1. 简述贴片类元器件检验要求及检验方法。
2. 依据 IPQC 岗位职责与任务画出其作业流程图。
3. 出货检验与型式检验有何不同？

任务 3.2　计数抽样检验方案的求解

任务描述

在上一个任务中，无论是 IQC、IPQC、FQC 还是 OQC，都会遇到同一个问题：如何对大批量生产的产品进行检验。检验量比较大，对所有的产品进行检验不太可能；若有些产品需要破坏性检验也不可能对全部产品都做检验；实践证明，抽样检验能科学地反映一批产品的质量情况，从而抽样检验由此产生。在电子产品的检验中多数是进行合格与不合格的判定，因此计数抽样检验应用最为广泛。本任务主要是通过学习抽样检验的基础知识，

懂得抽样术语、分类和抽样方案的含义，应用 GB/T 2828.1—2012 实施计数型抽样检验方案求解。

知识准备

3.2.1 抽样检验的定义及特定术语

1. 定义

抽样检验是从一批产品或一个过程中抽取一部分单位产品，进而判断是否接收该批产品或过程的活动。它不是逐个检验批中的所有单位产品，而是按照规定的抽样方案和程序从一批产品中随机抽取部分单位产品组成样本，根据样本测定结果来判定是否接收该批产品。

2. 特定术语

（1）单位产品：为实施抽样检验而划分的基本产品单位。GB/T 2828.1—2012 标准将单位产品定义为：能被单独描述和考虑的一个事物。例如：一个有形的实体；一定量的材料；一项服务、一次活动或一个过程；一个组织或个人；上述项目的任何组合。

（2）批：作为检验对象而汇集在一起的一定数量的某种产品、材料或服务。它由基本相同的制造条件、一定时间内制造出来的同种单位产品构成。

① 孤立批：脱离已生产或汇集的批系列，不属于当前检验批系列的批。

② 连续批：待检批可利用最近已检批所提供质量信息的连续提交检验批。

（3）批量：批中包含的单位产品总数，常用 N 来表示。

批量的大小，应当因时、因地制宜地确定。体积小、质量稳定的产品，批量宜大些。但是批量不宜过大，如果批量过大，一方面不易取得具有代表性的样本，另一方面这样的批一旦被拒收，经济损失也大。

（4）样本：取自一个批并且能提供该批信息的一个或一组产品。样本的大小用符号 n 表示。

（5）合格判定数：作为判定批量是否合格的基准不良个数。合格判定数用符号 Ac 表示。

（6）合格判定值：为判定批量是否合格的基准平均值。

（7）不合格：是指单位产品的任何一个质量特性不满足规范要求。它根据质量特性的重要性或不符合的严重程度分为：

① A 类不合格：单位产品的关键质量特性（Critical）不符合规定，或单位产品的质量特性极严重不符合规定。GB/T 2828.1—2012 将 A 类不合格定义为：认为最被关注的一种类型不合格。在验收抽样中，将给这种类型的不合格指定一个很小的 AQL 值。

② B 类不合格：单位产品的重要质量特性（Major）不符合规定，或单位产品的质量特性严重不符合规定。GB/T 2828.1—2012 将 B 类不合格定义为：认为关注程度比 A 稍低的一种类型不合格。如果存在 C 类不合格，可以给 B 类不合格指定比 A 类不合格大但比 C 类不合格小的 AQL 值。

③ C 类不合格：单位产品的一般质量特性（Mineral）不符合规定，或单位产品的质量特性轻微不符合规定。

(8) 不合格品：具有一个或一个以上不合格的产品。它通常分为：

① A 类不合格品：有一个或一个以上 A 类不合格，也可能有 B 类和 C 类不合格的单位产品。

② B 类不合格品：有一个或一个以上 B 类不合格，也可能有 C 类不合格，但没有 A 类不合格的单位产品。

③ C 类不合格品：有一个或一个以上 C 类不合格，但没有 A 类、B 类不合格的单位产品。

(9) 抽样方案：样本量和批接收准则的组合。一次抽样方案是样本量（n）、接收数（Ac）和拒收数（Re）的组合。二次抽样方案是两个样本量、第一个样本的接收数和拒收数、联合样本的接收数和拒收数的组合。抽样方案不包括如何抽取样本的规则。

3.2.2 批质量的表示方法

批质量是指检验批的质量。由于质量特性值的属性不同，衡量批质量的方法也不一样，计数抽样检验衡量批质量的方法如下。

(1) 批中不合格单位产品所占的比例（批不合格品率）。

(2) 批不合格品百分数。

(3) 批中每百个单位产品平均包含的不合格个数。

1. 批不合格品率 p

批中不合格单位产品所占的比例，称为批不合格品率，即

$$p = \frac{D}{N}$$

式中　N——批量；

　　　D——批中不合格品数。

例如，有一批液晶电视机，批量 N=1000 台，已知其中 970 台是合格品，不合格品数=1000-970=30，则批不合格品率为

$$p = \frac{30}{1000} = 0.03$$

2. 批不合格品百分数

批中不合格品数除以批量，再乘以 100，称为批不合格品百分数，即

$$100p = \frac{D}{N} \times 100$$

以上两种方法常用于计件抽样检验。

3. 批每百单位产品不合格数

批中每百个单位产品平均包含的不合格数，称为批每百单位产品不合格数，即

$$100p = \frac{C}{N} \times 100$$

式中　C——批中的不合格数。

这种方法常用于计点抽样检验。

例如，有一批液晶电视机，批量 N=1000 台，已知其中有 30 台电视机各有一个不合格，有 20 台各有两个不合格，则不合格数=(30+20×2)=70，批每百单位产品不合格数为

$$100p = \frac{70}{1000} \times 100 = 7$$

4．过程平均

在规定的时段或生产量内质量水平的平均称为过程平均。

它是过程处于稳定状态（统计控制状态）下的质量水平（不合格品百分数或每百单位产品不合格数）的平均。在抽样检验中常将其解释为"一系列连续提交批的平均不合格品率""一系列初次提交的检验批的平均质量（用不合格品百分数或每百单位产品不合格数表示）"。"过程"是总体的概念，过程平均是不能计算或选择的，但是可以估计，即根据过去抽样检验的数据来估计过程平均。过程平均是稳定生产前提下的过程平均不合格品率的简称。其理论表达式为

$$\bar{p} = \frac{D_1 + D_2 + \cdots + D_k}{N_1 + N_2 + \cdots + N_k} \times 100\% = \frac{\sum_{i=1}^{k} D_i}{\sum_{i=1}^{k} N_i} \times 100\%$$

式中 $\bar{p}$——过程平均不合格品率；

N_i——第 i 批产品的批量，$i=1,2,3,\cdots,k$；

D_i——第 i 批产品的不合格品率，$i=1,2,3,\cdots,k$；

k——批数（k 应足够多）。

估计过程平均不合格品率的目的是估计在正常情况下所提供的产品的不合格品率。如果生产过程稳定，这个估计值可用来预测将要交检的产品的不合格品率。必须注意，经过返修或挑选后再次提交检验的批产品的数据，不能用来估计过程平均不合格品率。同时，用来估计过程平均不合格品率的批数，一般不应少于 20 批。如果是新产品，开始时可以用 5~10 批的抽检结果进行估计，以后应当至少用 20 批。

一般来说，在生产条件基本稳定的情况下，用于估计过程平均不合格品率的产品批数越多，检验的单位产品数量越大，对产品质量水平的估计越可靠。

5．接收质量限

接收质量限（Acceptance Quality Limit，AQL）也称可接收质量水平，是可连续交验批的过程平均不合格品率上限值，是用户所能接收的质量水平（最差的水平）。GB/T 2828.1—2012 将 AQL 定义为：当一个连续系列批被提交验收抽样时，可容忍的最差过程平均质量水平。

确定 AQL 的原则如下：

AQL（A 类）<AQL（B 类）<AQL（C 类）；检验项目：AQL（少）<AQL（多）。

AQL（军用产品）<AQL（民用产品）；AQL（电气性能）<AQL（机械性能）<AQL（外观）。

AQL（零部件）<AQL（成品）。

6. 极限质量

极限质量（LQ）是抽样检验中对孤立批规定的不应接收的批质量水平的最小值，也就是不应接收不合格品率的最小值。

3.2.3 抽样检验的分类

1. 按抽样检验方式分类

在批量中，随机抽出一定数量的样本，经过检验、试验或测量以后，将其结果与判定基准做比较，然后利用统计方法判定此批是合格还是不合格的检验过程，称为抽样检验方式，简称抽样方式。

计数抽样检验一般有以下几种抽样方式。

1）不良个数计数抽样方式

例如，从批量 $N=1000$ 中，随机抽取 $n=80$ 的样本。在对样本检验中发现：2个或2个以下的不良品时，则判断批量为合格；3个或3个以上的不良品时，则判断批量为不合格。这样的抽样方式可表示为：$N=1000$，$n=80$，$Ac=2$，$Re=3$。

2）缺点数计数抽样方式

例如，从批量 $N=1000$ 中，随机抽取 $n=80$ 的样本，计算样本的缺点数。在对样本检验中发现：30个或30个以下的缺点数时，则判断批量为合格；31个或31个以上的缺点数时，则判断批量为不合格。这样的抽样方式可表示为：$N=1000$，$n=80$，$Ac=30$，$Re=31$。

2. 按抽样检验的形式分类

以某种抽样方式判断批量为合格或不合格时，可以从批量中随机抽取检验批的次数而分成一次抽样形式、二次抽样形式、多次抽样形式及逐次抽样形式。

1）一次抽样形式

例如，从批量 $N=1000$ 中，随机抽取 $n=100$ 的检验批。在检验批中发现：Ac 个或 Ac 个以下的不良品时，则判断批量为合格；Ac 个以上的不良品时，则判断批量为不合格。这种只抽检一次就可判定批量为合格或不合格的抽样形式，称为一次抽样形式。

如图 3-5 所示，简记为（n, Ac, Re）

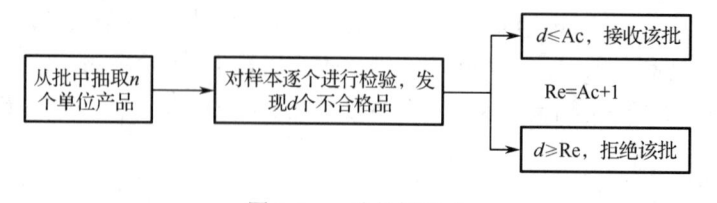

图 3-5 一次抽样形式

2）二次抽样形式

例如，从批量 $N=1000$ 中，随机抽取 $n_1=100$ 的第一次检验批。如果在第一次检验批中发现 d_1 个不良品，那么：若 $d_1 \leq Ac_1$，则判断批量为合格；若 $d_1 \geq Re_1$，则判断批量为不合格;若 $Ac_1<d_1<Re_1$,则再抽取 $n_2=150$ 的第二次检验批,如果第二次检验批中发现 d_2 个不良品,那么:若 $d_1+d_2\leq Ac_2$,则判断批量为合格;若 $d_1+d_2\geq Re_2$,则判断批量为不合格,其中 $Re_2=Ac_2+1$,如图 3-6 所示。这种需抽检第二次检验批才能判定批量为合格或不合格的抽样形式,称为二次抽样形式。表 3-5 所示为二次抽样方案。

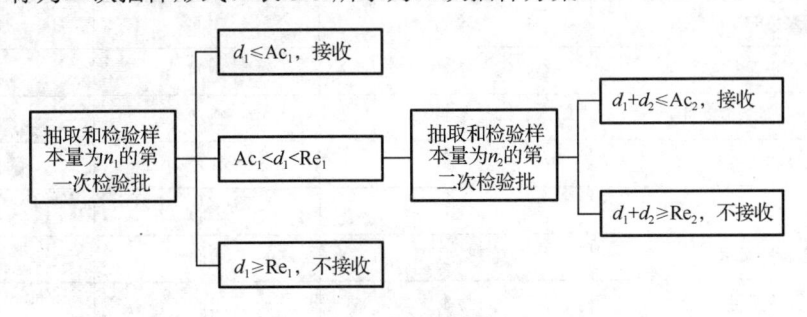

图 3-6 二次抽样形式

表 3-5 二次抽样方案

批 次	检验样本批量	累计检验批大小	合格判定数	不合格判定数
第一次检验批	$n_1=100$	$n_1=100$	$Ac_1=1$	$Re_1=4$
第二次检验批	$n_2=150$	$n_1+n_2=250$	$Ac_2=3$	$Re_2=4$

3）多次抽样形式

多次抽样形式只不过是把二次抽样的次数增多而已,多次抽样方案如表 3-6 所示。

表 3-6 多次抽样方案

批 次	检验样本批量	累计检验批大小	合格判定数	不合格判定数
第一次检验批	$n_1=4$	4	$Ac_1=$※	$Re_1=2$
第二次检验批	$n_2=4$	8	$Ac_2=1$	$Re_2=3$
第三次检验批	$n_3=4$	12	$Ac_3=2$	$Re_3=4$
第四次检验批	$n_4=4$	16	$Ac_4=3$	$Re_4=5$
第五次检验批	$n_5=4$	20	$Ac_5=5$	$Re_5=6$

说明:※表示无法判断批量是否合格。

4）逐次抽样形式

逐次抽样形式是从批量中,每天只抽取 1 个样本,每抽取 1 个样本时,就加以判断批量是否合格,是否应该继续抽取样本,如此一直到判断批量为合格或不合格为止。

一次、二次和多次抽样方案的比较如表 3-7 所示。

表 3-7 一次、二次和多次抽样方案的比较

项　　目	一次抽样方案	二次抽样方案	多次抽样方案
管理要求	简单	中间	复杂
对检查人员的知识要求	较低	中间	较高
对供应方心理上的影响	最差	中间	最好
检验工作量的波动性	不变	变动	变动
检验人员和设备利用率	最佳	较差	较差
每批平均检验个数	最大	中间	最小
总检验费用	最多	中间	最少
行政费用	最少	中间	最多

3．按抽样检验的形态分类

1）规准型抽样检验

根据消费者与生产者双方都可以满足的 OC 曲线，来决定抽样方式的抽样检验，称为规准型抽样检验。规准型抽样检验示意图如图 3-7 所示。

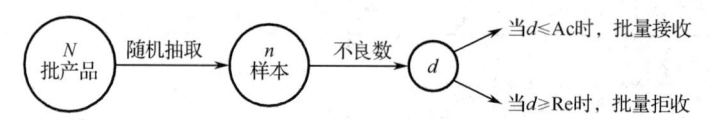

图 3-7 规准型抽样检验示意图

2）选别型抽样检验

对于判为不合格的群体（批）采取全数检验，并将全检后的不良品全数处理（或退货、或修理、报废），如图 3-8 所示。

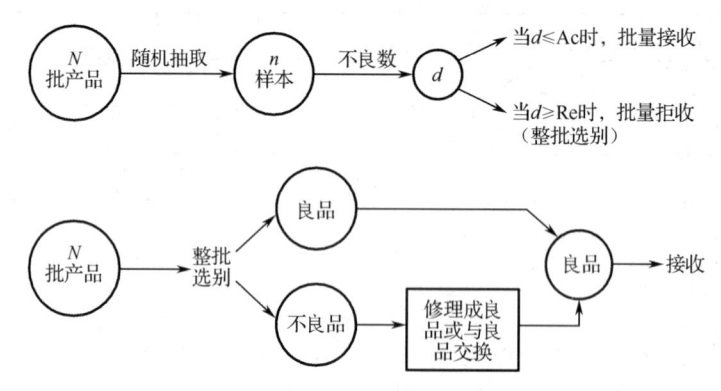

图 3-8 选别型抽样检验示意图

3）调整型抽样检验

调整型抽样检验依据过去的检验结果，决定采取并减量检验或严格检验等，在长期的交易中，利用或紧或松的调整型抽样方式，以确保必要的制品品质。

4）连续生产型抽样检验

对大量连续生产的产品进行的抽样检验，称为连续生产型抽样检验。例如，每小时抽取1个样本，根据对此样本进行检验的结果来判定前1小时或数小时所生产产品的质量状况。

3.2.4 抽样检验与免检、全数检验

1．适合免检的场合

所谓免检，即对产品不做任何检查。免检通常用于通用标准件（如标准螺丝等）及以往产品品质有良好记录的供应商，但供应商内部仍然需要对产品进行检查。对于实施免检的产品，经过一个时期（如半年）后，有必要采用抽样检查核实免检品的品质。一旦有缺陷发生，就回到正常的检查方法。同样在使用中一旦发现免检品有任何品质问题，应即刻导入正常的检查方法。

2．适合全数检验的场合

全数检验是指对全部产品的全部（或部分）项目进行检查来判断产品的品质。全数检验的条件如下。

（1）当某个缺陷可能影响到人身安全时，如彩电、冰箱等家用电器的耐压特性。

（2）当产品很昂贵时，如飞机产品。

（3）必须保证是全数良品时。

以下场合优先考虑全数检验：①检查很容易完成，且费用低时；②当批的不良率比要求高出很多时。

3．适合抽样检验的场合

抽样检验的条件如下。

（1）用于破坏性检查时。

（2）因产量大而不能进行全数检查时。

（3）连续性生产的产品。

以下场合优先考虑抽样检验：①用于核实不是很好的全数检验的结果时；②当许多特性必须检查时；③当检查费用高时；④用于收货检查（核实供应商完成的检查）时。

3.2.5 GB/T 2828.1 的适用范围和特点

1．适用范围

GB/T 2828.1 的适用范围：①最终产品；②零部件和原材料；③操作；④在制品；⑤库存品；⑥维修操作；⑦数据或记录；⑧管理程序。在技术规范、合同、检验规程及其他文件中都可引用该标准，该标准也可适用于厂内各部门之间的半成品验收检验。

2．GB/T 2828.1—2012 的特点

与 GB/T 2828.1—2003 相比，GB/T 2828.1—2012 技术内容的变化主要包括：

（1）术语、定义和符号按 GB/T 3358.2—2009 进行修改。例如：将"抽检特性曲线"

改为"操作特性曲线";对"缺陷"的解释由"当按习惯来评价产品或服务的质量特性时,术语'缺陷'是适用的"改为"从使用者角度而不是从符合规范角度来评价产品或服务的质量特性时,可使用'缺陷'这个术语"。

(2) GB/T 2828.1—2012 表9 一次、二次和多次抽样的平均样本量曲线中增加了 Ac=4 的曲线图。

(3) 对部分文字表述进行了修改。

3.2.6 GB/T 2828.1 的检验水平

检验水平(IL)对应着检验量。GB/T 2828.1—2012 的表1给出了3个一般检验水平——Ⅰ、Ⅱ、Ⅲ,Ⅰ<Ⅱ<Ⅲ。在相同批量 N 下分别采用检验水平Ⅰ、Ⅱ、Ⅲ时,样本 n 的大致比例关系为 0.4:1:1.6。GB/T 2828.1—2012 的表1中还给出了4个特殊检验水平——S-1、S-2、S-3 和 S-4,S-1<S-2<S-3<S-4,它们可用于必须使用相对小的样本量且能容许较大抽样风险的情形。样本量随检验水平的提高或批量的增大而增大的这种关系,都不是按一定比例增大的,是根据实际需要确定的,主要考虑的是抽样风险和检验费用。一般检验水平>特殊检验水平。

一般选择检验水平Ⅱ,也可通过比较单个样本的检验费用 a 与判定不合格时处理一个样本的费用 b 来选择:若 $a>b$,则选择检验水平Ⅰ;若 $a=b$,则选择检验水平Ⅱ;若 $a<b$,则选择检验水平Ⅲ。同时,选择检验水平时还需要注意以下几点:①为保证 AQL,使得劣于 AQL 的产品批尽可能少漏过去,选择高的检验水平;②当产品质量不稳定,波动大时,选择高的检验水平;③破坏性检验或严重降低产品性能的检验,选择低的检验水平;④当产品质量稳定,差异小时选择低的检验水平;⑤历史资料不多或缺乏的试制品,为安全起见,检验水平必须选择高些;⑥间断生产的产品,检验水平选择要高些。

3.2.7 GB/T 2828.1 的架构

1. 抽样方案

(1) 定义:确定样本量 (n) 和判定如何接收和拒收产品的规则。

(2) 抽样方案的参数:①样本量 (n);②合格判定数 (Ac);③不合格判定数 (Re)。

(3) 抽样方案的形式 (n, Ac, Re) 或 (n, Ac)。

2. 样本量字码表

样本量字码表用样本量字码代表样本量的大小。由表 3-8 可查出某一批量及指定的检验水准的样本量字码。例如,某批产品的数量为 N=6000(3201~10 000),检验水平为Ⅱ,那么其样本量字码为 L。

表3-8 样本量字码表

批 量	特殊检验水平				一般检验水平		
	S-1	S-2	S-3	S-4	Ⅰ	Ⅱ	Ⅲ
2~8	A	A	A	A	A	A	B

续表

批量	特殊检验水平				一般检验水平		
	S-1	S-2	S-3	S-4	Ⅰ	Ⅱ	Ⅲ
9~15	A	A	A	A	A	B	C
16~25	A	A	B	B	B	C	D
26~50	A	B	B	C	C	D	E
51~90	B	B	C	C	C	E	F
91~150	B	B	C	D	D	F	G
151~280	B	C	D	E	E	G	H
281~500	B	C	D	E	F	H	J
501~1200	C	C	E	F	G	J	K
1201~3200	C	D	E	G	H	K	L
3201~10 000	C	D	F	G	J	L	M
10 001~35 000	C	D	F	H	K	M	N
35 001~150 000	D	E	G	J	L	N	P
150 001~500 000	D	E	G	J	M	P	Q
500 001 及以上	D	E	H	K	N	Q	R

3．正常检验一次抽样方案

在确定 AQL 值和样本量字码后，在表 3-9 中由该字码所在行向右，在样本量栏内读出样本量 n，在以样本量字码所在行和指定的 AQL 所在的列相交处读出接收数 Ac 和拒收数 Re，得出抽样方案。若在相交处是箭头，则沿着箭头方向读出箭头所指的第一个接收数 Ac 和拒收数 Re，然后由此接收数和拒收数所在行向左，在样本量栏内读出相应的样本量 n。查表必须遵循的原则：遇到箭头时，跟着箭头走，见数就停留，同行是方案，千万别回头。GB/T 2828.1—2012 正常检验一次抽样方案如表 3-9 所示。

例如，某公司要求每批产品的不良率必须在 0.4%以下，检验水平 IL=Ⅱ，批量为 6000 个左右，则由表 3-8 可查出，样本量字码为 L，由表 3-9 可以查出含有字码 L 的行，可得样本量 n=200，接着查出含有 AQL=0.4 的列；从样本量 n=200 和 AQL=0.4 的列的交点栏里查出：Ac=2，Re=3，所以抽样方式为 n=200，Ac=2，Re=3。

4．加严检验一次抽样方案

实施正常检验时，若提交检验的连续 5 批中，有 2 批被拒收时，则由正常检验改用加严检验，此时可用加严检验一次抽样方案表制订抽样方案。实施加严检验时，若提交检验的连续 5 批全部被接收时，则由加严检验改用正常检验。GB/T 2828.1—2012 加严检验一次抽样方案如表 3-10 所示。

例如，某电子企业，其发光二极管由国内多家厂商供应，供应商对其产品不良率必须保证在 0.4%以下，否则可以退货，采取更严格的检验或停止交易。每次购买的数量为 6000个。今某供应商本月所交易（采用正常检验）的连续 5 批中已经发现有 2 批被拒收，请设计一个合适的抽样形态及抽样方式。

表 3-9　GB/T 2828.1—2012 正常检验一次抽样方案

样本量字码	样本量	接收质量限（AQL）																									
		0.01	0.015	0.025	0.040	0.065	0.10	0.15	0.25	0.40	0.65	1.0	1.5	2.5	4.0	6.5	10	15	25	40	65	100	150	250	400	650	1000
		Ac Re	Ac Re	Ac Re	Ac Re	Ac Re	Ac Re	Ac Re	Ac Re	Ac Re	Ac Re	Ac Re	Ac Re	Ac Re	Ac Re	Ac Re	Ac Re	Ac Re	Ac Re	Ac Re	Ac Re	Ac Re	Ac Re	Ac Re	Ac Re	Ac Re	Ac Re
A	2	↓	↓	↓	↓	↓	↓	↓	↓	↓	↓	↓	↓	↓	↓	0 1	↓	↓	1 2	2 3	3 4	5 6	7 8	10 11	14 15	21 22	30 31
B	3	↓	↓	↓	↓	↓	↓	↓	↓	↓	↓	↓	↓	↓	0 1	↑	↓	1 2	2 3	3 4	5 6	7 8	10 11	14 15	21 22	30 31	44 45
C	5	↓	↓	↓	↓	↓	↓	↓	↓	↓	↓	↓	↓	0 1	↑	↓	1 2	2 3	3 4	5 6	7 8	10 11	14 15	21 22	30 31	44 45	↑
D	8	↓	↓	↓	↓	↓	↓	↓	↓	↓	↓	↓	0 1	↑	↓	1 2	2 3	3 4	5 6	7 8	10 11	14 15	21 22	30 31	44 45	↑	↑
E	13	↓	↓	↓	↓	↓	↓	↓	↓	↓	↓	0 1	↑	↓	1 2	2 3	3 4	5 6	7 8	10 11	14 15	21 22	30 31	44 45	↑	↑	↑
F	20	↓	↓	↓	↓	↓	↓	↓	↓	↓	0 1	↑	↓	1 2	2 3	3 4	5 6	7 8	10 11	14 15	21 22	↑	↑	↑	↑	↑	↑
G	32	↓	↓	↓	↓	↓	↓	↓	↓	0 1	↑	↓	1 2	2 3	3 4	5 6	7 8	10 11	14 15	21 22	↑	↑	↑	↑	↑	↑	↑
H	50	↓	↓	↓	↓	↓	↓	↓	0 1	↑	↓	1 2	2 3	3 4	5 6	7 8	10 11	14 15	21 22	↑	↑	↑	↑	↑	↑	↑	↑
J	80	↓	↓	↓	↓	↓	↓	0 1	↑	↓	1 2	2 3	3 4	5 6	7 8	10 11	14 15	21 22	↑	↑	↑	↑	↑	↑	↑	↑	↑
K	125	↓	↓	↓	↓	↓	0 1	↑	↓	1 2	2 3	3 4	5 6	7 8	10 11	14 15	21 22	↑	↑	↑	↑	↑	↑	↑	↑	↑	↑
L	200	↓	↓	↓	↓	0 1	↑	↓	1 2	2 3	3 4	5 6	7 8	10 11	14 15	21 22	↑	↑	↑	↑	↑	↑	↑	↑	↑	↑	↑
M	315	↓	↓	↓	0 1	↑	↓	1 2	2 3	3 4	5 6	7 8	10 11	14 15	21 22	↑	↑	↑	↑	↑	↑	↑	↑	↑	↑	↑	↑
N	500	↓	↓	0 1	↑	↓	1 2	2 3	3 4	5 6	7 8	10 11	14 15	21 22	↑	↑	↑	↑	↑	↑	↑	↑	↑	↑	↑	↑	↑
P	800	↓	0 1	↑	↓	1 2	2 3	3 4	5 6	7 8	10 11	14 15	21 22	↑	↑	↑	↑	↑	↑	↑	↑	↑	↑	↑	↑	↑	↑
Q	1250	0 1	↑	↓	1 2	2 3	3 4	5 6	7 8	10 11	14 15	21 22	↑	↑	↑	↑	↑	↑	↑	↑	↑	↑	↑	↑	↑	↑	↑
R	2000	↑	↑	1 2	2 3	3 4	5 6	7 8	10 11	14 15	21 22	↑	↑	↑	↑	↑	↑	↑	↑	↑	↑	↑	↑	↑	↑	↑	↑

注：⇩表示使用箭头下面的第一个抽样方案。若样本量等于或超过批量，则执行 100%检验。

⇧表示使用箭头上面的第一个抽样方案。

Ac 表示接收数。

Re 表示拒收数。上述的符号所表示意义各表均相同。

表3-10 GB/T 2828.1—2012 加严检验一次抽样方案

样本量字码	样本量	接收质量限（AQL）																									
		0.01	0.015	0.025	0.040	0.065	0.10	0.15	0.25	0.40	0.65	1.0	1.5	2.5	4.0	6.5	10	15	25	40	65	100	150	250	400	650	1000
		Ac Re	Ac Re	Ac Re	Ac Re	Ac Re	Ac Re	Ac Re	Ac Re	Ac Re	Ac Re	Ac Re	Ac Re	Ac Re	Ac Re	Ac Re	Ac Re	Ac Re	Ac Re	Ac Re	Ac Re	Ac Re	Ac Re	Ac Re	Ac Re	Ac Re	Ac Re
A	2	↓																									
B	3																		↓	1 2	2 3	3 4	5 6	8 9	12 13	18 19	27 28
C	5																	↓	1 2	2 3	3 4	5 6	8 9	12 13	18 19	27 28	41 42
D	8																↓	1 2	2 3	3 4	5 6	8 9	12 13	18 19	27 28	41 42	←
E	13															↓	1 2	2 3	3 4	5 6	8 9	12 13	18 19	27 28	41 42	←	
F	20														↓	1 2	2 3	3 4	5 6	8 9	12 13	18 19	←				
G	32													↓	1 2	2 3	3 4	5 6	8 9	12 13	18 19	←					
H	50												↓	1 2	2 3	3 4	5 6	8 9	12 13	18 19	←						
J	80											↓	1 2	2 3	3 4	5 6	8 9	12 13	18 19	←							
K	125										↓	1 2	2 3	3 4	5 6	8 9	12 13	18 19	←								
L	200									↓	1 2	2 3	3 4	5 6	8 9	12 13	18 19	←									
M	315								↓	1 2	2 3	3 4	5 6	8 9	12 13	18 19	←										
N	500							↓	1 2	2 3	3 4	5 6	8 9	12 13	18 19	←											
P	800						↓	1 2	2 3	3 4	5 6	8 9	12 13	13 19	←												
Q	1250					↓	1 2	2 3	3 4	5 6	8 9	12 13	13 19	↑													
R	2000	↓				0 1																					
S	3150	0 1	↑		1 2																						

解：①因有多家供应商可以选择，故应采用调整型抽样检验；②因无特别要求，但希望样本数能较少，故决定采用检验水平Ⅱ；③但因过去连续 5 批中已经发现有 2 批不合格，故应采用加严检验；④由表 3-8 查出批量 N=6000 的行与检验水平Ⅱ的列的交点栏里的样本量字码为 L；⑤由表 3-10 查出样本量字码 L 的行和 AQL=0.4 的列的交点：Ac=1，Re=2；⑥得出抽样方式为 n=200，Ac=1，Re=2。

5. 放宽检验一次抽样方案

在实施正常检验时，若最近 10 批所抽取的样本中，没有被判为拒收者，则可由正常检验改用放宽检验。上例中若正常检验后连续 10 批被接收，则其抽样方式可通过查表 3-11 得出 n=80，Ac=1，Re=2。

6. 二次抽样方案和多次抽样方案

对于二次抽样方案和多次抽样方案，二次抽样方案如表 3-12 所示，多次抽样方案请查 GB/T 2828.1—2012 表 4，其检索方法同一次抽样方案。对于给定的 AQL 和样本量字码，如果有几种不同类型的抽样方案时，可以使用其中任意一种。对于给定的 AQL 和样本量字码，如果有一次、二次和多次抽样方案可采用时，通常应通过比较抽样方案的平均样本量与管理上的难易程度来决定使用哪种类型的抽样方案。

6. 转移规则

1）从正常检验到加严检验

除非负责部门另有规定，检验开始时应当采用正常检验。当正在采用正常检验时，若初次检验中连续 5 批或少于 5 批中有 2 批被拒收，则转移到加严检验。本程序不考虑再提交批。

2）从加严检验到正常检验

当进行加严检验时，若连续 5 批经初次检验（不包括再次提交检验批）通过，则从下一批检验转到正常检验。

3）从正常检验到放宽检验

当正在采用正常检验时，如果下列各条件均满足，应转移到放宽检验。

（1）当前的转移得分至少是 30 分。转移累计得分计算：

① 当 Ac≥2 时，若 AQL 加严一级后这批产品被接收，则转移得分加 3 分；否则重新设定为零分。

例 1：对某产品进行连续验收，AQL=1.0，检验水平 IL=Ⅱ，批量 N=1000，共 16 批，查表 3-9 得：（n=80，Ac=2）。加严一级的 AQL=0.65，再查表 3-9 得：（n=80，Ac=1），转移得分表如表 3-13 所示。

② 当 Ac=0 或 1 时，若该批产品被接收，则转移得分加 2 分；否则转移得分重新设定为零分。

例 2：对于连续验收的产品，使用正常检验一次抽样方案（n=50，Ac=0），转移得分表如表 3-14 所示。

③ 对于二次和多次抽样方案。

当使用二次抽样方案时，若该批在检验第一样本后被接收，则转移得分加 3 分；否则转移得分重新设定为零分。

表3-11 GB/T 2828.1—2012 放宽检验一次抽样方案

样本量字码	样本量	接收质量限（AQL）																																
		0.01		0.015		0.025		0.040		0.065		0.10		0.15		0.25		0.40		0.65		1.0		1.5		2.5		4.0		6.5		10		15
		Ac	Re	Ac	Re	Ac	Re	Ac	Re	Ac	Re	Ac	Re	Ac	Re	Ac	Re	Ac	Re	Ac	Re	Ac	Re	Ac	Re	Ac	Re	Ac	Re	Ac	Re	Ac	Re	Ac	Re
A	2																																		
B	2																																		
C	2																																	0	1
D	3																											0	1					1	2
E	5																									0	1					1	2	2	3
F	8																							0	1					1	2	2	3	3	4
G	13																					0	1					1	2	2	3	3	4	5	6
H	20																			0	1					1	2	2	3	3	4	5	6	6	7
J	32																	0	1					1	2	2	3	3	4	5	6	6	7	8	9
K	50															0	1					1	2	2	3	3	4	5	6	6	7	8	9	10	11
L	80													0	1					1	2	2	3	3	4	5	6	6	7	8	9	10	11		
M	125											0	1					1	2	2	3	3	4	5	6	6	7	8	9	10	11				
N	200									0	1					1	2	2	3	3	4	5	6	6	7	8	9	10	11						
P	315							0	1					1	2	2	3	3	4	5	6	6	7	8	9	10	11								
Q	500					0	1					1	2	2	3	3	4	5	6	6	7	8	9	10	11										
R	800	0	1					1	2	2	3	3	4	5	6	6	7	8	9	10	11														

	25		40		65		100		150		250		400		650		1000	
	Ac	Re	Ac	Re	Ac	Re	Ac	Re	Ac	Re	Ac	Re	Ac	Re	Ac	Re	Ac	Re
A	1	2	2	3	3	4	5	6	7	8	10	11	14	15	21	22	30	31
B	1	2	2	3	3	4	5	6	7	8	10	11	14	15	21	22	30	31
C	2	3	3	4	5	6	6	7	8	9	10	21	14	15	21	22		
D	3	4	5	6	6	7	8	9	10	11	14	15	21	22				
E	5	6	6	7	8	9	10	11	14	15	21	22						
F	6	7	8	9	10	11												
G	8	9	10	11														
H	10	11																

表 3-12 GB/T 2828.1—2012 正常检验二次抽样方案（主表）

表3-13 例1的转移得分表

批　　次	01	02	03	04	05	06	07	08	09	10	11	12	13	14	15	16
每批抽样的不合格品数	1	2	1	1	2	1	1	1	0	1	1	0	1	0	1	放宽检验
转移得分	3	0	3	6	0	3	6	9	12	15	18	21	24	27	30	

表3-14 例2的转移得分表

批　　次	01	02	03	04	05	06	07	08	09	10	11	12	13	14	15	16	17	18
抽样不合格数	0	0	1	0	0	0	0	0	0	0	0	0	0	0	0	0	0	0
转移得分	2	4	0	2	4	6	8	10	12	14	16	18	20	22	24	26	28	30

当使用多次抽样方案时，若该批在检验第一样本或第二样本后被接收，则转移得分加3分；否则转移得分重新设定为零分。

（2）生产正常稳定。

（3）负责部门同意转到放宽检验。

4）从放宽检验到正常检验

在进行放宽检验时，若出现下列任一情况，则从下一批检验转到正常检验：①有一批放宽检验不通过；②生产不稳定、生产过程中断后恢复生产；③有恢复正常检验的其他正当理由。

5）从加严检验到暂停

如果在初次加严检验的一系列连续批中不接收批累计达到5批，应暂时停止检验。直到供应方对改进所提供产品或服务的质量已采取行动，且负责部门认为此行动可能有效时，才能恢复本部分的检验程序。

6）恢复检验

恢复检验从使用加严检验开始，如图3-9所示。

7. 批的再提交和不合格品处理

再提交批是指已经被拒收，经过100%检验或试验，剔除了所有不合格品，并经过修理或调换合格品以后，允许再次提交的批。

在抽样检验过程中，或者在对拒收批筛选过程中发现的不合格品，不许混入产品批。经负责部门同意后，不合格单位产品可以采用以下的办法处理。

（1）经过返工修理和累积一个时期以后，可以作为混合批重新提交，但必须对所有质量特性重新进行检验，检验的严格性由负责部门根据情况确定，但不得采用放宽检验。

（2）经过返工修理以后，可以返回原批重新提交。

（3）由生产方按照批准的超差品处理办法重新提交。

（4）按照生产方与使用方协商的办法处理。

（5）由生产方做废品处理。

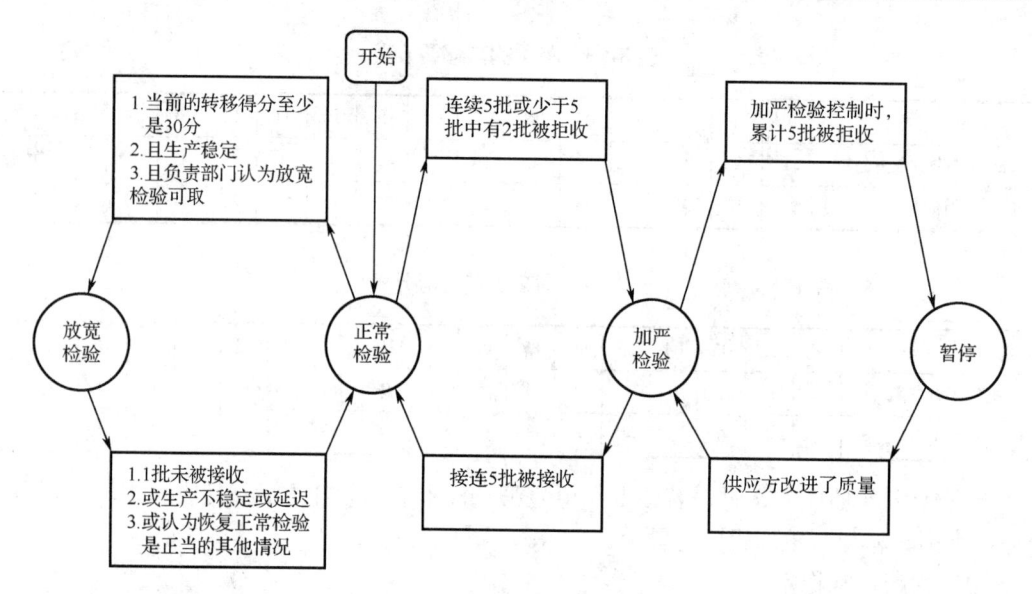

图 3-9　转移规则关系图

> **任务实施**

1. 实验目的

深刻理解抽样方案的含义（n，Ac，Re），能够利用 GB/T 2828.1—2012 求解抽样方案。

2. 实验准备

（1）联网计算机（Windows 操作系统）。
（2）Office 软件。
（3）GB/T 2828.1—2012。

3. 实验过程

（1）查表练习。

例 1：OQC 采用 GB/T 2828.1—2012，规定 AQL=1.5，检验水平 IL=Ⅱ，批量 N=2000，求抽样方案。

例 2：对零件进行检验，采用加严一次抽样，批量 N=1000，检验水平 IL=Ⅰ，AQL=0.25，求抽样方案。

例 3：批量 N=500，AQL=250，检验水平 IL=Ⅱ，求抽样方案。

例 4：批量 N=2000，AQL=1.5，检验水平 IL=Ⅱ，求二次抽样方案。

例 5：某电子元器件的 OQC 中采用 GB/T 2828.1—2012，规定 AQL=2.5，检验水平 IL=Ⅱ，求批量 N=2000 时的正常检验多次抽样方案。

（2）解决实际问题。

某公司的 IQC 人员对一批批量 N=1000 的集成电路进行 IQC。与供货商约定的检验水平 IL=Ⅱ，A 类不合格的 AQL 为 0.4，B 类不合格的 AQL 为 1.5，按正常一次抽样进行检验，发现有 1 个单位产品有 1 个 A 类不合格、2 个 B 类不合格；1 个单位产品有 1 个 A 类不合格；3 个单位产品各有 2 个 B 类不合格。请填写表 3-15。

模块 3 检验、统计抽样检验和可靠性验证

表 3-15 抽样方案与判定表

不合格品类别	AQL	抽样方案			检验判定		
		n	Ac	Re	不合格数品 d	单项判定	对批判定
A 类	0.4	125	1	2	2		
B 类	1.5				3		

4. 提交实验报告

将已经完成的实验报告提交至作业平台（职教云或学习通平台等）。

练　习

一、名词解释

1. AQL；2. 过程平均；3. 逐批抽样形式；4. 检验水平；5. 样本量字码表；6. 转移规则。

二、选择题

1. 当进行正常检验时，若在不多于连续 5 批中有 2 批经初次检验（不包括再次提交检验批）不通过，则从下一批检验转到（　　）检验。

A. 一般　　　　　　B. 免除　　　　　　C. 放宽　　　　　　D. 加严

2. 检验水平的选择与检验费用相关。检验费用高时，选择低的检验水平；检验费用低时，选择高的检验水平。若单个样本的检验费用为 a，判不合格时处理一个样本的费用为 b，当 $a>b$ 时，应当（　　）。

A. 选择检验水平Ⅰ　　　　　　　　B. 选择检验水平Ⅱ
C. 选择检验水平Ⅲ　　　　　　　　D. 选择检验水平 S-3

三、判断题

（　　）1. 加严检验开始后，若不通过批数累计 5 批时，则暂时停止按本标准检验。

（　　）2. AQL 含义：允许的生产方过程平均的最大值。

（　　）3. 脱离已生产或者汇集的批不属于当前检验批系列的批，称为连续批。

（　　）4. GB/T 2828.1—2012 主要用于生产方的抽样检验。

（　　）5. 连续批的抽样检验是一种对所提交的一系列批的产品的检验。GB/T 2828.1 是为主要适用于连续批而设计的。

（　　）6. 在抽样检验中，N 表示批量。

任务 3.3　运用 Minitab 分析与设计抽样方案及试验计划

> **任务描述**

进入数字化社会后，需要对事实和数据运用数理统计的方法进行客观、科学的分析，

提取有效的信息，并做出决策。在质量工程技术与管理中常用软件 Minitab，本书介绍的该软件相关内容以 R20 版本为载体。本任务介绍了 Minitab 的基本功能和操作方法，应用 Minitab 最新版本求解接收概率，设计抽样方式和比较抽样计划及制订可靠性试验计划。

知识准备

3.3.1 抽样方案的接收概率

使用抽样方案（n，Ac）对产品批进行验收，应符合批质量的判断准则，即当批质量好于质量标准要求时，应接收该检验批产品；而当批质量劣于质量标准要求时，应不接收该检验批产品。因此当使用抽样方案时，抽样方案对优质批和劣质批的判断能力的好坏是极为关键的，方案的判别能力可以用接收概率、OC 曲线和两类风险来衡量。

1．接收概率的定义

接收概率是指根据规定的抽样方案，把具有给定质量水平的检验批判断为接收的概率，即用给定的抽样方案（n，Ac）去验收批量 N 和批质量 p 已知的检验批时，把检验批判断为接收的概率。

接收概率通常记为 $L(p)$，它是批不合格品率 p 的函数，随着 p 的增大而减小。当 p 一定时，根据不同的情况，可用超几何分布、二项分布来求得 $L(p)$ 的值。

2．接收概率的计算

1）超几何分布计算法

设从不合格品率为 p 的批量中，随机抽取 n 个单位产品组成样本，则样本中出现 d 个不合格品的概率可按超几何分布公式计算为

$$L(p) = \sum_{d=0}^{Ac} \frac{C_{Np}^d C_{N-Np}^{n-d}}{C_N^n}$$

式中　　C_{Np}^d ——从批的不合格品数 Np 中抽取 d 个不合格品的全部组合；

C_{N-Np}^{n-d} ——从批的合格品数 $N-Np$ 中抽取 $n-d$ 个合格品的全部组合；

C_N^n ——从批量 N 的一批产品中抽取 n 个单位产品的全部组合。

该式是有限总体计件抽样检验时，计算接收概率的精确公式。

2）二项分布计算法

当总体为无穷大或近似无穷大（$n/N \leq 0.1$）时，可以用二项概率去近似超几何概率，故利用二项分布计算接收概率的公式为

$$L(p) = \sum_{d=0}^{Ac} C_n^d p^d (1-p)^{n-d}$$

该式是无限总体计件抽样检验时，计算接收概率的精确公式。

3.3.2 OC 曲线

1. OC 曲线的概念

根据 $L(p)$ 的计算公式，对于一个具体的抽样方案（n，Ac），当检验批的批质量 p 已知时，方案的接收概率是可以计算出来的。但在实际中，检验批的不合格品率 p 是未知的，而且是一个不固定的值，因此，对于一个抽样方案，有一个 p 就有一个与之对应的接收概率，如果用横坐标表示自变量 p 的值，纵坐标表示相应的接收概率 $L(p)$，则 p 和 $L(p)$ 构成的一系列点连成的曲线就是抽检特性曲线，简称"OC 曲线"，如图 3-10 所示。

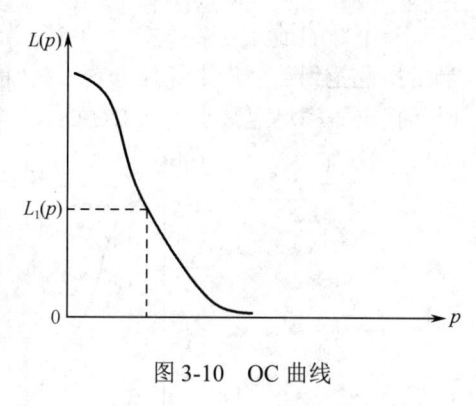

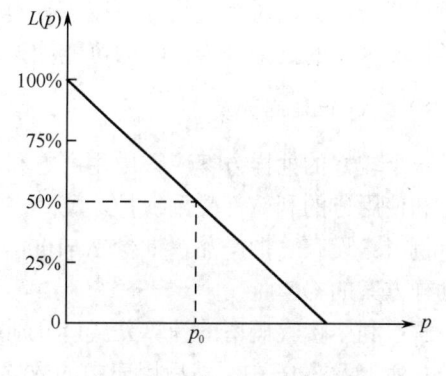

图 3-10　OC 曲线

2. 理想的 OC 曲线和不理想的 OC 曲线

根据接收概率的计算公式可知，OC 曲线与抽样方案是一一对应的，即一个抽样方案对应着一条 OC 曲线，而每条 OC 曲线又反映了它所对应的抽样方案的特性。

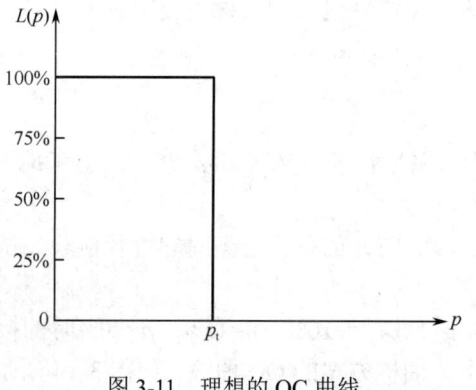

1）理想的 OC 曲线

什么是理想的 OC 曲线呢？如果规定，当批不合格品率不超过 p_t 时，这批产品可接收，那么一个理想的抽样方案应当满足：当 $p \leq p_t$ 时，接收概率 $L(p)=1$；当 $p > p_t$ 时，接收概率 $L(p)=0$，理想的 OC 曲线如图 3-11 所示。

但是，理想的 OC 曲线实际上是不存在的。只有在 100%检验且保证不发生错检和漏检的情况下才能得到。

2）不理想的 OC 曲线

当然，我们也不希望出现不理想的 OC 曲线。比如，方案（1，0）的 OC 曲线为一条直线，如图 3-12 所示。从图 3-12 中可以看出，这种方案的判断能力是很差的。因为当批不合格品率 p 达到 50%时，接收概率仍有 50%，也就是说，这么差的两批产品中，有一批将被接收。

图 3-11　理想的 OC 曲线

图 3-12　不理想的 OC 曲线

3. 实际的 OC 曲线与两类风险

理想的 OC 曲线实际上做不到，不理想的 OC 曲线判断能力又很差，实际需要的 OC 曲线应当是什么样的呢？

一个好的抽样方案或 OC 曲线应当是：当批质量好（$p \leq p_0$）时能以高概率判它接收；当批质量差到某个规定界限（$p \geq p_1$）时，能以高概率判它不接收；当产品质量变坏，如 $p_0 < p < p_1$ 时，接收概率迅速减小，其 OC 曲线如图 3-13 所示。

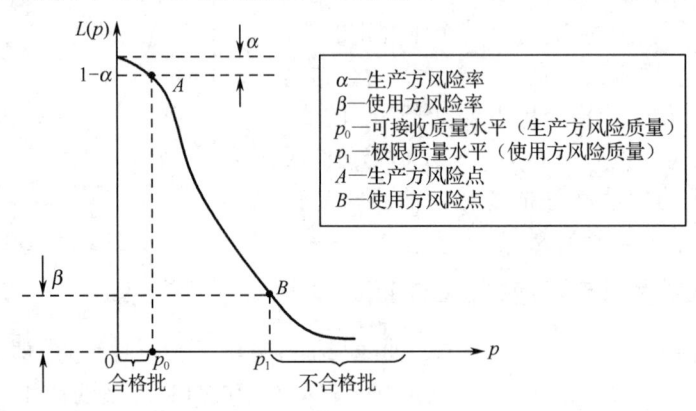

图 3-13 实际需要的 OC 曲线

1）第一类错判概率

在实际的 OC 曲线中，当检验批质量比较好（$p \leq p_0$）时，不可能 100%地接收检验批（除非 $p=0$），而只能以高概率接收，低概率 α 不接收这批产品。

这种由于抽检原因把合格批错判为不合格批而不接收的错判称为第一类错判。

这种错判给生产者带来损失，这个不接收的小概率 α 称为第一类错判概率，又称为生产方风险率，它反映了把质量较好的批错判为不接收的可能性大小。

2）第二类错判概率

当采用抽样检验来判断不合格品率很高的劣质批（$p \geq p_1$）时，也不能肯定 100%不接收（除非 $p=1$）这批产品，还有小概率 β 接收的可能。

这种由于抽检原因把不合格批错判为合格批而接收的错判称为第二类错判。这种错判使用户蒙受损失，这个接收的小概率 β 称为第二类错判概率，又称为使用方风险率，它反映了把质量差的批错判为接收的可能性大小。

3）较好的抽样方案

一个较好的抽样方案应该由生产方和使用方共同协商，对 p_0 和 p_1 进行通盘考虑，使生产方和使用方的利益都受到保护。

例 1：设有一批产品，批量 $N=1000$，用（30，3）的抽样方案对它进行检验，试画出此抽样方案的 OC 曲线。

解：利用接收概率的计算公式，分别求出 $p=5\%$、$p=10\%$、$p=15\%$、$p=20\%$时的接收概率，并列于表 3-16 中，然后用表中的数据画出该抽样方案的 OC 曲线，如图 3-14 所示，即抽样方案（$N=1000$，$n=30$，$Ac=3$）或（30，3）的 OC 曲线。

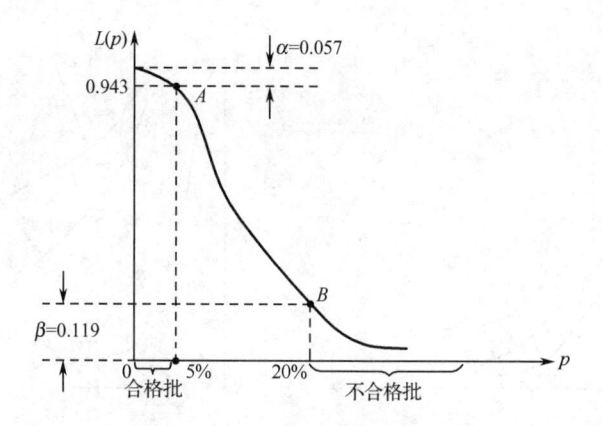

图 3-14 例 1 抽样方案的 OC 曲线

表 3-16 例 1 接收概率计算表

d	p			
	5%	10%	15%	20%
0	0.210	0.040	0.007	0.001
2	0.342	0.139	0.039	0.009
3	0.263	0.229	0.102	0.032
4	0.128	0.240	0.171	0.077
$L(p)$	0.943	0.648	0.319	0.119

例题分析：从这个例子可以看出，当 $p=5\%$ 时，接收概率在 94%左右，但是随着批不合格品率 p 的增加，接收概率迅速减小；当 $p=20\%$ 时，接收概率就已经只有 12%左右了。因而，（30，3）就是一个比较好的抽样方案。

4．OC 曲线与 N、n、Ac 之间的关系

OC 曲线与抽样方案（N，n，Ac）是一一对应的。因此，当 N、n、Ac 变化时，OC 曲线必然随之变化。以下讨论 OC 曲线怎样随着 N、n、Ac 3 个参数之一的变化而变化。

1）n、Ac 不变，N 变化（N 对 OC 曲线的影响）

图 3-15 中从左至右分别是 3 个抽样方案（50，20，0）、（100，20，0）、（1000，20，0）所对应的 3 条 OC 曲线。从图 3-15 中可以看出，批量大小对 OC 曲线影响不大，所以当 $N/n \geqslant 10$ 时，就可以采用不考虑批量影响的抽样方案，因此，我们可以将抽样方案简单地表示为（n，Ac）。但这不意味着抽样批量越大越好。因为抽样检验总存在着犯错误的可能，如果批量过大，一旦不接收，则给生产方造成的损失就很大。

2）N、Ac 不变，n 变化（n 对 OC 曲线的影响）

图 3-16 中，N 不变，从左至右分别是 Ac 为 1，而 n 分别为 200、100、50 时所对应的 3 条 OC 曲线。从图 3-16 中可以看出，当 Ac 一定时，n 越大，OC 曲线越陡，抽样方案越严格。

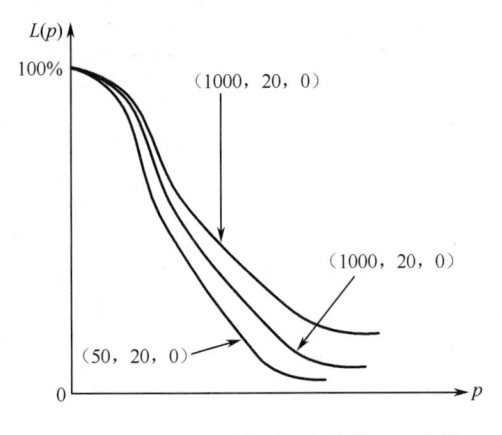

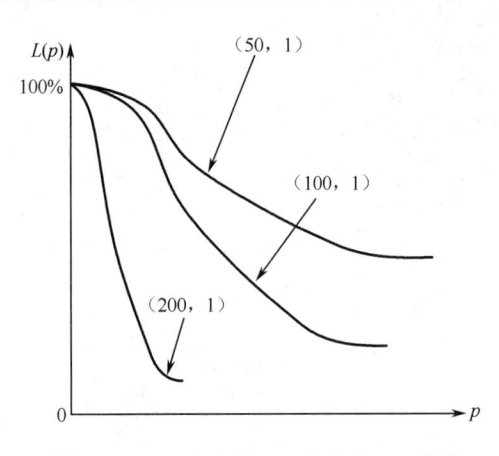

图 3-15 n、Ac 不变，N 变化的 OC 曲线

图 3-16 N、Ac 不变，n 变化的 OC 曲线

3）N、n 不变，Ac 变化（Ac 对 OC 曲线的影响）

图 3-17 中，N 不变，从左至右分别是当 n=100，Ac 分别为 2、3、4、5 时所对应的 4 条 OC 曲线。从图 3-17 中可以看出，当 n 不变时，Ac 越小，OC 曲线倾斜度越大，抽样方案越严。

4）OC 曲线特征的总结

①越接近理想状态，判别能力越强；②形状越陡，抽样方案越严；形状越平，抽样方案越宽；③靠左严，靠右宽；④N 的影响不大；⑤n 越大，抽样方案越严；⑥Ac 越小，抽样方案越严。

5．百分比抽样的不合理性

所谓百分比抽样，是指不论产品的批量 N 如何，均按一定的比例抽取样本进行检验，而在样本中允许的不合格品数（接收数 Ac）都是一样的。

下面通过实例来说明百分比抽样的不合理性。

例 2：设供应方有批量不同但批质量相同（如批不合格品率均为 8%）的 5 批产品，它们均按 5%抽取样本，并规定样本中不允许有不合格品（Ac=0）。因此，可得到下列 5 个抽样方案：①（5，0）；②（10，0）；③（20，0）；④（30，0）；⑤（100，0）。各方案的接收概率如表 3-17 所示。

表 3-17 例 2 接收概率计算表

样 本 数 量	接 收 数	批不合格品率	接 收 概 率	拒 绝 概 率
5	0	8	0.659	0.341
10	0	8	0.434	0.566
20	0	8	0.189	0.811
30	0	8	0.082	0.918
100	0	8	0.000	1.000

百分比抽样的 OC 曲线如图 3-18 所示。

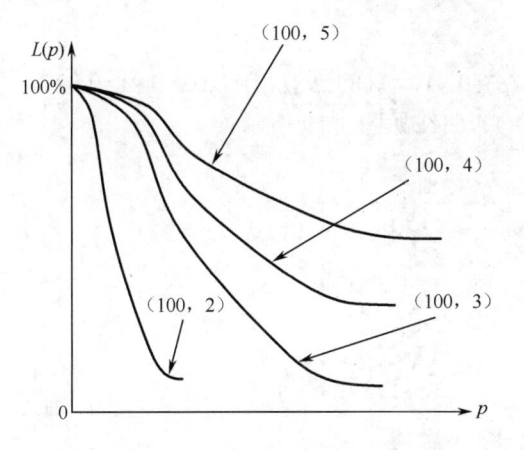

图 3-17 N、n 不变，Ac 变化的 OC 曲线　　图 3-18 百分比抽样的 OC 曲线

从图 3-18 可以看出，方案 5 比方案 1 要严格得多。如当 $p=8\%$ 时，方案 1 的接收概率为 65.9%，而方案 5 的接收概率为 0。可见百分比抽样是大批严，小批宽，即对 N 大的检验批提高了验收标准，所以百分比抽样是不合理的，不应当在我国企业中继续使用。总之，百分比抽样的不合理性主要表现为：①大批严，小批宽；②假设前提不确切；③没有明确的质量保证条件；④抽样比例的确定缺乏理论依据。

3.3.3 平均检验总数与平均检出质量

1. 平均检验总数

平均检验总数（Average Total Inspection，ATI）是平均每批的总检验数目，包括样本量和不接收批的全检量，这个指标衡量了检验的经济性。使用抽样方案（n，Ac）抽检不合格品率为 p 的产品，当批的接收概率为 $L(p)$ 时，对于接收批，检验量为样本量 n；对于不接收批，实际检验量为 N，因此该方案的平均检验总数的计算公式为

$$ATI = nL(p) + N[1-L(p)] = n + (N-n)[1-L(p)]$$

例 3：某机车装配厂某零件的入厂检验采用抽样方式 $n=17$、Ac=1 的选别型抽样检验，并要求每批量 $N=1000$ 时，如果送检的批不合格品率为 3%，试问平均总检验件数为多少？

解：$N=1000$，$p=3\%$，$n=17$，Ac=1，则 $L(p)=0.91$，$ATI=17+(1000-17)(1-0.91)\approx 105$，故平均总检验件数为 105。

2. 平均检出质量

平均检出质量（Average Outgoing Quality，AOQ）是指对于一定质量的待验收产品，利用某一抽样方案检验后，检出的产品预期平均质量水平，也称"平均出厂不合格品率"或"平均交付质量"。

设 p 为不合格品率，$L(p)$ 为接收概率，N 为批量，K 为接收选别型抽样检验的批数，则检验过的产品数为 KN，检验合格通过的不合格品数为 $KN \times L(p) \times p$，平均检出质量的计算公式为

$$AOQ = \frac{KN \times L(p) \times p}{KN} = p \times L(p)$$

其中，$AOQ_{max}=AOQL$，为平均检出质量上限。

电子产品质量工程技术与管理

例 4：求例 3 中的平均检出质量。

解：$N=1000$，$p=3\%$，$n=17$，$Ac=1$，则 $L(p)=0.91$，$AOQ=p \times L(p)=0.03\times0.91=0.0273$，故平均检出质量为 2.73%。平均检出质量（AOQ）曲线如图 3-19 所示。

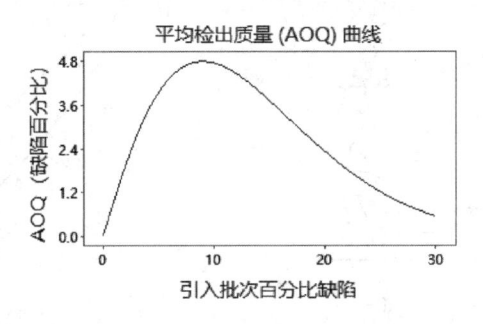

图 3-19　平均检出质量（AOQ）曲线

3.3.4　Minitab 简介

1．Minitab 20 操作界面

Minitab 20 操作界面如图 3-20 所示，包括菜单栏、状态栏、导航器、输出窗口、数据窗口。输出窗口主要是统计输出和图形输出，数据窗口相当于 Excel 中的工作表。

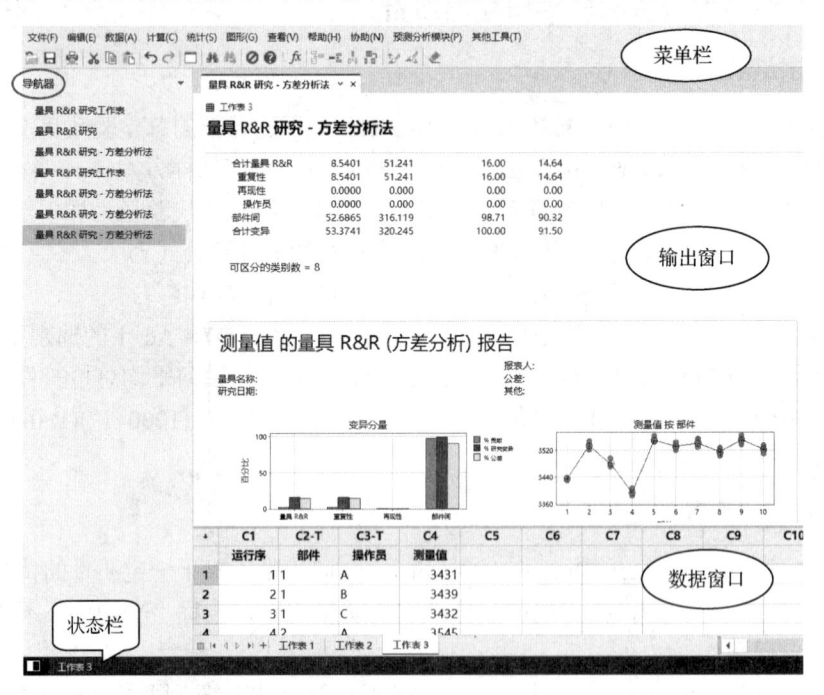

图 3-20　Minitab 20 操作界面

2．Minitab 的主要功能

Minitab 20 与之前的 Minitab 16、Minitab 17、Minitab 18 有很大不同，Minitab 20 的菜单栏增加了"查看"菜单，删除了前几个版本的"编辑器"、"工具"和"窗口"菜单。

· 88 ·

新增的"导航器"功能,使用起来更加方便快捷。"查看"菜单如图 3-21 所示,主要内容有导航器(N)、命令行/历史记录(H)、数据和输出(A)、仅数据(D)、仅输出(O)、工具栏(T)、自定义(C)、缩放(Z)。全新的云功能可使用户安全地访问市面上强大的统计软件,不论居家办公还是身处办公室,都可以不受地点限制,分析数据、分享见解。

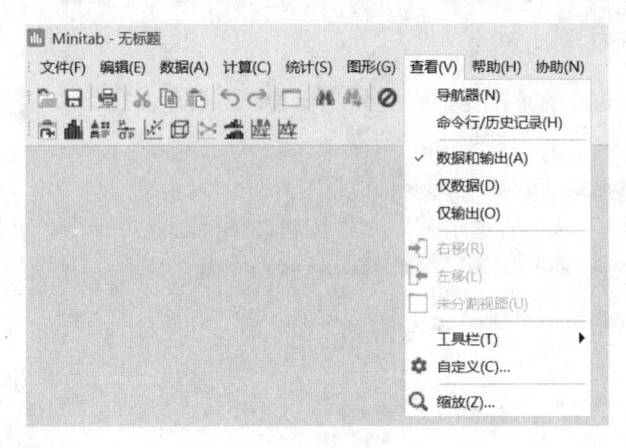

图 3-21 "查看"菜单

质量技术核心部分——品质分析与管理工具主要有运行图、排列图、因果图、能力分析、Gage 测定系统评价等。选择"统计"→"质量工具"命令,就会出现如图 3-22 所示的界面。在质量工具中,Minitab 20 新增对称图和变异性控制图两个工具。

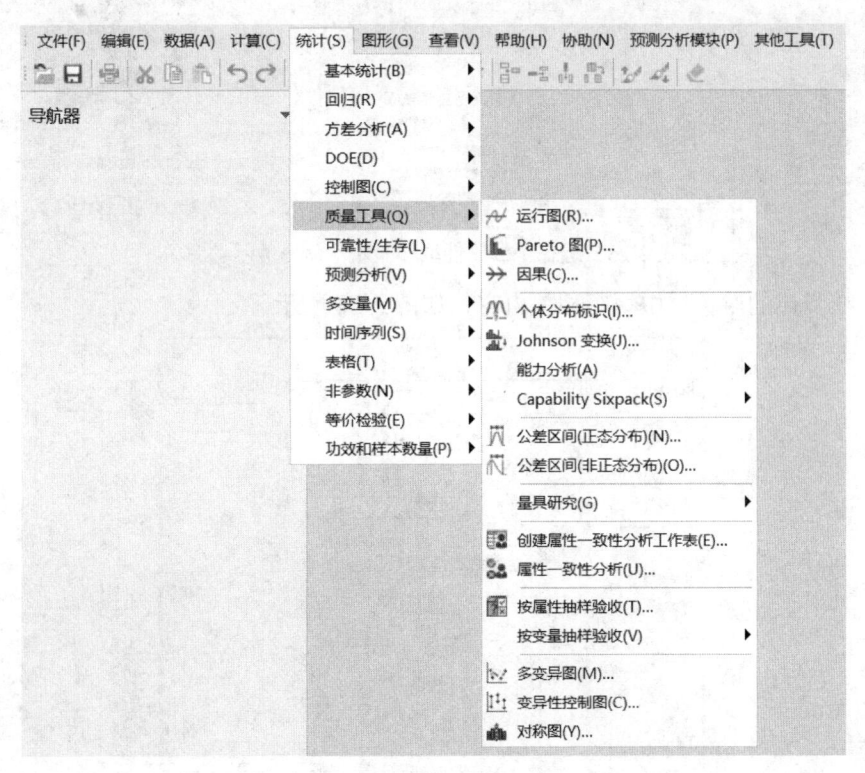

图 3-22 质量工具内容

3.3.5 Minitab 在抽样检验中的应用

Minitab 在抽样检验中的应用主要有以下 3 个方面：一是求解接收概率；二是设计抽样方式；三是比较属性抽样验收计划。

1. 求解接收概率

例 1：已知 $N=3000$ 的一批产品提交外观检验，若采用（20，1）的抽样方案，当 $p=1\%$ 时，求接收概率。

解：使用 Minitab 20 的操作步骤如下。

（1）选择"统计"→"质量工具"→"按属性抽样验收"命令，如图 3-23 所示。

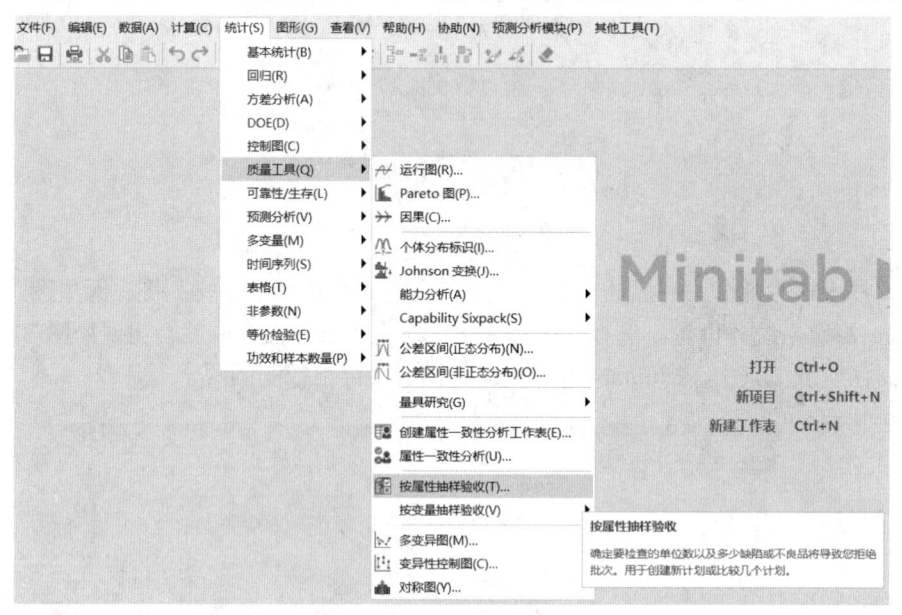

图 3-23 选择"按属性抽样验收"命令的示意图

（2）在弹出的对话框中填写相关内容，如图 3-24 所示。

图 3-24 属性填写内容图

（3）单击"确定"按钮，输出以下结果及图形（见图3-25）。
输出结果：

按属性的抽样验收
测量值类型：通过/通不过
以百分比缺陷表示的批次质量
批次大小：3000
使用二项分布来计算接收概率
方法
    可接收质量水平（AQL）：   1
比较用户定义计划
    样本数量   20
    接收数   1
如果在 20 取样中的不良品数≤1，接收该批次；否则拒绝。

百分比缺陷	接收概率	拒绝概率	AOQ	ATI
1	0.983	0.017	0.977	70.2

平均交付质量限（AOQL）

AOQL	百分比缺陷
4.110	7.747

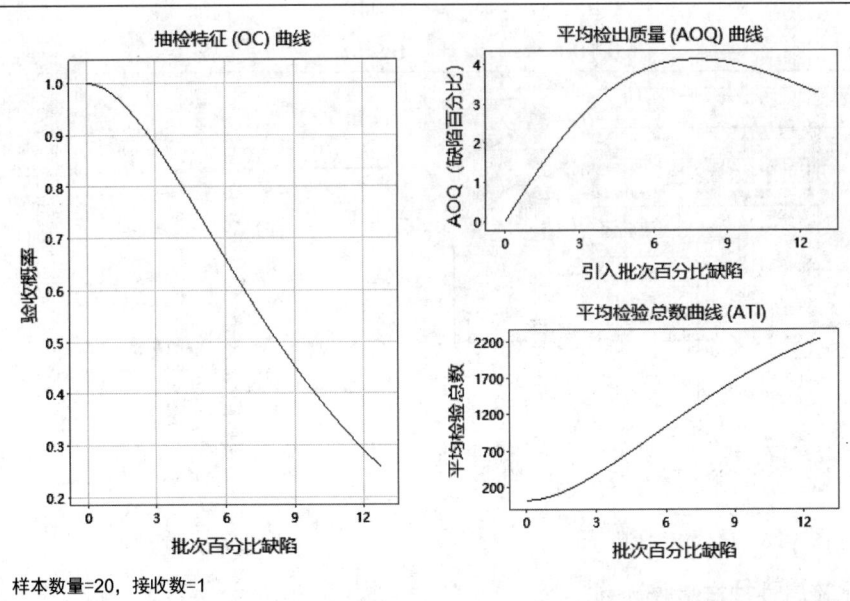

图 3-25 输出图形

2. 设计抽样方式

例 2：某电视机装配厂对委外制造的某零件在合约时指定其不良率不得超过 1%，但经检讨知道不良率只要在 2.5% 就必须判不合格拒收，试设计能达到此目的的抽样方式。

解：使用 Minitab 20 的操作步骤如下。

(1) 选择"统计"→"质量工具"→"按属性抽样验收"命令。
(2) 在弹出的对话框中填写相关内容，如图 3-26 所示。
(3) 单击"确定"按钮，输出以下结果及图形（见图 3-27）。

输出结果：

测量值类型：通过/通不过
以百分比缺陷表示的批次质量使用二项分布来计算接收概率
方法

可接收质量水平（AQL）：	1
生产者风险（α）	0.05
可拒收质量水平（RQL 或 LTPD）：	2.5
消费者风险（β）	0.1

生成的计划

样本数量	614
接收数	10

如果在 614 取样中的不良品数≤10，接收该批次；否则拒绝。

百分比缺陷	接收概率	拒绝概率
1.0	0.952	0.048
2.5	0.100	0.900

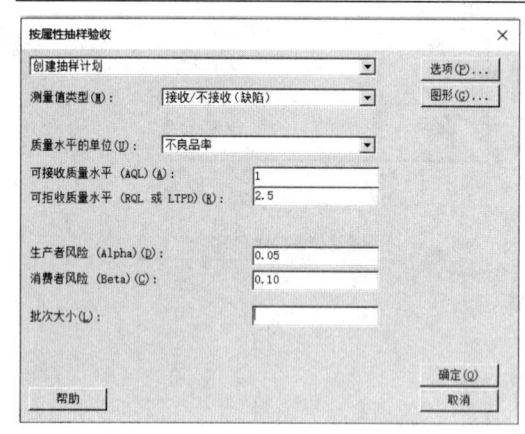

图 3-26 属性填写内容图　　　　图 3-27 输出图形

3．比较属性抽样验收计划

例 3：某供应商提供批量 $N=5000$ 的电子元器件。现有两种抽样计划：（52，2）和（52，0），试比较这两种抽样计划的风险和获益。已知 AQL 为 1.5，RQL 为 10。

解：(1) 选择"统计"→"质量工具"→"按属性抽样验收"命令。
(2) 在弹出的对话框中选择"比较用户定义的抽样计划"选项。
(3) 在"测量值类型"下拉列表中，选择"接收/不接收（缺陷）"选项。

(4) 在"质量水平的单位"下拉列表中,选择"不良品率"选项。

(5) 在"可接收质量水平(AQL)"文本框中,输入"1.5"。在"可拒收质量水平(RQL 或 LTPD)"文本框中,输入"10"。

注意:比较抽样计划时,不必如创建抽样计划时那样指定 AQL 和 RQL。

(6) 在"样本数量"文本框中,输入"52"。在"可接收个数"文本框中,输入"0 2"。

(7) 在"批次大小"文本框中,输入"5000"。

(8) 单击"确定"按钮,输出以下结果及图形(见图 3-28)。

输出结果:

测量值类型:通过/通不过						
以百分比缺陷表示的批次质量						
批次大小:5000						
使用二项分布来计算接收概率						
方法						
可接收质量水平(AQL):			1.5			
可拒收质量水平(RQL 或 LTPD):			10			
比较用户定义计划						
样本数量(n)	接收数(c)	百分比缺陷	接收概率	拒绝概率	AOQ	ATI
52	2	1.5	0.957	0.043	1.420	266.2
52	2	10.0	0.097	0.903	0.956	4521.9
52	0	1.5	0.456	0.544	0.676	2745.2
52	0	10.0	0.004	0.996	0.041	4979.3
平均交付质量限(AOQL)						
样本数量(n)	接收数(c)		AOQL	百分比缺陷		
52	2		2.603	4.300		
52	0		0.693	1.887		
如果在 n 取样中的不良品数≤c,接收该批次;否则拒绝。						

解释结果:

当合格判定数为零(类似零缺陷品计划)时,在 AQL 下接收批次的概率非常低,以致在抽样计划中没有实用价值。在本例中,AQL 为 1.5,在此缺陷品水平下,接收批次的概率仅为 0.456。在建立抽样计划时,接收方和供货方议定大约 95%时,会接收含 1.5%缺陷品的批次。如果要改进所收到的电子元器件的质量,需要与供应商协作来完成,并需要设计考虑预期的较低水平缺陷的新抽样计划。要确保改进质量水平,还必须从同一 5000 大小的批次中检验更多的电子元器件。

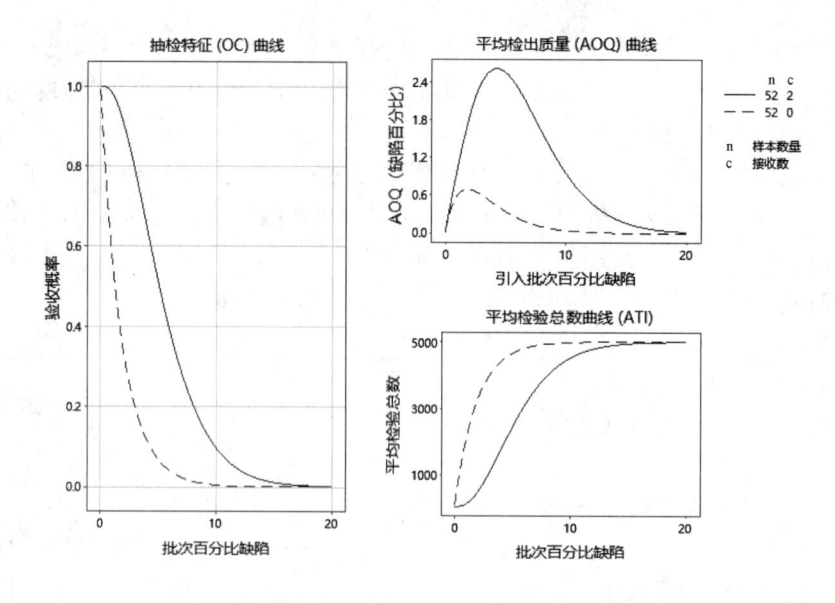

图 3-28 比较属性抽样验收计划

3.3.6 电子产品的可靠性验证

1. 可靠性验证的定义

可靠性是产品（零件、部件、整机）在规定条件（环境条件、技术条件、维护方法等）下和规定时间（产品功能在时间上的稳定程度）内，完成规定功能的能力。

可靠性验证就是通过模拟相关电子产品或电子元器件的使用条件，在规定时间范围内电子产品或电子元器件完成规定功能的能力。

2. 可靠性验证的主要项目

1) 电性试验

（1）静电放电敏感度试验（Electrostatic Discharge Damage，EDD）。该试验可以给出微电路承受静电放电的能力，它是破坏性试验。

（2）电磁兼容测试。形成电磁干扰必须具备 3 个基本要素——电磁干扰源、耦合途径（或传播通道）、敏感设备。因此，要实现产品的电磁兼容必须从 3 个方面入手——抑制/消除电磁干扰源、切断电磁干扰耦合途径、提高电磁敏感设备的抗干扰能力。

电磁兼容标准要求的主要检测项目包括：电源端子干扰电压、其他端子干扰电压或干扰电流、辐射干扰场强及干扰功率、静电放电抗扰度、射频电磁场抗扰度、冲击抗扰度、由射频场感应的传导干扰抗扰度、磁场抗扰度、电源电压跌落或瞬时中断或电压变化抗扰度、谐波电流发射、电压闪烁和波动等。

（3）输入测试。输入测试目的是考察产品设计时考虑输入是否满足产品在正常工作时，输入电路是否能够承受产品工作时需要的电流。在产品标准中规定：最大功耗的输入电流不能大于产品标称值的110%。这个标称值也是告诉用户该产品安全工作需要的最小电流，让用户在使用这个设备前要准备这样的电气环境。

（4）电容放电测试。对一个可以插拔电源线的设备，其电源线经常会被拔出插座，拔出插座的电源插头，经常被人任意放置。刚被拔出的电源插头是带电的，而这个电随时间延长而消失，如果这个时间太长，那么将会对人造成电击，任意放置的电源插头会损坏其他设备或设备本身。

（5）电路稳定性测试。

① SELV 电路。SELV 电路就是安全的电压电路，这个电路对使用人员就是安全的，如手机充电器的直流输出端到手机，它们是安全的，可以任意触摸不会有危险。

② 限功率源电路。由于限功率源电路输出的功率很小，它们不会导致着火危险，因此在安全标准中，对这类电路的外壳做了专门降低要求规定，它们阻燃等级是 UL94V-2。因此有这类电路都需要测量，证明它们是限功率源电路。

③ 限流源电路。要求在电路正常和单一故障下，输出的电流是在安全限值以下的，对人不会导致危险的电流值应小于 0.25mA。

（6）接地连续测试。设备或仪器必须接地，否则将在其可以触摸的表面有危险电压。这些危险电压必须通过接地释放。安规测试规定需要使用多大的电流和多久的时间，测量的电阻必须小于 0.1Ω，或电压降小于 2.5V。

（7）电池充放电测试。若设备或仪器内部有可充电电池，则需要做电池充放电测试，以及单一故障下的充电测试和过充电测试。这是因为设备在正常使用、充电和放电，以及设备故障时，其主要功能还没有损失，而使用人员不会发现设备故障，这种情况下，充放电要求是安全的，不能因此而发生爆炸等危险。

（8）接触电流测试。接触电流就是常说的漏电流。在设计时要严格控制这个电流，在产品认证时要测试这个电流。

（9）耐电压测试。耐电压测试或高压测试主要用于考察设备绝缘的耐受能力，设计的绝缘是否满足设计要求。各种不同的绝缘，其测试电压不同。耐电压测试都是在潮湿处理后进行的，以便考察设备在潮湿时的耐受能力。

（10）异常测试。异常测试分为单一故障测试和错误使用测试，以及常见的异常使用测试。单一故障测试：设备在一个故障状态下，要求设备是安全的。错误使用测试：设备有调节装置，或其他装置，在位置或状态不对的情况下测试，要求设备是安全的，允许设备功能损失。常见的异常使用测试：可能由于人们喜欢美而额外在设备上加上一些装饰部件，而这些装饰部件对设备的散热等是极为不利的，因此也要进行测试。

2）机械试验

（1）恒定加速度试验。该试验考核微电路承受恒定加速度的能力。

（2）机械冲击试验。该试验考核微电路承受恒定冲击的能力。

（3）机械振动试验。该试验主要有 4 种，即扫频振动试验、振动疲劳试验、振动噪声试验和随机振动试验。其目的是考核微电路在不同振动条件下的结构牢固性和电特性的稳定性。

（4）键合强度试验。该试验考核微电路封装内部的内引线与芯片和内引线与封装体内外引线端键合强度。该试验分为破坏性键合强度试验和非破坏性键合强度试验，键合强度差的微电路会因出现内引线开路而失效。

（5）芯片附着强度试验。该试验考核片与管壳或基片结的机械强度。芯片附着强度试验有两个，即片与基片/底座附着强度试验和剪切力试验，前者考核芯片承受垂直片脱离基片/底座方向受力的能力，后者考核芯片承受平行芯片与基片/底座结合面方向受力的能力。

（6）与外引线有关的试验。该试验考核微电路外引线质量，主要的试验有外引线可焊性试验、着力试验、引线牢固性试验及针栅阵列式封装破坏性引线拉力试验。外引线可焊性试验考核外引线低熔点焊接的能力。

（7）粒子碰撞噪声检测试验。该试验的目的是检验微电路空腔封装腔体内是否存在可动多余物。可动导电多余物会导致微电路内部短路失效。试验原理是对微电路施加适当的机械冲击应力，使黏附微电路腔体内的多余物成为可动多余物，再施加振动应力，使可动多余物振动，振动的多余物与腔体壁撞击产生噪声。

（8）其他相关的外应力与内应力试验。

① 球压测试。带危险电压的绝缘材料或塑料支撑件需要做球压测试，以保证危险电压部件在高温工作时，塑料件有足够的支撑强度。测试温度是最高温度加上15℃，但是不小于125℃。球压时间是在要求温度下保持1h。

② 扭力测试。扭力测试是针对设备外部导线在使用中，经常受到外力作用弯曲变形的测试。该测试主要测试导线能够承受的弯曲次数，在产品生命周期内不会因为外力作用发生断裂、在AC220V时电线外露等危险。

③ 外壳受力测试。设备在使用过程中，会受到各种外力作用，这些外力可能会使设备外壳变形，这些变形可能导致设备内部发生危险，或指标不能满足要求。因此在设计设备时必须考虑这些影响，安全认证时必须测试这些指标。

④ 跌落测试。小的设备或台式设备，在正常使用中，可能会从手中或工作台跌落到地面。这些跌落可能会导致设备内部安全指标不能达到要求。因此，在设计设备时必须考虑这种影响，安全认证时需要测试这些指标。要求是：设备跌落后，功能可以损失，但是不能对使用人员造成危险。

⑤ 应力释放测试。如果设备内部有危险电路等，当设备在正常使用中，外壳发生变形，就会导致危险外露，这样是不允许的。因此在设计设备时，必须考虑这些影响，安全认证时必须测试这些指标。

3）环境试验

（1）高温存储试验。该试验考核或确定产品在高温环境条件下存储和（或）使用的适应性。

（2）温度循环试验。该试验考核产品承受一定温度变化速率的能力及对极端高温和极端低温环境的承受能力。该试验是针对产品热机械性能设置的。

（3）热冲击试验。该试验考核产品承受温度剧烈变化（承受大温度变化速率）的能力。

（4）低气压试验。该试验考核产品对低气压工作环境的适应能力。

（5）耐湿试验。该试验以施加加速应力的方法评定微电路在潮湿和炎热条件下抗衰变的能力。该试验是针对典型的热带气候环境设计的。

（6）盐雾试验。该试验以加速的方法评定元器件外露部分在盐雾、潮湿和炎热条件下抗腐蚀的能力。该试验是针对热带海边或海上气候环境设计的。

（7）辐照试验。该试验考核微电路在高能粒子辐照环境下的工作能力。

4）寿命试验

该试验考核产品在规定的条件下，在全过程工作时间内的质量和可靠性。

3. 可靠性试验条件

可靠性试验条件通常是依据国家标准或国际标准来进行的。若没有国标，则采用行业标准或企业标准。表 3-18 所示为部分常用的可靠性试验标准。

表 3-18 部分常用的可靠性试验标准

试验类别	试验项目	参考标准
环境试验	低温试验	GB/T 2423.1—2008、IEC 60068-2-1：2007
	高温试验	GB/T 2423.2—2008、IEC 60068-2-2：2007
	恒定湿热试验	GB/T 2423.3—2016、IEC 60068-2-78：2013
	交变湿热试验	GB/T2423.34—2012、IEC60068-2-38：2009
	盐雾试验	GB/T 2423.17—2008、IEC60068-2-11：1999
机械试验	机械振动试验	GB/T 2423.10—2008、IEC 60068-2-64：2008
	机械冲击试验	GB/T 2423.5—1995、IEC 60068-2-27：2009
	球压测试	GB/T 5169.21—2006、IEC 60695-10-2：2014
	跌落测试	GB/T 2423.8—1995、IEC 60068-2-31：2008
电性试验	耐电压测试	GB/T 1408.1—2016、ASTM D149-2009（2013）

4. 芯片封装可靠性试验

在芯片（IC）完成整个封装流程之后，封装厂会对其产品进行质量和可靠性两个方面的检测。质量检测主要检测封装后芯片的可用性、封装后的质量和性能情况，而可靠性检测则是对封装的可靠性相关参数的测试。芯片封装可靠性试验项目如表 3-19 所示。

表 3-19 芯片封装可靠性试验项目

试验名称	常用试验条件	备注
超声波检测 SAT		检测产品的内部离层、气泡、裂缝，但产品表面一定要平整
温度循环 TCT	$-65\sim150℃$	每次温度停留时间为 15min，循环次数为 100 次，采用气冷方式、极限温度
高压蒸煮 PCT	121℃，100%RH	2 个大气压，96h，此试验也称为高压蒸汽，英文也称为 Autoclave
热冲击 TST	$-65\sim150℃$	15min/次，循环次数为 50 次，此试验原理与温度循环相同，但温度转换速率更快，所以比温度循环更严酷
稳态湿热 THT	85℃，85%RH	168h，此试验有时是需要加偏置电压的，一般为 $V_{cb}=(0.7\sim0.8)BV_{cbo}$，此时试验为 THBT
易焊性 Solderability	235℃，2s±0.5s	此试验为槽焊法，试验后在 10~40 倍的显微镜下看引脚的上锡面积
耐焊接热 SHT	260℃，10s±1s	模拟焊接过程对产品的影响
电耐久 Burn in	$V_{ce}=0.7BV_{ceo}$	168h，模拟产品的使用（条件主要针对三极管）

续表

试验名称	常用试验条件	备注
高温反偏 HTRB	125℃	Vcb=（0.7~0.8）BVcbo，168h，主要对产品的 PN 结进行考核
回流焊接 IR reflow	peak temperature 240℃	（225℃）只针对 SMD 产品进行考核，且最多只能做 3 次
高温存储 HTST	150℃，168h	产品的高温寿命考核

5．使用 Minitab 进行可靠性分析

Minitab 提供了许多不同的可靠性/生存分析。

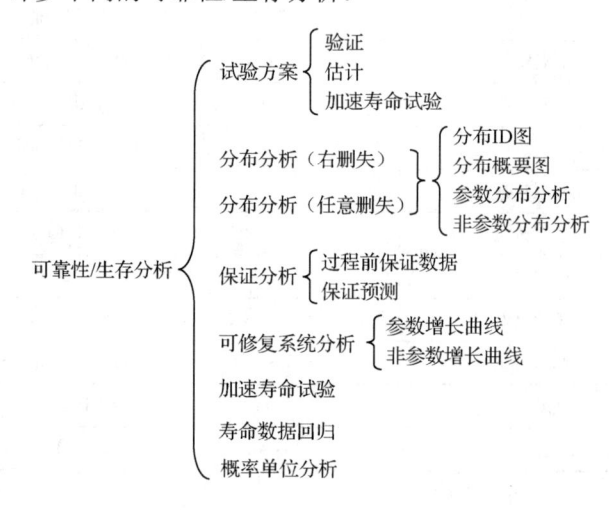

可靠性/生存分析
- 试验方案
  - 验证
  - 估计
  - 加速寿命试验
- 分布分析（右删失）
  - 分布ID图
  - 分布概要图
- 分布分析（任意删失）
  - 参数分布分析
  - 非参数分布分析
- 保证分析
  - 过程前保证数据
  - 保证预测
- 可修复系统分析
  - 参数增长曲线
  - 非参数增长曲线
- 加速寿命试验
- 寿命数据回归
- 概率单位分析

1）试验方案

（1）验证。

使用验证检验计划可以确定在一定的置信水平下，验证可靠性超过给定标准所需的样本数量或检验时间。验证检验计划与以下两种类型的验证检验结合使用：①实证检验，它提供重新设计的系统已抑制或显著减少了已知失效原因的统计证明；②可靠性检验，它提供可靠性规格已经达到的统计证据。Minitab 为实证检验和可靠性检验提供了 m 失效检验计划。如果 m 失效检验中出现的失效数超过 m，则检验失败。

例如，涡轮发动机燃烧室的可靠性目标是第 1 个百分位数至少为 2000 次循环。工程师使用验证检验计划确定使用 1 失效检验计划验证该可靠性目标所需的燃烧室数。

若要创建验证检验计划，则选择"统计"→"可靠性/生存"→"试验方案"→"验证"命令。

（2）估计。

使用估计检验计划可以确定估计具有指定精确度的百分位数或可靠性值所需的检验单元数。估计检验计划可用来回答以下这类问题：

应当检验多少单元才能以 95%的置信下限在 100h 的估计值之内估计出第 10 个百分位数。在失效之前，工程师需要检验多少条电缆才能预测在施加 5000 磅力时电缆的生存概率。在收集可靠性数据之前需要执行估计检验计划，该计划需要使用以前有关数据分布的信息。

若要创建估计检验计划，则选择"统计"→"可靠性/生存"→"试验方案"→"估计"命令。

模块 3　检验、统计抽样检验和可靠性验证

（3）加速寿命试验。

使用加速寿命试验计划可以确定检验单元数，以及如何在多个应力水平之间分配这些单元以加速寿命试验。加速寿命试验计划可以回答以下这类问题：应当检验多少单元才能以 95%的置信下限在估计值的 100h 之内估计出第 10 个百分位数？为了估计出 1000h 的可靠性，如何在 3 个应力水平之间分配 20 个单元才能达到最理想的效果？

要创建加速寿命试验计划，需要提供应力值，或者提供检验单元的比例分配（可选）。没有删失的检验将一直继续，直到 100%的单位均失效。若要创建加速寿命试验计划，则选择"统计"→"可靠性/生存"→"试验方案"→"加速寿命试验"命令。

例如，某光电企业准备进行一项 LED 的加速寿命试验，对该批 LED 的寿命在 220V 电压下进行 1000h 的可靠性分析。在该项试验中，有 20 个 LED 可供试验使用，在 230V 和 240V 的条件下进行加速寿命试验。已知该批 LED 的寿命服从尺度参数为 50 的对数正态分布，失效时间和电压之间的关系是自然对数关系，并且 220V 条件下的 50%百分位数的计划值是 1200，230V 条件下的 50%百分位数的计划值是 600，那么需要怎样分配这 20 个 LED 进行试验才比较合适？具体做法如下。

第一步：选择"统计"→"可靠性/生存"→"试验方案"→"加速寿命试验"命令，弹出"加速寿命试验方案"对话框。

第二步：在"要估计的参数"中选中"特定时间的可靠性"单选按钮，并在文本框中输入"1000"；在"样本数量或精度（从置信区间边界到估计值的距离）"下拉列表中选择"样本数量"选项，并在文本框中输入"20"；在"分布"下拉列表中选择"对数正态"选项；在"关系"下拉列表中选择"自然对数"选项；在"形状（Weibull）或尺度（其他分布）"文本框中输入"50"；在"指定以下两个计划值"中第一个"百分位数"文本框中输入"1200"，在相应的"百分比"文本框中输入"50"，在相应的"应力"文本框中输入"220"，在第二个"百分位数"文本框中输入"600"，在相应的"百分比"文本框中输入"50"，在相应的"应力"文本框中输入"230"，如图 3-29 所示。

第三步：单击"应力"按钮，弹出"加速寿命试验方案：应力水平"对话框，在"设计应力"文本框中输入"220"，在"检验应力"文本框中输入"230 240"，如图 3-29 所示。单击"确定"按钮，输出结果。

图 3-29　加速寿命试验对话框选择与数据输入

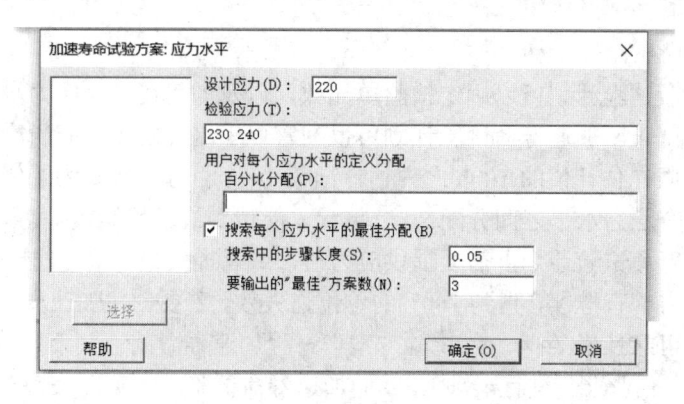

图 3-29 加速寿命试验对话框选择与数据输入（续）

输出结果：

计划分布

分布	截距	斜率	尺度参数
对数正态底数 e	91.1942	−15.5932	50

未删失数据

幂模型

估计参数：时间=1000 处的可靠度

计算出的计划估计值=0.501455

设计压力值=220

计划值

对于百分比=50，50，在压力=220，230 下，百分位数值=1200，600

所选试验方案："优化"分配试验方案

可用样本单位合计=20

第 1 个最佳"优化"分配试验方案

检验压力	百分比失效	百分比分配	样本单位	期望失效
230	100	66.1869	13	13
240	100	33.8131	7	7

所关心参数的标准误=0.275549

第 2 个最佳"优化"分配试验方案

检验压力	百分比失效	百分比分配	样本单位	期望失效
230	100	65	13	13
240	100	35	7	7

所关心参数的标准误=0.275634

第 3 个最佳"优化"分配试验方案

检验压力	百分比失效	百分比分配	样本单位	期望失效
230	100	70	14	14
240	100	30	6	6

所关心参数的标准误=0.276501

第四步：结果分析。

从 Minitab 的输出窗口可以看出，用 13 个 LED 在 230V 下进行试验，用 7 个 LED 在 240V 下进行试验就可以达到目的。

2）分布分析

使用 Minitab 的可靠性分布分析命令可以了解正在研究的寿命特征。

（1）术语。

① 删失数据——由于某种原因被截断了的数据。例如，LED 在 1000h 的寿命试验中没有出现光衰或损坏，试验就结束了，无法知道其真实的寿命。

② 确切失效时间数据——每个项目的确切失效时间是已知的。例如，工程师检验电扇并记录每个风扇的确切失效时间。

③ 右删失数据——只有在特定时间之前发生的失效才可见。超过该时间的单元被视为右删失观测值。右删失数据有时是时间删失或失效删失。例如，假设工程师要检验 5 条风扇皮带，3 条风扇皮带分别在 67h、76h 和 104h 处失效。当工程师在 110h 处结束检验时，其余 2 条风扇皮带仍在运转。最后这 2 条风扇皮带视为在 110h 处右删失。

④ 区间删失数据——失效发生在两个特定时间之间。区间删失数据包含单元实际失效时间的不确定性。例如，假设工程师不记录 10 个晶体管的确切失效时间，而是每隔 12h 检查一次。因此，工程师只在每个检查时间处才能知道每个晶体管的状态（失效或仍在运行）。工程师不记录确切的失效时间，而是将失效时间区间作为数据进行记录。因此，某个晶体管可能在 60~72h 之间失效就是区间删失数据。

⑤ 左删失数据——失效发生在特定时间之前。左删失数据是区间删失数据的一个特例，其中失效时间发生在零到检查时间之间。例如，将玻璃电容器放在高电压水平下进行检验以加快其失效时间。工程师每隔 12h 检查一次以查看哪些已经失效。在第一个检查时间处，有 2 个电容器失效。这 2 个单元的失效时间是左删失。

（2）分布 ID 图。

应用举例：抽取 15 个零件进行失效测试，其中有 10 个产品失效了，还有 5 个没有失效。记录 10 个零件的失效时间（h）如下：22、50、88、100、132、133、154、176、250、300。请分析 15 个零件的失效时间最符合哪种分布？

操作步骤如下。

① 在 Minitab 数据窗口中输入数据，如图 3-30 所示。在数据窗口"缺失"数据列中，用"1"表示可以确定失效时间，用"0"表示不能确定失效时间。"寿命"数据列中不能确定失效时间的为"300"。

② 选择"统计"→"可靠性/生存"→"分布分析（右删失）"→"分布 ID 图"命令，弹出"分布 ID 图-右删失"对话框，在"变量"中选择"寿命"数据列，单击"指定"单选按钮，勾选相关内容，单击"删失"按钮，在弹出的"分布 ID 图：删失"对话框中单击"使用删失列"单选按钮，选择"缺失"数据列后单击"确定"按钮。在"分布 ID 图-右删失"对话框中，单击"选项"按钮，弹出"分布 ID 图：选项"对话框，依据图 3-30 选择或输入相关内容。

③ 单击"分布 ID 图-右删失"对话框中的"确定"按钮，输出分布 ID 图，如图 3-31 所示。

解释结果：从图 3-31 的 4 个寿命概率图中可以看出 Weibull 分布的点接近直线，Anderson-Darling 值为 34.7，是 4 种分布中最小的，因此，这 15 个零件的失效时间最符合 Weibull 分布。

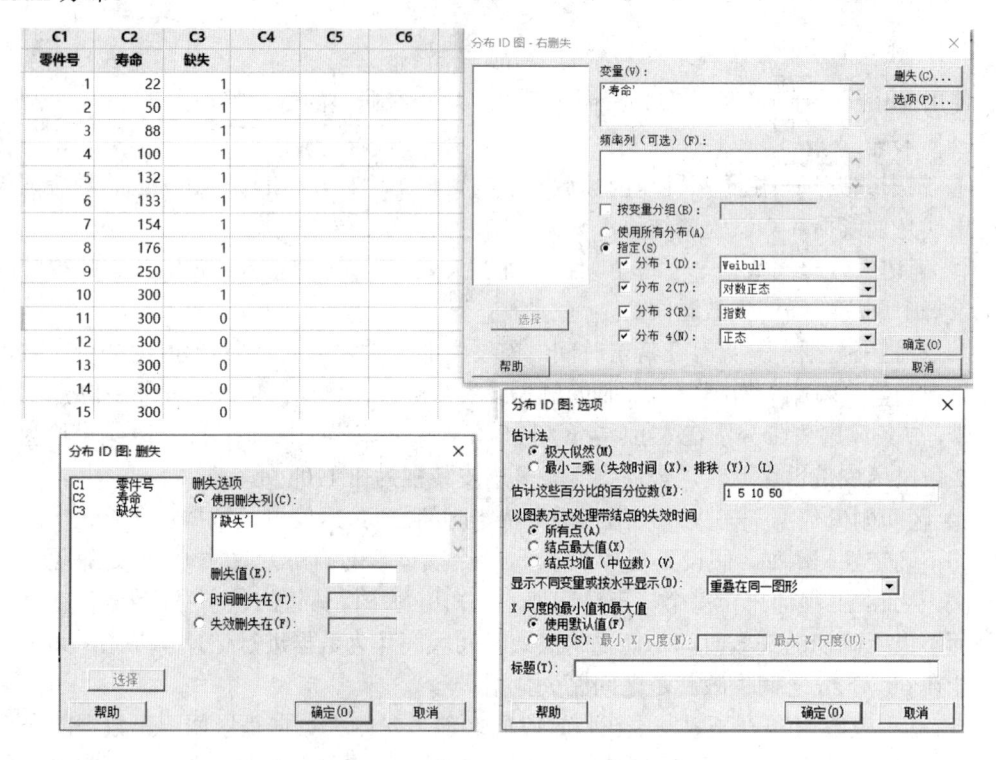

图 3-30 数据输入方式、"删失"与"选项"的选择

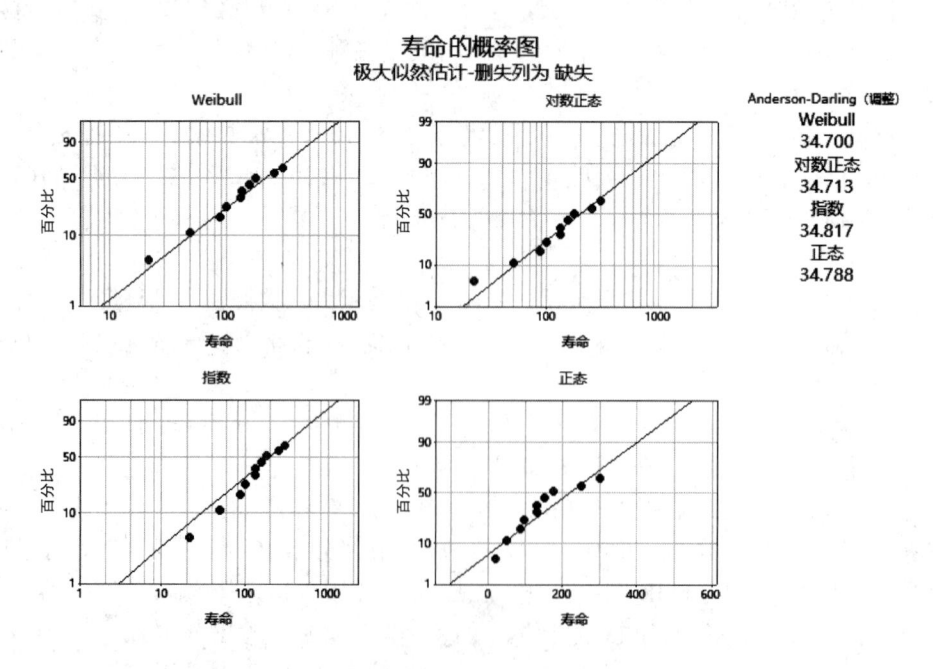

图 3-31 零件失效时间分析结果图

从图 3-31 中可以看出，失效时间点大致落在 Weibull 概率图的直线上。因此，Weibull 分布提供很好的拟合。

而若要创建具有任意删失数据的分布 ID 图，则在 Minitab 中选择"统计"→"可靠性/生存"→"分布分析（任意删失）"→"分布 ID 图"命令。

而什么时候使用右删失数据，什么时候使用任意删失数据，可按以下原则进行：若具有确切的失效或右删失观测值，则使用右删失命令。

若数据包含左删失观测值、区间删失观测值或变化的删失方案（包括右删失、左删失和区间删失），则使用任意删失命令。

（3）分布概要图。

使用分布概要图（右删失）可以在单个图形的多个绘图上检查具有确切失效时间和右删失观测值的可靠性数据。这些图提供描述和评估失效时间数据分布的通用方式。使用分布概要图，可以执行以下操作：评估每个变量（或样本）的所选分布的拟合；单独估计和查看每个变量（或样本）的可靠性/生存和故障函数；比较每个图上所有变量（或样本）的结果。若要为右删失数据创建分布概要图，则选择"统计"→"可靠性/生存"→"分布分析（右删失）"→"分布概要图"命令。

使用分布概要图（任意删失）可以在多个包含单个图形的绘图上检查任意删失的寿命数据。若要为任意删失数据创建分布概要图，则选择"统计"→"可靠性/生存"→"分布分析（任意删失）"→"分布概要图"命令。

（4）参数分布分析。

当数据服从参数分布且数据中包含确切失效时间或右删失观测值时，使用参数分布分析（右删失）可以估计系统的整体可靠性。若要针对右删失数据执行参数分布分析，则选择"统计"→"可靠性/生存"→"分布分析（右删失）"→"参数分布分析"命令。

当数据服从参数分布且是任意删失数据时，使用参数分布分析（任意删失）可以估计系统的整体可靠性。若要针对任意删失数据执行参数分布分析，则选择"统计"→"可靠性/生存"→"分布分析（任意删失）"→"参数分布分析"命令。

（5）非参数分布分析。

当拥有确切失效时间或右删失观测值的可靠性数据，且任何分布都不能充分地拟合数据时，使用非参数分布分析（右删失）可以估计产品的可靠性。若要针对右删失数据执行非参数分布分析，则选择"统计"→"可靠性/生存"→"分布分析（右删失）"→"非参数分布分析"命令。

当拥有任意删失数据且没有分布与数据拟合时，使用非参数分布分析（任意删失）可以估计产品的可靠性。若要针对任意删失数据执行非参数分布分析，则选择"统计"→"可靠性/生存"→"分布分析（任意删失）"→"非参数分布分析"命令。

3）保证分析

（1）过程前保证数据。

使用过程前保证数据可以将原始数据的格式重新设置为适合执行寿命数据分析的格式。

通常，可靠性现场数据采用后续期间内货物的出货系统数和退货系统数进行跟踪和记录。当若干批货物分别于不同的日期售出，且记录了它们的相应退货情况时，所记录的数据通常会以三角矩阵的格式出现在工作表中。尽管以三角矩阵的格式记录数据很方便，但是此格式与失效时间分析所需的数据输入方式不兼容。因此，可以使用过程前保证数据将数据的格式重新设置为按区间分组的任意删失数据。在使用过程前保证数据之后，数据将按照正确的方式排列在工作表中，以执行寿命数据分析（如保证预测）。若要重新设置预处理以保证数据的格式，则选择"统计"→"可靠性/生存"→"保证分析"→"过程前保证数据"命令。

（2）保证预测。

使用保证预测可以根据历史保证数据预测未来的保证索赔或退货。保证分析使用有关过去保证索赔的信息预测未来保证索赔的数量和成本。通过将分布与保证数据拟合，可以估计下个月、下一年或其他时间段的预期失效数。使用分析结果，可以更好地分配足以解决将来产品失效的资源。若要执行保证预测，则选择"统计"→"可靠性/生存"→"保证分析"→"保证预测"命令。

4）可修复系统分析

（1）参数增长曲线。

使用参数增长曲线可以分析可修复系统的数据，以估计一段时间内的平均失效数和失效发生率（ROCOF）又称为修理率。可修复系统是当部件失效时可进行修理而不是进行更换的系统。例如，汽车发动机在更换之前通常会修理许多次。Minitab 提供了两种类型的模型来估计参数增长曲线：①幂律过程：用于对以一定速率（该值可能递增、递减或保持不变）发生的失效/修理次数建模。幂律过程的失效发生率是一个时间函数。②Poisson 过程：用于对以一定速率（该值在一段时间内保持稳定）发生的失效/修理次数建模。使用估计的增长曲线，可以将失效发生率和预期的累计失效数作为时间的函数来检查，还可以确定连续失效时间之间是否存在某种趋势。例如，可以确定系统失效的频率更高、更低还是保持不变。若要执行参数增长曲线分析，则选择"统计"→"可靠性/生存"→"可修复系统分析"→"参数增长曲线"命令。

（2）非参数增长曲线。

使用非参数增长曲线可以分析可修复系统的数据，而不对修复成本或修复次数的分布做出假设；使用非参数增长曲线可以估计在一段时间内维护系统的平均成本或平均修理次数，可以使用结果来确定在两次连续失效的时间之间是否存在某种趋势。例如，可以确定系统失效的频率更高、更低还是保持不变。若要执行非参数增长曲线分析，则选择"统计"→"可靠性/生存"→"可修复系统分析"→"非参数增长曲线"命令。

5）加速寿命试验

使用加速寿命试验可以对极端应力水平下的产品性能（通常是失效时间）建模并推断正常使用条件下的结果。加速寿命试验的目的是加速失效过程以便及时获取有关寿命较长产品的信息。加速方法包括在极端温度、电压、压力等条件下执行的试验。例如，在正常条件下，微芯片可能在数年内不失效，但是在高温条件下，相同的微芯片可能在数小时内就会失效。执行加速寿命试验，可以使用微芯片在高温下的失效时间信息来预测正常操作条件下可能出现失效的时间。若要执行加速寿命试验，则选择"统计"→"可靠性/生存"→"加速寿命试验"命令。

6）寿命数据回归

使用寿命数据回归可以确定是否有一个或多个预测变量影响产品的失效时间。此分析确定一个模型，该模型基于预测变量的值估计物品的预期失效时间。通过使用解释变量来解释响应变量中的变化，模型帮助确定为什么一些物品很快失效，而其他物品能够使用很长时间。使用模型预测，可以估计产品或系统的可靠性。

与其他回归分析不同的是，寿命数据回归接收删失数据并使用不同的分布对数据进行建模。除第 50 个百分位数外，还可以使用此分析来估计其他百分位数。若要执行寿命数据回归，则选择"统计"→"可靠性/生存"→"寿命数据回归"命令。

7）概率单位分析

使用概率单位分析可以估计为了响应一定数量的应力或刺激而预计失效的单元数量。概率单位分析将检查二元响应变量与连续应力变量之间的关系。若要执行分析时，则先在许多单元上施加应力（或刺激），然后记录每个单元在受到应力后是出现故障（定义为事件）还是能够经受应力。

在工程科学中，概率单位分析可以与破坏性检验一起使用。例如，工程师希望确定船体材料在遭受地下爆炸后的性能表现。工程师让材料受到各种量级的爆炸，然后记录船体是否断裂。他们使用概率单位分析来确定在震动达到什么级别时，10%的船体预计会断裂。若要执行概率单位分析，则选择"统计"→"可靠性/生存"→"概率单位分析"命令。

任务实施

1. 实验目的

了解 Minitab 20 的基本组成和用途，学会该统计软件的操作方法，能够应用该统计软件设计与分析抽样方案。

2. 实验准备

（1）联网计算机（Windows 操作系统）。

（2）Minitab 20 软件。

3. 实验过程

（1）接收概率的求解。

某零件制造厂生产一批零件，从不良率管制图中可以推定此批零件的不良率为 2.5%，但已知验收方的抽样方式为：$n=150$，$Ac=1$，试问此批零件如果送验时能被判定合格，其概率为多少？（参考答案：11%）

（2）设计抽样方式。

某电子信息企业采购了一批电子材料，要求品管部进行入厂检验，品管课长查阅合约书，知道买卖双方同意的接收水准（p_0）为 1%，并在检讨使用情形后得知使用单位认为拒收水准（p_1）可定在 8%，请代为设计抽样方式。（参考答案：$n=65$，$Ac=2$）

（3）比较属性抽样验收计划。

某供应商提供批量 $N=6000$ 的电子元器件。现有两种抽样计划：（52，2）和（52，0），试比较这两种抽样计划的风险和获益。已知 AQL 为 2.0，RQL 为 10。

（4）某电子有限公司准备进行一项产品的寿命试验，要使该批产品寿命在 3000h 以上的占到 90%，并且知道该产品寿命服从形状参数为 3 的 Weibull 分布，试验周期是 1500h，最大失效数为 1，那么需要准备多少产品进行试验才比较合适？

提示：按下列步骤进行求解试验方案。

① 打开 Minitab 软件，选择"统计"→"可靠性/生存"→"试验方案"→"验证"命令。

② 在弹出的对话框中的"要验证的最小值"中选择"百分位数"，并在文本框中输入"3000"，在"百分比"文本框中输入"10"，在"允许的最大失效数"文本框中输入"1"，选择"每个单元的试验时间"，并在文本框中输入"1500"，在"分布"中选择"Weibull 分布"，在"形状（Weibull）或尺度（其他分布）"文本框中输入"3"。

③ Minitab 的输出窗口输出结果与图形。

④ 结果分析。

（5）某光电企业准备进行一项某光电产品的寿命试验来估计 5% 的产品失效的时间，计划试验周期是 100 000h，并且期望 5% 的产品失效的时间是 40 000h，15% 的产品失效的时间是 100 000h，置信区间的下限为 20 000h，已知该产品寿命服从 Weibull 分布，那么需要准备多少件产品进行试验才比较合适？

提示：用统计语言进行描述，即检验 $t_{0.05}$=40 000h，$t_{0.15}$=100 000h，在寿命服从 Weibull 分布、试验时间为 100 000h 的条件下，需要抽多少产品？

① 打开 Minitab 软件，选择"统计"→"可靠性/生存"→"试验方案"→"估计"命令。

② 在弹出的对话框中的"要估计的参数"中选择"百分比的百分位数"，并在文本框中输入"5"，在"精度（从置信区间边界到估计值的距离）"文本框中输入"20000"，在"指定以下两个计划值"中第一个"百分位数"文本框中输入"40000"，在相应的"百分比"文本框中输入"5"，在第二个"百分位数"文本框中输入"100000"，在相应的"百分比"文本框中输入"15"。

③ 单击"右删失"按钮，在"删失类型"中选择"时间删失在"，并在文本框中输入"100000"。

④ Minitab 的输出窗口输出结果。

⑤ 结果分析。

4. 提交实验报告

将已经完成的实验报告提交至作业平台（职教云或学习通平台等）。

练　　习

一、名词解释

1．OC 曲线；2．平均检验总数；3．平均检出质量；4．可靠性验证；5．右删失数据。

二、选择题

1．若 AQL 取大（放宽），则（　　）。

A．增加生产者的风险　　　　　　　　B．降低生产者的风险

C．消费者与生产者的风险均增加　　　　D．降低消费者的风险

2．（　　）是指对于一定质量的待验收产品，利用某一抽样方案检验后，检出的产品预期平均质量水平，也称"平均出厂不合格品率"或"平均交付质量"。

A．AQL　　　　B．AOQ　　　　C．AOQL　　　　D．ATI

3．下列选项中（　　）不在电性试验的可靠性的规范中。

A．输出阻抗测试　　　　　　　　　　B．接地连续测试
C．异常测试　　　　　　　　　　　　D．电容放电测试

4．（　　）不是芯片封装可靠性试验项目。

A．超声波检测 SAT　　　　　　　　　B．热冲击 TST
C．球压测试　　　　　　　　　　　　D．易焊性 Solderability

5．假设工程师要检验 5 条风扇皮带，3 条风扇皮带分别在 67h、76h 和 104h 处失效。当工程师在 110h 处结束检验时，其余 2 条风扇皮带仍在运转。最后这 2 条风扇皮带视为在 110h 处（　　）。

A．右删失　　　B．左删失　　　C．区间删失　　　D．任意删失

6．将玻璃电容器放在高电压水平下进行检验以加快其失效时间。工程师每隔 12h 检查一次以查看哪些已经失效。在第一个检查时间处，有 2 个电容器失效。这 2 个单元的失效时间是（　　）。

A．右删失　　　B．左删失　　　C．区间删失　　　D．任意删失

7．假设工程师不记录 10 个晶体管的确切失效时间，而是每隔 12h 检查一次。因此，某个晶体管可能在 60～72h 之间失效就是（　　）。

A．右删失　　　B．左删失　　　C．区间删失　　　D．任意删失

8．可靠性验证种类可分为（　　）。

A．环境试验　　B．寿命试验　　C．电性与机械试验　　D．以上皆是

9．（　　）不属于环境测试条件。

A．高温高湿　　B．高温储存　　C．工程设计要求　　D．盐雾试验

三、判断题

（　　）1．ATI 指标衡量了检验的经济性。

（　　）2．AOQ 是衡量使用补正检验方法的产品批次之平均质量水平的常用指标。

（　　）3．通过 OC 曲线，可了解生产风险与接收概率的高低。

（　　）4．可靠性筛选可以提高一批产品使用的可靠性，但不能提高每个产品固有的可靠性。

（　　）5．可靠性验证有相关的规定方法与规范。

（　　）6．可靠性验证的要求越高，表示产品的性能越好。

四、简答题

1．什么是 OC 曲线？

2．什么是可靠性验证？

3．环境试验的项目有哪些？

4．使用 Minitab 进行可靠性分析的主要内容有哪些？

模块 4　QCC 活动与 QC 新旧七大工具的应用

能力目标

1. 学会选择 QC 项目并进行命名，能够对 QC 小组活动进行策划、组织与实施；
2. 能够运用 QC 旧七大工具确定关键少数，分析问题产生的原因，查看数据的分布判定过程状态，判定数据的相关性等；
3. 能够运用 QC 新七大工具找到关键问题，制订紧急预案，求解项目实施周期，制订缩短周期方案。

知识目标

1. 理解 QCC 基本概念，掌握 QCC 活动实施流程、要因确认方法、创造性思维方法的实施要点；
2. 理解 QC 旧七大工具用途，掌握用 Minitab 制作柏拉图、因果图、直方图、散布图的方法与步骤，以及缺陷直方图类型与形成的原因分析；
3. 理解 QC 新七大工具用途，掌握关联图、系统图、因果图的转换方法、PDPC 法的实施步骤，以及网络图的节点时间和关键路线确定方法。

任务 4.1　制订提高实训中心 6S 管理水平的 QCC 活动计划

任务描述

"质量好是最大的节约，质量差是最大的浪费"，质量必须与效益结合。QCC 活动是企业改进质量、提高效益的法宝之一。QCC 活动经久不衰，持续发展，各行各业均可进行。"以现场领班为中心，组成一个圈，共同学习品管手法，使现场工作成为品质管制的核心"的理念，即以人为本充分发挥员工潜力的理念，对解决实际问题、提升质量有着重要意义。QCC 活动的开展需要从学习基本知识、理解活动程序开始，然后成立小组，制订工作计划和按计划开展工作。本任务以提升实训中心（或实训室）的 6S 管理水平为课题，成立 QC 小组，制订 QCC 活动计划。课程思政：播放纪录片《大国质量》之《信任丛林》。

知识准备

4.1.1　QCC 活动的概念

1. QCC 的定义

QCC 是英文 Quality Control Circle 的缩写，中文的意思是品质管制圈，简称"品管圈"。

模块 4 QCC 活动与 QC 新旧七大工具的应用

QCC 是指在自发的原则上,由同一工作场所的员工,以小组形式组织起来,利用品管的简易统计手法及工具进行分析,解决工作场所存在的问题以达到提升业绩、改善质量的品质管理活动。QCC 是企业实施全面质量管理的重要途径。

2．QCC 活动的基本概念

QCC 活动的基本概念包括:

(1) QCC 的精神:尊重人性,建立轻松愉快的现场;发挥员工潜在能力,开发无限的脑力资源;改善企业体质,繁荣企业。

(2) QCC 的做法:自动自发;自我启发;全员参加;全员发言;相互启发。

(3) QCC 的目标:提高现场水准;提高现场士气;提高品质意识;提高问题意识;提高改善意识;现场成为品管中心。而这些都是以自己的工作现场为中心进行的。QCC 的基本概念图如图 4-1 所示。

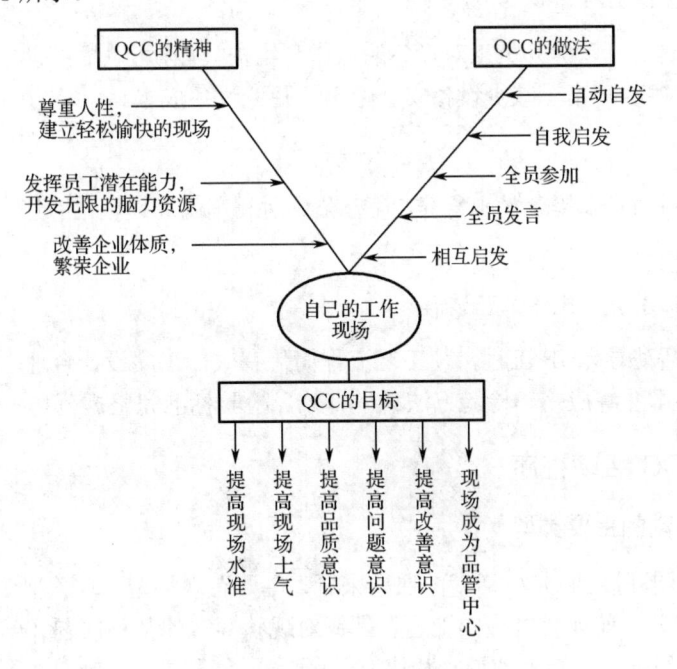

图 4-1 QCC 的基本概念图

3．QCC 活动的特点

(1) 自主的(尊重个人)。QCC 活动是基于尊重人性的观点,建立轻松愉快工作现场的管理方式。过去的管理观念认为人性大多厌恶工作,逃避责任,因此要施加压力或强制监督,这样才能达成目标,以此观念所建立起来的组织制度,员工只能一个命令一个动作的被动行为,无法发挥个人才能。在激烈竞争的今日,这种管理方式无法面面俱到,已经渐感乏力。只有靠集体的努力,共同发挥才能,聚集成一股巨力,才能使现场发挥最大的效果。

(2) 同一职场(便于开展工作)。

(3) 小组的形式(发挥团队力量)。

(4) 利用 QC 手法及工具(工欲善其事,必先利其器)。

(5) 品质管理(提高品质、上升利益、提高效率、确保安全、提高士气)。

4．开展 QCC 活动的作用

1）提高员工工作技能和职业素养

通过 QCC 活动可以提高员工工作的主动性和积极性，增强员工责任心和敬业精神，以及团队合作精神；提高员工分析和解决问题能力、组织和沟通能力，培养良好的工作技能和职业素养；增强员工品质意识、改善意识、成本意识、时间效率意识、服务意识和节约意识，培养员工创新精神。

2）提高物料的利用率，降低物料的损耗率

通过 QCC 活动可以提高物料的利用率、合格率，降低物料的损耗率；提高物料预算的准确率，降低缺料率。

3）提高设备稼动率

通过 QCC 活动可以提升员工对设备的操作和维护技能，可以提高设备正常运行率和使用寿命，降低设备故障率，减少设备安全隐患，降低设备成本。

4）改善环境

通过 QCC 活动可以提升员工素养，使办公场所和车间场地整洁有序，从而提高员工工作效率和工作品质。

5）改进作业方法，优化工艺流程

通过 QCC 活动导入 IE 工程，使工艺流程简化有效，工序设计合理，作业指导文件简洁明了；统计技术熟练应用，检验方法科学有效，检验标准完整规范。

4.1.2 QCC 活动程序

1．QCC 活动的主要类型

目前，从我国开展的 QCC 活动的课题来看，主要有现场型、攻关型、管理型、服务型和创新型 5 种类型。前 4 种类型的课题，都针对现状存在的某种问题（或与现行标准相比有差距，或与上级下达的指标或要求相比有差距），弄清其原因，针对主要原因，拟定改进措施，以改善现状，达到规定的标准或要求，因此这 4 种类型的课题往往被人们统称为问题解决型课题。创新型课题不是针对现状存在的问题做改善而是探寻新的思路、创造新的产品、提供新的服务、研究并采用新的方法等。QCC 活动类型比较如表 4-1 所示。

表 4-1 QCC 活动类型比较

序号	QCC 类型		特点	周期	主题内容举例	适用场合	难度
1	问题解决型	现场型	① 以现场管理改善为核心，改进现场管理四大要素中的一个或几个方面；② 课题小，问题集中，解决速度快，容易出成果	短	① 提高产品和工序质量；② 降低损耗和报废；③ 生产环境改善；④ 设备改善等	生产、品质、设备、仓库等部门工作场所	一般

续表

序号	QCC 类型		特点	周期	主题内容举例	适用场合	难度
2	问题解决型	攻关型	以技术或工艺课题攻关为核心，进行某一方面的工艺或技术的突破改进	较长	① 产品技术改良、工艺改进；② 改进产品缺陷；③ 模具设计改进，设备技改等	生产、技术、开发、设备等部门工作场所	较大
3		服务型	以改善服务质量为核心，推动服务工作标准化、程序化、科学化，提高服务经济效益和社会效益为目的	有长有短	① 提高为顾客服务意识；② 提高员工满意度；③ 提高服务水平；④ 降低客户抱怨率等	销售、人力资源管理、行政等部门工作场所	一般
4		管理型	以改善管理质量和水平为核心，提高管理效能为目的，涉及企业管理的各个方面	有长有短	① 提高沟通效率和效果；② 增强培训效果；③ 降低管理费用；④ 减少安全事故；⑤ 提高管理人员的领导能力	生产、采购、物料、设备、行政、人力资源等部门工作场所	较大
5	创新型		① 以工作创新为核心，涉及技术、管理、服务等工作；② 活动结果从无到有，不需要对历史状况进行调查，关键点在于突破口的选定	长	① 新技术开发、产品创新；② 服务创新；③ 管理创新；④ 营销创新	技术、开发、营销、人力资源管理等部门工作场所	较大

2. QCC 活动程序

活动流程也称活动程序，课题类型不同，活动程序也会有所不同。

（1）问题解决型课题的活动程序。如图 4-2 所示，该程序采用了质量管理中常用的 PDCA 循环方法来进行。整个程序分为 4 个阶段，在 P（项目计划）阶段主要完成：选择课题（明确改进对象，选择 QC 小组活动力所能及的课题）、现状调查（最新数据说明问题严重到什么程度）、设定目标（目标必须是具体、明确并加以量化的，目标具有挑战性）、分析原因（找出关键问题，寻找其产生的根源）、确定主要原因（判断是否是主要原因的标准只能是对问题的影响程度，影响程度大的是主要原因）和制定对策；在 D（项目实施）阶段，主要是项目对策的具体实施；在 C（项目检查）阶段，主要是检查项目对策的实施效果并与设定的目标进行比较；在 A（处理或改善）阶段，主要是对项目进行评价，把所取得成果的好方法标准化，并做下一步的打算。

（2）创新型课题的活动程序。如图 4-3 所示，创新型课题和问题解决型课题在程序上的区别在于 P 阶段的不同。其中，选择课题必须注意以下几点：①课题必须落在开发、研制产品、新服务项目、新业务、新方法等方面，而不是指标水平的提高与降低方面；②必须发动 QCC 全体成员围绕主题运用头脑风暴法，充分发挥丰富的想象力，提出自己的想法和意见，用亲和图对大家提出的各种想法和意见加以整理，从不同角度形成一些可供选择的课题；③选出小组成员共同认可的课题。创新型课题无须分析原因和确定主因。

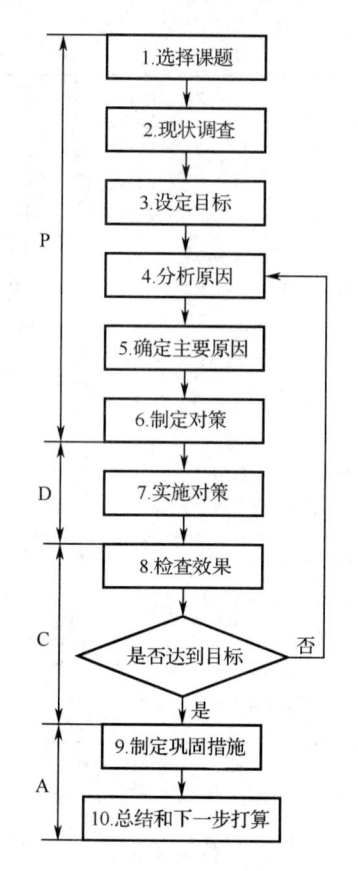

```
   ┌─────────────┐                    ┌─────────────┐
   │ 1.选择课题   │                    │ 1.选择课题   │
   └─────────────┘                    └─────────────┘
   ┌─────────────┐                    ┌─────────────┐
   │ 2.现状调查   │                    │ 2.设定目标   │
   └─────────────┘                    └─────────────┘
   ┌─────────────┐                    ┌─────────────┐
P  │ 3.设定目标   │                 P  │3.提出各种方案│
   └─────────────┘                    │ 并确定最佳方案│
   ┌─────────────┐                    └─────────────┘
   │ 4.分析原因   │←──┐                ┌─────────────┐
   └─────────────┘   │                │ 4.制定对策   │
   ┌─────────────┐   │                └─────────────┘
   │5.确定主要原因│   │             D  ┌─────────────┐
   └─────────────┘   │                │5.按对策表实施│
   ┌─────────────┐   │                └─────────────┘
   │ 6.制定对策   │   │                ┌─────────────┐
   └─────────────┘   │                │ 6.确认效果   │
D  ┌─────────────┐   │                └─────────────┘
   │ 7.实施对策   │   │                     ◇是否达到目标 ─否─┐
   └─────────────┘   │                          │是
   ┌─────────────┐   │                    ┌─────────────┐
   │ 8.检查效果   │   │                 C  │ 7.标准化     │
   └─────────────┘   │                    └─────────────┘
C    ◇是否达到目标 ─否┘                    ┌─────────────┐
        │是                             A  │8.总结和下一步打算│
   ┌─────────────┐                         └─────────────┘
   │ 9.制定巩固措施│
   └─────────────┘
A  ┌─────────────┐
   │10.总结和下一步打算│
   └─────────────┘
```

图 4-2　问题解决型课题的活动程序图　　图 4-3　创新型课题的活动程序图

4.1.3　QCC 活动小组的产生

1．组长的产生

组长是推行 QCC 活动的原动力，是整个小组的灵魂人物。所以，组长的选定非常重要。一般组长人选，可以按下列原则选定。

（1）刚开始推行 QCC 活动时，最好是以基层的监督者——班长为组长。

（2）当活动已经稳定下来时，互相推选有领导能力、具有实力者为 QCC 活动组长。

（3）当活动已经趋于成熟，组员水准也相当高时，可以每期轮流当组长。

2．组名的决定

组名由组员共同决定后命名。最好选取富有持久性、象征性质和时代意义的名字。例如：同心圈（以行动配合 QC 手法，以分工方式发挥团队精神，互相切磋，同心协力，为达成工作目标努力）；踏实圈（"脚踏实地"工作，"脚踏实地"做人，"脚踏实地"处事，"脚踏实地"生活）；爱因斯坦圈（以爱因斯坦的智慧，不断地开发脑力资源，寻找更科学、更具有效率的工作方法）。

3．小组登记

小组成立后，立刻向公司推行部门登记。

模块 4　QCC 活动与 QC 新旧七大工具的应用

4．职责

（1）成员的职责。

① 热心参加小组会议，积极参与活动并承担所分配的实施项目。

② 按时完成任务，善于发现活动中存在的问题并积极去解决。

③ 确保现场的人身安全及设施的安全。

（2）组长的职责。

① 领导 QCC 活动，决定 QCC 活动的方向。

② 负责 QCC 活动的质量教育，制订 QCC 活动计划。

③ 指导成员有关的产品技术、工艺技术、现场改善方法、数据统计方法等。

④ 做好组内分工和日常管理，及时对 QCC 成果进行整理和发布。

4.1.4　QCC 活动实施步骤

1．选择课题

（1）课题名称的设定。课题名称是显示整个课题是否实在的第一感觉。因此，课题名称定得如何，十分重要。应当避免两种情形：一是课题名称"口号式"，如顾客在我心中，质量在我手中；二是课题名称为"手段+目的"，如加强技术管理，降低装置能耗。课题名称要简洁、明确，在原则上可按以下方式设定：

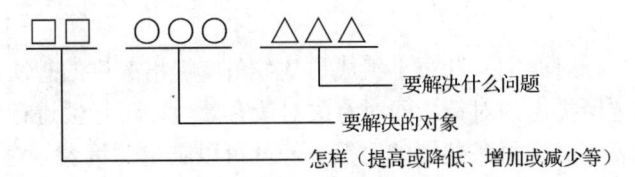

```
    □□    ○○○    △△△
                     └── 要解决什么问题
             └────────── 要解决的对象
    └──────────────────── 怎样（提高或降低、增加或减少等）
```

（2）选题理由。陈述选题理由，只要简明扼要地把上级要求目标量化，或行业先进标准要求是多少，而现状实际只能达到多少，或将差距用数量表达清楚即可。

2．现状调查

（1）把握问题现状。可以从企业统计报表进行调查，也可以到生产现场进行实地调查。

（2）通过现状调查找出问题症结所在。任何事情只要抓住关键少数，一切问题就会迎刃而解。而找出问题症结所在最行之有效的方法就是层别法。

3．设定目标

（1）目标应与课题名称一致。

（2）目标必须定量化。

（3）目标通常为一个。

（4）目标要具有挑战性、可达到性，同时应与上级指标一致。

4．原因分析

原因分析所使用的工具通常有因果图、系统图和关联图。

5．要因确认

（1）确认要因时，要从所有末端原因中逐一确认、识别。不要主观地挑出几条来确认。因为这样会把真正的要因漏掉。要因确认通常有以下几种方法：一是现场测量、测试；二是现场实验；三是现场调查。

（2）要因确认程序如图4-4所示。

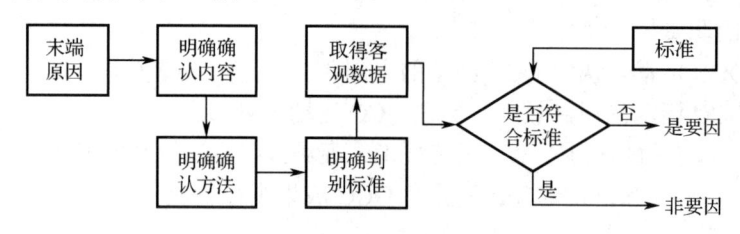

图 4-4　要因确认程序

（3）在末端原因较多的情况下，为使确认做得严密有序，常为此制订确认计划，然后按计划分工实施，逐条确认。确认计划包括末端原因、确认内容、确认方法、标准、负责人等。

（4）不要用主观认定的方法确认要因。常见的主观认定的方法有：①"少数服从多数"的方法；②"0、1打分法"；③分析论证的方法；④以"是否容易解决"为原则的方法。

6．对策制定

（1）提出对策。针对要因，动员小组成员从各角度提出改进的想法。

（2）研究、确定所提出的对策，即对有关对策有效性、可行性进行分析。

（3）制定对策表。确定每条要因的对策后，就可以制定对策表。对策表在制定时必须遵守"5W1H"原则。"5W1H"，即 What（对策）、Why（目标）、Who（负责人）、Where（地点）、When（时间）、How（措施）。QCC活动常用的对策表如表4-2所示。

表 4-2　QCC 活动常用的对策表

序　号	要　因	对　策	目　标	措　施	地　点	时　间	负 责 人

7．对策的实施

对策的实施方法：按对策表的要求逐一实施所提出的对策；按照对策表中的"措施"栏目实施每条对策；每条对策实施完后要立即确认其结果；当结果未达到时，需要评价措施的有效性，必要时应修改所采取的措施。

8．效果确认

（1）效果确认常用的工具有柱形图、折线图、直方图和过程能力指数等。图4-5为常见的效果确认图——折线图。

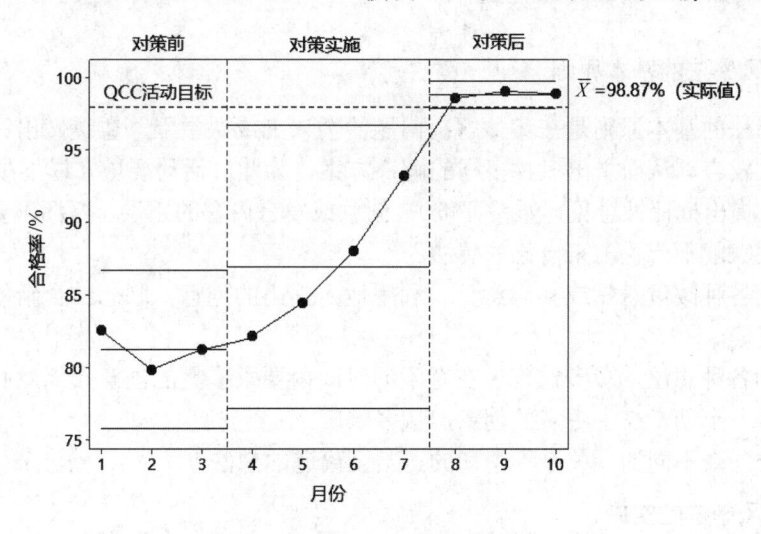

图 4-5　QCC 活动效果对比折线图

（2）效果确认的方法：①与小组设定的课题目标进行对比；②与对策实施前的现状进行对比。当小组通过现状调查分析找到问题的症结，并对之进行分析，找出主要原因，制定实施对策，在效果检查中，应当对症结的解决情况进行调查，以明确改进的有效性。对于检查的方式，如在现状调查时用排列图找症结，在检验时同样用排列图比较。

9．制定巩固措施

通过改进达到了小组的预定目标后，就需要巩固已取得的成果，并防止问题再次发生，为此，需要制定巩固措施。

通常制定巩固措施的步骤如下。

（1）把已被证明了的有效措施纳入有关标准。该标准必须按规定程序审批后执行。

（2）必须正确执行经过修订并被批准的新标准。

（3）在巩固期内要及时收集数据，以确定效果是否能维持在良好的水准上。

10．总结及今后打算

活动一旦结束，就要遵循 QC 小组活动流程将成果加以整理，一方面可以向上级报告，另一方面也能对自己已发表的活动成果做正确的评价。一般来说，总结可以从专业技术、管理技术（包括 PDCA 循环、以事实为依据用数据说话、应用统计技术）、小组综合素质和合理化的建议 4 个方面进行。

4.1.5　QCC 活动的创造性思维方法

1．头脑风暴法的定义

头脑风暴法（Brain Storming）又称智力激励法、脑力激荡法，是现代创造学奠基人美国的奥斯本提出的一种创造能力的集体训练方法。它是利用集体的思考，使思想互相激荡，发生连锁反应以引导出创造性思考的方法。头脑风暴法可以定义为一群人在短暂的时间内，获得大量构想的方法。其基本思想为：与其用个人来想创意，还不如以集体的方式来想有效果。因为互相激励可以创造出更多的创意。

2. 头脑风暴法的基本原则

头脑风暴法的基本原则是在集体解决问题的会议上或课堂上，暂缓做出评价，以便于小组成员踊跃发言，从而引出多种多样的解决方案。为此，活动要遵守以下规则。

（1）禁止提出批评性意见（暂缓评价）。创意或发言内容的正误、好坏不要去评判，如果有评判，大家就不想说出来自己的想法。

（2）鼓励各种改进意见或补充意见。利用他人提出的创意，联想结合新的创意，期待创意的连锁反应。

（3）鼓励各种想法，多多益善。在有限的时间内要求多量的创意，因此必须要有清新奇特的构想，一个创意产生更多的创意，量多求质。

（4）追求与众不同的、关系不密切的、甚至离题的想法。

3. 头脑风暴法的实施

1）会议的准备

（1）时间：30min 左右，不要超过 1h。

（2）会议室：安静、不受别事打扰，手机静音或关闭。

（3）安排两人记录。

2）实施要领

（1）选择合适的题目，不能同时有两个或两个以上的题目混在一起，如果问题太大，可分成几个小题。

（2）为了便于主持人启发大家思考和防止冷场，可将启发性的问题排列成表，在讨论中使用。例如，有一个启发性问题表上列出了这样的 9 个项目：

① 提出其他用途，如教室不仅可用作学习场所，还可用作招待所。
② 应变，从不同方面想问题，如管理学校可以同管理企业一样。
③ 改进，如改变班级的构成，改进教学方法。
④ 扩大，如班级和教师人数、作业和奖罚的量都可以增加。
⑤ 缩小。
⑥ 替代。
⑦ 重新安排。
⑧ 逆转，如可让学生担任教学任务。
⑨ 合并，如将前面几个人的意见综合成一种解答方案。

（3）把许多创意经过评价，选取解决问题所需的创意。

4. 创意的评价

创意的评价就是从所提创意中，选出最好的创意。它一般有两种方式：一是由头脑风暴的小组来选出；二是由评价小组评委来选出。

1）评价基准

（1）符合目的性，即对解决问题的目的，其符合程度如何？对目的有何效用？当多个

模块 4　QCC 活动与 QC 新旧七大工具的应用

创意适合同一问题的目的时，就要视其对目的的贡献程度来衡量评价。

（2）实现可能性，即为了达成目的需要做些什么？困难程度如何？费用如何？综合评价公式为：E（期待值）=X（目的达成度）×P（实现可能性）。

2）评价方式

①表决式：由小组成员共同的决议选定评价，评价可分为立即可用、修改可用、缺乏实用性 3 种。②卡片式：按照上述的综合评价公式内容做成小卡片，填写相关数据并计算期待值。

5．使用头脑风暴法时的注意事项

（1）会议的进行方式：要创造一个使会场产生自由与愉快的气氛；小组成员应先举手后发言，对不发言的人，可在适当的时机指名让其发言；鼓励搭便车，互相激发主意；原则上组长不发言，只着重发问；要从各种角度来发言，时间以 30min 为宜。

（2）不使用下列扼杀别人创意的词句：理论上说得通，但实际上没办法；恐怕上级主管不接受；这事以前曾经有人提过了；没有价值吧等。

任务实施

1．实验目的

学会开展 QC 小组活动，制订 QC 小组工作计划。

2．实验准备

（1）联网计算机（Windows 操作系统）。

（2）Office 软件。

3．实验过程

（1）按照 QCC 活动的要求建立由 5 个人为一组的 QCC。要求决定 QCC 名称，选出组长并明确各成员的工作职责。

（2）组建 QC 小组之后，按要求进行注册。

（3）确定 QCC 活动课题。以自己所熟悉的实训中心××实训室为对象，以提高工作对象的 6S 管理水平为目标确定 QCC 活动课题。

（4）以量化评分为基础进行现状调查。

（5）在现状调查的基础上通过小组成员讨论，确定提升目标分值作为课题的目标设定。

（6）按表 4-3 的格式制定 QCC 活动展开计划表。

（7）由组长组织小组成员讨论，完成 QCC 活动展开计划表的填写。

（8）按计划实施直到课题完成。课题报告以 PPT 的形式呈现，在本课程完成之时发布。

4．提交实验报告

将已经完成的实验报告提交至作业平台（职教云或学习通平台等）。

表 4-3 QCC 活动展开计划表

QCC 活动展开计划表		圈　名	
^		所属单位	

活动课题	
工作流程	

活动展开计划	步骤	项目	区分	活动具体日程（周）						责任人
^	^	^	^	1	2	3	4	5	6	^
^	P	选定课题	计划							
^	^	^	实际							
^	^	成立小组	计划							
^	^	^	实际							
^	^	现状调查	计划							
^	^	^	实际							
^	^	设定目标	计划							
^	^	^	实际							
^	^	要因论证	计划							
^	^	^	实际							
^	^	制定对策	计划							
^	^	^	实际							
^	D	对策实施	计划							
^	^	^	实际							
^	C	效果检查	计划							
^	^	^	实际							
^	A	课题总结与标准化	计划							
^	^	^	实际							

课题类型	☑现场型　□攻关型　□管理型　□服务型　□创新型		
传达流程	属部	×××班第×××组	备注
^	组长	负责人　诊断师	组长由小组选举产生，负责人填写班长名字，诊断师：×××老师

1. 甘特图的制作应规范。
2. 每一步骤的完成时间应明确标示。
3. 各步骤的主要负责人应轮流担任

练 习

一、名词解释

1．QCC；2．"5W1H"原则；3．头脑风暴法。

二、选择题

1．QCC 是（　　）。
A．全公司品质管制活动的一环
B．非全公司品质管制活动的一环
C．是经营者的事，与现场人员无关
D．品质管理的整个面

2．推动 QCC 可培养（　　）。
A．品质意识　　　　　　　　　　B．问题意识
C．改善意识　　　　　　　　　　D．三者皆是

3．开展 QCC 活动时，组员（　　）。
A．可不必遵守操作标准　　　　　B．应当遵守操作标准
C．遵守与否无关　　　　　　　　D．根据情绪决定遵守与否

4．头脑风暴法会议时：（　　）。
A．要求批评别人　　　　　　　　B．要求攻击别人
C．绝对不加批评或攻击别人　　　D．无所谓

三、判断题

（　　）1．确认要因时，要从所有末端原因中逐一确认、识别。
（　　）2．实施头脑风暴时，为了便于主持人启发大家思考和防止冷场，可将启发性的问题排列成表，在讨论中使用。
（　　）3．可以用"少数服从多数"的方法确定要因。
（　　）4．通过 QCC 活动可以提高员工工作主动性和积极性，增强责任心和敬业精神。
（　　）5．“顾客在我心中，质量在我手中"可以作为 QC 小组课题名称。

四、简答题

1．开展 QCC 活动有哪些好处？
2．比较 QCC 活动的类型特点和应用场合。
3．如何对课题进行命名？
4．通常制定巩固措施的步骤有哪些？
5．在要因确认时应当注意哪些事项？
6．使用头脑风暴法时应当注意哪些事项？

任务 4.2　运用 QC 旧七大工具分析制造过程数据

任务描述

电子产品的质量工程技术与管理是指分析过程数据,在数据分析的基础上提出控制与改进策略。而分析数据需要借助工具来实现。QCC 活动常用的工具主要有 QC 旧七大工具和 QC 新七大工具。QC 旧七大工具也称基本 QC 工具,是以数据为基础的统计工具。本任务主要通过了解 QC 旧七大工具的用途、操作方法,对产品制造过程中关键工序所收集的数据进行分析,提出质量改进方法。

知识准备

4.2.1　QC 旧七大工具的用途

QC 旧七大工具包括"五图一表一法",即查检表、层别法、柏拉图、因果图、直方图、散布图和控制图。QCC 活动的展开步骤主要是按照 PDCA 循环的各阶段来进行的。这个循环的各阶段可选用 QC 工具,详见表 4-4。表 4-4 中,●表示在该阶段最适合使用的工具,○表示可用的工具。从表 4-4 中可以看出:选题与现状调查,最适合使用的 QC 工具有查检表、层别法和柏拉图;原因分析最适合的 QC 工具是因果图;可用于制定目标的 QC 工具有查检表;可用于效果检查的 QC 工具有查检表、柏拉图、直方图、散布图和控制图;控制图的应用比较广泛,可用于选题、现状调查、制定对策、对策实施、效果检查、巩固措施。

表 4-4　QC 旧七大工具在 PDCA 循环各阶段的应用对比表

PDCA 阶段		查检表	层别法	柏拉图	因果图	直方图	散布图	控制图
QC 旧七大工具								
P	选题	●	●	●		○		○
	现状调查	●	●	●		○	○	○
	制定目标	○						
	原因分析				●			
	制定对策	○						○
D	对策实施	○						○
C	效果检查	○		○		○	○	○
A	巩固措施	○						○
	遗留问题							

问题解决步骤与 QC 旧七大工具的关系示意图如图 4-6 所示。这个示意图形象地说明了何时使用什么工具,与表 4-4 所述是一致的。

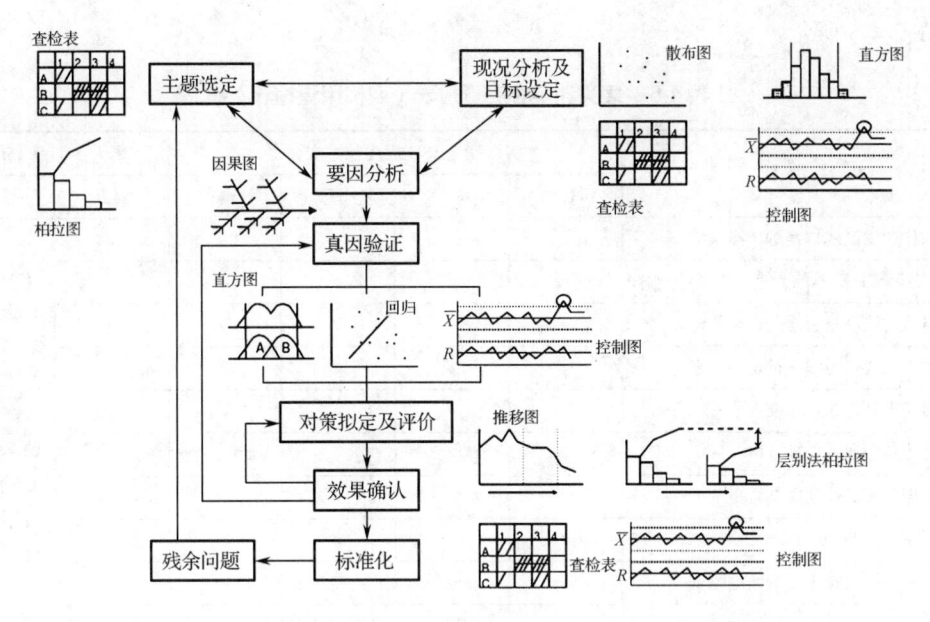

图 4-6　问题解决步骤与 QC 旧七大工具的关系示意图

4.2.2　查检表、层别法、柏拉图和因果图

1. 查检表

1）查检表的定义

查检表是为了便于收集数据，使用简单记录表进行填写并整理，以作为进一步分析或检查用的一种表格或图表。相关人员只需填入规定的查检"记号"，再加以数据统计，即可提供量化分析数据。查检表也称为点检表或查核表。

2）查检表的分类

一般而言，查检表按其用途可分为以下两种。

（1）点检用查检表。

这种查检表在设计时，就已经定义了使用范围：只做是非或选择的标记。其目的是确认检查作业过程中的状况，以防止作业疏忽或遗漏。例如，设备保养查检表、内部稽核查检表、行车前车况查检表等。

（2）记录用查检表。

记录用查检表是把数据分类为几个项目别，以符号或数字记录的表格。这种查检表主要是调查作业结果，不仅记录每天的数据，而且还能看出哪个项目的数据特别集中。

3）查检表的制作

（1）点检用查检表的制作方法。

① 列出每项需要点检的项目，如果有顺序需求，应注明序号，依照序号排列。

② 如果可行，尽可能将机械别、机种别、人员、工程别等加以层别以利于解析。

③ 先试用，如果有不符合需求处，在加以改善后，才能正式复印。某实训中心的查

检表如表 4-5 所示。

表 4-5 某实训中心的查检表（点检用查检表）

点 检 项 目	实训室：LED 应用技术实训室				每天实训前 15min	
	周一	周二	周三	周四	周五	备注
1. 流水作业生产线体是否干净整洁	√	√	√	×	√	正常打"√"，异常打"×"。对于异常的项目务必通知负责人及时处理
2. 电动力矩螺钉旋具的力矩是否经过测试	√	√	√	√	√	
3. 电烙铁的温度是否通过合格测试	√	√	√	√	√	
4. 流水生产线接地线测试是否正常	√	√	√	√	√	
5. 仪器仪表是否通过校准合格	×	√	√	√	√	
6. 积分球是否通过校准合格	√	√	√	√	×	
7. 光电综合测试仪功能是否正常	√	×	√	√	√	
8. 测试所用的 PC 操作是否正常	√	√	√	√	√	
9. 操作人员接地腕带是否通过测试	√	√	√	√	√	
当班线长	林××	张××	王××	卢××	陈××	

（2）记录用查检表的制作方法。

① 确定查检项目和所要收集的数据。必要时召集部门内所有人共同参与，集思广益以免遗漏某些重要项目。

② 确定查检表的格式。应依据想要"层别"分析的程度，设计一种记录与整理都很容易操作的格式。

③ 确定记录的方式。"正"与"v"字记号的运用频率极高，一般较常采用；"||||"棒记号，多应用于品质管理，如次数分配表。

④ 确定收集数据的方法。由何人收集、期间多久、检查方法等均应事先确定。记录用查检表如表 4-6 所示。

表 4-6 记录用查检表

班别：01			产品型号：		PCB 板号：			时间：9/06—9/20			
查检人：黄××			查检方式：AOI		查检时间：全天			查检符号：v			
不良项目	9/06	9/07	9/08	9/09	9/10	9/13	9/14	9/15	9/16	9/17	9/20	总计
偏移	v v	v	v	v	v	v	vv	v	v	vv	vvv	16
少锡	v		v	v	v			v	vv	v		8
立碑	vv	v		v	v	v	v	v	vv	v	v	11
短路	vv		v	v	v			v	v	vv	v	10
错件	vv	v	v		vv	vv	vv	v		vv	v	13
少件	vv	v		v	v	v	v		v	v		10
合计	11	4	5	3	6	6	5	6	8	10	4	68
查检数量	800	200	280	200	180	200	150	280	290	1000	150	3730

4)制作注意事项

查检表没有特定格式,但仍需注意以下几点。

(1)并非一蹴而就。可先参考他人的案例,并进行模仿。使用时,如果不理想,再行改善。

(2)越简单越好,容易记录、看图,以最短的时间将现场的资料记录下来。

(3)收集的数据应能获得"层别"的信息。记录用查检表应注意按作业者、机械装置、材料等分别观察,查记有"层别"的信息,所收集的数据应力求简单。

2. 层别法

1)层别法的定义

在电子信息产品生产过程中影响产品品质的要因很多,然而不良品发生时很可能只是其中的一台机器设备或某一位操作人员或某一种原材料或某一种作业方法造成的,所以只要能发现那一台机器设备,或那位操作人员,或那一种原材料,或那一种作业方法就很容易找出问题所在,杜绝不良品的发生。同样如果能找到其中的那一台机器设备或其中某一位操作人员所生产的产品,其品质较其他机器设备或操作人员所生产的产品优良,那么就针对这一机器设备或操作人员加以研究,找出问题的原因,改善其他数台机器设备或其他操作方法。这种把机器设备或操作人员或其他制造要因以机器别、操作人员别或原材料别等分别收集资料,然后找出其间是否有差异并针对这差异加以改善的方法称为层别法或分层法。

2)层别的对象和项目

(1)操作人员。可按班(组)、个人、熟练程度、性别、年龄等层别。

(2)机器设备。可按型号、机(台)号、结构、新旧程度、工夹模具等层别。

(3)原材料、零部件。可按规格、成分、产地、供应商、批次等层别。

(4)作业方法。可按工艺、操作参数、操作方法、生产速度等层别。

(5)环境。可按温度、湿度、清洁度、照明度、地区、使用条件等层别。

(6)测量、检查。可按计量器具、测量人员、检查方法等层别。

(7)其他。①时间:可按班次、日期等层别;②缺陷:可按缺陷内容、缺陷部位等层别;③部门:可按生产部门、采购部门、研发部门等层别。

3)层别法的应用举例

基本QC工具中各种图表均可用层别法加以分类、对比和分析。

(1)控制图的层别。

控制图的层别如图4-7所示,主要是对各组数据的均值及极差分别制作控制图。通过均值控制图可以看出组间数据的离散程度,通过极差控制图可以看出组内数据的离散程度。

(2)柏拉图的层别。

首先针对未进行改善的现状数据使用柏拉图找出关键因子;然后对关键因子采取相应的对策;最后检查结果,绘制出改善后的柏拉图。从图4-8中可以看出,A是改善前的主要不良项,而改善后的A已经不是主要不良项,说明对策十分有效。

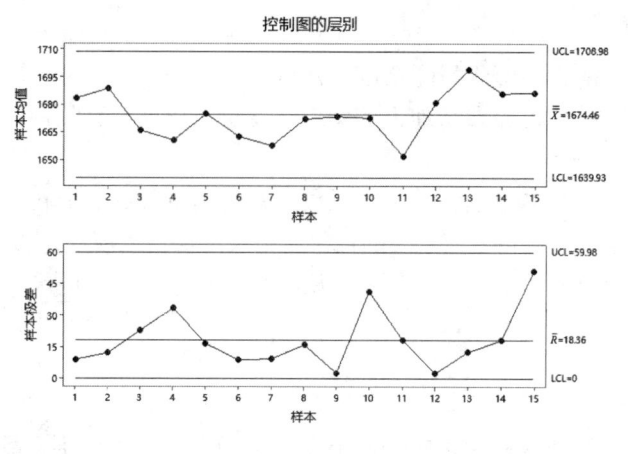

图 4-7　控制图的层别

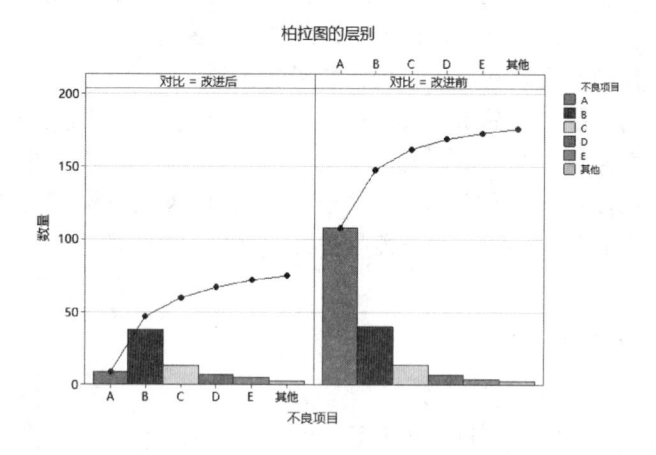

图 4-8　柏拉图的层别

（3）推移图的层别。

从图 4-9 中可以看出，改善后不良率呈明显下降的趋势。这种图在企业品质控制中经常使用，因此，必须熟练掌握。

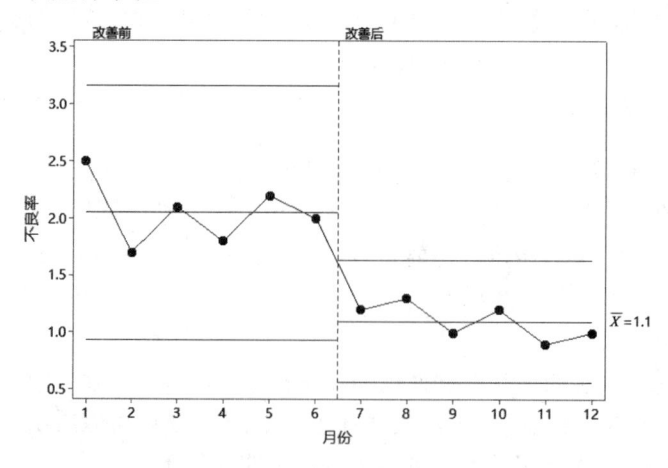

图 4-9　不良率推移层别示意图

模块 4　QCC 活动与 QC 新旧七大工具的应用

（4）特性要因图的层别。

层别特性要因有利于寻找真正影响制造不良偏高的因素。特性要因图如图 4-10 所示。

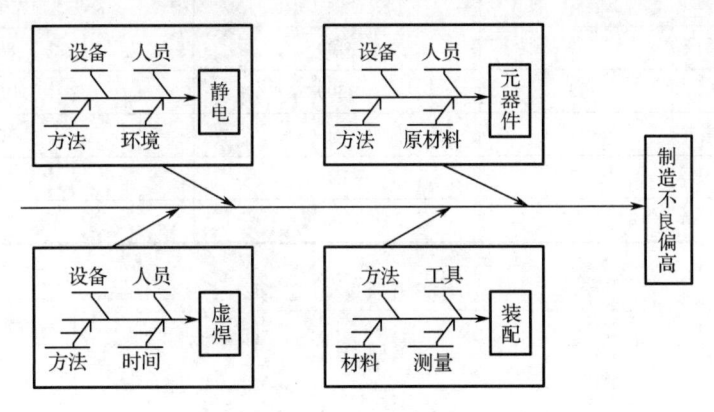

图 4-10　特性要因图

3. 柏拉图

1）柏拉图（Pareto 图）的定义

生产现场所收集到的数据必须通过有效地分析、运用，才能成为有价值的数据，而将此数据加以分类、整理，并制成图表，充分掌握问题点及重要原因的不可或缺的管理工具，则是当前现场人员广泛使用的数据管理图表——柏拉图。

柏拉图是特殊类型的条形图，图中标绘的值按从大到小的顺序排列，是一种基本的质量控制工具，用来突出显示最常出现的缺陷、缺陷的最常见原因或客户投诉的最常见原因。由于柏拉图是依大小顺序排列的，因此又可称为排列图。

2）柏拉图的原理

柏拉图的原理是"80/20 规则"，即 20% 的人拥有 80% 的财富；或者 20% 的产品线可能产生 80% 的废品；或者 20% 的客户可能进行 80% 的投诉。这种条形图，其水平轴表示所关注的属性，而非连续尺度，这些属性通常为缺陷。通过从大到小排列条形，柏拉图可有助于确定哪些缺陷组成"少数重要"，哪些缺陷为"多数琐碎"。累积百分比线条有助于判断每种类别所加入的贡献。柏拉图有助于着重改进能获得最大收益的方面。

3）柏拉图的应用举例

例如，某电子材料经检验后，得到如表 4-7 所示的数据，请找出解决问题的关键因子。

解：所谓的关键因子就是表 4-7 中的某些项目其对不良数或损失金额的影响占 70% 及以上。因此，需要通过制作柏拉图找出累积影响比例占 70% 的项目。由于统计量分别为不良数和损失金额，因此需要制作两个柏拉图。从图 4-11 中可以看出，材质不良占 37.9%，尺寸不良占 32%，这两项累积不良占 69.9%，接近 70%。所以，从不良数来看，材质不良和尺寸不良是关键因子。从图 4-12 中可以看出，在损失金额方面，尺寸不良占 42.8%，材质不良占 40.2%，这两项累积不良占 83%，因此，尺寸不良和材质不良是关键因子。

表 4-7 电子材料统计表

项 目	不 良 数	损失金额（元）	备注［损失单价（元）］
材质不良	39	3100	80
尺寸不良	33	3300	100
电测不良	21	660	20
破 损	7	350	50
其 他	3	300	100

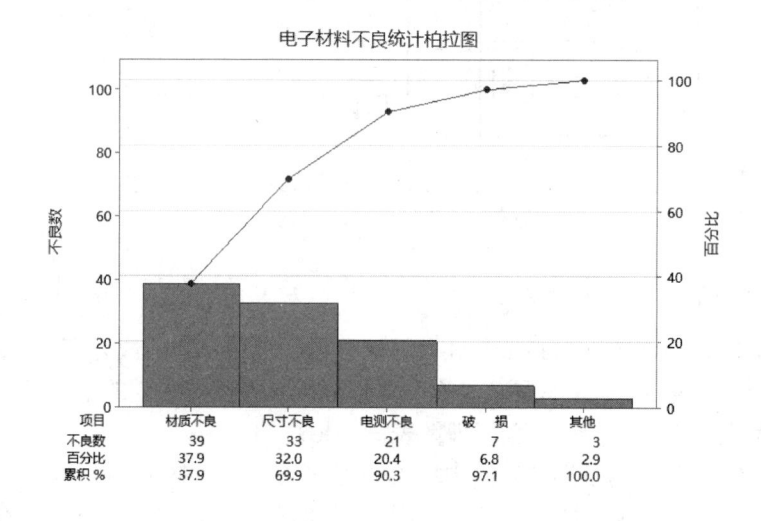

电子材料不良统计柏拉图

项目	材质不良	尺寸不良	电测不良	破损	其他
不良数	39	33	21	7	3
百分比	37.9	32.0	20.4	6.8	2.9
累积%	37.9	69.9	90.3	97.1	100.0

图 4-11 材料不良柏拉图

损失金额柏拉图

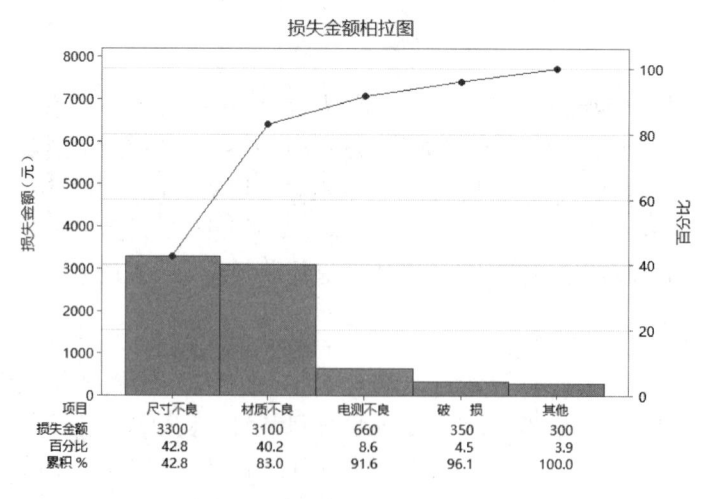

项目	尺寸不良	材质不良	电测不良	破损	其他
损失金额	3300	3100	660	350	300
百分比	42.8	40.2	8.6	4.5	3.9
累积%	42.8	83.0	91.6	96.1	100.0

图 4-12 损失金额柏拉图

4）柏拉图的制作方法

步骤1：决定数据的分类项目，其分类有结果分类和原因分类。

① 结果分类：项目别、场所别、时间别、工程别。

② 原因分类：材料别、机械别、设备别、作业者别。

一般先从结果分类上着手，以便洞悉问题所在，然后进行原因分类，分析出问题产生的原因，以便采取有效的对策，再将此分析的结果，根据其结果与原因分别绘制柏拉图。

步骤 2：决定期间，收集数据。

考虑发生问题的状况，从中选择恰当的期间（如以一天、一周、一月、一季或一年为期间）来收集数据。

步骤 3：按项目别，统计数据并制作统计表。

各项目按数据的大小顺序排列，"其他"项排在最后一项，并求其累积数据（注意："其他"项不可大于前三项，如果大于，应再细分）。

步骤 4：在图表用纸上记入纵轴及横轴，在纵轴上加上分度，在横轴上记入项目。

纵轴左侧填不良数、不良率或损失金额，纵轴右侧刻度表示累积影响度（比率）；在最上方刻 100%，左方则根据收集的数据的大小做适当刻度。横轴填分类项目名称，由左至右按照所占比率大小记入，"其他"项则记在最右边。

步骤 5：绘制累积曲线。

点上累积不良数（或累积不良率），用折线连接。

步骤 6：绘制累积影响度。

在纵轴右侧绘折线终点为 100%，将 0~100% 分成 10 等份，把 % 的分度记上（累积影响度），标出前三项（或四项）的累积影响度是否大于 70% 或接近 70%。

步骤 7：记入必要的事项。

记入数据收集的期间、记录者、总检查数、工程名称等。

5）使用 Minitab 制作柏拉图的步骤

某电子科技公司针对其生产的光幕传感器产品的质量进行统计分析，该产品全年不良数据如表 4-8 所示，请分析表中的数据，并提出解决问题的对策。

表 4-8　光幕传感器产品全年不良数据

序号	不良原因	数量	不良归属	备注
1	DC/DE 光幕同步信号误接	21	设计	客户接线易出现误接
2	DF 光幕软插头插错	20	部品	使用软插头，多向可插入
3	电源烧毁	9	部品	
4	电源烧毁	9	设计	
5	元器件虚焊	9	部品	部品引脚氧化产生焊接不良
6	输出管保护稳压管击穿	9	设计	保护稳压管功率太小
7	生产焊接不良	3	制造	
8	47kΩ 电阻阻值变小	2	部品	
9	用户使用不当	8	客户	外力损坏，或误操作
10	发射管失效	5	部品	
11	接收管误用	5	制造	
12	贴片电容 10nF 断裂	5	部品	供应商选择问题

续表

序 号	不良原因	数 量	不良归属	备 注
13	发货错误	4	制造	
14	其他	2	制造	问题不集中，无规律

分析：这是一个实际案例，工作中会经常遇到，在电子产品的生产中，质量问题往往涉及多方面的原因，那么如何找出解决问题的突破口呢？依据前面所述"先从结果分类上着手，以便洞悉问题所在，然后进行原因分类，分析出问题产生的原因"，因此先针对不良原因的部门归属（层别法）制作柏拉图，然后针对不良原因与主要部门的关系制作柏拉图，目的是找出解决问题的关键少数。

以下是使用 Minitab 20 制作柏拉图的步骤。

（1）首先制作不良归属柏拉图，这是按部门进行层别的，其制作步骤如下。

① 打开 Minitab 20，在工作表中输入表 4-8 中的数据。

② 选择"统计"→"质量工具"→"Pareto 图"命令，如图 4-13 所示，弹出"Pareto 图"对话框。

③ 在"缺陷或属性数据在"中选择"不良归属"数据列，在"频率位于"中选择"数量"数据列。

④ 单击"确定"按钮，输出如图 4-14 所示的柏拉图。

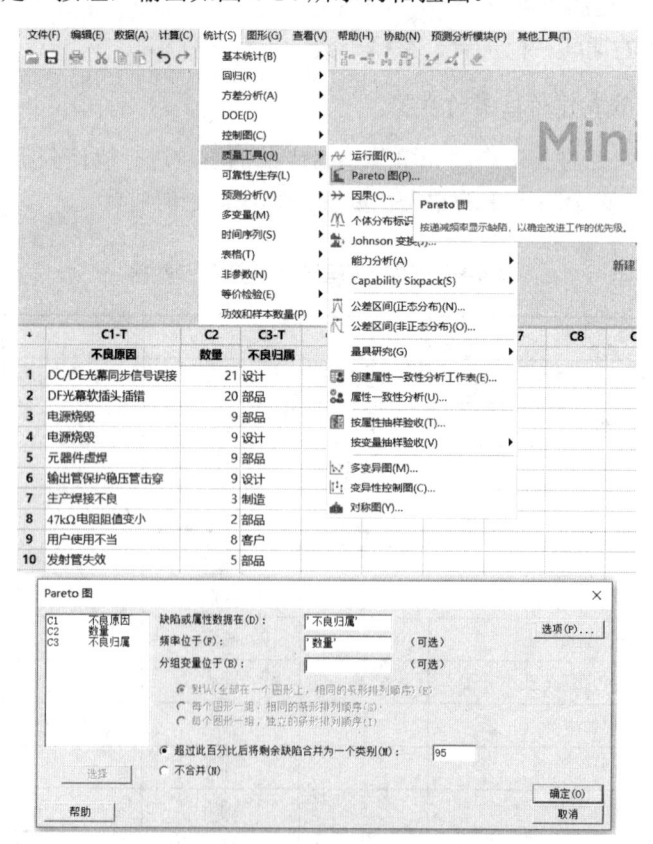

图 4-13 数据输入方式与工具选择

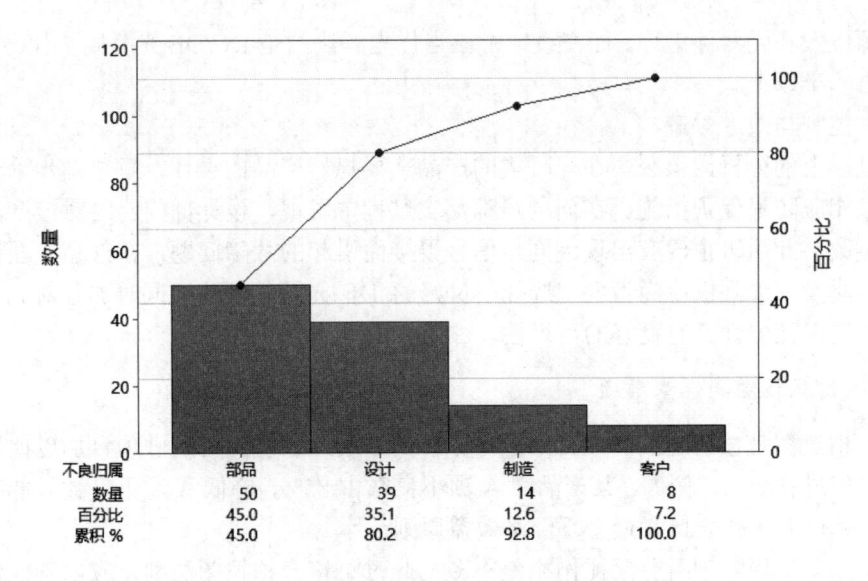

模块 4　QCC 活动与 QC 新旧七大工具的应用

图 4-14　不良归属柏拉图

从图 4-14 中可以看出，部品占 45.0%，设计占 35.1%，两项累积占 80.2%。因此，这两项是关键因子，必须对其进行进一步的分析。

（2）分别以与部品和设计相关的不良原因制作柏拉图，其制作步骤如下。

① 在上述的工作表中删除制造、客户所在的行，留下与部品和设计相关的数据。

② 选择"统计"→"质量工具"→"Pareto 图"命令，弹出"Pareto 图"对话框。

③ 在"缺陷或属性数据在"中选择"不良原因"数据列，在"频率位于"中选择"数量"数据列，在"分组变量位于"中选择"不良归属"数据列。

④ 单击"确定"按钮，输出如图 4-15 所示的柏拉图。

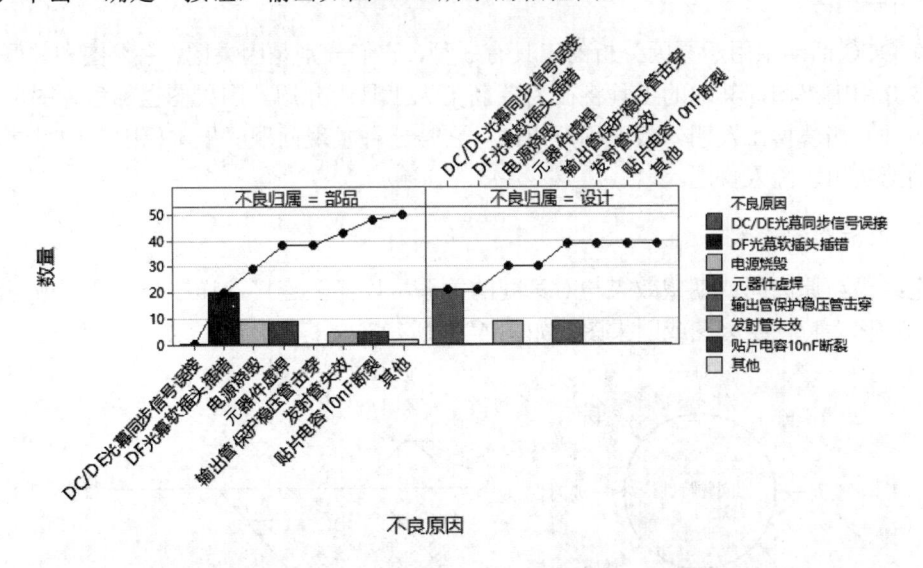

图 4-15　不良原因柏拉图

从图 4-15 中可以看出，在部品中需要先解决的是：DF 光幕软插头插错、部品性能引起的电源烧毁和元器件虚焊。而在设计中应当优先解决的是 DC/DE 光幕同步信号误接，因为此项占一半以上。

（3）控制与改进对策。

通过以上的分析，该公司在光幕类的产品上要抓好产品的设计，解决同步信号误接问题，采取相应防呆保护措施。在问题跟踪落实过程中发现，设计部门已经对该产品的电路进行了更改，此后再也没有出现因同步信号误接而引起的故障问题；在部品方面控制供应商的来料质量，加强供应商管理，选择质量好的 DF 光幕软插头，同时加强对元器件的采购管理，确保元器件具有良好的可焊性。

6）运用柏拉图的注意事项

（1）柏拉图是按所选取的项目来进行分析的，因此只能针对所做项目加以比较而无法对项目以外进行分析。例如，某产品中 A 项不良数占 85%，降低 A 项不良数只能降低该产品的不良率，并不代表此举最合乎经济效益原则。

（2）如果发现各项目分配比例相差不多，此时不符合柏拉图法则，应以其他角度做项目层别，再重新收集资料并分析。

（3）柏拉图仅是管理改善的手段而非目的。因此，对于数据项目别重点已清楚明确者，则没有必要再浪费时间做柏拉图分析。

（4）柏拉图分析的主要目的是从分析图中获得信息，进而设法采取对策。当所得到的信息显示第一位次的不良项目并非本身工作岗位所能解决时，可以先避开第一位次，从第二位次着手。

（5）先前着手改善第一位次的项目，采取对策将不良率降低。若问题再现，则应考虑将要因予以重新整理分类，另做柏拉图分析。

4．因果图

在 QCC 活动中用于原因分析的工具有 3 种，它们分别是因果图、系统图和关联图。本节主要介绍因果图，其他的工具将在 QC 新七大工具中介绍。因果图也称鱼骨图，由日本管理大师石川馨博士发明，故又称石川图。它是一种发现问题"根本原因"的方法，其特点是简捷实用，深入直观。

1）因果图的定义

把结果与原因间或期望效果与对策间的关系，以箭头连接，详细分析原因或对策的一种图形，称为特性要因图或因果图，如图 4-16 所示。

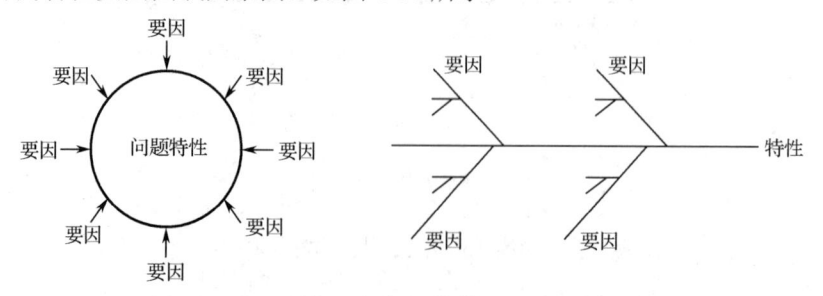

图 4-16 要因与特性（结果）关系图

模块 4　QCC 活动与 QC 新旧七大工具的应用

2）因果图的分类

因果图一般可以分为以下 3 种类型。

（1）整理问题型：各要素与特性值间不存在原因关系，而是结构构成关系。

（2）原因型追求型：特性在右，特性值通常以"为什么……"来写。

（3）对策追求型：特性在左，特性值通常以"如何提高/改善……"来写。此类型的目的在于追寻问题点应该如何防止、目标结果应如何达成的对策，故以因果图表示期望效果与对策间的关系。

3）如何绘制因果图

（1）确定特性：在绘制之前，首先决定问题或品质的特性。一般来说，特性可用零件规格、账款回收率、制品不良率、客户抱怨、设备停机率、报废率等与品质有关或与成本有关的人工费、行政费等予以展现。

（2）绘制骨架：首先在纸张或其他用具（如白板）右方画一"□"填□决定的特性，然后自左而右画出一条较粗的干线，并在线的右端与接合处，画一向右的箭头。

（3）大略记录各类原因：确定特性之后，就开始找出可能的原因，将各原因以简单的字句，分别记在大骨干上的"□"并加上箭头分支，以倾角约 60°画斜线。画斜线时应留意其较干线稍微细一些。

（4）依据大要因，再分出中要因：细分出中要因之中骨线（同样为 60°插线）应比大骨线细。中要因选 3~5 个为准，绘制时应将有因果关系的要因归于同一骨线内。

（5）要更详细列出小要因：运用中要因的方式，可将更详细的小要因讨论出来。

（6）圈出最重要的原因：造成一个结果的原因有很多，可以通过收集数据或自由讨论的方式，比较其对特性的影响程度，用"□"或"○"圈选出来，用于进一步检讨。绘制因果图的步骤如图 4-17 所示。

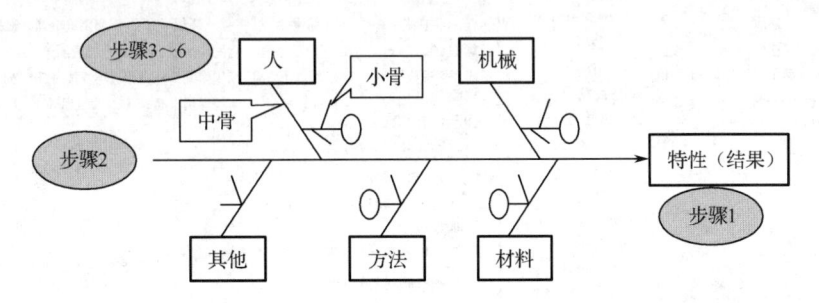

图 4-17　绘制因果图的步骤

说明：①大、中、小要因的区别在于大要因通常代表一个具体方向，中要因通常代表一个概念或想法，小要因通常代表具体事件；②一个因果图只能对一个问题进行分析，不同的两个问题就要分别用两个因果图来各自分析；③因果图通常是用"5M1E"作为原因类别的，即人（Man）、设备（Machine）、材料（Material）、方法（Method）、测量（Measure）、环境（Environment）。

4）使用 Minitab 制作因果图的步骤

实训中心是职业教育最接近实际工作的场所，在实训中心实施现代企业管理模式有利于培养学生的职业素养。当前实训中心已经进行了现场 6S 管理，但效果不明显，请分析原因，找出主要原因。通过现场调查，QC 小组成员进行了研讨，得到了如表 4-9 所示的数据表。

表 4-9 因果图数据表

特性	为何实训中心 6S 管理水平低					
大要因	人员	机器	材料	方法	测量值	环境
中要因	没有对学生进行 6S 培训	设施未标识	材料没有标识	管理方法单一	6S 评价不合理	台面灰尘多
	培训人员不理解 6S 内涵	仪器好坏不分	不良材料未处理	流程可操作性差		桌面有异物
	没有系统培训	设备没有三定	材料未统一管理	未编制作业指导书	评价标准不一致	未能保持干净
小要因	认为 6S 很简单	定位不美观	未建立管理系统	没有要求	未建立专业组织	管理要求不一致
	没有针对性教材	场所空间不足	没有固定场所	没有模板	重视不够	未建立奖惩制度
	缺少专业师资	工作量大	人员变化大			

（1）打开 Minitab 20，在工作表中输入表 4-9 中的数据，数据的输入方式如图 4-18 所示。

图 4-18 数据的输入方式与工具选择方法

模块4　QCC活动与QC新旧七大工具的应用

（2）选择"统计"→"质量工具"→"因果"命令，如图4-18所示。

（3）在弹出的"因果图"对话框中按图4-19选择相应的数据列。

（4）在所选列中单击"子"按钮，在弹出的"因果图：子分支"对话框中输入相应的小要因，如图4-19所示。

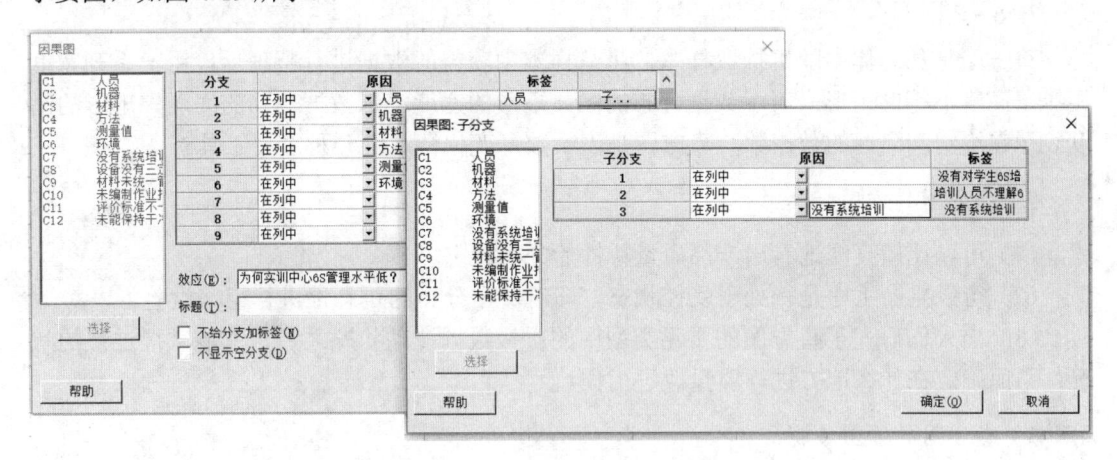

图4-19　对话框的填写示意图

注意：①小要因需要与相应的中要因对应，然后单击"确定"按钮。没有小要因的可以直接跳过，不做任何选择。②效应是指特性，不要忘记填写。

（5）单击"因果图：子分支"对话框中的"确定"按钮，输出如图4-20所示的因果图。

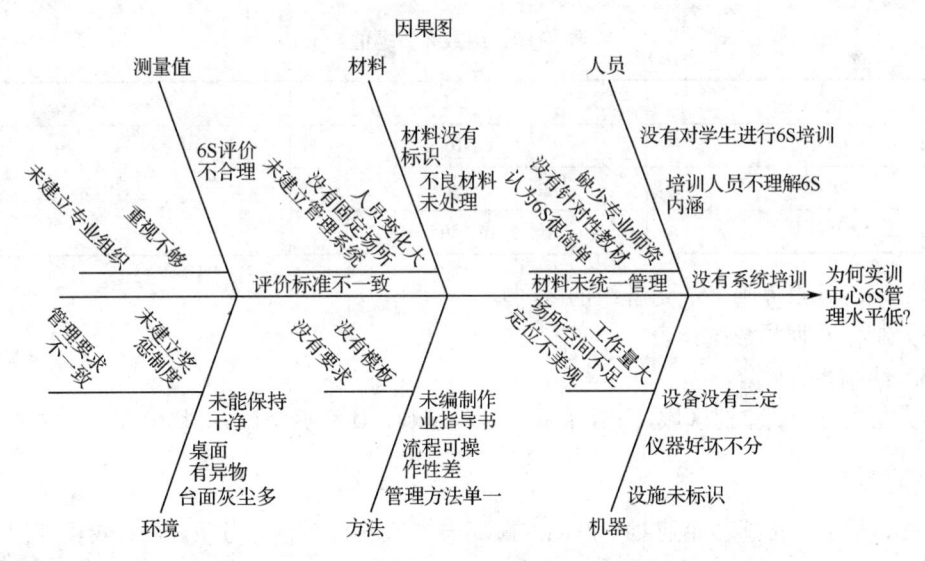

图4-20　实训中心6S管理问题的因果图

（6）结果分析。

从图4-20中可以找到许多末端原因，这些末端原因非常具体，不是抽象的，而是可以确认和直接采取措施的。图4-20表明实训中心要做好6S管理，首先领导要重视并建立专业化的管理团队，制定奖惩制度，加强人员培训，建立实训中心资源管理系统，全员参与持续改进。

4.2.3 直方图、散布图和控制图

1. 直方图

1）直方图的定义

直方图是从总体中随机抽取样本，将从样本中获得的数据进行整理后，用一系列宽度相等、高度不等的矩形来表示数据分布的图。矩形的宽度表示数据范围的间隔，矩形的高度表示在给定间隔内的数据数。直方图是表示数据变化情况的一种主要工具。

2）直方图的作用

（1）可以比较直观地看出产品质量特性的分布状态。

（2）可以判断工序是否处于受控状态，即对数据分布的正态性进行粗略检验。

（3）当人们研究了直方图的常见类型中的质量数据波动状况之后，就能掌握过程的状况，从而确定在什么地方进行质量改进工作。

3）直方图的作图步骤

（1）收集数据。数据个数 n 一般在 50 个以上，最少不得少于 30 个。

（2）求极差 R。$R=X_{max}$（最大值）$-X_{min}$（最小值）。

（3）确定分组的组数 k 和组距 h。$h=R/k$。

一批数据究竟分多少组，通常根据数据个数的多少而定，如表 4-10 所示。

表 4-10 组数 k 参考值

数据个数 n	组数 k	一般使用的组数 k
50～100	6～10	
100～250	7～12	10
250 以上	10～20	

（4）确定各组界限，决定各组的区间端点。

（5）制作数据频数统计表。

（6）绘制直方图。

（7）在直方图的空白区域，记上有关数据的资料，如数据个数 n、均值 $\overline{X}$、标准差 S 等。

4）应用举例

例如，某电子传感器企业对一产品的距离与电压的关系进行分析，每天收集 5 组数据，共收集了 50 个电压数据，如表 4-11 所示。要求对表 4-11 中的数据分布情况进行分析。

解：显示数据的分布可用直方图。制作直方图可用以下步骤来进行。

（1）收集并整理数据，列出各组数据的最大值 X_{max} 和最小值 X_{min}。

（2）计算极差 R。

$$X_{max}=46.2 \quad X_{min}=31.5 \quad R=X_{max}-X_{min}=46.2-31.5=14.7$$

表 4-11 电压数据实测表　　　　　　　　　　　　　　　　　　单位：mV

序号	工作电压数据					最大值	最小值
1	39.8	37.7	33.8	31.5	36.1	39.8	31.5
2	37.2	38.0	33.1	39.0	36.0	39.0	33.1
3	35.8	35.2	31.8	37.1	34.0	37.1	31.8
4	39.9	34.3	33.2	40.4	41.2	41.2	33.2
5	39.2	35.4	34.4	38.1	40.3	40.3	34.4
6	42.3	37.5	35.5	39.3	37.7	42.3	35.5
7	35.9	42.4	41.8	36.3	36.2	42.4	35.9
8	46.2	37.6	38.3	39.7	38.0	46.2	37.6
9	36.4	38.3	43.6	38.2	38.0	43.4	36.4
10	44.4	42.0	37.9	38.4	39.5	44.4	37.9

（3）对数据进行分组，确定组数 k、组距 h 和组限。

① 确定组数 k：由于 $n=50$，因此依据表 4-10，取 $k=8$。

② 确定组距 h：组距是组与组之间的间隔，即组的范围。本例中 $h=14.7/8=1.8375≈2$。

③ 确定组限：每组的最大值为上限，最小值为下限。第一组下限=$X_{min}-h/2=31.5-2/2=30.5$，第一组上限=$30.5+h=30.5+2=32.5$。第二组下限=第一组上限=32.5，第二组上限=$32.5+2=34.5……$。

表 4-12 频数统计表

组号	组限（mV）	频数统计	组号	组限（mV）	频数统计
1	30.5~32.5	2	5	38.5~40.5	9
2	32.5~34.5	6	6	40.5~42.5	5
3	34.5~36.5	10	7	42.5~44.5	2
4	36.5~38.5	15	8	44.5~46.5	1
合　计					50

（4）制作数据频数统计表，如表 4-12 所示。

（5）绘制直方图，如图 4-21 所示。

解释结果：从图 4-21 中可以看出，数据呈正态分布。

5）直方图的应用

（1）观察直方图的形状、判断质量分布状态。

绘制完直方图后，要认真观察直方图的整体形状，看其是否属于正常型直方图。正常型直方图就是中间高、两侧低，左右对称的图形，如图 4-22 所示。其特点是中心附近频数最多，离开中心逐渐减少。若出现非正常型直方图，则表明生产过程或数据收集、作图有问题。这要求进一步分析判断，找出原因。非正常型直方图的图形分布有各种不同缺陷，归纳起来一般有 5 种类型，包括折齿（锯齿）型、左（右）缓坡型、孤岛型、双峰型、绝壁型，如表 4-13 所示。

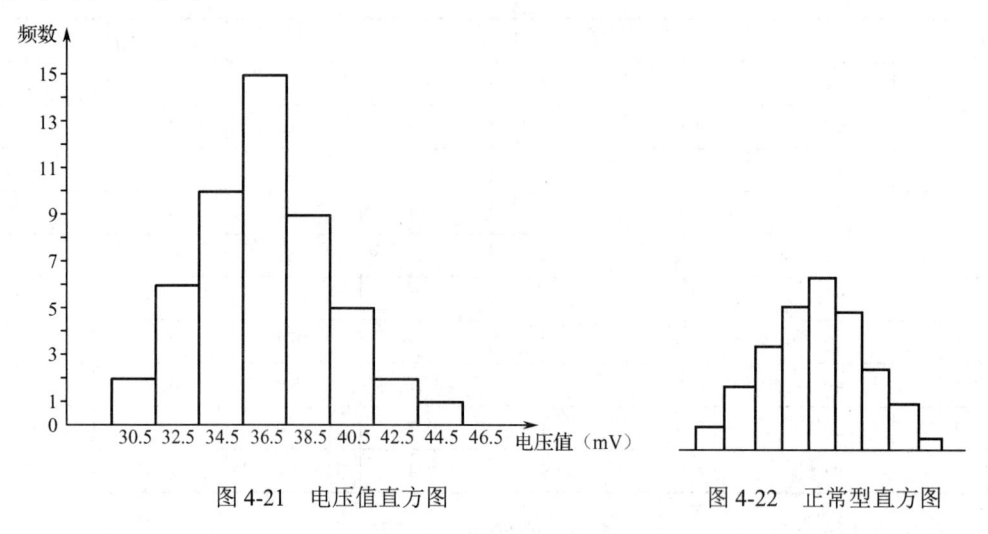

图 4-21　电压值直方图　　　　　图 4-22　正常型直方图

表 4-13　缺陷直方图类型

类　型	图　形	描　述
① 折齿（锯齿）型		是由于绘制直方图的过程中分组过多或测量读数有误等造成的
② 左（右）缓坡型		是由于操作中对上限（或下限）控制太严造成的
③ 孤岛型		是由于原材料发生变化，或临时工人顶班作业，或测量有误等造成的
④ 双峰型		是由于两种不同方法或两台设备或两组工人进行生产，然后把两方面数据混在一起整理造成的
⑤ 绝壁型		是由于数据收集不正常，可能有意识地去掉下限以下的数据，或在检测过程中存在某种人为因素造成的

（2）将直方图与质量标准进行比较，判断实际生产过程能力。

通过比较直方图与质量标准，可以判断生产过程能力，如表 4-14 所示。T 表示质量标准要求界限，B 表示实际质量分布范围。

表 4-14 直方图与质量标准的比较

类 型	图 形	生产过程能力说明
1. 质量分布中心 $\bar{X}$ 与质量标准中心 M 重合		B 在 T 中间,质量分布中心 $\bar{X}$ 与质量标准中心 M 重合,实际数据分布与标准比较两边还有一定余地,说明生产过程处于正常的稳定状态,质量是很理想的
2. 质量分布中心 $\bar{X}$ 与质量标准中心 M 不重合		B 虽然在 T 中间,但是质量分布中心 $\bar{X}$ 与质量标准中心 M 不重合,说明如果生产状态一旦发生变化,就可能超出质量标准下限。因此,应采取措施,使直方图移到中间
3. B 在 T 中间		B 在 T 中间,且 B 的范围接近 T 的范围,没有余地,说明如果生产状态一旦发生小的变化,就可能超出质量标准。因此,应采取措施,缩小质量分布范围
4. B 在 T 中间,两侧距规格界限太大		说明加工过于精细、不经济。因此,在这种情况下,适当放宽要求,采取措施扩大质量分布范围
5. B 已经超 T 下限		质量分布范围已经超出了质量标准下限,说明已出现不合格品。因此,应采取措施进行调整,使质量分布位于标准之内
6. B 超出了 T 上、下限		质量分布范围超出了质量标准上、下限,散差太大,已经产生了许多废品,说明过程能力不足,应采取措施,提高生产过程能力,缩小质量分布范围

6)使用 Minitab 制作直方图(以表 4-11 中的数据为例)

第一步:将数据(不包括最大值和最小值)输入 Minitab 工作表,并进行堆叠处理(选择"数据"→"堆叠"→"行"命令),如图 4-23 所示。

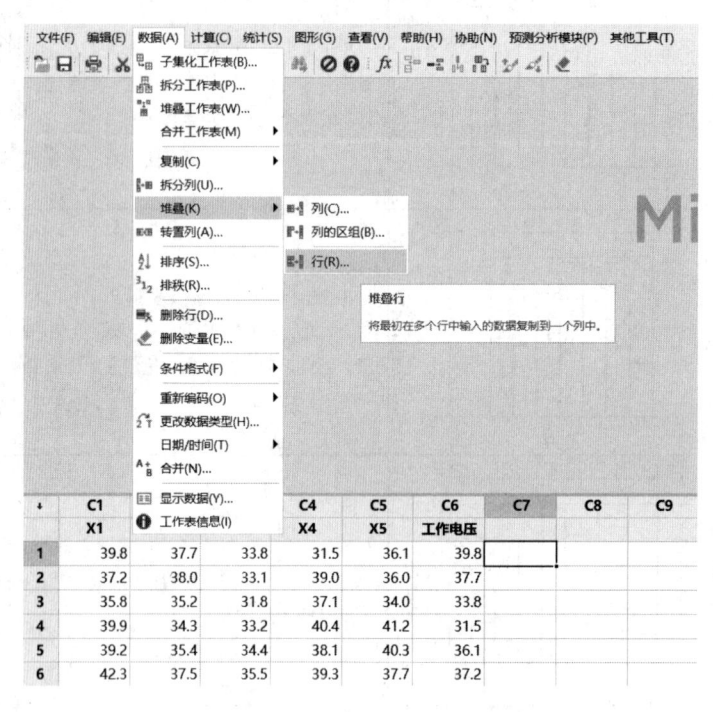

图 4-23 输入数据和选择工具示意图

第二步:选择"图形"→"直方图(包含拟合)"命令,单击"确定"按钮,弹出"直方图:包含拟合"对话框。

第三步:将"工作电压"选入图形变量框内,单击"确定"按钮,输出本例直方图,如图 4-24 所示。

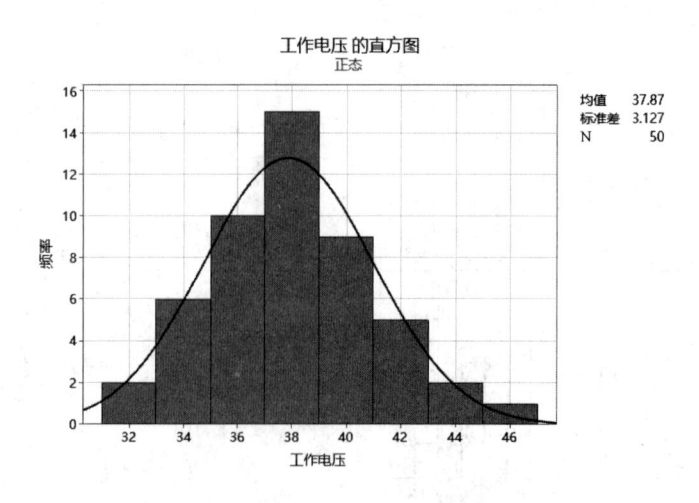

图 4-24 输出直方图

解释结果：电压值分布呈正态分布，均值为37.87，标准差为3.127，数据分布较理想。

注：输出的直方图为软件生成图，与操作步骤有关，因为步骤中输入数据时没加单位（仅作为数据分析），故输出的直方图中也没有单位。

2．散布图

1）散布图的定义

散布图是一种研究成对出现的、两组相关数据之间关系的图示技术。在散布图中，成对的数据形成点子云，研究点子云的分布状态，便可以推断成对数据之间的相关程度。散布图也称为散点图。

2）关系的分类

（1）要因与特性的关系。

（2）特性与特性的关系。

（3）特性的两个要因间的关系。

3）散布图的用途

（1）散布图可以用来发现两组数据之间的关系，并确认两组相关数据之间预期的关系。

（2）分析两组相关数据之间的关系，主要是确认其相关性质（正相关或负相关）、相关程度（强相关或弱相关）。点子云的形态可以反映出相关的性质和程度。

（3）两个随机变量的关系可能有函数关系、相关关系和没有关系3种状态。其中函数关系可以看作强相关的强度达到极限程度时的状态，故称为完全相关，而弱相关的强度达到极限程度时的状态称为不相关。

（4）对散布图可以进行定性分析，也可以进行定量分析。

4）制作散布图的步骤

（1）收集成对数据(X,Y)，数据量不小于30对。数据不能太少，否则易发生误判。

（2）标明X轴和Y轴。

（3）找出X、Y的最大值和最小值，并用这两个值标定横轴X和纵轴Y。

（4）描点。当两组数据点重合时，可围绕数据点画同心圆表示。

（5）判断相关关系类型。散布关系类型有正相关、负相关、不相关和非直线相关。

强正相关：X增大，Y也随之增大，如图4-25所示。

强负相关：X增大时，Y反而减小，如图4-26所示。

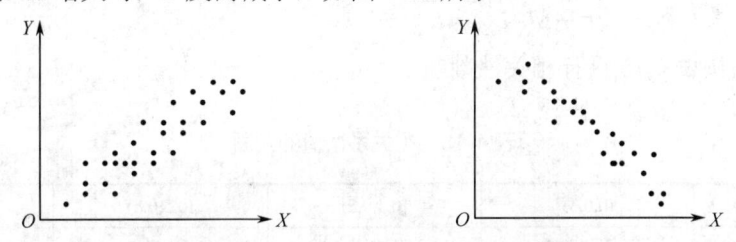

图4-25　强正相关（X增大，Y增大）　　图4-26　强负相关（X增大，Y减小）

弱正相关：X增大，Y也随之增大，但增大的幅度不显著，如图4-27所示。

弱负相关：X 增大时，Y 反而减小，但幅度并不显著，如图 4-28 所示。

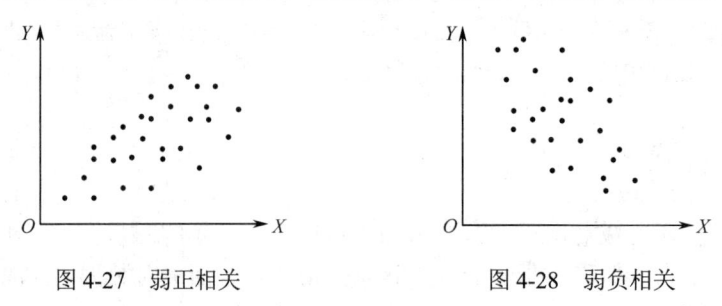

图 4-27　弱正相关　　　　图 4-28　弱负相关

不相关：X 与 Y 之间毫无任何关系，如图 4-29 所示。

非直线相关：也称曲线相关，X 开始增大时，Y 也随之增大，但达到某一值后，当 X 增大时，Y 却减少，如图 4-30 所示。

5）散布图相关性判断方法

（1）对照典型图例判断法。

（2）象限判断法：如图 4-31 所示，先画 X、Y 中值线，若 $n_Ⅰ+n_Ⅲ>n_Ⅱ+n_Ⅳ$，则正相关；若 $n_Ⅰ+n_Ⅲ<n_Ⅱ+n_Ⅳ$，则负相关。

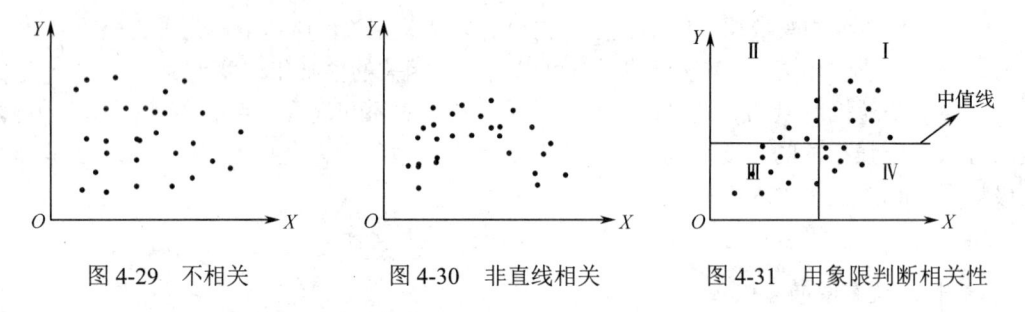

图 4-29　不相关　　　　图 4-30　非直线相关　　　　图 4-31　用象限判断相关性

（3）相关系数判断法：此法需要进行大量的计算，但判断较精确。

步骤如下。

① 收集数据：$n\geq30$。

② 计算偏差平方和：L_{XX}、L_{XY}、L_{XY}。

$$L_{XX}=\Sigma X_i^2-(\Sigma X_i)^2/n$$
$$L_{YY}=\Sigma Y_i^2-(\Sigma Y_i)^2/n$$
$$L_{XY}=\Sigma X_iY_i-(\Sigma X_i)(\Sigma Y_i)/n$$

③ 计算相关系数 r：$r=L_{XY}/\sqrt{L_{XX}\times L_{YY}}$

④ 判断，按表 4-15 进行相关性判断。

表 4-15　相关系数值的判断

r 绝对值	(0,0.3)	[0.3,0.5)	[0.5,0.8)	[0.8,1)
相关性	不相关	弱相关	相关	强相关
备注：当 $r=0$ 时，不相关或非线性相关；当 $r=1$ 时，完全正相关；当 $r=-1$ 时，完全负相关				

模块 4 QCC 活动与 QC 新旧七大工具的应用

6）使用 Minitab 制作散布图

使用 Minitab 制作散布图比上述介绍的方法方便得多。例如，某公司测量某产品的抗拉强度与硬度之间的成对数据，如表 4-16 所示，现用散布图对这 50 对相关数据的相关程度进行分析研究。

表 4-16 抗拉强度与硬度之间的成对数据　　硬度单位：HV，抗拉强度单位：N/mm^2

序号	硬度	抗拉强度	序号	硬度	抗拉强度	序号	硬度	抗拉强度	序号	硬度	抗拉强度	序号	硬度	抗拉强度
1	204	43	11	195	42	21	201	43	31	207	45	41	208	45
2	202	44	12	199	44	22	193	42	32	206	45	42	205	45
3	198	43	13	207	45	23	196	43	33	206	45	43	196	43
4	199	42	14	203	44	24	205	44	34	206	45	44	204	44
5	203	43	15	198	43	25	207	46	35	200	44	45	202	43
6	205	44	16	194	41	26	199	46	36	197	42	46	202	43
7	197	42	17	205	46	27	200	43	37	202	43	47	202	42
8	196	42	18	197	41	28	198	42	38	207	45	48	198	42
9	201	44	19	194	41	29	205	44	39	209	45	49	208	45
10	200	42	20	207	45	30	209	46	40	202	44	50	207	44

操作步骤如下：

（1）打开工作表，在工作表中输入表 4-16 中的数据（共 50 对）。

（2）选择"图形"→"散点图"命令，弹出"散点图"对话框，如图 4-32 所示，选择"简单"图，单击"确定"按钮，弹出"散点图：简单"对话框。

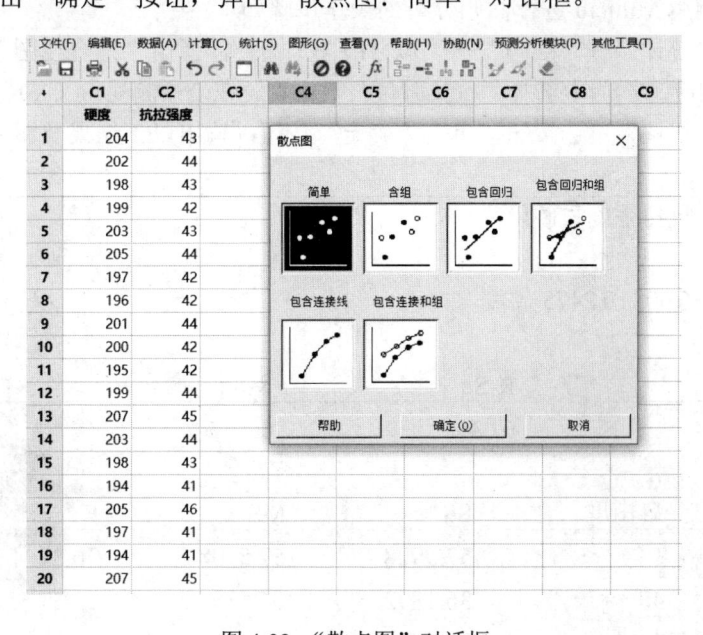

图 4-32 "散点图"对话框

(3) 在"Y 变量"中选择"抗拉强度"数据列；在"X 变量"中选择"硬度"数据列。

(4) 在标签中输入"抗拉强度与硬度的散点图",单击"确定"按钮,输出如图 4-33 所示的散点图。

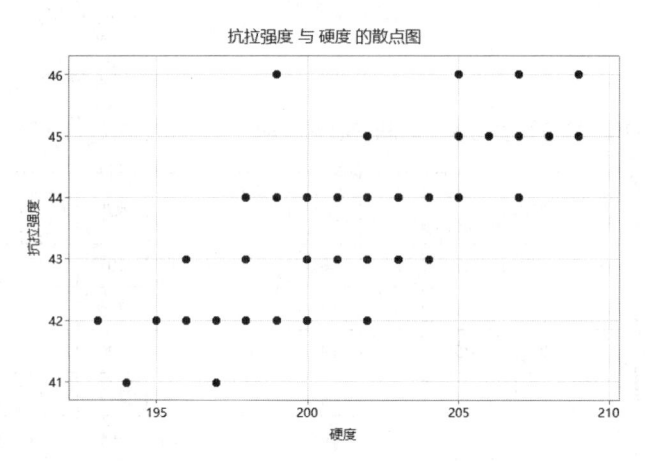

图 4-33 抗拉强度与硬度的散点图

解释结果：从图 4-33 中可以看出,随着硬度的增加,抗拉强度也增加,因此抗拉强度与硬度存在正相关。相关程度需要通过回归分析来判定。

7) 回归分析

回归分析是处理变量相关关系的一种统计技术,其目的是通过一个变量或一些变量的变化解释另一变量的变化。

回归分析的步骤：根据问题确定自变量和因变量→找出变量所满足的数学方程→对回归方程进行统计检验→利用回归方程进行预测。

以上题为例用 Minitab 进行回归分析的操作步骤如下。

(1) 选择"统计"→"回归"→"拟合线图"命令,弹出"拟合线图"对话框。

(2) 在"响应（Y）"中选择"抗拉强度"数据列,在"预测变量（X）"中选择"硬度"数据列,单击"线性"单选按钮,单击"确定"按钮,输出以下结果及图形（见图 4-34）。

输出结果：

回归分析：抗拉强度与硬度					
回归方程为					
抗拉强度=-6.308+0.2475 硬度					
模型汇总					
S	R-Sq	R-Sq（调整）			
0.868298	61.4%	60.6%			
方差分析					
来源	自由度	SS	MS	F	P
回归	1	57.5908	57.5908	76.39	0.000
误差	48	36.1892	0.7539		
合计	49	93.7800			

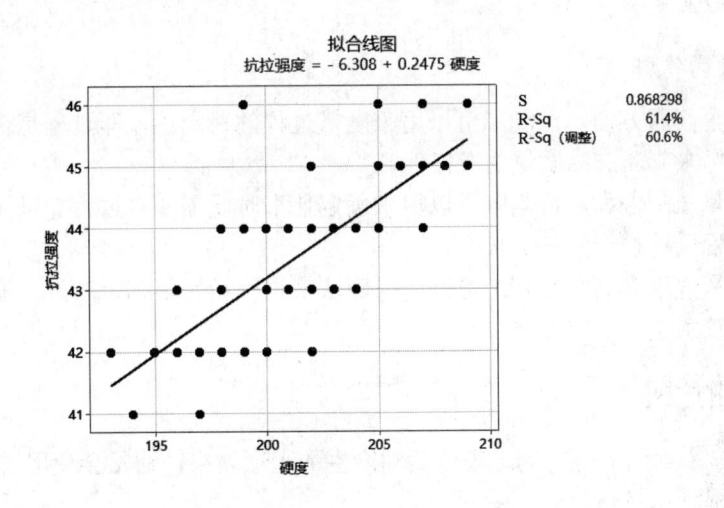

图 4-34 抗拉强度与硬度的拟合线图

其中，R-Sq 为回归模型误差占总误差的百分比，其取值范围为 0~100%，数值越大，表明回归模型与数据吻合得越好。R-Sq（调整）：调整的 R-Sq，其取值范围为 0~100%。R-Sq（调整）与 R-Sq 越接近，表明回归模型越可靠。

解释结果：回归的 P 值=0.000<0.05，表明在显著性水平为 0.05 时，硬度与抗拉强度之间的关系具有统计上的显著性。R-Sq= 61.4%表明模型与数据有较好的拟合。

3．控制图

1）控制图的定义

控制图是对过程质量特性值进行测定、记录、评估，从而直接监视生产过程质量动态是否处于控制状态的一种用统计方法设计的图。

控制图是用图形记录过程质量随时间变化的一种形式。它利用有效数据建立控制限，一般分上控制限（UCL）和下控制限（LCL），如图 4-35 所示。

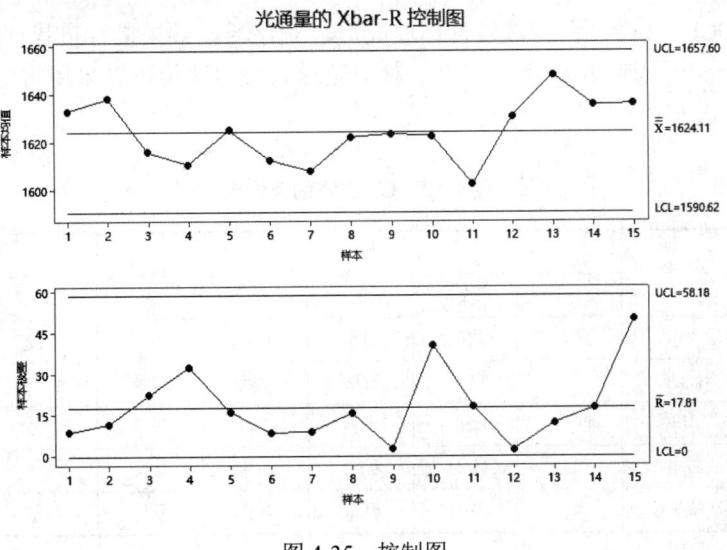

图 4-35 控制图

2）控制图的作用

（1）在质量诊断方面，控制图可以用来度量过程的稳定性，即过程是否处于统计控制状态，但不能用来判断产品质量的合格性。

（2）在质量控制方面，控制图可以用来确定什么时候需要对过程加以调整，而什么时候则需要使过程保持相应的稳定状态。

（3）在质量改进方面，控制图可以用来确认某过程是否得到了改进。控制图的应用将在模块5中详细阐述。

4.2.4 雷达图

在开展QC小组活动时，为了表达活动产生的无形效果，通常会使用雷达图。

1．雷达图的定义

雷达图是指形状与雷达图像相似的图形，也称蜘蛛图。雷达图由若干个同心圆构成，由圆心向外引出若干条射线至最外环，它们之间等距，每个圆代表一定的分值，由圆心向外分值增加或减少，每条射线末端标注上一个被研究的指标名称，在图上打点、连线后其形象酷似雷达图像，故而得名。

2．雷达图的用途

雷达图主要用于同时对多个指标、多个目标值，在不同时期前后变化的对比分析。

3．雷达图的构成

（1）检查项目：如组织能力、团队精神等。

（2）图像比例：采用百分制或5分制等。

（3）活动前后水平的图形。

4．雷达图的制作步骤

有一个QCC活动，在其课题目标达成后，对该活动效果进行自我评价，如表4-17所示。请用图形表示该QCC活动成果，对于无形效果的评价可以采用雷达图，其制作步骤如下。

表4-17　QCC活动评价表

序号	项目	自我评分标准					评价	
		1	2	3	4	5	活动前	活动后
1	质量意识	产品	检验	过程	预防	体系	2	4
2	操作技能	学习	制作	理解	熟练	指导	2	4
3	QC知识	了解	概念	步骤	工具	应用	3	4
4	沟通协调	孤行	沟通	配合	负责	热忱	3	4
5	团队精神	自我	从众	商议	合作	领导	3	5

第一步：打开 Microsoft Office Excel，在工作表中输入数据并选择制图数据列"项目"与"评价"，选择"插入"→"图表"→"雷达图"命令。

第二步：在出现雷达图后，为了便于区别活动前后修改的图形轮廓，选中刚形成的雷达图，单击活动前轮廓线，右击，单击边框中的"∨"，选择虚线，选择所需的线型，将活动前的线类型改为短画线，输出结果如图 4-36 所示。

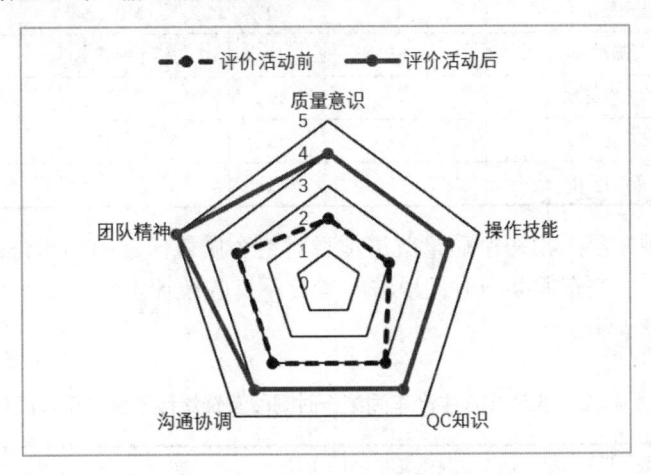

图 4-36　QCC 活动效果的雷达图

从图 4-36 中可以看出，团队精神一直保持较好，质量意识与操作技能有明显的提升。雷达图只是对无形效果进行检查对比的一种方法，并非每个课题都要采用，根据自身的需要加以应用。

任务实施

1．实验目的

学会对制造过程中的数据进行分析，并通过分析提出解决问题的对策。

2．实验准备

（1）联网计算机（Windows 操作系统）。

（2）Office 软件。

（3）Minitab 20 软件。

3．实验过程

熟练运用 Minitab 20 制作柏拉图、因果图、直方图、散布图，运用 Excel 制作雷达图。

（1）依据柏拉图、因果图、直方图、散布图和控制图例题表中的数据，使用 Minitab 20 制作相应图形并说明图形所表示的意义。

（2）某一电子信息企业专门生产通信产品，这一产品在大批量的生产过程中发现存在如表 4-18 所示的不良项目。由于资源有限，因此需要通过找出关键少数问题以作为 QCC 课题，请选择合理的 QC 工具以帮助确定课题的内容。

表 4-18　通信产品不良模块统计表

序号	不良项目	不良数量	序号	不良项目	不良数量
1	不能打电话	10	8	无振动	6
2	开机无音	38	9	镜片内有异物	1
3	外壳划伤	14	10	MIC 无声	1
4	无振动	1	11	不能打电话	34
5	镜片内有异物	3	12	开机无音	2
6	MIC 无声	2	13	不能打电话	36
7	按键无作用	4	14	不能打电话	28

（3）按重要顺序显示出每个质量改进项目对整个质量问题的作用，识别进行质量改进的机会。某 PCBA 生产车间某一时间段波峰焊接不良的统计资料如表 4-19 所示。请确定波峰焊接不良的关键因子。

表 4-19　某 PCBA 生产车间某一时间段波峰焊接不良的统计资料

缺陷类别	缺陷数	班组	缺陷类别	缺陷数	班组	缺陷类别	缺陷数	班组
虚焊	10	白天	虚焊	19	夜晚	虚焊	8	白天
虚焊	16	白天	虚焊	17	夜晚	虚焊	10	白天
虚焊	25	白天	虚焊	20	夜晚	虚焊	9	白天
桥接	16	白天	桥接	12	夜晚	桥接	10	白天
桥接	9	白天	桥接	10	夜晚	桥接	5	夜晚
漏焊	3	白天	漏焊	8	夜晚	漏焊	10	夜晚
漏焊	2	白天	漏焊	1	夜晚	漏焊	11	夜晚
半边焊	5	夜晚	半边焊	9	白天	半边焊	7	夜晚
半边焊	6	夜晚	半边焊	2	夜晚	半边焊	6	夜晚
半边焊	1	夜晚	半边焊	1	白天	半边焊	10	夜晚
元器件浮起	3	夜晚	元器件浮起	0	白天	元器件浮起	19	夜晚

（4）某产品质量问题突出，通过 QCC 活动，应用头脑风暴法列出的要因如表 4-20 所示。要求制作因果图。

表 4-20　应用头脑风暴法列出的要因

特性	为何产品质量问题多					
大要因	人员	机器	材料	方法	环境	测量
中要因	培训不足	年久失修	成分变化	作业指导书不完善	灰尘	量具不稳
	情绪不稳	磨损	厚度变差	过程无控制方法	噪声	系统误差大
中小要因对应项	培训不足		厚度变差	过程无控制方法		系统误差大

模块 4 QCC 活动与 QC 新旧七大工具的应用

续表

特　性			为何产品质量问题多		
大要因	人　员	机　器	材　料	方　法	环　境	测　量
小要因	师资		新供应商	控制点设置		再现性
	投入资金		检验失误	统计工具应用		重复性

注：上表第二行实际为6列。

（5）某一型号距离传感器的规格为 4mm±0.4mm，为了检查该产品的测量距离分布情况，IPQC 人员从一批产品中随机抽取 50 个，用自检设备测试得到的数据如表 4-21 所示。请对数据的分布情况进行分析，判定过程能力是否能够满足要求。

表 4-21　规格为 4mm±0.4mm 的距离传感器实测数据　　单位：mm

样本号	测量值	样本号	测量值	样本号	测量值	样本号	测量值	样本号	测量值
1	3.85	11	3.93	21	3.74	31	3.85	41	3.89
2	3.94	12	3.83	22	3.90	32	3.87	42	3.91
3	3.84	13	3.86	23	3.83	33	3.94	43	3.77
4	3.80	14	3.84	24	3.86	34	3.84	44	3.78
5	3.77	15	4.05	25	3.82	35	3.70	45	3.86
6	3.73	16	3.77	26	3.83	36	3.83	46	3.76
7	3.79	17	3.85	27	3.90	37	3.93	47	4.02
8	3.91	18	3.76	28	3.82	38	3.78	48	3.86
9	3.89	19	3.85	29	3.80	39	3.88	49	3.93
10	3.86	20	3.84	30	3.93	40	3.78	50	3.92

（6）某电子科技公司在例行试验中，测得的不同温度下电流模拟量传感器的距离与电流的数据如表 4-22 所示。现要求对这些数据的相关程度进行分析研究，求出电流的回归方程。

表 4-22　温度、距离与电流关系数据

		电流模拟量温度测试（电流单位：mA）				
序号	距离（mm）	电流（-25℃）	电流（0℃）	电流（常温）	电流（50℃）	电流（70℃）
1	0	3.4	3.5	3.5	3.8	3.9
2	0.5	3.4	3.6	3.5	4.1	4.3
3	1	3.6	4.2	4.9	5.6	5.8
4	1.5	5.6	6.6	7	7.4	7.4
5	2	7.9	8.6	8.8	9	8.9
6	2.5	9.6	10.6	10.5	10.8	10.5
7	3	11.6	12.4	12.6	12.8	12.5
8	3.5	13.5	14.1	14.3	14.6	14.2

续表

电流模拟量温度测试（电流单位：mA）						
序号	距离（mm）	电流（-25℃）	电流（0℃）	电流（常温）	电流（50℃）	电流（70℃）
9	4	14.7	15.5	15.7	15.9	15.6
10	4.5	16.1	16.7	17.3	17.5	16.7
11	5	17.5	18.6	19.1	19.2	18.5
12	5.5	19.1	19.8	20	20.1	20
13	6	20	20	—	—	—

4．提交实验报告

将已经完成的实验报告提交至作业平台（职教云或学习通平台等）。

练　习

一、名词解释

1．因果图；2．点检用查检表；3．柏拉图；4．直方图；5．散布图；6．层别法；7．雷达图。

二、选择题

1．为了寻找影响问题或特性的各个原因，应使用（　　　）。

A．柏拉图　　　　　B．因果图　　　　　C．散布图　　　　　D．层别图

2．（　　）是对柏拉图的错误看法。

A．哪一项目问题最小

B．问题大小排列一目了然

C．各项目对整体所占分量及其影响程度如何

D．减少不良项目对整体效果的预测及评估

3．原材料发生变化，或者临时他人顶班作业造成的直方图的类型是（　　　）。

A．折齿型　　　　　B．孤岛型　　　　　C．右缓坡型　　　　D．双峰型

4．由于分组组数不当或者组距确定不当出现的直方图为（　　　）直方图。

A．绝壁型　　　　　B．双峰型　　　　　C．左缓坡型　　　　D．折齿型

5．从影响品质特性的各个因素中，找出最主要的因素所使用的技术是（　　　）。

A．特性要因图　　　B．直方图　　　　　C．柏拉图　　　　　D．层别法

三、判断题

（　　）1．散布图适用于计数型数据。

（　　）2．解决日常问题时，在收集数据之前就应使用层别法。

（　　）3．柏拉图是寻找引发结果原因的管理图形工具。

（　　）4．制作直方图时，所收集的数据的数量应大于50。

五、简答题

1. 什么是层别法？
2. 如何通过直方图判定质量分布状态？
3. 如何用相关系数判定两组数据的相关性？
4. 什么是回归分析？写出回归分析的步骤。
5. 控制图有哪些作用？

任务 4.3　用 QC 新七大工具找关键问题与路线并确定对策

任务描述

QC 新七大工具指的是关联图法、亲和图法、系统图法、矩阵图法、矩阵数据分析法、PDPC 法、网络图法。QC 旧七大工具偏重于统计分析，针对问题发生后的改善，QC 新七大工具则侧重于思考分析过程，主要强调在问题发生前进行预防。本任务学习 QC 新七大工具，整理找出关键问题、展开方案、寻找影响问题的末端因素并确定主因；以产品开发为例，通过对过程的分析，绘制项目网络图，找出关键路线，提出缩短项目周期方案。

知识准备

4.3.1　QC 新七大工具的用途

QC 新七大工具的提出不是对 QC 旧七大工具的替代而是对它的补充和丰富。QC 旧七大工具的特点是强调用数据说话，重视对制造过程的质量控制；而 QC 新七大工具则是整理、分析语言文字资料（非数据）的方法，着重用来解决全面质量管理中 PDCA 循环的 P（计划）阶段的有关问题。因此，QC 新七大工具有助于管理人员整理并找到关键问题、展开方案和实施计划。

QC新七大工具
- 关联图法、亲和图法 → 整理并找到关键问题
- 系统图法、矩阵图法 → 展开方案
- 矩阵数据分析法、PDPC法、网络图法 → 实施计划

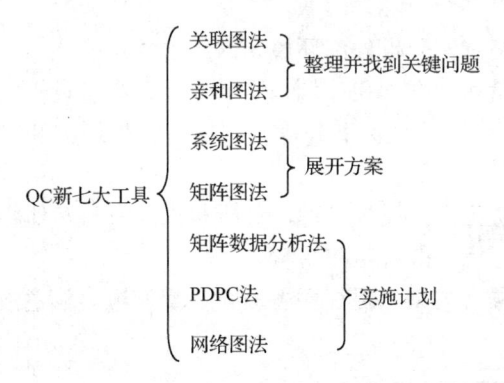

4.3.2　关联图法

在现实的企业活动中，所要解决的课题往往关系到提高产品质量和生产效率、节约资源和能源、预防环境污染等方面，而每一方面又都与复杂的因素有关。质量管理中的问题，同样也多是由各种各样的因素组成的。解决如此复杂的问题，不能以一个管理者为中心一

个一个因素地予以解决，必须由多方管理者和多方有关人员密切配合，在广阔范围内开展卓有成效的工作。关联图法是适应这种情况的方法。

1. 关联图的定义

关联图是把若干个存在的问题及其因素间的因果关系用箭条连接起来的一种图示工具，是一种关联分析说明图。通过关联图可以找出因素之间的因果关系，便于统观全局、分析及拟订解决问题的措施和计划。图 4-37 中，方框表示问题，椭圆框表示原因，箭头指向：原因→结果。

箭头只进不出的是"问题"；箭头只出不进的是要因，也称为末端因素，是解决问题的关键；箭头有出有进的是中间因素，出多于进的中间因素称为关键中间因素，一般也可作为主因对待。

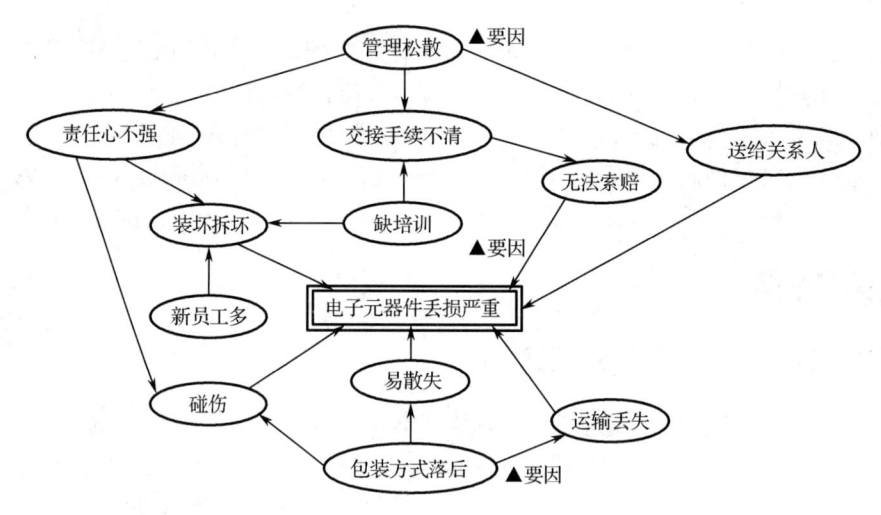

图 4-37 电子元器件丢损严重的关联图

2. 关联图法的主要用途

（1）在制定企业战略时，分析外部环境和内部条件。

（2）研讨、制订质量活动规划和计划、质量方针、质量目标。

（3）在 QCC 和六西格玛管理活动中确定课题、分析原因和制订质量改进活动计划、措施。

（4）推进外购、外协工作的质量管理，分析与供应方和其他相关方的关系。

（5）进行过程质量分析，改进工作质量。

（6）为建立稳定的顾客关系、提高服务质量、提升顾客满意度，寻找改善机会或实施措施。

3. 关联图法解决问题的一般步骤

（1）提出认为与问题有关的一切主要原因（因素）。

（2）用简明通俗的语言表示主要原因。

（3）用箭头表示主要原因之间、原因与问题之间的逻辑关系。

模块 4　QCC 活动与 QC 新旧七大工具的应用

（4）了解问题因果关系的全貌。

（5）进一步归纳出重点项目，用双圈标出。

4．关联图的绘制步骤

（1）针对存在问题召开原因分析会，运用头脑风暴法，大家集思广益，提出可能影响问题的原因，并把提出的原因收集起来。

（2）初步分析收集的原因中有不少原因是互相交叉影响的，可以用关联图把它们的因果关系理出头绪。

（3）把问题及每条原因都做成一个一个小卡片，并把问题的小卡片放在中间，把各种原因的小卡片放置在它周围。

（4）从原因 1 开始，逐条理出它们之间的因果关系。把收集的原因都理了一遍，关联图也就绘制完成了。

5．关联图的类型

关联图的类型一般有以下 4 种。

（1）中央集中型的关联图。它是尽量把重要的项目或要解决的问题，安排在中央位置，把关系最密切的因素尽量排在它的周围的关联图，如图 4-38 所示。

（2）单向汇集型的关联图。它是把重要的项目或要解决的问题，安排在右边（或左边），把各种因素按主要因果关系，尽可能地从左（右）向右（左）排列的关联图，如图 4-39 所示。

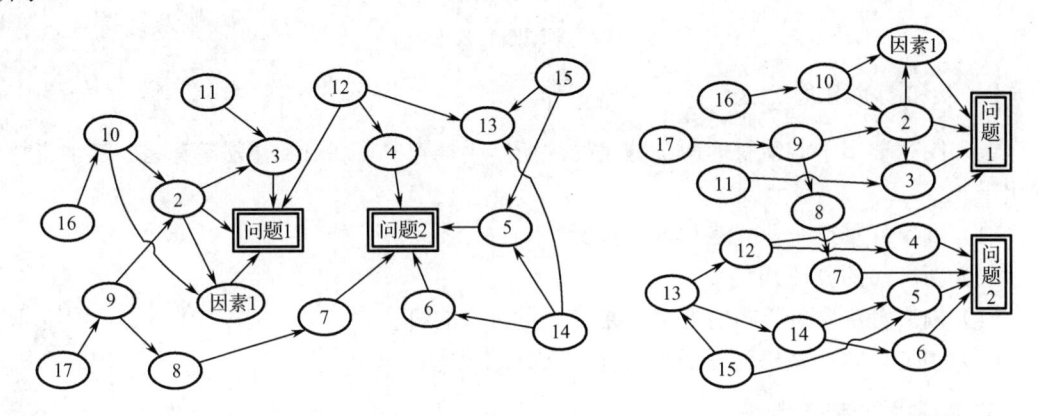

图 4-38　中央集中型的关联图　　　　图 4-39　单向汇集型的关联图

（3）关系表示型的关联图。它是以各项目间或各因素间的因果关系为主体的关联图，在排列上比较自由灵活。

（4）应用型的关联图。它是以以上 3 种关联图为基础而加以组合使用的图形。

6．注意事项

在一张关联图上的各问题之间必须是相关的，不相关的问题不能用一张关联图；寻找问题与问题、原因与原因、上层原因与下层原因之间的关系，要依据它们之间的逻辑关系，不能混乱和颠倒；要因必须从末端因素中寻找，且要到现场进行验证确认。

4.3.3 亲和图法

1. 亲和图的定义

亲和图（KJ）是把收集到的有关某一特定主题的意见、观点、想法和问题，按照它们之间的亲近程度加以归类汇总的一种图。图 4-40 所示为"一副扑克牌的花色、图形"的亲和图，是亲和图的基本图形。

亲和图法（KJ法）是从错综复杂的现象中，用一定的方式来整理思路、抓住思想实质、找出解决问题新途径的方法。其问题形态是"问题是什么"。

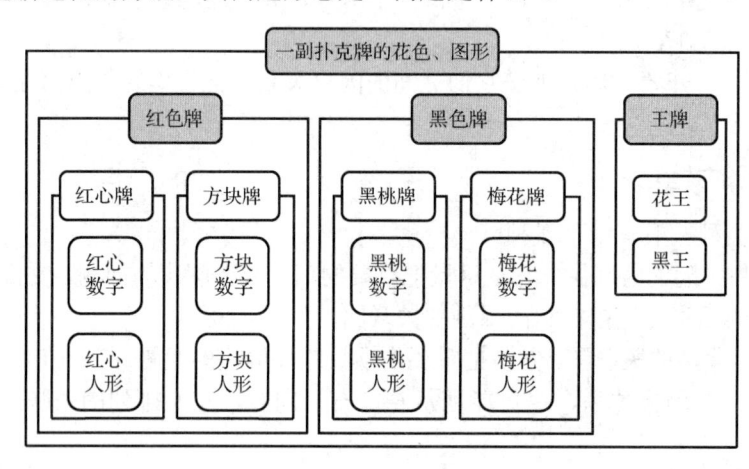

图 4-40 亲和图的基本图形

2. 亲和图的用途

亲和图主要用于归纳整理由头脑风暴法所产生的意见、观点和想法等语言、文字资料，常用于：

（1）制定并贯彻企业战略和方针目标。

（2）新产品的设计开发。

（3）构思解决质量问题的方案，寻找质量改进的机会。

（4）QCC、六西格玛管理活动的选择或界定课题。

3. 亲和图的制作步骤

以"大学生暑期三下乡活动涉及哪些重要的问题"为例说明亲和图的制作步骤。大学生暑期三下乡活动亲和图法的步骤如图 4-41～图 4-43 所示。

（1）确定对象（或用途）。亲和图法适用于解决那种非解决不可，且又允许用一定时间去解决的问题。对于要求迅速解决、"急于求成"的问题，不宜采用亲和图法。

（2）收集语言、文字资料。收集时，要尊重事实，找出原始思想（"活思想""思想火花"）。收集资料的方法有以下 3 种。

① 直接观察法，即到现场去看、听、摸，吸取感性认识，从中得到某种启发，立即记下来。

② 面谈阅览法，即通过与有关人谈话、开会、访问、查阅文献、集体头脑风暴法来收集资料。

③ 个人思考法（个人头脑风暴法），即通过个人自我回忆，总结经验来获得资料。通常应根据不同的使用目的对以上收集资料的方法进行适当选择。

（3）把所有收集到的资料，包括"思想火花"，都写成卡片。

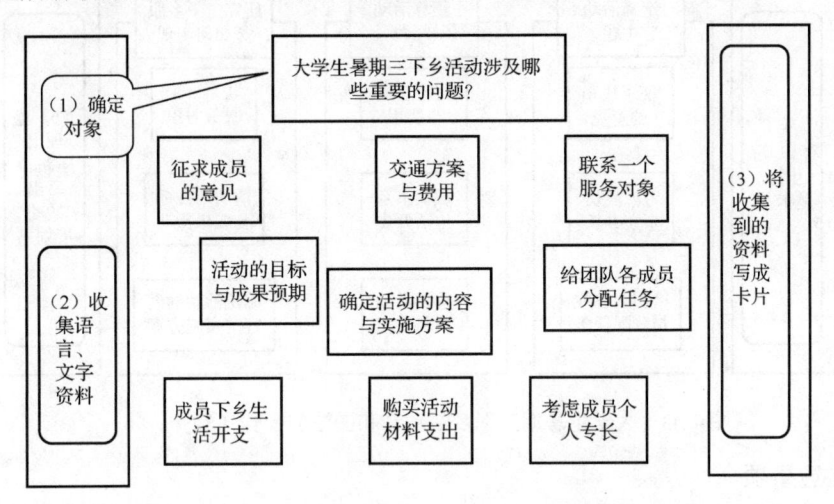

图 4-41　大学生暑期三下乡活动亲和图法的步骤（1）～（3）

（4）整理卡片。对于这些杂乱无章的卡片，不是按照已有的理论和分类方法来整理的，而是把自己感到相似的归并在一起的，逐步整理出新的思路。

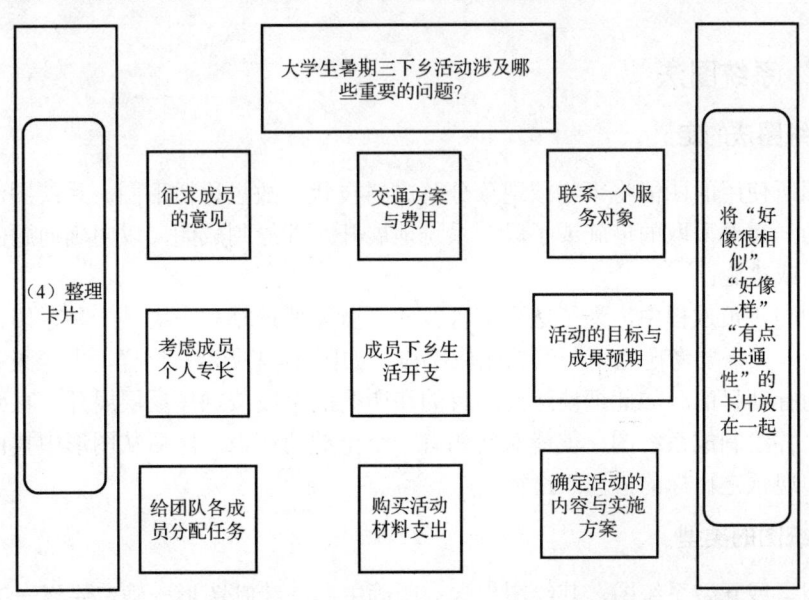

图 4-42　大学生暑期三下乡活动亲和图法的步骤（4）

(5) 把同类的卡片集中起来，并写出标题卡片。
(6) 根据不同的目的，选用上述资料片段，整理出思路，写出活动策划书。

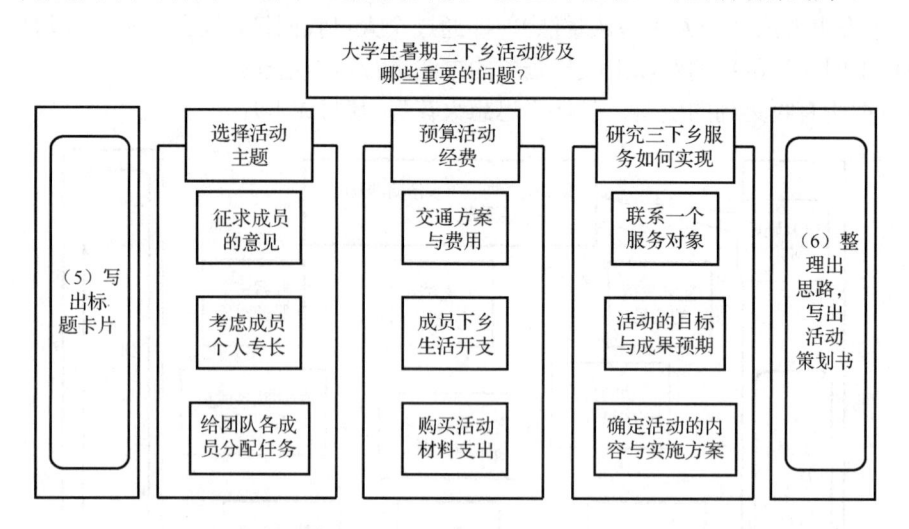

图 4-43　大学生暑期三下乡活动亲和图法的步骤（5）～（6）

4．注意事项

（1）亲和图法是按照相互亲近关系加以归类、汇总的一种图示技术，是指根据卡片上文字的形状相近和意思相近进行归类。

（2）亲和图法与其他方法不同，它不靠逻辑关系而靠"情念"（触景生情、产生意念）整理思路。

4.3.4　系统图法

1．系统图法的定义

系统图所使用的图能将事物或现象分解成树枝状，故也称树形图。系统图法就是把要实现的目的与需要采取的措施或手段，系统地展开，并绘制成图，以明确问题的重点，寻找最佳手段或措施。

在计划与决策过程中，为了达到某种目的，就需要选择和考虑某一种手段，而为了采取这一手段，又需要考虑它下一级的相应手段，如图4-44所示。这样，上一级手段成为下一级手段的行动目的。如此把要达到的目的和所需的手段按顺序层层展开，直到可以采取措施为止，并绘制成系统图，就能对问题有一个全貌的认识，然后从图形中找出问题的重点，提出实现预定目标的最理想途径。

2．系统图的类型

（1）因素展开型系统图，其绘图步骤：明确主题→绘制图形→确定要素→进行评审。

（2）措施展开型系统图，其绘图步骤：确定目标→提出方法→措施评价→制订计划，如图4-45所示。

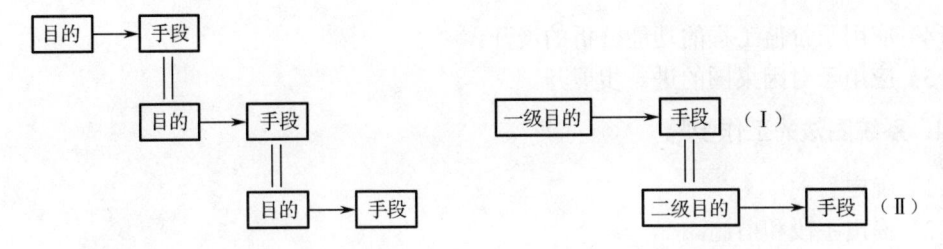

图 4-44　系统图的工作原理图解　　　　图 4-45　措施展开型系统图

（3）按图的形状划分的系统图。

① 侧向型系统图，如图 4-46 所示。

② 宝塔型系统图，类似于组织机构图，如图 4-47 所示。

图 4-46　侧向型系统图

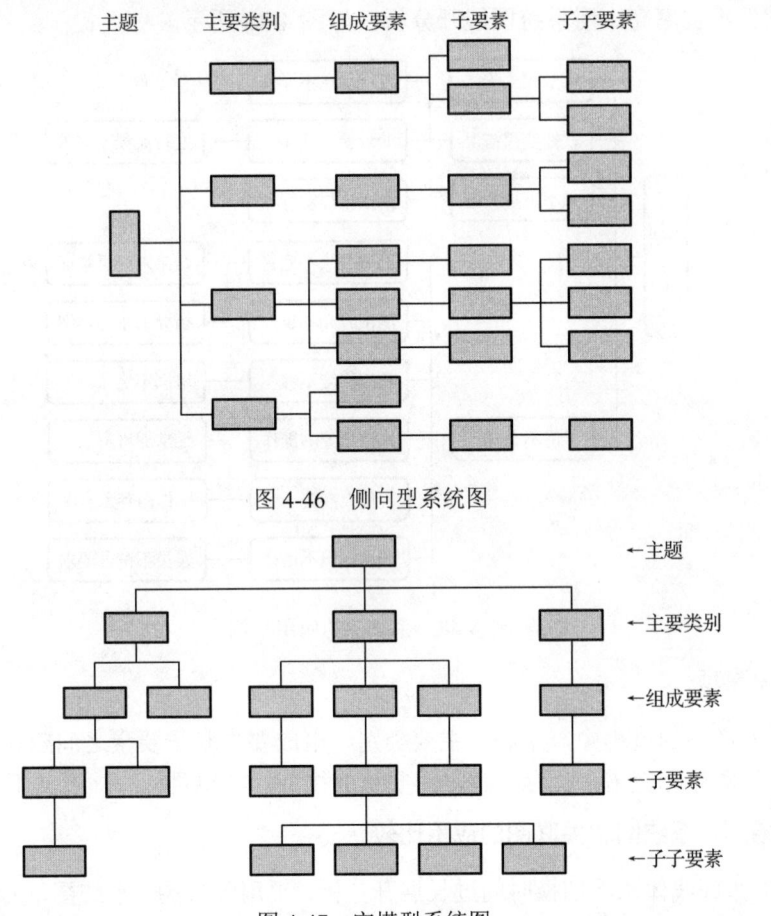

图 4-47　宝塔型系统图

3．系统图法的用途

系统图法主要用于以下几个方面。

（1）在新产品研制开发中，应用于设计方案的展开。

（2）在质量保证活动中，应用于质量保证事项和工序质量分析事项的展开。

（3）应用于目标、实施项目的展开。

（4）应用于价值工程的功能分析的展开。

（5）应用于对因果图的进一步展开。

4．系统图法的工作步骤

（1）确定目的。

（2）提出手段和措施。

（3）评价手段和措施，决定取舍。

（4）绘制系统图。

（5）制订实施计划。

5．应用举例

针对软件不良率高，用系统图展开分析，如图 4-48 所示。

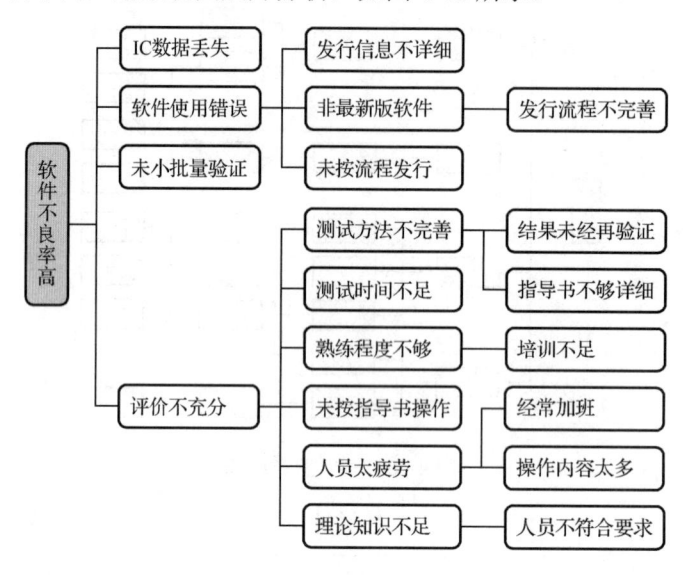

图 4-48　系统图的应用举例

6．注意事项

在绘制系统图的过程中，主题、主要类别、组成要素和子要素之间应存在逻辑因果关系，做到上下顺序无差错；目标分解时，要从上往下；实现目标时，要从下往上。

7．因果图、系统图和关联图的应用比较

以 SMT 车间线体每次切换时间过长展开分析，采用因果图、系统图、关联图的分析分别如图 4-49～图 4-51 所示。

这 3 种工具均可使用，但由于图 4-49 比较简单，所以此处用因果图是比较适合的。这 3 种工具的适合场合、原因之间的关系和层次之间的关系如表 4-23 所示。

（1）因果图：针对某一问题展开分析，一般适合展开到第三层。

（2）系统图：针对某一问题展开分析，可以一直分析下去，可以展开多层；一般用侧向型系统图或宝塔型系统图。

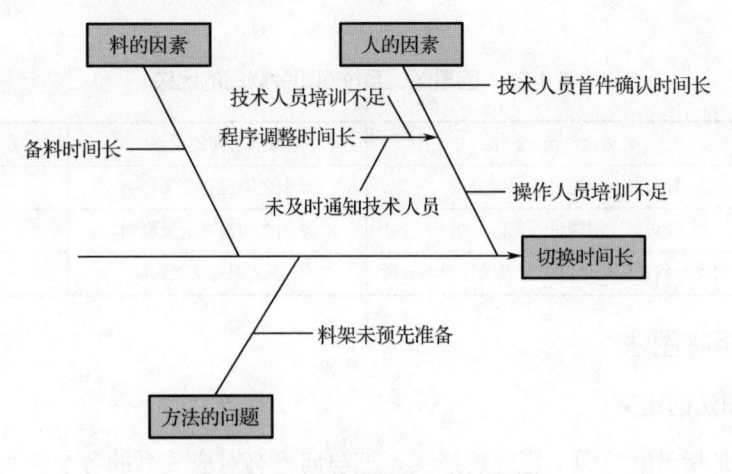

图 4-49 "切换时间长"的因果图

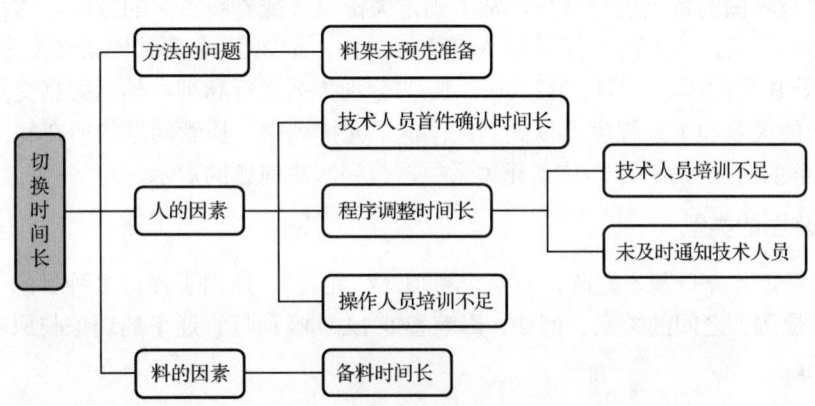

图 4-50 "切换时间长"的系统图

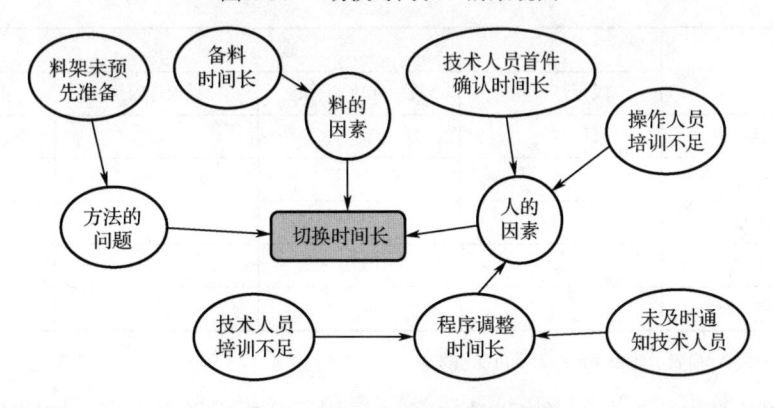

图 4-51 "切换时间长"的关联图

（3）关联图：可以针对单个问题也可以针对多个问题展开分析，且不同原因之间存在联系，便于分析较复杂的问题。

关联图与系统图应用的主要区别：关联图常用来分析"为什么会如此"，而系统图常用来分析"为什么要这么做"。

表 4-23　因果图、系统图和关联图的比较

名　　称	适合场合	原因之间的关系	层次之间的关系
因果图	针对单一问题进行原因分析	原因之间没有交叉影响	一般不超过 4 层
系统图	针对单一问题进行原因分析	原因之间没有交叉影响	没有限制
关联图	针对单一问题或两个以上问题进行原因分析	原因之间有交叉影响	没有限制

4.3.5　矩阵图法

1. 矩阵图法的定义

矩阵图法是指借助数学上矩阵的形式，把与问题有对应关系的各个因素，列成一个矩阵图，根据矩阵图的特点进行分析，从中确定关键点（或着眼点）的方法。这种方法先把要分析问题的因素，分为两大群（如 A 群和 B 群），把属于 A 群的因素（A1、A2、…、Am）和属于 B 群的因素（B1、B2、…、Bn）分别排列成行和列，然后根据交点处所表示的各因素间的关系和关系程度可以做到：①从二元排列中，探索问题的所在和问题的形态（A 群与 B 群的对应关系）；②从二元关系中，得到解决问题的启示。

2. 矩阵图的类型

（1）L 型矩阵——基本矩阵，有两个事项（二元表），适用于探讨多种目的（结果）与多种手段（原因）之间的关系。例如，影响智能 LED 吸顶灯直通率的现象与原因矩阵，如表 4-24 所示。

表 4-24　影响智能 LED 吸顶灯直通率的现象与原因矩阵

原　　因	现　　象			
	吸顶灯不亮	吸顶灯功率不足	吸顶灯闪烁	不能智能控制
LED 灯珠焊接不良	◎	△	○	
灯板 IC 损坏	◎			
滤波电容不良			◎	
LED 灯珠不良		◎		
WI-FI 控制器不良				◎

注：◎表示强相关，○表示弱相关，△表示可能相关。

（2）T 型矩阵——2 个 L 型矩阵的组合，适用于分析出现不良产品的原因，探索材料的新用途。例如，某一产品的缺陷与原因及其影响工序间的矩阵，如图 4-52 所示。

（3）Y 型矩阵——3 个 L 型矩阵的组合，如图 4-53 所示，反映某产品 3 个相关因素间的矩阵关系。

（4）X 型矩阵——4 个 L 型矩阵的组合，如图 4-54 所示，反映因素 A 与 B、B 与 C、C 与 D、A 与 D 间相关矩阵情况。

（5）C 型矩阵——由 3 个事项构成的长方体的 3 条边，是一个三维空间图形。

现象\影响因素		C1	C2	C3	C4
	B4		◎		
	B3	◎	△	◎	
	B2		◎		
	B1	△			◎
原因					
	A1		◎	◎	△
	A2			○	
	A3	◎	○		
	A4	◎		◎	
	A5				◎

注：◎表示强相关，○表示弱相关，△表示可能相关。

图 4-52　某一产品的缺陷与原因及其影响工序间的矩阵

综上所述，矩阵图的应用灵活多样，在具体应用中应根据实际情况选择合适的矩阵图，以达到预期效果。

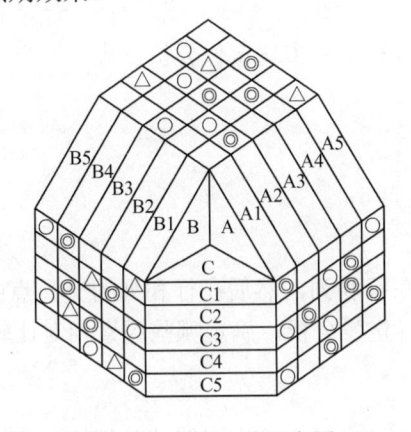

图 4-53　Y 型矩阵示意图　　　　图 4-54　X 型矩阵示意图

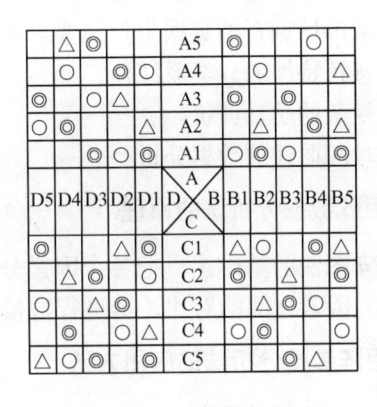

3. 矩阵图的应用步骤

（1）制作图形，设定各栏及各栏中的元素。

（2）分别整理并填入各栏元素的内容。

（3）分析各元素间的关联关系。用◎表示强相关，○表示弱相关，△表示可能相关或不相关。

（4）确认关联关系。

（5）评价重要程度。对所有强相关的元素均应采取措施改进。

4. 矩阵图的主要用途

（1）设定系统产品开发、改进的着眼点。

（2）产品的质量展开及其他展开，被广泛应用于质量功能展开（QFD）中。

（3）系统核实产品的质量与各项操作乃至管理活动的关系，从而便于全面地对工作质量进行管理。

（4）发现制造过程中不良品产生的原因。

（5）了解市场与产品的关联性分析，制定市场产品发展战略。

（6）明确一系列项目与相关技术之间的关系。

（7）探讨现有材料、元器件、技术的应用新领域。

4.3.6 矩阵数据分析法

1．矩阵数据分析法的定义

矩阵数据分析法与矩阵图法类似。它区别于矩阵图法的是：不是在矩阵图上填符号，而是填数据，形成一个分析数据的矩阵。矩阵数据分析法的主要方法为主成分分析法，是一种将多个变量转化为少数综合变量的一种多元统计方法。应用这种方法，往往需要借助电子计算机来求解，是QC新七大工具中唯一利用数据分析问题的方法。

2．矩阵数据分析法的主要用途

（1）分析含有复杂因素的工序。

（2）从大量数据中分析不良品的原因。

（3）从市场调查的数据中把握要求质量，进行产品市场定位分析。

（4）感官特性的分类系统化。

（5）复杂的质量评价。

（6）对应曲线的数据分析。

3．矩阵数据分析法的原理

在矩阵图法的基础上，把各个因素分别放在行和列，然后在行和列的交叉点中用数量来描述这些因素之间的对比，再进行数量计算、定量分析，确定哪些因素相对比较重要。

4．矩阵数据分析法的应用方法

随着经济的高质量发展，人们对智能产品的需求越来越大，智能门锁逐步进入千家万户。而用户对智能门锁的关注点主要有安全可靠、识别灵敏、设置操作、网络控制、电池耐用等。请确定用户对智能门锁的需求顺序。

（1）组成数据矩阵。用 Excel 或者手工制作。把这些因素分别输入表格的行和列，如表4-25所示。

表4-25 智能门锁产品的矩阵数据分析法

序号	A	B	C	D	E	F	G	H	I
1	—	安全可靠	识别灵敏	锁体结构	设置操作	网络控制	电池耐用	总分	权重/%
2	安全可靠	0	2	1	5	1	4	13	30.93
3	识别灵敏	0.5	0	2	3	2	2	9.5	22.60
4	锁体结构	1	0.5	0	0.25	0.5	1	3.25	7.73

续表

序号	A	B	C	D	E	F	G	H	I
5	设置操作	0.2	0.33	4	0	1	1	6.53	15.54
6	网络控制	1	0.5	2	1	0	2	6.5	15.47
7	电池耐用	0.25	0.5	1	1	0.5	0	3.25	7.73
8	合计							42.03	100

（2）确定对比分数。自己和自己对比的地方都打 0 分。以"行"为基础，逐个和"列"对比，确定分数。如果"行"比"列"重要，则给正分，分数范围为 9~1 分，打 1 分表示两个重要性相当。例如，第 2 行"安全可靠"和 C 列"识别灵敏"比较，重要一些，打 2 分；和 D 列"锁体结构"比较，相当，打 1 分。如果"行"没有"列"重要，则给重要分数的倒数。例如，第 3 行的"识别灵敏"和 B 列的"安全可靠"前面已经对比过了，前面是 2 分，现在取倒数，即 1/2=0.50 分；第 3 行的"识别灵敏"比 D 列的"锁体结构"重要，打 2 分，反之，第 4 行的"锁体结构"没有 C 列"识别灵敏"重要，打 0.5 分。实际上，做的时候可以围绕以 0 组成的对角线对称填写对比的结果即可。

（3）加总分。按照"行"把分数加起来，在 H 列内得到各行的"总分"。

（4）计算权重。把各行的"总分"加起来，得到"总分之和"，再把每行"总分"除以"总分之和"得到 I 列每行的权重。权重越大，说明这个方面最重要。从表 4-25 中可以看出，用户最为关注的是安全可靠，其次是识别灵敏，再次是设置操作和网络控制，最后是锁体结构和电池耐用。

4.3.7 PDPC 法

1. PDPC 法的定义

PDPC（Process Decision Program Chart）法是在制定达到研制目标的计划阶段，对计划执行过程中可能出现的各种障碍及结果做出预测，并相应地提出多种应变计划的一种方法。其问题形态是"若那样该怎么办"。

在质量管理与控制中，要达到目标或解决问题，总是希望按计划推进原定各实施步骤。但是，随着各方面情况的变化，当初拟订的计划不一定行得通，往往需要临时改变计划。为应付这种意外事件，一种有助于使事态向理想方向发展的解决问题的方法——PDPC 法被提出。

所谓 PDPC 法，就是为了完成某个任务或达到某个目标，在制订行动计划或进行方案设计时，预测可能出现的障碍和结果，并相应地提出多种应变计划的一种方法。这样在计划执行过程中遇到不利情况时，仍能按第二、第三或其他计划方案进行，以便达到预定的计划目标，PDPC 法示意图如图 4-55 所示。

（1）实施 A1-A2-A3-A4-…-An 来达到理想目标。

（2）预计 A2 方案实施把握不大，不顺利时，改用 B1-B2-B3-B4-…-Bn 方案来达到理想目标。

（3）假如刚开始 A1 方案就受阻，那么只能使用 C1-C2-C3-C4-…-Cn 方案。

（4）若一旦 C3 方案受阻，则应转入 D1-D2-D3-D4-…-Dn 方案。

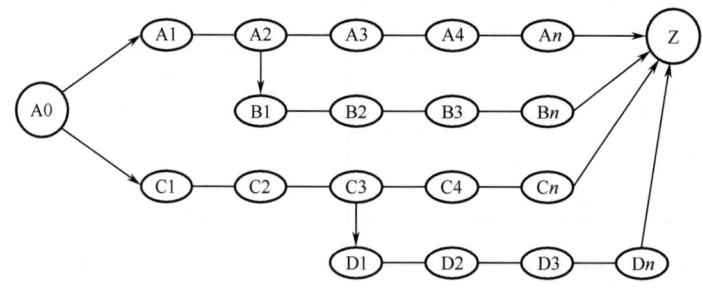

A0 表示初始状态，Z 表示理想目标状态，→表示过程流向。

图 4-55　PDPC 法示意图

2. PDPC 法的特征

（1）从全局、整体掌握系统的状态，因而可做全局性判断。
（2）可按时间先后顺序掌握系统的进展情况。
（3）密切注意系统进程的动向，掌握系统输入与输出之间的关系。
（4）信息及时，计划措施可被不断地补充、修订。

3. 使用 PDPC 法的基本步骤

（1）召集有关人员讨论所要解决的课题。
（2）从自由讨论中提出达到理想状态的手段、措施。
（3）针对提出的措施，列举出预测的结果及遇到困难时应采取的措施和方案。
（4）将各研究措施按紧迫程度、所需工时、实施的可能性及难易程度予以分类。
（5）决定各项措施实施的先后顺序，并用箭条向理想状态方向连接起来。
（6）落实实施负责人及实施期限。
（7）不断修订 PDPC 图。

4. 应用案例

某设备小组制定保证减少设备停机影响均衡生产的 PDPC 图来指导小组工作，如图 4-56 所示。

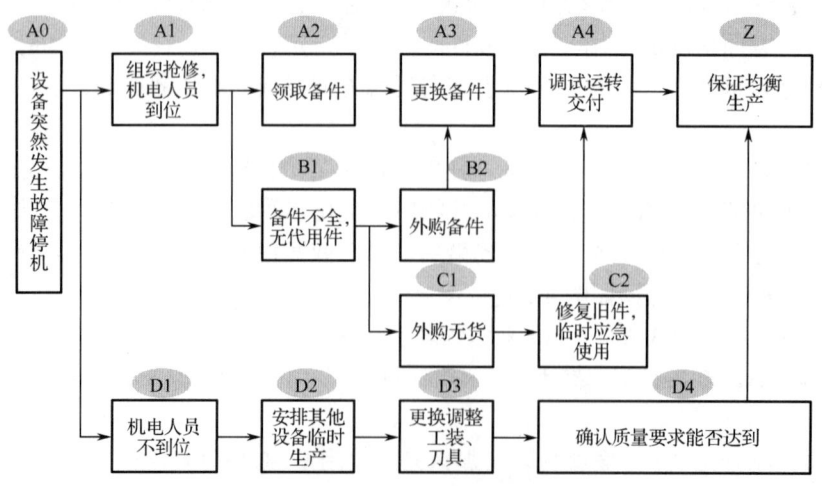

图 4-56　PDPC 案例

4.3.8 网络图法

1. 网络图法的定义

网络图法，即网络计划技术，在我国称为统筹法，它是安排和编制最佳日程计划，有效地实施管理进度的一种科学管理方法，其工具是箭条图。所谓箭条图，是把推进计划必需的各项工作，按其时间顺序和从属关系，用网络形式表示的一种"矢线图"。一项任务或工程可以分解为许多作业，这些作业在生产工艺和生产组织上相互依赖、相互制约，箭条图可以把各项作业之间的这种依赖和制约关系清晰地表示出来。通过箭条图，能找出影响工程进度的关键和非关键因素，因而能进行统筹协调、合理地利用资源、提高效率与效益。网络图问题形态是"时间依次顺序如何"。

网络图法的基本原理可表述为：利用网络的形式和数学运算来表达一项计划中各项工作的先后顺序和相互关系，通过时间参数的计算，确定计划的总工期，找出计划中的关键工作和关键线路，在满足既定约束条件下，按照规定的目标，不断地改善网络计划，选择最优方案，并付诸实施。在计划执行过程中，进行严格的控制和有效的监督，保证计划自始至终有计划、有组织地顺利进行，从而达到工期短、费用低、质量好的良好效果。

2．网络图中的几个基本概念和规则

（1）网络图构成要素及表示法。

网络图由节点、箭线、线路、工作与时间、编号组成。①节点：表示工作的开始、结束或连接关系，也称为事件。②箭线：表示具体的作业、工作任务，其方向表示工作进行的方向。③线路：两节点之间的通路。④工作与时间：工作代号，一般写在箭线的上方或左方，而时间，一般写在箭线的下方或右方。⑤编号：表示工序的顺序，且只能由小指向大。一条箭线和两端的编号表示一道工序。箭尾的节点表示本作业的开始，箭头的节点表示本作业的结束和（或）下一作业的开始；实箭线表示确实存在的作业，而虚箭线表示虚拟作业（实际上是不存在的），只表示作业间的相互关系。粗实线表示工时无法压缩工序的路线，是整个工程的关键作业路线。

（2）实箭线规则。

① 表示一项作业（工序、活动），而且完成这项作业需要一定的时间。

② 两节点之间只能有一条实箭线，相同的作业不能用两条或以上的箭线表示。

③ 箭头表示工作进行的方向。

（3）节点规则。

① 节点是表示前一项作业结束，后一项作业开始的连接点。

② 圈内要有编号（1,2,3,…），每一个事件都有固定编号，编号不能重复。

③ 箭头编号大于箭尾编号。编号从左到右，从上到下进行。

（4）虚箭线（虚拟作业）规则。

当几个工序同始同终时必须使用虚箭线表示，虚箭线只表示作业先后的相互关系，不需要花费时间。

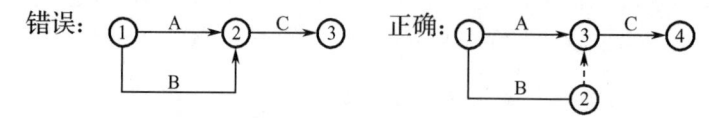

错误：①→A→②→C→③ （带B回路）　正确：①→A→③→C→④ （带B和虚箭线）

(5) 先行作业和后续作业。

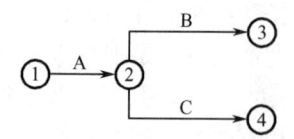

①→A→②→B→③，②→C→④

若 A 不结束，B 就不能开始，则 A 是 B 的先行作业（也称紧前作业），B 是 A 的后续作业（也称紧后作业）。

(6) 并行作业。

A 和 B 必须并列进行，称为并行作业。

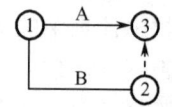

①→A→③，①→B→②（虚箭线到③）

(7) 相同作业不能同时出现在两个以上的地方。
(8) 不能出现环路和中断。

只有一个终点和始点。除始点和终点外，其他作业前后都要用箭线把它们连接起来，即自网络图始点起，由任何路线都能到达终点。

(9) 路线。

由始点起各作业（箭线）和节点连接后成组成一条通道。

3. 网络图时间计算

1) 确定各项活动的作业时间

作业（工序）时间是指企业在一定的生产技术组织条件下，为完成一项工作或一道工序所需要的时间，用 $T(i,j)$ 表示。

确定各项活动的作业时间，一般有两种方法。

(1) 单一时间估计法：用于肯定型网络图（已有时间定额，且目前变化不大）。
(2) 三点时间估计法：用于概率型网络图。

$$T = (a + 4m + b)/6$$

式中　a——所需最短时间；

　　　b——所需最长时间；

　　　m——最可能需要的时间。

2) 节点时间计算

(1) 节点最早开始时间：是指从该节点开始各项作业活动的最早可能开始工作的时刻，用 $TE(j)$ 来表示。

计算顺序：从头到尾，节点从小到大。

计算公式：对于 $(i) \rightarrow (j)$ 的 (j) 点（规定 $TE(1)=0$）。

$$TE(j) = \max\{TE(i) + T(i,j)\} =$$

模块 4　QCC 活动与 QC 新旧七大工具的应用

$$\begin{cases} TE(i)+T(i,j) \to (j) \text{进去一条路} \\ \max\{TE(i)+T(i,j)\} \to \searrow\searrow \quad (j) \text{ 各条进路中取最大} \end{cases}$$

节点时间计算方法有矩阵法、公式法、图上计算法等。

（2）节点最迟结束时间：是指以该节点结束的各项作业最迟必须完成的时刻，用 $TL(i)$ 表示。

计算顺序：从尾到头，节点从大到小。

计算公式：对于 $(i) \to (j)$ 的 (i) 点（规定终点 TL=TE）。

$TL(i)=\min\{TL(j)-T(i,j)\}=$

$$\begin{cases} TL(j)-T(i,j) \to (i) \text{出去一条路} \\ \min\{TL(j)-T(i,j)\} \to \searrow\searrow(i) \text{ 各条出路中取最小} \end{cases}$$

（3）时差：是指在不影响整个任务完工时间的条件下，某项作业从最迟开始时间和最早开始时间之差，即中间可以推迟的最大延迟时间（可以利用的机动时间）。时差越大，潜力越大。

3）关键路线

工序时差为 0 的工序称关键工序，将关键工序连接起来的路线为关键路线（网络图法的核心）。关键路线时间之和等于工程总工期。关键路线工序时间增加一天，总工期延长一天；关键路线工序时间缩短一天，总工期缩短一天。

某智能电子企业通过市场调研，得知某一智能音像产品需求量大，因此决定在销售旺季到来时将该产品投入市场。当前距离销售旺季只有 30 天，如果每个步骤都要按部就班地做，那么需要耗费的时间达 50 天。为此公司成立 QC 小组，对项目的实施步骤进行调整，如表 4-26 所示。要求绘制项目的网络图，计算项目完成时间，判断这样调整实施步骤能否保证产品按时投入市场。

表 4-26　智能音像产品作业明细表

作业代号	作业描述	紧前作业	工序时间（天）
A	产品改进设计	—	4
B	设备仪器采购	—	8
C	生产车间布局	A	6
D	物料采购	A	9
E	技术准备与员工培训	B、C	5
F	设备安装	B、C	4
G	设备调试	F	3
H	物料检验与配送	D、E	3
K	产品制造检验出货	G、H	8
合计	—	—	50

解：由于多项作业可以采用平行方式，在前一项作业完工后，同时进行，可以大大缩短作业周期。当然大多数的作业必须按照顺序进行。按照表 4-26 绘制网络图，如图 4-57 所示。

依据节点时间的计算规则，计算节点时间并将最早开始时间填写在节点下方左边，如图4-57中的TE所示，最迟结束时间填写在节点下方右边，如图4-57中的TL所示。注意以下关键节点：

TE(j)= max{TE(i)+$T(i,j)$ }

TE(3)= max{TE(2)+$T(2,3)$；TE(1)+$T(1,3)$ }= max{(4+6)；(0+8)}=10

TE(4)= max{TE(2)+$T(2,4)$；TE(3)+$T(3,4)$ }= max{(4+9)；(10+5)}=15

TE(6)= max{TE(4)+$T(4,6)$；TE(5)+$T(5,6)$ }= max{(15+3)；(14+3)}=18

TL(i) = min{ TL(j)− $T(i,j)$ }

TL(3) = min{ TL(4)−$T(3,4)$；TL(5)−$T(3,5)$ } = min{ 15-5；19-4 }=10

TL(2) = min{ TL(4)−$T(2,4)$；TL(3)−$T(2,3)$ } = min{ 15-9；10-6 }=4

TL(1) = min{ TL(2)−$T(1,2)$；TL(3)−$T(1,3)$ } = min{ 4-4；10-8 }=0

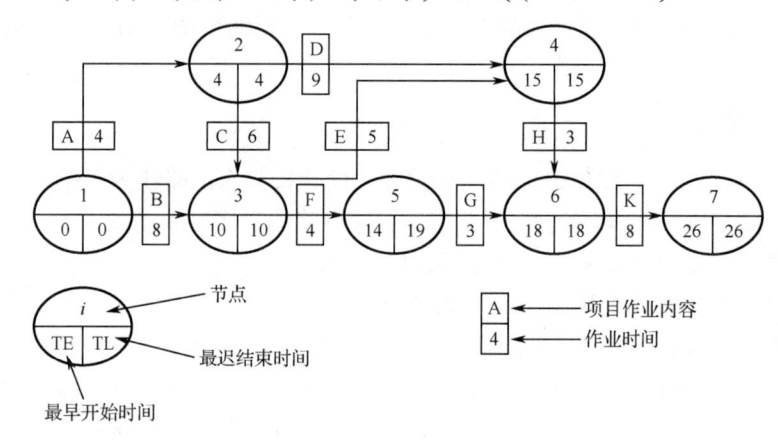

图 4-57 智能产品项目网络图

从图 4-57 中可以看出，总工期=4+6+5+7+4=26（天），能够满足一个月将产品投入市场的要求。

关键路线：①→②→③→④→⑥→⑦。要缩短工期必须减少关键路线上的作业时间。

4．工期优化

工期优化，即缩短工程总周期。主要途径是采取各种措施，缩短各关键工序的作业时间。

（1）技术措施：如改进工艺方案、合理划分工序组成、改进工艺设备等。

（2）组织措施：如对关键工序组织平行作业、交叉作业，合理调配劳动组织。

（3）利用时差：利用关键路线比非关键路线时间长的时差，从非关键路线上抽调人力物力集中到关键工序，使其作业时间缩短。但调整时需要重新确定关键路线是否发生变化，如果有变化应再次调整。

任务实施

1．实验目的

学会应用 QC 新七大工具分析问题；知道因果图、关联图、系统图的相互转换条件与

模块 4　QCC 活动与 QC 新旧七大工具的应用

转换方法；能够应用 PDPC 法制定设备故障紧急处理预案；以产品研发为例能够通过网络计划技术学习，绘制项目网络图，找出关键路线，提出缩短项目周期方案。

2．实验准备

（1）联网计算机（Windows 操作系统）。

（2）Office 软件。

3．实验过程

（1）将图 4-58 转换为关联图、因果图，其中没人检查、没有进行节电教育是因为责任不明确；乱接灯、乱盖房是因为管理不严格。这两个项目在关联图中要加上。

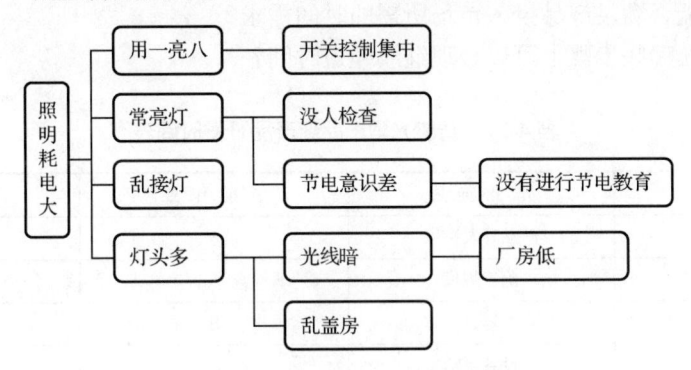

图 4-58　照明耗电大的系统图

（2）某公司 QC 小组组织讨论"如何开展好 QCC 活动"时，得到如下语言资料：①领导重视支持；尽量在工作时间活动；领导参加发表会；把 QCC 活动纳入计划。②推进者积极指导；让大家知道 QCC 的含义；让大家知道如何开展活动；掌握常用的活动方法。③创造学习机会；组织发表活动成果；发表后要讲评；送小组骨干参加培训。④激励到位；成果与评职称挂钩；成果与评先进挂钩；奖励制度化。⑤齐心协力；成员有团队意识；积极肯干。⑥主动进取；有自主性，不依赖别人，要经常保持工匠精神。请根据上述语言资料，制作亲和图，如图 4-59 所示。

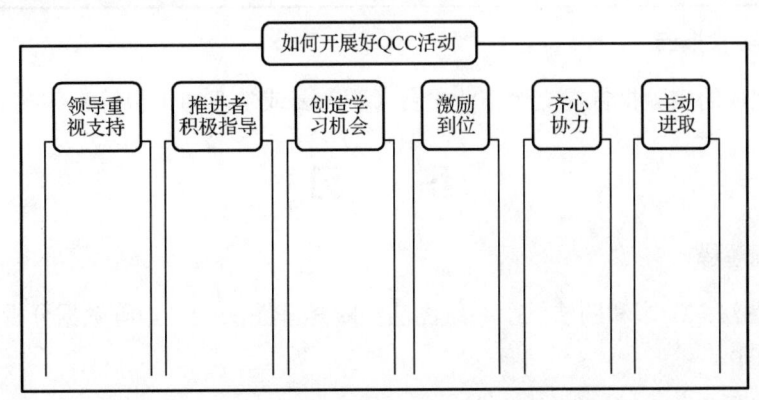

图 4-59　如何开展好 QCC 活动亲和图

（3）某电子科技有限公司主要从事智能传感器的产品研发、制造、销售。随着智能设备的发展，智能光幕传感器的市场越来越大。公司决定开发市场所需的这种新产品。市场部研判旺季在未来两个月到来，然而按照公司现行新门类产品开发周期为 108 天。因此，成立了由研发人员、工程技术人员、生产管理人员、品质管理人员、采购人员、产品营销人员组成的 QC 小组，通过流程分析，应用网络图法对项目的实施步骤进行调整设计了表 4-27。要求：

① 绘制项目网络图。
② 计算各个步骤所需的时间。
③ 找出关键路线。
④ 制定设备运行维护 PDPC 法。
⑤ 本计划能否满足产品投入市场所需的时间需求？
⑥ 分析：在哪些步骤上可以合理继续缩短时间？

表 4-27 智能光幕产品新产品开发时间表

作业代号	作业描述	紧前作业	工序时间（天）
A	产品开发决策	—	4
B	确定规模	A	2
C	筹资	B	10
D	设备采购	C	12
E	原材料采购	C	7
F	员工培训	C	13
G	安装调试	D	5
H	设计广告计划	A	7
I	做广告	H	15
J	生产	E、F、G	30
K	投入市场	I、J	3
合计	—	—	108

4．提交实验报告

将已经完成的实验报告提交至作业平台（职教云或学习通平台等）。

练 习

一、名词解释

1．关联图法；2．亲和图法；3．系统图法；4．矩阵图法；5．矩阵数据分析法；6．PDPC 法；7．网络图法。

二、填空题

1．QC 新七大工具分别是：关联图法、亲和图法、系统图法、矩阵图法、矩阵数据分析法、_____和网络图法。

2. PDPC（Process Decision Program Chart）法，又称_____图法。它是在制定达到研制目标的计划阶段，对计划执行过程中可能出现的各种障碍及结果做出预测，并相应地提出多种应变计划的一种方法。

3. 网络图法，即网络计划技术，在我国称为_____法。

4. 矩阵数据分析法，与矩阵图法类似。它区别于矩阵图法的是：不是在矩阵图上填符号，而是填_____，形成一个分析数据的矩阵。

5. 亲和图法不同于统计方法，统计方法强调一切用_____说话，而亲和图法则主要靠用_____说话，靠"灵感"发现新思想、解决新问题。

三、选择题

1. 分析"问题是什么"时应使用的工具是（　　）。
A．PDPC 法　　　　　　　　　　B．关联图法
C．亲和图法（KJ 法）　　　　　　D．矩阵图/矩阵数据分析法

2. 分析"为什么会如此"时应使用的工具是（　　）。
A．系统图法　　　　　　　　　　B．关联图法
C．矩阵图/矩阵数据分析法　　　　D．亲和图法（KJ 法）

3. 分析"为什么要这么做"时应使用的工具是（　　）。
A．PDPC 法　　　　　　　　　　B．系统图法
C．网络图法　　　　　　　　　　D．矩阵图/矩阵数据分析

4. 分析"甲与乙的对应关系"时应使用的工具是（　　）。
A．关联图法　　　　　　　　　　B．系统图法
C．网络图法　　　　　　　　　　D．矩阵图/矩阵数据分析法

5. 分析"若那样该怎么办"时应使用的工具是（　　）。
A．亲和图法　　　　　　　　　　B．系统图法
C．PDPC 法　　　　　　　　　　D．矩阵图/矩阵数据分析法

四、判断题

（　　）1．系统图法就是把要实现的目的与需要采取的措施或手段系统地展开并绘制成图以明确问题的重点，寻找最佳手段或措施的一种方法。

（　　）2．把大量收集到的事实、意见或构思等语言资料，按其相互相近性归纳整理，使问题明确起来求得统一认识和协调工作，以利于问题解决，这时我们使用系统图法。

（　　）3．矩阵图法是从问题事项中找出成对的因素群分别排列成行和列，找出其间行与列的关系或相关程度的大小，探讨问题点的一种方法。

（　　）4．为了完成某个任务或达到某个目标，在制订行动计划或进行方案设计时，预测可能出现的障碍和结果，并相应地提出多种应变计划，这时我们使用系统图。

（　　）5．关联图是把关系复杂且相互纠缠的问题及其因素用箭头连接起来的一种图示分析工具。

五、简答题

1. QC新、旧七大工具有何区别？
2. 关联图法解决问题的一般步骤有哪些？
3. 比较因果图、关联图和系统图的应用场合。
4. PDPC法的基本步骤有哪些？

模块 5　控制图、过程能力和测量系统分析

能力目标

1. 会利用 SPC 制作控制图对生产过程状态是否处于统计控制状态进行判断，同时能够分析异常类型；

2. 能够使用 Minitab 根据生产实际情况分别制作计量或计数控制图，能够对所收集的数据进行过程能力分析（包括计量型数据与计数型数据的过程能力），并通过过程能力指数判定过程能力水平，会使用 Minitab 将良品率转化为西格玛水平；

3. 能够使用 Minitab 对计量型与计数型测量系统进行测量系统分析，并对结果进行判定。

知识目标

1. 了解 SPC 的作用与特点，掌握控制图相关术语、工作原理，以及控制图的分类与应用条件；

2. 掌握控制图判稳与判异准则及判定方法；

3. 掌握过程能力、过程能力指数和西格玛水平的基本概念，以及将良率品率转化为西格玛水平的方法；

4. 掌握测量系统分析的组成、指标（稳定性、偏倚、线性、分辨率、重复性和再现性）的内涵，以及测量系统工作表的创建、测量系统分析和结果判定方法。

任务 5.1　制作集成电路测量数据 SPC 控制图并分析过程状态

任务描述

质量问题是需要预防的，而不是通过检查来避免的，检查只能起到防止不良品流出，而不能保证不良品不发生。所以，预防才是质量保证的关键。工序质量控制是过程质量控制的基本点，是现场质量控制的重要内容。SPC 作为品质管理的其中一项重要工具，主要用于解决制造过程中每个关键环节的品质控制问题，在应用 SPC 之前，我们必须先学习 SPC 的基础理论知识，了解其核心工具与应用条件及通过控制图判断过程所处的状态。芯片对我国信息产业至关重要，我国是最大的芯片使用市场，但却长期依赖进口。而相对稳定的全球芯片产业格局中，国内企业也处于弱势地位。因此，近年来，我国加大对芯片产业的投入，本任务主要通过对所收集的集成电路 1310 的 DFB 芯片测试的原始数据的某一质量特性进行分析，制作控制图并依据控制图的判稳规则判定过程所处的状态。课程思政：播放纪录片《大国质量》之《风云再起》。

知识准备

5.1.1 SPC 的定义与特点

电子信息产品传统的质量控制方法是先组装后检验，筛选出不符合规范的产品。这种检验策略通常是不经济的。因为它属于不合格品产生以后的事后检验，所以会浪费人力、物力和财力。因此，建立一种避免浪费和生产无用产品的预防策略更为重要。这可以通过收集过程信息并加以分析，从而对过程本身采取行动来实现，由此引出 SPC。SPC 的理论是以统计学为基础建立一套品质管理的方法，其重要的工具包括控制图、过程能力分析等。

SPC 工具的过程能力分析主要用来评估工序能力是否满足需要。过程能力不足，一定会出现不合格品。因此，认为"在规格范围内的产品就是好产品"的观念是错误的。

1. SPC 的定义

SPC 是 Statistical Process Control 的简称，即统计过程控制。SPC 运用统计技术对生产过程中的各工序参数进行监控，从而达到改进、保证产品质量的目的。SPC 是以"数据说话"为基础的品质管理工具，集中体现在：对制程（工序）的关键质量控制点进行监控及分析，以数据分析的方式为品质管理提供决策依据。SPC 是全面质量管理的重要管理工具之一。

2. SPC 的特点

SPC 是全系统的、全过程的，要求全员参加，人人有责。SPC 强调用科学方法（统计技术，尤其是控制图理论）来保证全过程质量问题的预防。SPC 不仅适用于生产过程，还适用于服务过程和管理过程。S（Statistical）=以统计学方法来探测流程的变异；P（Process）=流程，任何流程；C（Control）=以积极主动的管理来控制流程。

3. SPC 与 ISO 9000 标准体系的联系

ISO 9001：2015 提出了关于质量管理的七项原则，它对于质量管理实践具有深刻的指导意义。其中，"过程方法""基于证据的决策"原则都和 SPC 等管理工具的使用有着密切的联系。以什么样的方法来对过程进行控制、以什么样的手段来保证管理决策的及时性和可靠性是管理者首先应该考虑的问题。

SPC 技术运用是对按 ISO 9001 标准建立的质量管理体系的支持，制定 ISO 9000 族标准的 TC176，也为组织实施 SPC 制定了相应的标准（编号 ISO/TR 10017），该标准以技术报告的形式发布，也适用于 ISO 9000 族的其他标准。

SPC 的控制图当前有国家标准和国际标准。国家标准是 GB/T 17989.2—2020，于 2020 年 10 月 1 日开始实施；国际标准是 ISO 7870-2：2013，MOD。

4. 运用 SPC 的意义

（1）SPC 可以简便、有效地进行质量管理，使企业质量管理、全面管理上升到更高水平。

（2）对生产过程进行实时监控，及时发现质量隐患，使产品质量更稳定、一致性更好。

（3）基于大型数据库系统，可以获得大量生产数据，使生产过程的量化管理和批次管理成为可能，实现产品质量的可追溯。

（4）运用 SPC 可减少返工和浪费，降低不良品率，提高劳动生产率，降低成本；运用 SPC 可提高企业的核心竞争力和顾客满意度，赢得广泛的客户，从而提高企业的社会、经济效益。

5.1.2 控制图的基本原理

1．基本统计术语

（1）正态分布：若随机变量 X 服从一个数学期望为 μ、方差为 σ^2 的高斯分布，记为 $X\sim N(\mu,\sigma^2)$，则其概率密度函数为

$$f(x)=\frac{1}{\sigma\sqrt{2\pi}}e^{-\frac{(x-\mu)^2}{2\sigma^2}}$$

其中，正态分布的期望值 μ 决定了其位置，标准差 σ 决定了分布的幅度，其曲线呈钟形。因此，正态分布曲线又称为钟形曲线。标准正态分布是 $\mu=0$、$\sigma=1$ 的正态分布。

正态分布曲线如图 5-1 所示。

检验收集的数据分布是否服从正态分布可以使用 Minitab 来判断。其操作步骤如下。

① 选择"统计"→"基本统计"→"正态性检验"命令，弹出"正态性检验"对话框。

② 在"变量"中选择需要进行检验的数据的列。

③ 单击"确定"按钮，输出正态性检验概率图，如图 5-2 所示。因 P 值=0.711>0.05，故该数据服从正态分布。

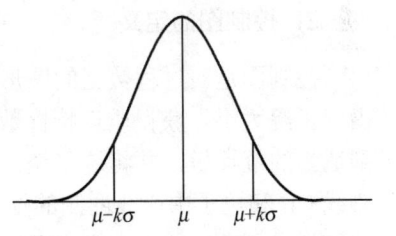

图 5-1　正态分布曲线

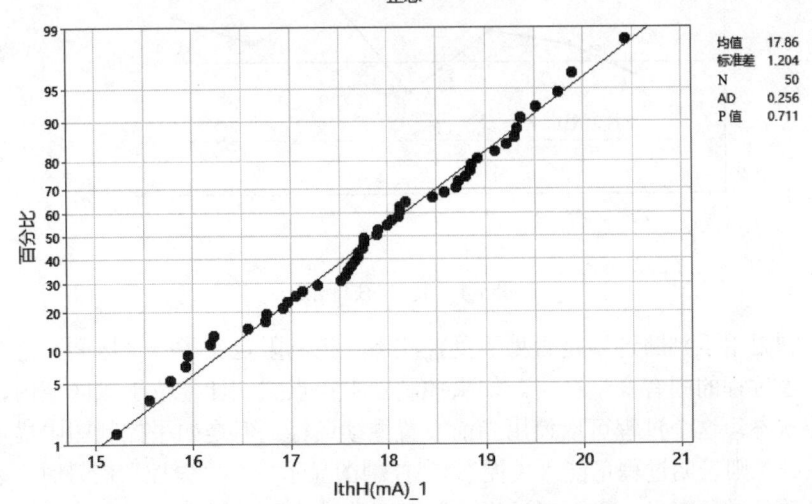

图 5-2　正态性检验概率图

P 值是进行检验决策的另一个依据。P 值即概率，它反映某一事件发生的可能性大小。统计学根据显著性检验方法所得到的 P 值，一般以 P 值<0.05 为有统计学差异，P 值<0.01

为有显著统计学差异，P 值<0.001 为有极其显著的统计学差异。

（2）标准差：过程输出的宽度与均值的偏差，如图 5-3（a）所示。

（3）极差：一个子组、样本或总体中最大值与最小值之差，如图 5-3（b）所示。

（4）子组：取自同一过程的一组数据，所得到的分组数据使组内差异尽量小、组间差异尽量大。

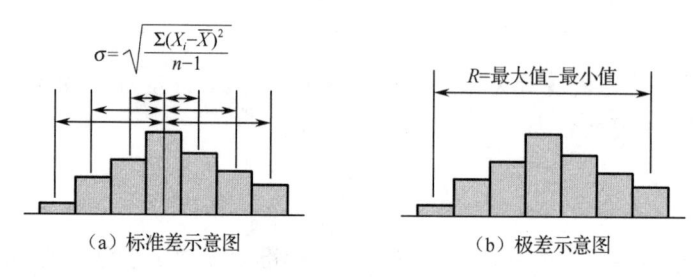

$$\sigma = \sqrt{\frac{\Sigma(X_i - \overline{X})^2}{n-1}}$$

$R = 最大值 - 最小值$

(a) 标准差示意图　　　　(b) 极差示意图

图 5-3　基本概念

2. 控制图的定义

控制图是对过程数据的图形化表示，可对过程的变异进行直观评估。在给定的区间内，指定子组大小，获得质量特性数据，从而确定产品的特性值或特征。通常使用这些数据得到适当的统计量，并将这些统计量在控制图上绘出。典型的控制图如图 5-4 所示，包含中心线 CL 和位于中心线两侧的控制限——上控制限 UCL 和下控制限 LCL。其中，中心线反映统计量预期变化的中心水平。若过程受控，则统计量会随机落在两条控制限所确定的区域内。

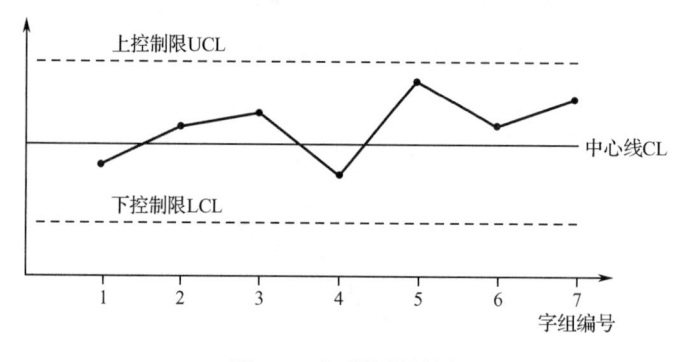

图 5-4　典型的控制图

两条控制限用于判断过程是否处于受控状态。控制限定义了一个区间，区间的宽度在某种程度上由过程的固有变异决定。如果控制图中描点的统计量位于该区域内，则表明过程处于受控状态，这个过程可以使用当前设置继续运行。但是如果控制图中描点的统计量位于该区域外，则表明过程可能"失控"。当控制图显示一个"失控"信号时，表明可能有特殊原因导致了过程变异，需要对过程采取必要的措施予以纠正。

常规控制图的控制限位于中心线两侧的 3σ 处，这里的 σ 是已知的总体标准差或总体标准差的估计值。休哈特选择距离中心线 3σ 的距离来设计控制限是基于平衡成本的经济性考虑的，尤其是当过程处于统计控制状态却去寻找问题的成本，以及当过程未处于统计控制状态而寻找问题失败的成本等。当把控制限放在离中心线较近的位置时，会导致要对可能

模块 5　控制图、过程能力和测量系统分析

不存在的问题来查找原因;而当把控制限放在离中心线较远的位置时,会增加当确实存在问题时却没有及时查找原因的风险。在绘图统计量近似正态分布的假设前提下,3σ 控制限表明,只要过程处于统计控制状态,大约 99.7%的统计量取值将落在控制限内。另一种解释则是,当过程处于统计控制状态时,有近似 0.3%的风险,即平均 1000 个点中有 3 个描点会落在上控制限和下控制限之外。这里使用"近似"一词,是因为诸如偏离数据分布类型等基本假设会影响概率值。事实上,选择 $k\sigma$ 替代 3σ 的控制限,取决于调查的成本、不采取行动的后果,以及采取适当行动的成本等。

3. 控制图的基本原理

控制图的基本原理是基于质量的波动理论与作为判定准则的小概率原理。具体而言,质量的波动可分为普通原因和特殊原因。

(1) 普通原因:造成随着时间的推移具有稳定的且可重复的分布作用在过程的许多变差的原因,即常规的、连续的、不可避免的影响产品特性不一致的原因,如操作技能、设备精度、工艺方法、环境条件。变差是指一个数据组对于目标值有不同的差异。

(2) 特殊(异常)原因:造成不是始终作用于过程的变差的原因,当原因出现时,将造成过程的分布的改变,即特殊的、偶然的、断续的、可以避免的影响产品特性不一致的原因,如刀具不一致、模具不一致、材料不一致、设备故障、人员情绪等。特点:不是始终作用在每个零件上,而是随着时间的推移分布改变。

当过程仅存在变差的普通原因时,过程处于受控状态,这个过程处于稳定过程,产品特性服从正态分布;当过程存在变差的特殊原因时,这时输出的产品特性不稳定,过程处于非受控状态或不稳定状态,如图 5-5 所示。

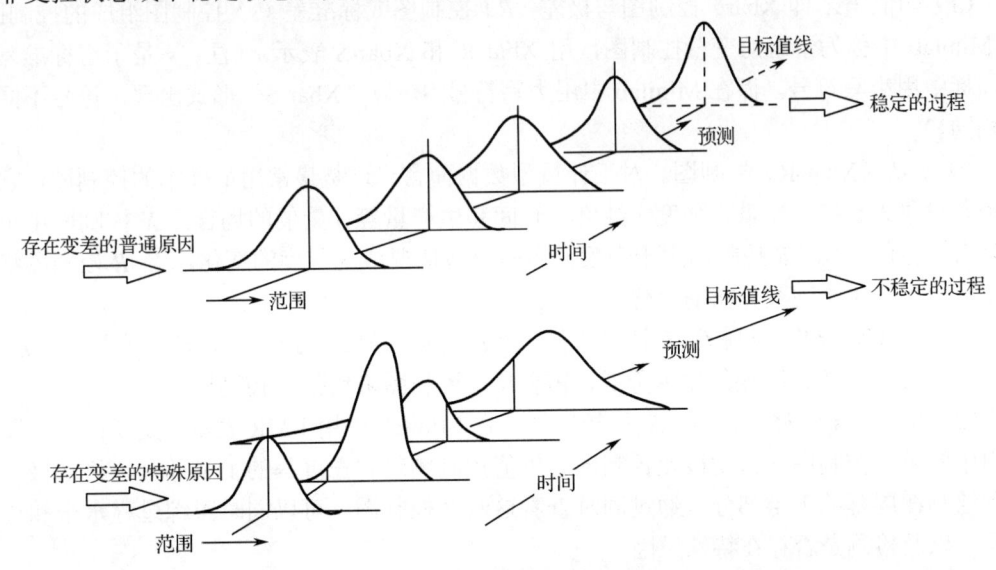

图 5-5　比较普通原因和特殊原因过程输出产品特性图

(3) 特殊原因的解决方法:为了减少变差的特殊原因,可采用局部措施(属于纠正和预防措施),如统一刀具、稳定情绪、统一材料、修复设备等。(操作者解决,解决 15%的问题)

（4）普通原因的解决方法：为了减少变差的普通原因，可采用系统的方法（属于持续改进），如人员培训、工艺改进、提高设备精度等。（管理层解决，解决85%的问题）

小概率事件原理：小概率事件在一次试验中几乎不可能发生，若发生，则判断异常，判断异常示意图如图5-6所示。

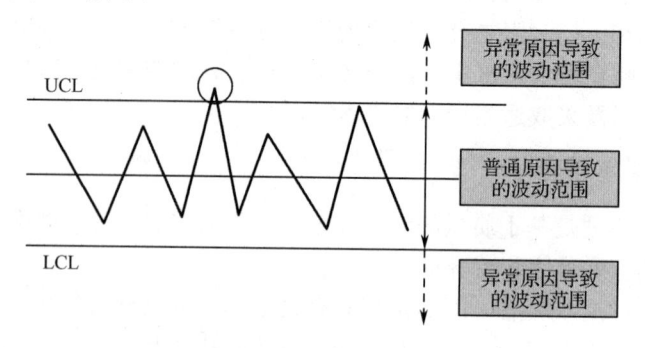

图 5-6　判断异常示意图

5.1.3　常规控制图的类型与选定方法

1. 常规控制图的类型

常规控制图主要有两种类型——计量控制图和计数控制图。计量控制图用于连续数据；计数控制图用于计数或分类数据。

1）计量控制图

（1）均值（$\bar{X}$ 即 Xbar）控制图与极差（R）控制图或标准差（s）控制图组成的控制图。在 Minitab 中称为子组的变量控制图，用 Xbar-R 和 Xbar-S 表示。（注：s 是子组标准差，在国标中用小写符号，而在 Minitab 中用大写符号 S，以 "Xbar-S" 形式出现，符号不同意义相同。）

① $\bar{X}$-R（Xbar-R）控制图。对于计量型数据而言，这是最常用最基本的控制图。它用于控制对象为长度、质量、强度、纯度、时间和生产量等计量值的场合。$\bar{X}$ 控制图用于观察分布均值的变化，R 控制图用于观察分布的分散情况或变异度的变化，$\bar{X}$-R 控制图将二者联合运用，用于观察分布的变化。

② $\bar{X}$-s（Xbar-S）控制图。R 计算简便，故 R 控制图得到广泛应用，但当样本大小 $n \geqslant 10$ 时，用 R 估计总体标准差的效率降低，需要用 s 控制图来代替 R 控制图。

（2）单值（X）-移动极差（R_m）控制图。在 Minitab 中用 I-MR 表示，是指同一个图形窗口中的单值控制图和移动极差控制图。单值控制图绘制在屏幕的上半部分，移动极差控制图绘制在屏幕的下半部分。通过同时查看这两个控制图，可以同时跟踪过程水平和过程变异，以及检测是否存在特殊原因。

I-MR 控制图通常在数据的间隔很长、不易分组或数据很少时使用。这种控制图把全部数据直接记入控制图。但要求数据必须呈现合理的正态分布，需要正态性检验或将非正态性数据转换成正态性数据。

2）计数控制图

计数控制图在 Minitab 中称为属性控制图，包括 P 控制图、NP 控制图、C 控制图和 U 控制图（与国标中的 p 控制图、np 控制图、c 控制图、u 控制图意义相同。下面以国标符号说明）。

（1）不合格品率（p）控制图和不合格品数（np）控制图。

① p 控制图。它用于控制对象为不合格品率或合格品率等计数值质量指标的场合。

② np 控制图。它用于控制对象为不合格品数的场合。设 n 为样本大小，p 为不合格品率，则 np 为不合格品个数，取 np 为不合格品数控制图的简易记号。该控制图用于样本大小相同的场合。

（2）不合格数（c）控制图和单位产品不合格数（u）控制图。

① c 控制图。它用于控制一台机器、一个部件、一定的长度、一定的面积或任何一定单位中所出现的缺陷数目。它用于样本大小相等的场合。

② u 控制图。当样本的大小变化时，应将一定单位中出现的缺陷数换算为平均单位缺陷数后用 u 控制图。例如，在制造厚度为 2mm 的钢板的生产过程中，一批样本是 $2m^2$，另一批样本是 $3m^2$，这时应换算为平均每平方米的缺陷数，然后对它进行控制。

2．控制图的选定方法

首先根据所收集数据的类型选择计量控制图和计数控制图。数据为计量型的应当选择计量控制图，然后根据子组的大小选择所采用的控制图。如图 5-7 所示，当子组大小 $n=1$ 时，应当选择单值控制图，否则选择 $\bar{X}$-R 或 $\bar{X}$-s 控制图。一般情况下，当子组大小 $n<10$ 时，选择 $\bar{X}$-R 控制图；当子组大小 $n \geq 10$ 时，选择 $\bar{X}$-s 控制图。

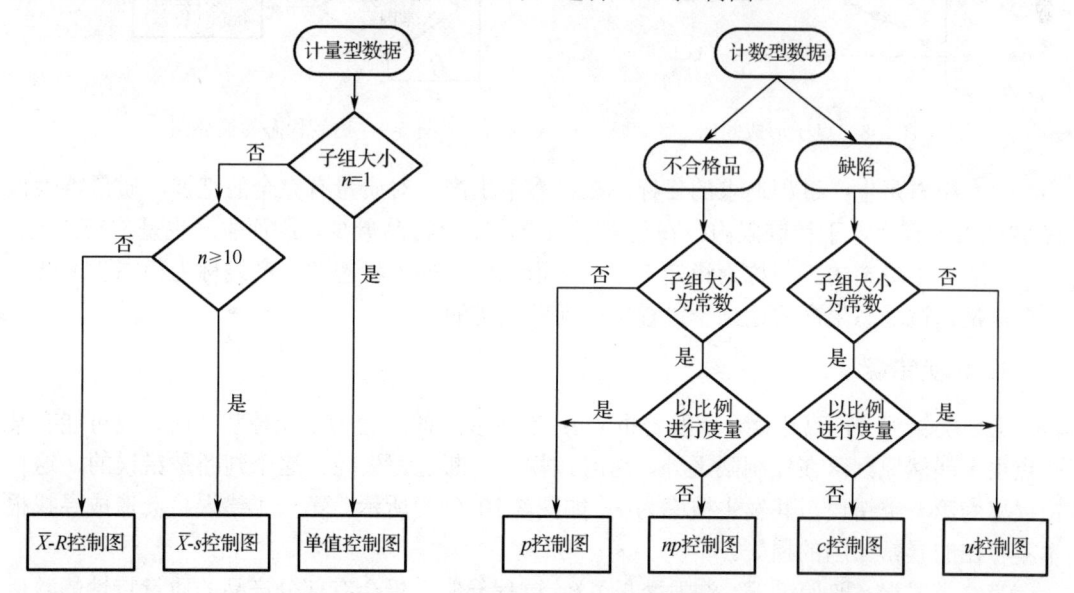

图 5-7 控制图选择方法示意图

对于数据为计数型的应当选择计数控制图。同时根据计数型数据的属性为"不合格品""缺陷""子组大小为常数""以比例进行度量"等情形来选择 p、np、c 和 u 控制图。

（1）当数据属性为"不合格品"时，若"子组大小为常数"，则选择 np 控制图，但若要求"以比例进行度量"，则选择 p 控制图；而若"子组大小不为常数"，则选择 p 控制图。

（2）当数据属性为"缺陷"时，若"子组大小为常数"，则选择 c 控制图，但若要求"以比例进行度量"，则选择 u 控制图；而若"子组大小不为常数"，则选择 u 控制图。

3．控制图贯彻预防原则

（1）运用控制图对生产过程不断进行监控，当异常因素刚一露出苗头，在未造成不合格品之前就能及时发现。例如，在图 5-8 中点子有逐渐上升的趋势，可以在这种趋势造成不合格品之前就采取措施加以消除，起到预防的作用。

（2）在现场，更多的情况是控制图显示异常，表明异常原因已经发生，这时要贯彻"查出异因，采取措施，保证消除，不再出现，纳入标准"原则，每贯彻一次这个原则（经过一次这样的循环）就消除一个异因，使它永不再出现，从而起到预防的作用。由于异因只有有限个，故经过有限次循环后，最终达到在过程中只存在偶因而不存在异因的状态，如图 5-9 所示，这种状态称为统计控制状态或稳定状态，简称"稳态"。

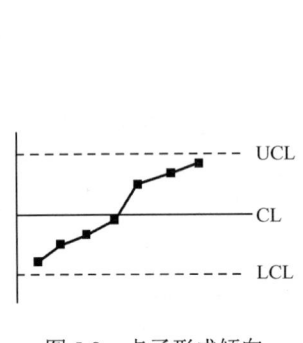

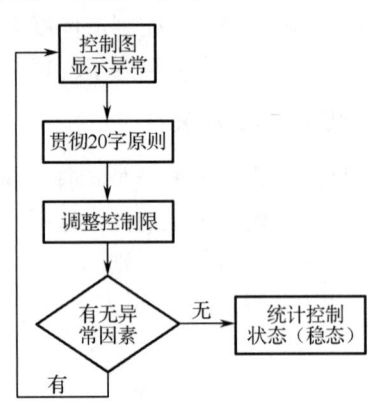

图 5-8　点子形成倾向　　　　图 5-9　达到稳态的循环图

（3）稳态是生产过程追求的目标，在稳态下生产，对质量有完全的把握，质量特性值有 99.73% 落在上、下控制限内；在稳态下生产，不合格品最少，因而生产也是最经济的。

一道处于稳态的工序称为稳定工序，每道工序都处于稳态的生产线称为稳态生产线，SPC 就是通过稳态生产线达到全过程质量问题预防的。

4．两类错误

第一类错误（拒真错误、虚发警报）α：当所涉及的过程处于受控状态时，也可能有某些点由于偶然原因落在控制限之外，这时按规则判断过程失控。这个判断是错误的，这种错误称为第一类错误，其发生概率为 α，如图 5-10（a）所示。第一类错误将会造成寻找根本不存在的异常原因的损失。

第二类错误（取伪错误、漏发警报）β：过程异常，仍会有部分产品的质量特性的数值大小位于控制限内。如果抽取到这样的产品，点子仍会在控制限内，从而犯了第二类错误，即漏发警报。通常把犯第二类错误的概率记为 β，如图 5-10（b）所示。第二类错误将造成不合格品增加的损失。

(a) 第一类错误 (b) 第二类错误

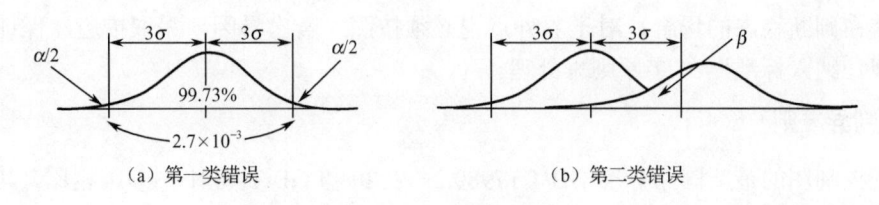

图 5-10　两类错误示意图

控制图是通过抽查来监控产品质量的，故两类错误是不可避免的。在控制图中，中心线一般是对称轴，能变动的只是上、下控制限的间距。若将间距增大，则 α 减小，β 增大；反之，α 增大，β 减小。因此，只能根据这两类错误造成的最小总损失来确定上、下控制限。

5.1.4　控制图的判稳与判异准则

在生产过程中，通过分析休哈特控制图来判定生产过程是否处于稳态。

休哈特控制图的设计思想是先确定第一类错误的概率 α，再根据第二类错误的概率 β 的大小来考虑是否需要采取必要的措施。通常 α 取 1%、5%、10%。为了增加使用者的信心，休哈特将 α 取得特别小，小到 2.7‰～3‰。这样，α 小，β 就大，为了减少第二类错误，对控制图中的界内点增添了第二种判异准则，即"界内点排列不随机判异"。

因此，从管理的角度来说，仅仅画出过程控制图，还不是最重要的事情。只有善于观察分析控制图，从中提取有关工序质量状态的信息，一旦生产过程处于异常状态，能够尽快查明原因，采取有效措施，让生产过程迅速恢复正常状态，这样才能真正发挥出控制图的效用，把大量产生不合格品的因素消灭在萌芽之中。

（1）当控制图满足下列条件时，则认为生产过程基本上处于稳态。

① 点子没有越出控制限。

② 点子在控制限内随机排列。

（2）当控制图满足下列条件时，则认为生产过程发生了异常变化，必须把引起这种变化的系统原因查出来，排除掉。

① 点子越出控制限（在控制限上的点子按越界处理）。

② 点子虽然没有越出控制限，但其排列不随机。

1．判稳准则

稳态是生产过程追求的目标。在统计量为正态分布的情况下，由于第一类错误的概率 α 取得很小，所以只要有 1 个点子落在控制限外就可以判定有异常。但既然 α 很小，第二类错误的概率 β 就大，只根据 1 个点子落在控制限内远不能判定生产过程处于稳态。如果连续有许多点子，如 25 个点子全部都落在控制限内，情况就大不相同。这时，根据概率乘法定理，总的 β 为 $\beta_{总}=\beta^{25}$，要比 β 小很多。如果连续落在控制限内的点子更多，即使有个别点子出界，过程仍可看成稳态的，这就是判稳准则。

判稳准则：在点子随机排列的情况下，满足下列条件之一就认为过程处于稳态。

（1）连续 25 个点子落在控制限内，而且点子随机排列。

（2）连续 35 个点子最多有 1 个点子落在控制限外，其他点子在控制限内随机排列。

（3）连续 100 个点子最多有 2 个点子落在控制限外，其他点子在控制限内随机排列。

即使在判断稳态的场合，对于界外点也必须按照"查出异因，采取措施，保证消除，不再出现，纳入标准"20字原则来处理。

2．判异准则

常规控制图的最新国家标准 GB/T 17989.2—2020 与 GB/T 4091—2001 相比，其主要技术变化为增加了 4 种波动可查明原因的检验模式。如图 5-11 所示，4 种检验模式所给出的警示如下。

（1）检验模式 1 表示存在失控状态。

（2）检验模式 2 表示过程均值或波动性已经偏离中心线。

（3）检验模式 3 表示过程出现有规则的线性趋势。

（4）检验模式 4 表示过程出现非随机或周期性模式。

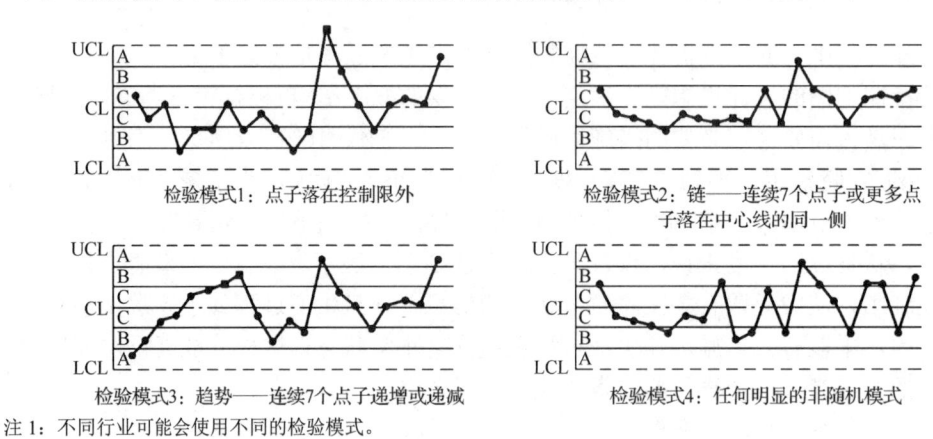

检验模式1：点子落在控制限外

检验模式2：链——连续7个点子或更多点子落在中心线的同一侧

检验模式3：趋势——连续7个点子递增或递减

检验模式4：任何明显的非随机模式

注1：不同行业可能会使用不同的检验模式。

注2：对于下控制限被设置为 0 的 p、np、c 和 u 控制图，不能在中心线与下控制限之间设置 3σ 的区域。

图 5-11 波动可查明原因的检验模式示例

国家标准 GB/T 17989.2—2020 附录 A 给出了波动可查明原因的检验模式的注意事项，指出有许多不同的检验模式可以使用，图 5-11 所示为常用的检验模式，旨在验证过程是否处于稳态。例如，半导体制造的氧化过程容易受到大气压力的影响，故在控制图中容易出现链。通常这样的状态并不被认为是不寻常的。因此，图 5-11 给出的这组检验模式不被视为特定的规则，而是作为一类指导原则来使用。要基于过程的通常状态指定检验模式。

如果同时使用图 5-11 的某些检验模式，那么第一类错误的概率就会增加。在生产的早期阶段，SPC 的目的是使过程处于稳态，并改进过程以获得更佳的过程绩效。因此，要使用图 5-11 的某些检验模式，来快速地检测可查明原因，然而，第一类错误的概率可能会变得太大，这可以被看作探索性的数据分析。另外，当生产阶段转变为大批量生产的常规阶段时，SPC 的目的是使过程保持在受控状态。此时，要求第一类错误的概率非常小，因此，要避免一些检验模式的同时使用。检验模式 1 是常规控制图的基本规则，但也是一项综合测试。若过程均值出现了较小的偏移或趋势，则补充规则的使用是有帮助的。例如，西方电气规则的检验模式 5 就可以被看作检验模式 1 的补充。

识别可查明原因的规则可以有很多。自 20 世纪 50 年代以来，一个常用的规则是被称为"西方电气规则"或 AT8.T 规则的最佳准则。表 5-1 给出了这些规则中的 8 种典型检验模式。如前所述,基于所研究的过程,来确定使用哪些准则。

表 5-1 西方电气规则 8 种典型检验模式

准 则	图 形	解 释
(1) 点子在控制限外或恰好在控制限上(工程非受控)		警示工程正在变化。但不意味着需要采取纠正措施。可能与制造变化相关。采取措施之前一定要确定原因
(2) 连续 9 个点子落在中心线同一侧(串列)		暗示工程已经过了一个永久的变化(+或-)而现在正趋于稳定。要求以后控制图解释需重新计算控制限
(3) 连续 6 个点子递增或递减(倾向)		常见于进行某些变化之后,工具逐渐磨损或人员操作水平逐渐提高
(4) 连续 14 个点子中相邻点交替上下		轮流使用两台设备或两位操作人员轮流操作而引起的系统效应;两个不同供应商的材料交替使用;实质是数据分层不够的问题
(5) 连续 3 个点子中有 2 个点子落在中心线同一侧的 B 区以外(紧靠)		暗示不同类型的数据混入已抽样的子群。一般需要改变子群,重新收集数据,重新绘制控制图
(6) 连续 5 个点子中有 4 个点子落在中心线同一侧的 C 区以外		使用库存旧原料或工作人员有情绪,旧设备进入老化期
(7) 连续 15 个点子落在中心线两侧的 C 区以内		参数 σ 变化小或数据分层不够或数据虚假
(8) 连续 8 个点子落在中心线两侧且无一在 C 区内(循环)		数据分层不够

3. 应用举例

某集成电路制造商为了确保芯片的生产过程处于受控状态,每小时抽查 5 个芯片测试数据,共有 25 组数据。该芯片关键质量参数之一为 IthH,所记录的数据如表 5-2 所示。要求通过对数据分析确定过程所处的状态。

表 5-2 集成芯片测试数据 IthH   单位:mA

样本	第 X 周					第 X+1 周				
	周一	周二	周三	周四	周五	周一	周二	周三	周四	周五
X1	17.75	18.73	16.21	17.27	18.89	17.66	18.70	18.52	18.62	18.74
X2	18.00	17.69	16.86	17.89	19.21	18.18	16.17	19.96	18.13	17.69
X3	18.04	18.75	17.05	18.46	16.92	18.80	17.51	19.56	18.30	19.36
X4	15.22	18.13	17.76	17.59	16.80	18.84	18.11	15.22	17.92	17.74
X5	19.42	18.92	16.74	19.32	16.56	17.90	18.58	19.10	15.55	17.42
样本	第 X+2 周					第 X+3 周				
	周一	周二	周三	周四	周五	周一	周二	周三	周四	周五
X1	17.75	18.73	17.21	17.27	18.89	16.66	18.70	19.52	17.62	19.74
X2	18.50	17.69	16.86	16.89	19.21	18.18	19.17	16.96	18.13	17.69
X3	18.04	16.75	17.05	16.46	15.92	18.80	17.51	17.56	19.30	19.36
X4	19.95	18.13	16.76	17.59	16.77	18.84	18.11	15.95	16.92	19.74
X5	20.42	18.92	16.74	18.32	16.56	17.90	18.58	19.10	15.55	17.12

解:数据为计量型数据,子组数为 5,选择制作 Xbar-R 控制图。操作步骤如下。

(1)将数据按照收集时间顺序输入 Minitab 工作表中,要求将数据置于工作表中的一列,然后制作直方图看数据分布情况,同时对数据列进行正态性检验。从图 5-12 中可以看出,P 值=0.423>0.05,数据服从正态分布。

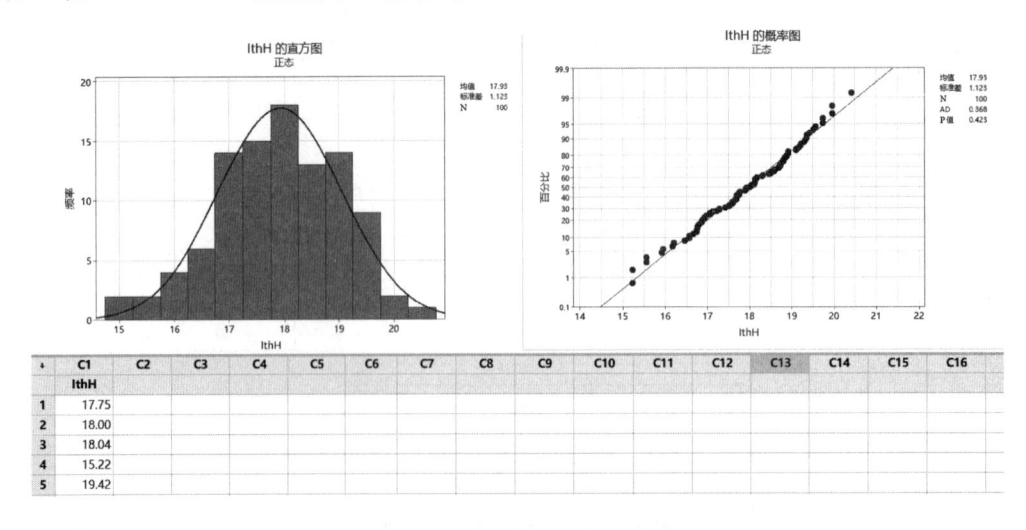

图 5-12 芯片数据的直方图与概率图

模块 5　控制图、过程能力和测量系统分析

（2）选择"统计"→"控制图"→"子组的变量控制图"→"Xbar-R"命令，弹出"Xbar-R 控制图"对话框。

（3）在下拉列表中选择"图表的所有观测值均在一列中"选项，将左边的"IthH" 数据列选入右边的列表框中，在"子组大小"文本框中输入"5"。

（4）在"Xbar-R 控制图"对话框中单击"Xbar-R 选项"按钮，在弹出的"Xbar-R 控制图：选项"对话框中单击"检验"选项卡，勾选检验内容（判异准则），单击"确定"按钮，如图 5-13 所示。

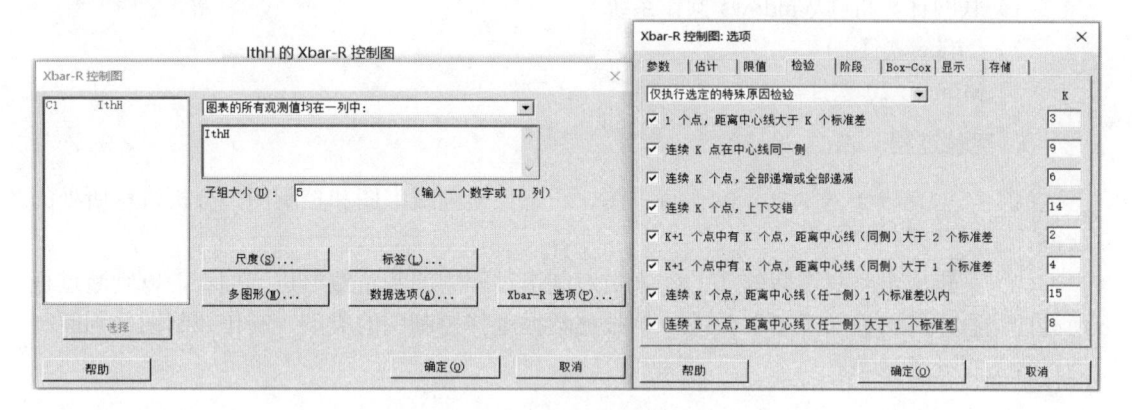

图 5-13　控制图选项选择

（5）输出结果。输出的控制图如图 5-14 所示，从图 5-14 中可以看出，点子没有超出控制限，点子随机排列，未出现异常现象，说明制造过程处于稳态。

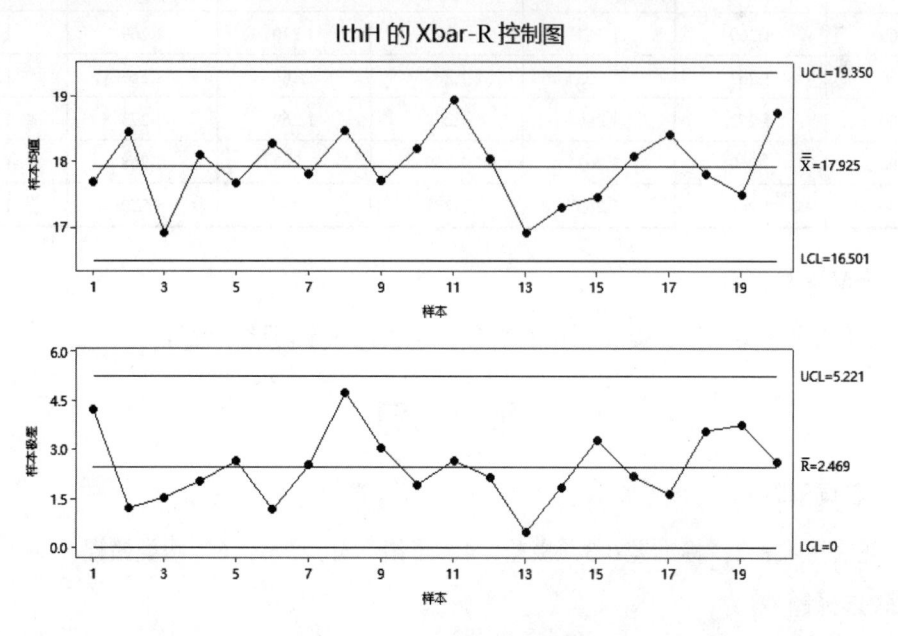

图 5-14　芯片参数 IthH 控制图

任务实施

1. 实验目的

学会制作控制图;知道各种控制图的区别和应用条件;能够根据生产实际情况正确选择控制图类型;能够根据控制图判断过程所处的状态。

2. 实验准备

(1)联网计算机(Windows 操作系统)。
(2)Office 软件。
(3)Minitab 20 软件。

3. 实验过程

(1)依据表 5-2 的数据,制作直方图、正态性检验概率图和控制图,分析过程所处的状态。

(2)某集成电路制造商的 IPQC 人员对制造过程中的测量数据进行抽查,以判断过程所处的状态,其数据如表 5-3 所示。请根据数据选择控制图的类型,制作控制图并判断制造过程是否处于稳态。

表 5-3 集成电路参数 VopsH   单位:V

时间	星期一	星期二	星期三	星期四	星期五	星期六
09:00	1.266	1.262	1.265	1.267	1.264	1.272
10:00	1.269	1.267	1.270	1.270	1.269	1.271
11:00	1.267	1.265	1.267	1.266	1.267	1.268
15:00	1.272	1.266	1.268	1.269	1.273	1.269
16:00	1.269	1.263	1.269	1.267	1.268	1.266
17:00	1.266	1.266	1.271	1.265	1.270	1.263

4. 提交实验报告

将已经完成的实验报告提交至作业平台(职教云或学习通平台等)。

练 习

一、名词解释

1. 正态分布;2. 标准差;3. 极差;4. 子组;5. 稳态;6. 两类错误。

二、选择题

1. 下列选项中属于稳态的是( )。
A. 连续 11 个点子中,至少有 10 个点子在中心线一侧
B. 连续 20 个点子中,至少有 16 个点子在中心线一侧

C. 连续 17 个点子中，至少有 14 个点子落在中心线一侧
D. 连续 35 个点子中，至多有 1 个点子落在控制限外

2．当样本的大小变化时，应将一定单位中出现的缺陷数换算为平均单位缺陷数后用（　　）。

A. $\bar{X}$-R 控制图　　　B. 中位数控制图　　　C. u 控制图　　　D. np 控制图

3．控制一台机器、一个部件、一定的长度、一定的面积或任何一定的单位中所出现的缺陷数目应使用（　　）。

A. p 控制图　　　B. np 控制图　　　C. c 控制图　　　D. u 控制图

4．下列选项中属于异常的是（　　）。

A. 连续 25 个点子都落在控制限内
B. 连续 35 个点子中，至多有 1 个点子落在控制限外
C. 连续 100 个点子中，至多有 2 个点子落在控制限外
D. 连续 7 个点子中，至少有 3 个点子接近控制限

5．在控制图中未发现界点且图中的点子随机排列，可以认为（　　）。

A. 过程能力已经满足要求　　　　　　B. 过程达到了稳态
C. 过程不需要进一步调整　　　　　　D. 还需要分析过程能力是否满足要求

三、简答题

1．控制图的判稳与判异准则有哪些？
2．如何选择控制图的类型？

任务 5.2　电子产品制造关键工序控制图的制作与状态判断

任务描述

控制图的应用十分广泛，尤其对电子产品制造过程中的关键工序质量特性参数的控制意义重大。本任务是通过事例来说明应用计量控制图与计数控制图对制造关键工序质量特性参数的控制方法，主要包括 SMT 回流焊接的关键时间与温度参数、贴装压力参数和 IQC 检验、IPQC 检验、FQC 检验等工序的控制图制作与制造状态判断。

知识准备

5.2.1　控制图的前期准备

1. 过程控制的关键质量特性 CTQ 的选择

能够对产品、过程或服务的性能产生严重影响的特性，以及能够增加顾客价值的特性，都要在质量策划阶段进行分类。应该选择这样的特性，它们的波动是过程的重要因素，可以对产品或服务质量产生决定性影响，并确保过程的稳定性和可预测性。这些特性可能与评估过程绩效（如环境、健康、顾客满意度等）直接相关，或者是实现设计意图至关重要的过程参数。在流程开发的早期阶段引入控制图，收集新产品和过程可行性的数据和信息，

以便在生产前达成预期的过程能力。这样可以优化工艺流程，改进工艺设计，提高产品质量和服务质量。

2．过程分析

如果可能，宜对过程进行详细分析以确定：①可能会造成违规的原因的种类和位置。②规范强制性的效果；③检测的方法和位置；④所有可能影响生产过程的相关因素。

还要深入分析，以确定过程的稳定性、测试设备的准确性、过程输出的质量，以及不合格类型与不合格原因的关联模式。对必要的操作条件做出安排，以调整生产过程和设备，如果需要，还要为过程的统计控制状态制订计划。这将有助于准确指出建立控制的最佳位置，迅速识别过程执行中任何不正常的情形，及时采取纠正措施。

3．合理子组的选择

休哈特的核心思想是将观测值划分为"合理子组"，这是控制图的基础。考虑将观测值分成子组，使得子组内的波动仅由偶然原因造成，子组之间的波动主要由控制图意图检测的可查明原因造成。

这取决于一些技术知识，以及对过程条件和数据采集条件的熟悉程度。可以通过时间或来源去识别每个子组，以便于追踪和纠正故障的具体原因。按照观测值采集的顺序给出的检查和测试记录，为基于时间的分组夯实基础。这是制造业中的常规做法，对保持生产系统随时间的稳定性是很重要的。

务必记住，在收集数据时要谨慎地选择样本，使得它们可以被适当处理为一个个单独的合理子组，这样会使分析过程更为便利。如果可能，子组大小要保持不变，以便于计算和解释。当然，常规控制图的原则同样适用于子组大小变化的情形。

4．子组频率和子组大小

对于子组频率或子组大小，没有一般性的规则存在。子组频率和子组大小往往取决于样本采集成本的高低、样本分析的难易及现实情况等因素。例如，较小频率间隔的较大子组可以更准确地检测到过程均值的较小偏移，而较大频率间隔的较小子组则能更快地检测到过程均值的较大偏移。通常，子组大小取为 4 或 5。采样频率在开始时通常比较高，一旦达到统计控制状态，则采样频率会降低。通常认为，子组大小为 4 或 5 的 25 个子组足以提供初步估计。

值得注意的是，采样频率、统计控制和过程能力需要一起考虑。原因如下：平均极差 $\bar{R}$ 的值通常用于估计 σ。随着子组内样品之间的时间间隔增加，带来波动的各种来源的数目也会增加。故而，子组内样品之间的散布增大，$\bar{R}$ 增大，σ 的估值增大，控制限的间隔变宽，过程能力指数降低。反之，提供连续抽样，$\bar{R}$ 减小，σ 的估值减小，控制限的间隔变窄，过程能力指数提高。

5．初始数据的采集

在确定了待控制的质量特性和采集样本的子组频率与子组大小之后，要开始采集一些初始的检测或测量得到的数据并加以分析，旨在提供绘制控制图的中心线与控制限所需要的数据。初始数据需要各个子组逐一进行收集，直到从连续运行的生产过程中得到推荐的

25个子组。应该注意的是，在初始数据的收集期间，过程不会受到诸如原材料、操作者、操作方法、机器的设置等外部因素带来的间歇性影响。换言之，过程在收集初始数据期间呈现稳定状态。

6．失控状态的行动方案

控制图可用于检测波动的特殊原因。揭示特殊原因的来源并采取补救措施，通常是与过程直接相关的操作人员、主管或工程师的责任。管理层对超过80%的原因负责，并对系统中的偶然原因采取行动，对特殊原因在当下就加以确定，通常由流程的所有者来采取行动。需要对某些根本原因（如原料来源、设备维护、量具及不可靠的测量方法）采取系统性的管理措施，作为调整过程的补救措施。紧密的团队合作是长期持续改进的关键。

当过程固有能力不足时，或当过程有能力但未处于统计控制状态时，或当发现过程在生产不合格品时，通前可以采取100%检验，直到过程得以纠正。需要确保检查的一致性。测量不确定度要保持在可接受范围内。

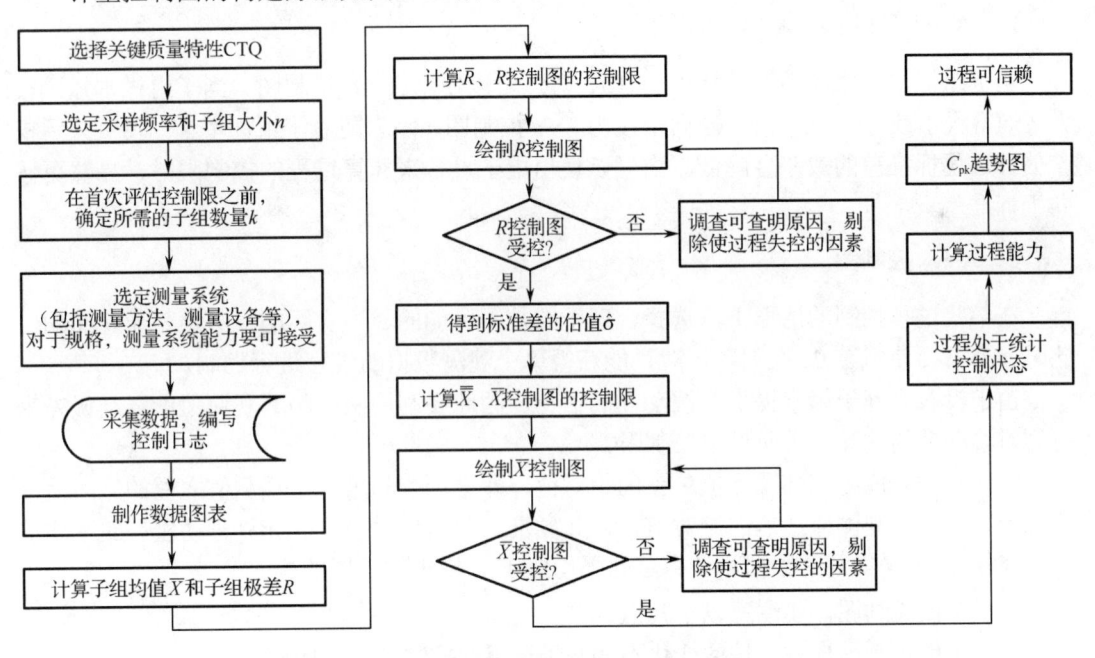

5.2.2 计量控制图的构建方法

计量控制图的构建方法如图5-15所示。

图5-15 计量控制图的构建方法

构建流程：选择关键质量特性CTQ→选定采样频率和子组大小n→在首次评估控制限之前，确定所需的子组数量k→选定测量系统（包括测量方法、测量设备等），对于规格，测量系统能力要可接受→采集数据，编写控制日志→制作数据图表→计算子组均值$\bar{X}$和子组极差R→计算$\bar{R}$、R控制图的控制限→绘制R控制图→R控制图受控？不受控时，调查可查明原因，剔除使过程失控的因素；受控→得到标准差的估值$\hat{\sigma}$→计算$\bar{\bar{X}}$、$\bar{X}$控制图的控制限→绘制$\bar{X}$控制图→$\bar{X}$控制图受控？不受控时，调查可查明原因，剔除使过程失控的因素；受控→过程处于统计控制状态→计算过程能力→C_{pk} 趋势图→过程可信赖。

5.2.3 计量控制图的应用

1．计量控制图的优点

（1）大多数过程和输出都有可以被测量的特性而生成连续数据，如 SMT 印刷焊膏体积、回流焊接温度，以及电子产品的终测电流、电压、功率等，故计量控制图的应用范围广阔。

（2）因为计量控制图可以直接得到关于过程均值和方差的具体信息，所以相比计数控制图，计量控制图提供的信息量更大，计量控制图往往可以在过程生产出不合格品之前，就发出过程异常的警报。

（3）尽管获取测量数据的成本通常比获取通过与否这类数据的成本更高，但是为了得到相同的控制效率，连续数据所需的子组样本量要远少于属性数据的需要。进而，有助于降低总检验成本，并缩短过程出现问题到采取纠正措施之间的时间。

（4）不论规格如何，这些图提供直接评估过程性能的视觉方法。将计量控制图与适当间隔上的直方图相结合，仔细观察，往往会找到改进过程的想法或建议。

2．$\bar{X}$-R 控制图或 $\bar{X}$-s 控制图

当子组样本量比较小（通常小于 10）时，可以使用 $\bar{X}$-R 控制图。当子组样本量比较大（通常大于或等于 10）时，倾向于使用 $\bar{X}$-s 控制图。因为随着子组样本量的增大，用极差估计过程标准差的效率会降低。当可以使用电子设备来计算过程的控制限时，显然更倾向于标准差。

3．X-R_m 控制图

在某些过程控制的情形下，选择合理子组是不可能的、不实际的，甚至是无意义的。此时，就需要使用 X-R_m 控制图，对只能获得单个观测数据的过程进行控制。

由于没有合理子组来提供对波动性的估计，因此要利用两个相邻观测值的移动极差来得到对波动性的估计，进而设定控制限。

移动范围是成对相邻观测值之差的绝对值，即第一个和第二个观测值之差的绝对值，第二个和第三个观测值之差的绝对值，以此类推。利用移动极差，计算移动极差的平均值 $\bar{R}_m$，利用全部采集到的数据，计算总的平均值 $\bar{X}$，用于控制图的构建。

对于单值控制图，要注意以下几点。

（1）单值控制图控制过程的变化不如基于子组的控制图那么敏感。

（2）若过程不服从正态分布，则对单值控制图的解释要特别小心。

（3）单值控制图要利用相邻观测值差值的均值，把过程的异常波动剥离出来。这意味着数据是时序的，并且过程在任何两个相邻个体的采集之间，不能发生显著的变化。

4．中位数（$\tilde{X}$）控制图

在需要降低子组中极端值的影响时，中位数控制图成为控制过程位置的 $\bar{X}$ 控制图的替代方案。例如，在测量拉伸强度时，子组从高度变化的样本通过自动采集所获得，就可能

模块5　控制图、过程能力和测量系统分析

会出现这种情形。中位数控制图使用起来更方便，并不需要太多的计算，特别是对于包含奇数个观测值的子组样本量较小的子组。这可以增加车间对控制图方法的接受度，尤其是子组中的单个观测值与中位数一起绘制在一张控制图上。这样既显示了过程输出的散布，又给出了过程波动变化的持续图片。要指出的是，中位数控制图比 $\bar{X}$ 控制图对失控状态的响应要稍微慢一点。

中位数控制图的控制限有两种计算方法：使用子组中位数的中位数和极差的中位数；使用子组中位数的平均值和极差的平均值。

5. 计量控制图的控制程序与解释

1）收集初步数据

从处于标准操作条件下的过程，收集合理子组的初步数据。计算每个子组的 s（或 R）计算子组统计量的平均值（$\bar{s}$ 或 $\bar{R}$）。通常，最少要采集 25 个初始子组，以确保对过程波动性的可靠估计（$\bar{s}$ 或 $\bar{R}$），随后确定控制限。

2）检查 s（或 R）控制图

计算并绘制 s（或 R）控制图的中心线和控制限。对比控制限，观察图上的数据点，看看是否有落在控制限外的点子，以及不常见的趋势或模式存在。对于控制图发出的每个警报，分析生产过程，尝试去识别和剔除可查明原因。

3）剔除可查明原因并修改控制图

剔除所有被已识别可查明原因影响的子组，然后重新计算修改后的中心线和控制限，并绘制控制图。检查控制图，与修改后的控制限对比，确定所有剩余的数据点是否显示过程处于统计控制状态。如果有必要，重复识别随后重新计算的步骤。

4）检查 X 控制图

一旦对 s（或 R）进行分析发现，过程处于统计控制状态，过程波动性（组内波动）被认为是稳定的。于是，可以对平均值进行分析，以检查过程的中心位置是否随时间变化。计算并绘制 X 控制图的中心线和控制限。对比控制限，观察图上的数据点，看看是否有落在控制限外的点子，以及不常见的趋势或模式存在。剔除可查明原因已经被识别的失控点，重新计算修改后的中心线和控制限，并绘制控制图，检查控制图，与修改后的控制限对比，确定所有剩余的数据点是否显示过程处于统计控制状态。如果有必要，重复识别随后重新计算的步骤。构造 s（或 R）控制图时所有被剔除的子组在构造 $\bar{X}$ 控制图时也应被剔除。

5）持续监测过程

当控制图不再有警报发出，过程处于统计控制状态时，就可采用这些修订后的控制限对未来的过程进行持续监测。由于过程已经被证明处于统计控制状态，因此在控制阶段更多的子组被采集时，无须改变控制限。当然，无论何时过程发生变化，控制限都需要进行调整，如果控制图发出警报、可查明原因被识别且消除该可查明原因需要对过程进行重大改变时，那么可能需要开展识别/重复计算的过程，重新建立对过程的控制。

6．案例分析

某电子厂 SMT 车间对回流焊接温度进行监控，每天测量一次，要求炉温峰值在 240～250℃，并确保回流区温度≥217℃的时间为 70～76s，测量数据如表 5-4 所示。请对数据进行分析以确认过程是否受控。

表 5-4　SMT 车间回流焊接机参数数据

序号	回流区温度≥217℃的时间（s）	炉温峰值（℃）	序号	回流区温度≥217℃的时间（s）	炉温峰值（℃）
1	71.52	244.23	15	72.83	244.01
2	72.62	243.29	16	72.45	245.17
3	72.58	243.06	17	74.15	246.45
4	73.33	244.56	18	74.41	249.01
5	73.23	246.56	19	73.75	245.31
6	73.06	246.06	20	74.79	247.84
7	74.06	244.30	21	73.03	245.56
8	74.95	246.70	22	73.67	246.51
9	73.03	246.01	23	72.92	244.12
10	73.06	245.22	24	71.89	245.56
11	72.82	243.78	25	71.76	245.23
12	74.57	246.45	26	72.50	245.51
13	72.35	244.52	27	72.52	244.58
14	73.77	246.44	28	71.98	245.87

解：对于时间和温度的控制，收集的数据是计量型的，因此应当选择计量控制图。同时每天只取一个样本测量，子组的大小为 1 个，所以应当使用单值-移动极差控制图，即 I-MR 控制图。该任务有两个对象——时间和温度。因此，需要分别制作控制图进行分析。

1）制作时间 I-MR 控制图

I-MR 控制图要求数据必须呈现合理的正态分布，所以需要正态性检验或将非正态性数据转换成正态性数据。

（1）正态性检验。①选择"统计"→"基本统计"→"正态性检验"命令，弹出"正态性检验"对话框。②在"变量"中选择"回流区温度≥217℃的时间（s）"数据列，单击"确定"按钮，输出如图 5-16 所示的回流区温度≥217℃的时间（s）的概率图。从图 5-16 中可以看出，P 值=0.508>0.05，数据呈正态分布。

（2）I-MR 控制图的制作。①选择"统计"→"控制图"→"单值的变量控制图"→"I-MR"命令，弹出"单值移动极差控制图"对话框。②在"变量"中选择"回流区温度≥217℃的时间（s）"数据列，单击"I-MR"按钮，在弹出的"单值移动极差控制图：选项"对话框中，单击"检验"选项卡，勾选全部检验项目，单击"确定"按钮。③输出的控制图如图 5-17 所示。

（3）解释结果。单值控制图显示所有点都在控制限之内，说明不存在特殊原因。移动极差控制图也显示所有点都在控制限之内，说明过程处于统计控制状态。

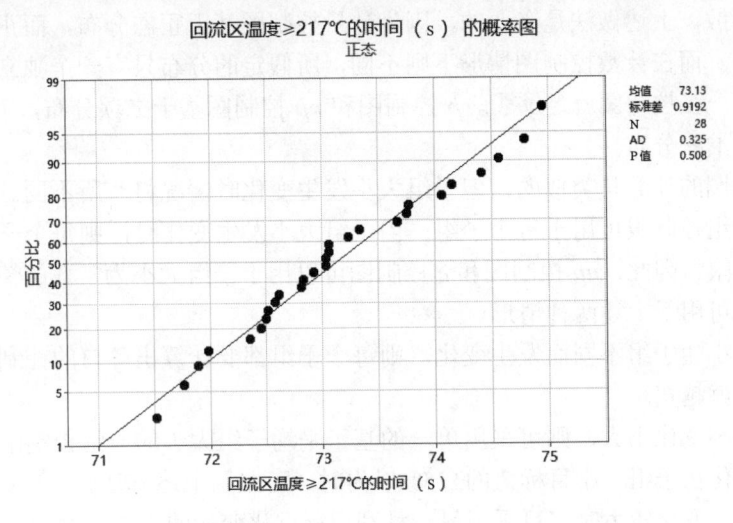

图 5-16　回流区温度≥217℃的时间（s）的概率图

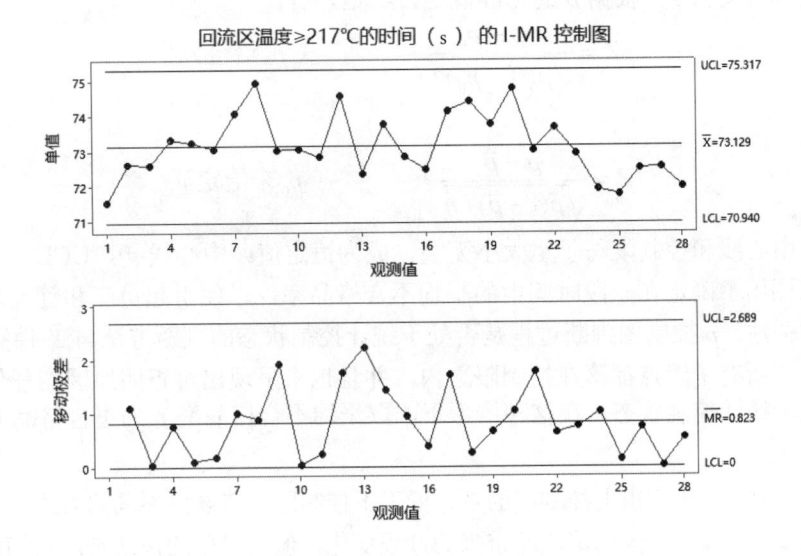

图 5-17　时间 I-MR 控制图

2）制作温度 I-MR 控制图。

其方法同时间 I-MR 控制图，请读者自行完成。

5.2.4　计数控制图的特点与应用

1. 计数控制图的特点

计数型数据表示通过记录所考察的子组中每个个体是否具有某种特性（或特征），计算具有该特性的个体的数量，或者记录一个单位产品、一组产品或一定面积内某类事件发生的次数所获得的观测值。通常，计数型数据的获得快速、经济，并且常常不需要使用专门的收集技术。

在计量控制图情形下,按通常惯例采用一对控制图,其中一张用于控制平均值,另一张用于控制离散。上述做法是必要的,因为计量控制图基于正态分布,而正态分布取决于上述两个参数。而在计数控制图情形下则不同,所假定的分布只有一个独立的参数,即均值水平,故用一张控制图就足够了。p 控制图和 np 控制图基于二项分布,而 c 控制图和 u 控制图则基于泊松分布。

这些控制图的计算是类似的,但子组大小发生变化时情况将有所不同。当子组大小为常数时,同一组控制限可用于每个子组;当子组大小发生变化时,则每个子组都需要计算出各自的控制限。因此,np 控制图和 c 控制图可以用于子组大小为常数的情形,而 p 控制图和 u 控制图可用于上述两种情形。

若子组大小随子组不同而发生变化,则每个子组都要计算出各自的控制限。子组大小越小,控制域就越宽。

若子组大小变化不大,则可采用单一的基于平均子组大小的一组控制限。实际上,当子组大小的变化在子组大小目标值的±25%以内时,可采用上述方法。

若子组大小变化较大时,可采用另一种利用标准化变量的方法。例如,不点绘 p 值,而改为点绘标准化值 Z;根据 p 的标准值是否给定,有:

$$Z = \frac{p - p_0}{\sqrt{p_0(1-p_0)/n}} \quad (p_0 给定)$$

或

$$Z = \frac{p - \bar{p}}{\sqrt{\bar{p}(1-\bar{p})/n}} \quad (p_0 未给定)$$

这样,中心线和控制限与子组大小无关,成为恒定值:中心线=0,UCL=3,LCL=-3。

p 控制图用于确定在一段时间内的平均不合格品率,以便引起员工和管理层对这个平均值变化的关注。p 控制图判断过程是否处于统计控制状态的判断方法与 $\bar{X}$ 控制图和 R 控制图相同。若所有子组点都落在控制限之内,并且也未呈现出可查明原因的任何迹象,则称此过程处于统计控制状态。在这种情形下,取平均不合格品率 $\bar{p}$ 为不合格品率 p 的标准值,记为 p_0。

在控制图中,对于超出上控制限的点,低于下控制限的点要以不同的方式予以处理。它们可能暗示着由于偶然原因的消除而带来的过程变化,但更谨慎的说法是:它们可能指向检验标准的降低。当出现对 LCL 的重大突破时,了解原因并将工作标准的变化制度化至关重要。

必须指出,计数控制图对样本量有一定的要求,p 控制图通常要收集至少 20 个子组的样本量,一般要满足 np≥5,其中 n 为子组大小,p 为不合格品率。当不合格品率很低时,要抽取的样本量相当大。例如,某个生产过程的不合格品率为 1%,则需要抽取至少 20 组,每个子组样本量至少为 500,总样本量至少为 10 000。如果样本量不够,使用 p 控制图或 np 控制图监控过程可能会得出错误的结论。

2. 计数控制图的应用

1)P 控制图(前述的 p 控制图,后同)

某集成电路芯片生产企业的 FQC 检验员在每天工作结束时,从当天的产品中随机采集一个样本，检测其不合格品数，抽样数据如表 5-5 所示。现要求品质控制人员制作一张 P 控制图，并加以分析。

表5-5 集成电路芯片抽样数据

天数	被检查的数目	不合格品数	不合格品率	天数	被检查的数目	不合格品数	不合格品率
1	158	11	0.070	14	145	8	0.055
2	140	11	0.079	15	160	6	0.038
3	140	8	0.057	16	165	15	0.091
4	155	6	0.039	17	136	18	0.132
5	160	4	0.025	18	153	10	0.065
6	144	7	0.049	19	150	9	0.060
7	139	10	0.072	20	148	5	0.034
8	151	11	0.073	21	135	0	0.000
9	163	9	0.055	22	165	12	0.073
10	148	5	0.034	23	143	10	0.070
11	150	2	0.013	24	138	8	0.058
12	153	7	0.046	25	144	14	0.097
13	149	7	0.047	26	161	20	0.124

解：首先将数据输入 Minitab 的工作表中，然后按下列步骤制作 P 控制图。

（1）选择"统计"→"控制图"→"属性控制图"→"P"命令，弹出"P 控制图"对话框。

（2）在"变量"中选择"不合格品数"数据列，在"子组大小"中选择"被检查的数目"数据列。

（3）单击"尺度"按钮，在弹出的对话框中单击"标记"单选按钮，在"标记"中选择"天数"数据列，单击"确定"按钮。

（4）单击"P 控制图"对话框中的"P 控制图选项"按钮，在弹出的对话框中单击"检验"选项卡，勾选全部检验项目，单击"确定"按钮，输出的控制图如图 5-18 所示。

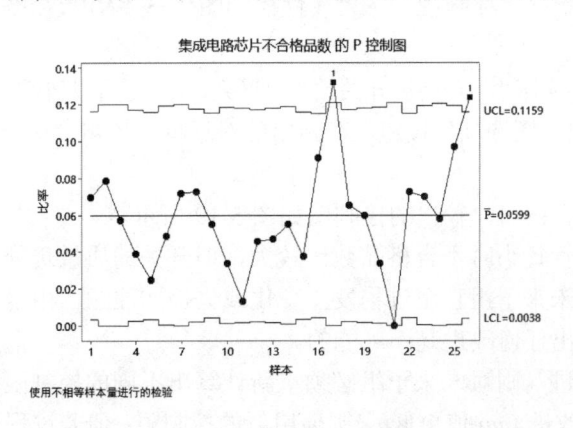

图 5-18 集成电路芯片不合格品数的 P 控制图

从图 5-18 中可以看出，第 17 天和第 26 天的子组，其不合格率落在上控制限之外。对这两批次的产品要寻找造成这些点子高出上控制限的原因，采取纠正措施以防止再次发生。

2）NP 控制图（前文的 np 控制图，后同）

表 5-6 给出了小型开关使用自动检测装置进行全检所发现的关于开关失效的每小时不合格品数。小型开关由一条自动装配线生产，由于开关失效是严重质量问题，故要求采用适当的控制图以识别装配线是在何时失控的。

表 5-6 小型开关不合格数据

子组号	检查的开关数	不合格的开关数	不合格品百分数	子组号	检查的开关数	不合格的开关数	不合格品百分数
1	4000	8	0.200	14	4000	8	0.200
2	4000	14	0.350	15	4000	15	0.375
3	4000	10	0.250	16	4000	11	0.275
4	4000	4	0.100	17	4000	9	0.225
5	4000	13	0.325	18	4000	18	0.450
6	4000	9	0.225	19	4000	6	0.150
7	4000	7	0.175	20	4000	12	0.300
8	4000	11	0.275	21	4000	6	0.150
9	4000	15	0.375	22	4000	12	0.300
10	4000	13	0.325	23	4000	8	0.200
11	4000	5	0.125	24	4000	15	0.375
12	4000	14	0.350	25	4000	14	0.350
13	4000	12	0.300	总计	100 000	269	—

解：由于控制图的对象是不合格品，且样本数均为 4000，因此，可以选择 NP 控制图。NP 控制图的制作步骤如下。

（1）将数据输入 Minitab 20 工作表中，只要输入不合格的开关数一列即可。

（2）选择"统计"→"控制图"→"属性控制图"→"NP"命令，弹出"NP 控制图"对话框。

（3）在"变量"中选择"不合格的开关数"数据列，在"子组大小"文本框中输入"4000"。

（4）单击"NP 控制图选项"按钮，在弹出的对话框中单击"检验"选项卡，勾选全部检验项目。

（5）单击"确定"按钮，输出的控制图如图 5-19 所示。

控制图表明，尽管每小时不合格品数比较大，但开关的质量仍处于统计控制状态。于是这些控制限可用于未来子组直至过程发生变化或失控。注意，由于过程处于统计控制状态，不改变过程而做出任何改进是不可能的。

若对过程做了改进，则对未来子组必须重新计算出不同的控制限以反映改变后的过程性能。若过程已得到改进（np 值更低），则使用新的控制限；但若过程变差了（np 值更高），则应查找另外的可查明原因。注：不合格品数国标用 np，而 Minitab 则用 NP，两者相同。

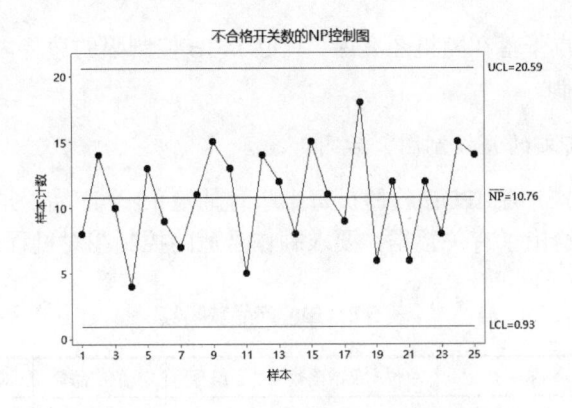

模块 5 控制图、过程能力和测量系统分析

图 5-19 不合格开关数的 NP 控制图

3) C 控制图（前文的 c 控制图，后同）

某带状产品制造商希望控制产品中的不合格疵点数。产品按 4000m 的长度生产，连续对来自某个过程的 20 卷产品（每卷长 350m）进行表面检查，得出不合格疵点数的数据。为了控制该生产过程，要求制作相应的控制图。表 5-7 给出了 20 卷该产品的不合格疵点数据。

表 5-7 某带状产品不合格疵点数据

盘号	1	2	3	4	5	6	7	8	9	10
不合格疵点数	7	1	2	5	0	6	2	0	4	4
盘号	11	12	13	14	15	16	17	18	19	20
不合格疵点数	6	3	3	1	6	3	1	3	5	6

解：由于控制对象是疵点数，故应采用 C 控制图。

（1）将数据输入 Minitab 20 工作表中，选择"统计"→"控制图"→"属性控制图"→"C"命令，弹出"C 控制图"对话框。

（2）在"变量"中选择"不合格疵点数"数据列。

（3）单击"C 控制图选项"按钮，在弹出的对话框中单击"检验"选项卡，勾选全部检验项目。

（4）单击"确定"按钮，输出的控制图如图 5-20 所示。

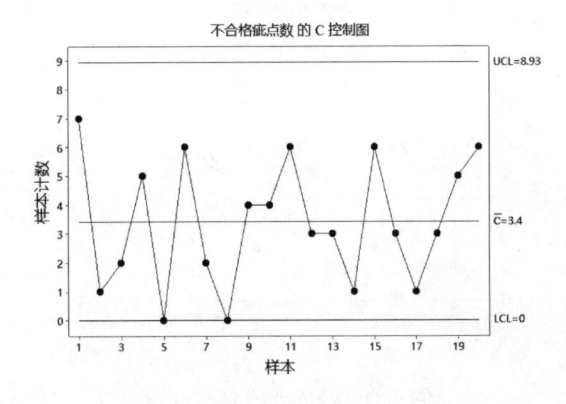

图 5-20 不合格疵点数的 C 控制图

解释结果：因为点子落在随机图案内，且位于 3σ 控制限的边界内，所以可以推断过程按预期运行并且受控制。

4）U 控制图（前文的 u 控制图，后同）

在某电子产品生产厂中 IPQC 检验员每半小时抽检 15 个产品，并记录总缺陷数和单位产品缺陷数。表 5-8 给出了有关数据。要求制作合适的控制图对过程进行控制。

表 5-8 单位产品缺陷数

子组号	单位产品数	缺陷数	单位产品缺陷数	子组号	单位产品数	缺陷数	单位产品缺陷数
1	15	4	0.27	8	15	6	0.40
2	15	5	0.33	9	15	2	0.13
3	15	3	0.20	10	15	4	0.27
4	15	6	0.40	11	15	7	0.47
5	15	2	0.13	12	15	5	0.33
6	15	1	0.07	13	15	2	0.13
7	15	5	0.33	14	15	3	0.20

解：由于控制对象为单位产品缺陷数，因此应当选择 U 控制图。

U 控制图的制作步骤如下。

（1）将数据输入 Minitab 20 工作表中，只需输入单位产品数和缺陷数两列。

（2）选择"统计"→"控制图"→"属性控制图"→"U"命令，弹出"U 控制图"对话框。

（3）在"变量"中选择"缺陷数"数据列，在"子组大小"中选择"单位产品数"数据列。

（4）单击"U 控制图选项"按钮，在弹出的对话框中单击"检验"选项卡，勾选全部检验项目。

（5）单击"确定"按钮，输出的控制图如图 5-21 所示。

解释结果：所有的单位产品缺陷数都在控制限内，表示不存在特殊原因影响了这些单位中的缺陷数，过程处于统计控制状态。

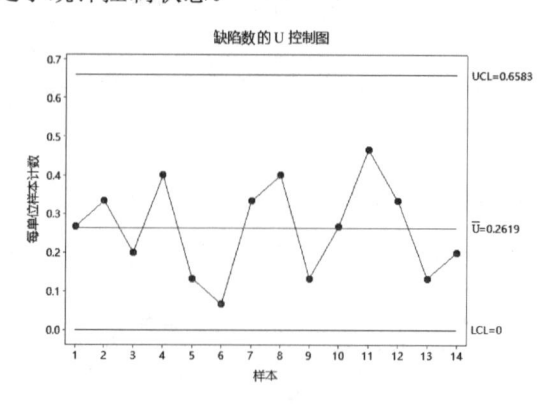

图 5-21 缺陷数的 U 控制图

任务实施

1. 实验目的

学会依据生产实际要求制作各种控制图，包括计量控制图和计数控制图；能够对控制图的输出结果进行解释。

2. 实验准备

（1）联网计算机（Windows 操作系统）。

（2）Office 软件。

（3）Minitab 20 软件。

3. 实验过程

（1）某电子传感器制造商为了确保产品的质量，要求 IQC 检验人员对供应商的来料进行控制。检查 PVC 漆包线上的针孔，每天随机抽取 1 卷，每卷剪下 100~200mm 作为试样，共检查 20 天，数据如表 5-9 所示。试绘出适当的控制图，并说明制程的状态。

表 5-9 漆包线上的针孔数据表

日期	1	2	3	4	5	6	7	8	9	10
样本数	1.0	1.0	1.0	1.0	1.0	1.3	1.3	1.3	1.3	1.3
缺陷数	4	5	3	2	2	4	3	2	4	2
日期	11	12	13	14	15	16	17	18	19	20
样本数	1.3	1.3	1.3	1.3	1.2	1.2	1.2	1.7	1.7	1.7
缺陷数	6	4	0	8	3	0	4	8	3	6

（2）在某产品生产过程中抽取 25 个样本，测得样本的不合格品数如表 5-10 所示。试制作 P 控制图，并分析过程是否处于稳态。

表 5-10 不合格品数表

样本号	样本大小	不合格品数	不合格品率	UCL	样本号	样本大小	不合格品数	不合格品率	UCL
1	95	2	0.0211	0.0602	14	99	0	0.0000	0.0593
2	87	1	0.0115	0.0621	15	75	2	0.0267	0.0654
3	86	2	0.0233	0.0623	16	76	0	0.0000	0.0651
4	97	1	0.0103	0.0598	17	89	1	0.0112	0.0616
5	94	1	0.0106	0.0604	18	87	3	0.0345	0.0621
6	79	0	0.0000	0.0642	19	86	2	0.0233	0.0623
7	78	1	0.0128	0.0645	20	97	2	0.0206	0.0598
8	99	6	0.0606	0.0593	21	94	1	0.0106	0.0604
9	75	2	0.0267	0.0654	22	79	2	0.0253	0.0642
10	76	1	0.0132	0.0651	23	81	2	0.0247	0.0636
11	89	2	0.0225	0.0616	24	80	1	0.0125	0.0639
12	95	2	0.0211	0.0602	25	77	2	0.0260	0.0648
13	78	1	0.0128	0.0645	合计	2148	40	0.0186	

（3）某电子企业专业生产电视机的开关，每天从成品中随机抽取 100 个样本，数据如表 5-11 所示。请分析过程状态。

表 5-11 开关不良数据表

批号	1	2	3	4	5	6	7	8	9	10	11	12	13
样本数	100	100	100	100	100	100	100	100	100	100	100	100	100
不良数	3	2	5	1	3	1	4	0	3	1	2	1	4
批号	14	15	16	17	18	19	20	21	22	23	24	25	26
样本数	100	100	100	100	100	100	100	100	100	100	100	100	100
不良数	1	3	1	3	0	4	2	1	1	3	3	1	1

（4）某电子公司 STM 车间对高速贴片机的贴装压力进行测试，测试结果如表 5-12 所示，根据提供的数据，为了确保贴装压力受控，应当采用何种控制图进行分析？请绘制出相应的控制图。

表 5-12 贴装压力测试数据表

序　号	检验时间	X1	X2	X3	X4	X5
1	1 AM09:00	1.173	1.178	1.214	1.155	1.058
2	2 AM09:00	1.175	1.166	1.167	1.123	1.084
3	3 AM09:00	1.158	1.172	1.204	1.157	1.079
4	4 AM09:00	1.153	1.166	1.191	1.152	1.096
5	5 AM09:00	1.166	1.17	1.181	1.195	1.086
6	6 AM09:00	1.173	1.175	1.18	1.155	1.054
7	7 AM09:00	1.165	1.155	1.185	1.13	1.078
8	8 AM09:00	1.155	1.197	1.186	1.121	1.068
9	9 AM09:00	1.146	1.198	1.167	1.122	1.095
10	10 AM09:00	1.151	1.13	1.224	1.123	1.11
11	11 AM09:00	1.165	1.2	1.17	1.126	1.087
12	12 AM09:00	1.215	1.18	1.187	1.125	1.098
13	13 AM09:00	1.179	1.222	1.166	1.098	1.057
14	14 AM09:00	1.174	1.164	1.235	1.197	1.062
15	15 AM09:00	1.139	1.163	1.158	1.107	1.072
16	16 AM09:00	1.159	1.199	1.164	1.122	1.088
17	17 AM09:00	1.185	1.183	1.199	1.121	1.061
18	18 AM09:00	1.167	1.161	1.185	1.135	1.131
19	19 AM09:00	1.157	1.152	1.218	1.161	1.055
20	20 AM09:00	1.153	1.192	1.202	1.091	1.105

4. 提交实验报告

将已经完成的实验报告提交至作业平台（职教云或学习通平台等）。

练 习

一、名词解释

1. $\bar{X}$-s 控制图；2. np 控制图；3. p 控制图；4. u 控制图；5. c 控制图。

二、填空题

1. 合理子组的选择依据是使得子组内的波动仅由_____原因造成，子组之间的波动主要由控制图意图检测的可查明原因造成。

2. 控制限千万不可用_____值代替。

3. 在计量控制图情形下，按惯例应采用一对控制图，其中一张用于控制均值，另一张用于控制_____。

4. 常用的计点控制图为：缺陷数控制图（___控制图）、单位缺陷数控制图（u 控制图）。

三、选择题

1. 以平均值加减 3 个标准差为控制限，虽然过程是正常的，但落在控制限以外的点子仍有（　　）。

　A．0.35%　　　　B．1%　　　　C．0.135%　　　　D．0.27%

2. 如果控制对象只有合格品与不合格品，则可采用（　　）。

　A．$\bar{X}$ 控制图　　B．R 控制图　　C．p 或 np 控制图　　D．u 控制图

3. 在日常工作中，将 $\bar{X}$ 控制图与（　　）联合使用，较为方便、有效。

　A．u 控制图　　B．c 控制图　　C．R 控制图　　D．p 控制图

四、简答题

1. 为何计量控制图特别有用？应用单值控制图时应当注意哪些事项？
2. 如何判断 p 控制图是否处于统计控制状态？

任务 5.3　基于产品制造过程关键工序过程能力分析

任务描述

过程能力表示过程本身固有的表现，由处于统计控制状态下的过程进行描述。在电子产品制造的过程中，过程是保证产品质量的最基本环节。过程能力分析是质量管理的一项重要的技术基础工作，它有助于掌握各道工序的质量保证能力，为产品设计、工艺、工装设计，以及设备的维修、调整、更新、改造提供必要的资料和依据。过程能力分析的方法分为两类：计量型过程能力分析和计数型过程能力分析。计量型过程能力分析是通过比较过程公差限的宽度和过程度量值的变化宽度，计算其比值，即用过程能力指数 C_p 和 C_{pk} 来衡量过程能力。本任务是通过电子产品生产过程中的测试数据来求解计量型过程能力指数、

判断过程水平；通过产品的检验数据来求解计数型过程能力的西格玛水平。

知识准备

5.3.1 过程能力概述

1. 什么是过程能力

过程能力也称流程能力或工序能力，是指过程要素（人、机、料、法、环）已充分标准化，也就是在受控状态下，实现过程目标的能力。在稳定生产状态下，影响过程能力的偶然因素的综合结果近似地服从正态分布。为了便于过程能力的量化，可以用 3σ 原理来确定其分布范围：当分布范围取 $u\pm3\sigma$ 时，产品质量合格的概率可达 99.73%接近 1。因此以 $\pm3\sigma$，即 6σ 为标准来衡量过程的能力是具有足够的精确度和良好的经济特性的。所以在实际计算中就用 6σ 的波动范围来定量描述过程能力。记过程能力为 B，则 $B=6\sigma$。

2. 为什么要进行过程能力的测试分析

（1）过程能力的测试分析是保证产品质量的基础工作。因为只有掌握了过程能力，才能控制制造过程的符合性质量。如果过程能力不能满足产品设计的要求，那么质量控制就无从谈起，所以说过程能力的测试分析是现场质量管理的基础工作，是保证产品质量的基础工作。

（2）过程能力的测试分析是提高过程能力的有效手段。因为过程能力是由各种因素造成的，所以通过过程能力的测试分析，可以找到影响过程能力的主导性因素，从而通过改进工艺和设备、提高操作水平、改善环境条件、制定有效的工艺方法和操作规程、严格工艺纪律等来提高过程能力。

（3）过程能力的测试分析为质量改进找出方向。因为过程能力是指加工过程的实际质量状态，是产品质量保证的客观依据。通过对过程能力的测试，为设计和工艺部门的工程技术人员提供关键的过程能力数据。同时，通过对过程能力的主要问题分析，为提高制程能力、改进产品质量找到改进方向。

3. 影响过程能力的因素

在产品制造过程中影响过程能力的因素主要有以下几个方面。

（1）设备方面：如设备精度的稳定性能的可靠性、定位装置和传动装置的准确性、设备的冷却润滑的保护情况、动力的供应稳定程度等。

（2）工艺方面：如工艺流程的安排，过程之间的衔接，工艺方法、装配、参数，测量方法的选择，过程生产的指导文件，工艺卡、操作规范、作业指导书、过程质量分析表等。

（3）材料方面：如材料的成分、物理性能、化学性能处理方法、配套件元器件的质量等。

（4）操作人员方面：如操作人员的技术水平和熟练程度、质量意识、责任心、管理程度等。

（5）环境方面：如生产线厂的温度、湿度、噪声干扰、振动、照明室内净化、现场污染程度等。

5.3.2 过程能力指数

过程能力指数是过程能力与过程目标相比较，定量描绘的数值。过程能力指数可分为计量型过程能力指数和计数型过程能力指数。计量型过程能力指数有短期能力指数（C_p 和 C_{pk}）和长期能力指数（P_p 和 P_{pk}）；计数型过程能力指数有 DPU 和 DPMO。这些过程能力指数都可以通过转换后用西格玛水平（Z 值）来表示，如图 5-22 所示。

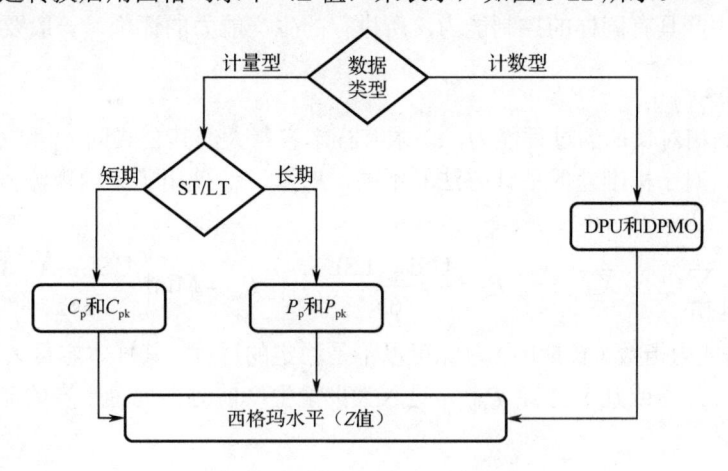

图 5-22 过程能力指数关系图

5.3.3 计量型过程能力

1. 计量型过程能力指数

1）C_p 和 C_{pk}

C_p 是衡量过程潜在能力的一个指数，它未考虑过程输出均值的偏移，只考虑了过程输出分布的离散程度与过程规格的比较结果。计算公式如下：$C_p=(USL-LSL)/6\sigma$。其反映了一个过程的潜在能力，假设过程均值与规格中心完全重合。其值越大表明过程能力越高。六西格玛水平的过程对应的 C_p 值为 2。

C_{pk} 是过程能力指数（短期的），是衡量过程实际能力的一个指数，它考虑了过程输出均值的偏移。$C_{pk}=C_p(1-K)$，式中 K 为修正系数，如图 5-23 所示。

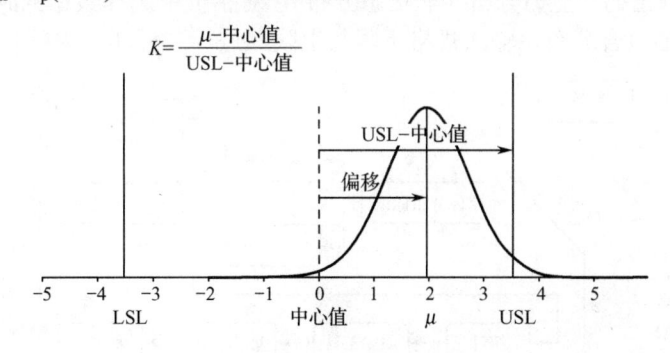

$$K=\frac{\mu-\text{中心值}}{USL-\text{中心值}}$$

图 5-23 修正系数 K 示意图

可以看出：
（1）当过程中心未偏移时，$C_p=C_{pk}$。
（2）当过程中心偏移时，$C_p>C_{pk}$。$C_{pk}=\text{Min}[(\bar{X}-LSL/3\sigma),(USL-\bar{X}/3\sigma)]$。

（3）C_{pk} 评价的是稳定过程，其样本容量是 30～50，是对单批（几小时或几天）的评价。当 C_{pk}=1.33（1.5 的偏离）时，相当于 4σ 的水平，合格率达到 99.379%。

（4）C_{pk} 是进入大批量生产后，为保证批量生产下的产品的品质状况不至于下降，且为保证与小批量生产具有同样的控制能力，所进行的生产能力的评价，一般要求 C_{pk}≥1.33。

2）P_p 和 P_{pk}

P_p 和 P_{pk} 是相对长期的过程能力，要求其样本容量大，其公式同 C_p 和 C_{pk} 一样，但唯一的区别在于，对于标准差的估计方法的不同，P_p 和 P_{pk} 使用子组内观测值得到的样本标准差 s。

$$s = \sqrt{\frac{1}{n-1}\sum_{i=1}^{n}(X_i - \bar{X})^2} \qquad P_p = \frac{USL - LSL}{6s} \qquad P_{pk} = \text{Min}\left(\frac{USL - \bar{X}}{3s}, \frac{\bar{X} - LSL}{3s}\right)$$

P_{pk} 是过程能力指数（长期的）。P_{pk} 可以不是稳定的过程，其样本容量大于或等于 100，评价的是多批（几周或几个月），P_{pk} 是进入大批量生产前对小批量生产的能力评价，一般要求 P_{pk}≥1.67。

2．计量型过程能力分析方法

计量型过程能力分析操作流程图如图 5-24 所示。首先在过程处于统计控制状态下收集数据，可以制作控制图检查过程是否处于统计控制状态，然后对所收集的数据进行正态性检验。如果数据通过正态性检验，则单击"统计"→"质量工具"→"能力分析"→"正态"命令，在弹出的"能力分析（正态分布）"对话框中选择数据列、输入子组、规格下限与上限，进行过程能力求解；如果数据非正态分布，则需通过个体分布标识选择 P 值最大且满足 P 值≥0.05（下同）所对应的分布进行求解。此时有两个路径：当个体分布标识 P 值最大为 Johnson 变换或 Box-Cox 变换时，选择"统计"→"质量工具"→"能力分析"→"正态"命令，在弹出的"能力分析（正态分布）"对话框中单击"变换"按钮，单击"Johnson 变换"或"Box-Cox 幂变换"单选按钮，单击"确定"按钮后按正态分布方式求解。当个体分布标识 P 值最大的是其他分布时，选择"统计"→"质量工具"→"能力分析"→"非正态"命令，在弹出的"能力分析（非正态分布）"对话框中选择数据列到"单列"中，选择 P 值最大相应的拟合分布，输入规格下限与上限，进行过程能力求解。

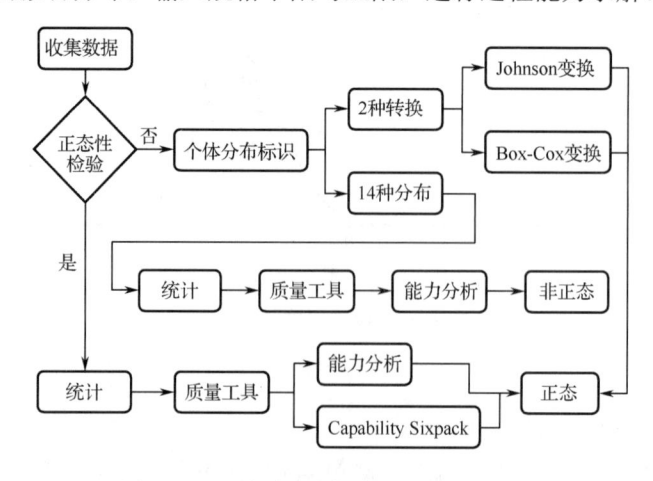

图 5-24 计量型过程能力分析操作流程图

使用 Minitab 进行数据的正态性检验的方法有三种：一是选择"统计"→"基本统计"→"正态性检验"命令；二是选择"统计"→"基本统计"→"图形化汇总"命令；三是选择"图形"→"概率图"命令。在过程能力分析中常用的是第二种方法。而数据是否具有正态性则要看 P 值，P 值>0.05 就基本可以认为数据正态。

例如，某工厂主要生产民用电器，最近根据售后服务部门的反映，客户对产品的投诉次数不断上升。经过初步分析，问题主要集中在线路板输出电压上。质量管理部根据反馈信息，决定用直方图对线路板的质量状况进行分析并计算过程能力。在生产过程中每天抽取 5 块线路板，对其输出电压进行测试获得相关的数据，如表 5-13 所示。线路板输出电压要求为 108～121V。

表 5-13 线路板电压数据　　　　　　　　　　　　　　　　　　　　　单位：V

样本	第 X 周					第 X+1 周				
	周一	周二	周三	周四	周五	周一	周二	周三	周四	周五
X1	109.18	118.41	110.94	112.19	119.10	113.56	114.99	118.83	115.11	113.68
X2	109.59	112.36	117.30	118.29	121.11	110.54	120.32	118.72	115.60	112.27
X3	114.55	119.22	114.55	118.85	114.03	120.74	116.90	120.20	114.87	114.11
X4	110.85	117.99	113.89	112.65	120.42	117.60	119.11	112.39	118.98	115.78
X5	117.24	115.58	111.11	117.88	118.62	115.08	112.03	120.11	112.24	117.33
样本	第 X+2 周					第 X+3 周				
	周一	周二	周三	周四	周五	周一	周二	周三	周四	周五
X1	111.56	118.85	119.90	119.63	108.38	118.02	110.37	117.11	112.60	116.84
X2	116.86	115.10	118.03	113.53	115.60	119.08	110.12	112.97	116.59	111.77
X3	119.21	118.18	116.67	117.54	118.10	118.15	109.73	115.34	117.77	116.69
X4	118.91	117.24	120.86	107.78	118.24	113.44	115.32	117.17	113.50	111.80
X5	116.74	119.26	116.01	109.71	113.96	118.85	114.74	116.93	113.88	113.89

解：由于该产品过程的关键参数是电压值，是计量型数据，因此应当采用计量型过程能力分析方法进行。首先在 Minitab 20 中选择"数据"→"堆叠"→"列"命令，将所采集的线路板电压数据，按照采集的时间先后顺序堆叠在一列中，然后按下列步骤求解过程能力指数。

（1）检查过程是否处于统计控制状态。过程能力分析的先决条件是过程处于统计控制状态，此时分析过程能力才有意义，所以需要通过制作控制图来进行判断。因为每天收集 5 个数据（X1、X2、X3、X4、X5），所以子组数 n=5。选择"统计"→"控制图"→"子组的变量控制图"→"Xbar-R"命令，在弹出的对话框中选择堆叠后的数据列，输入子组大小"5"，单击"Xbar-R 选项"按钮，在弹出的对话框中单击"检验"选项卡，勾选全部检验项目，单击"确定"按钮，输出 Xbar-R 控制图，如图 5-25 所示。从图 5-25 中可以看出，各子组数据的均值与极差均未超出控制限，数据点随机排列，故过程处于统计控制状态。

（2）对数据进行正态性检验。计量型过程能力分析是假定过程的输出质量特性值 X

服从正态分布,因此需要对数据进行正态性检验。操作步骤:选择"统计"→"基本统计"→"正态性检验"命令,输出图形如图 5-26 所示。图 5-26 表明,P 值<0.005,数据不服从正态分布,需要对数据进行变换。

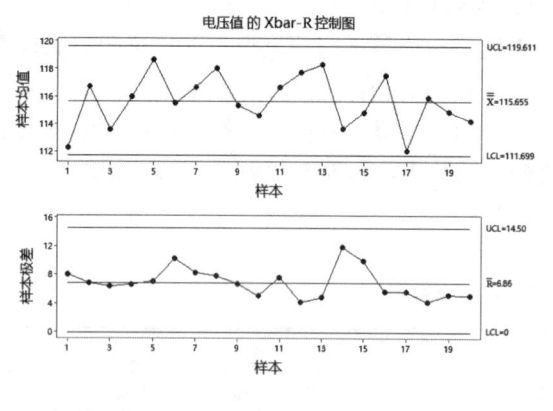

图 5-25　电压值的 Xbar-R 控制图

图 5-26　电压值的概率图

(3) 对数据进行个体分类标识。操作步骤:选择"统计"→"质量工具"→"个体分类标识"命令,在弹出的"个体分类标识"对话框中单击"单列"单选按钮,选择"电压值"数据列,在"子组大小"文本框中输入"5",单击"使用所有分布和变换"单选按钮,单击"确定"按钮,输出以下结果及图形(见图 5-27,仅选择其中一组输出图形)。

描述性统计量

N	N*	均值	标准差	中位数	最小值	最大值	偏度	峰度
100	0	115.655	3.26669	116.3	107.78	121.11	−0.423776	−0.746669

Box-Cox 变换:$\lambda = 5.00000$

Johnson 变换函数:

$-0.450\,371 + 0.848\,550 \times \mathrm{Ln}((X - 106.606)/(121.532 - X))$

拟合优度检验

分布	AD	P	极大似然比 P
正态	1.221	<0.005	
Box-Cox 变换	0.950	0.016	
对数正态	1.311	<0.005	
3 参数对数正态	1.245	*	0.268
指数	43.367	<0.003	
2 参数指数	14.731	<0.010	0.000
Weibull	0.710	0.064	
3 参数 Weibull	0.776	0.019	0.530
最小极值	0.701	0.067	
最大极值	2.520	<0.010	
Gamma	1.304	<0.005	

3 参数 Gamma	1.392	*		1.000
Logistic	1.298	<0.005		
对数 Logistic	1.360	<0.005		
3 参数对数 Logistic	1.337	*		0.350
Johnson 变换	0.215	0.844		

分布参数的极大似然估计

分布	位置	形状	尺度	阈值
正态*	115.65510		3.26669	
Box-Cox 变换*	2.08547E+10		2.86873E+09	
对数正态*	4.75021		0.02843	
3 参数对数正态	10.91901		0.00006	−5.51003E+04
指数			115.65510	
2 参数指数			7.95464	107.70045
Weibull		43.03034	117.17234	
3 参数 Weibull		10.95164	30.63439	86.43752
最小极值	117.20595		2.70100	
最大极值	113.97313		3.31438	
Gamma		1255.35031	0.09213	
3 参数 Gamma		262.82983	0.20386	62.04488
Logistic	115.83996		1.92880	
对数 Logistic	4.75198		0.01674	
3 参数对数 Logistic	10.99922		0.00003	−5.97119E+04
Johnson 变换*	0.00488		0.94890	

*尺度：调整后的极大似然估计

输出窗口共输出 4 组图形，P 值最大的一组图形如图 5-27 所示，Johnson 变换 P 值=0.844。

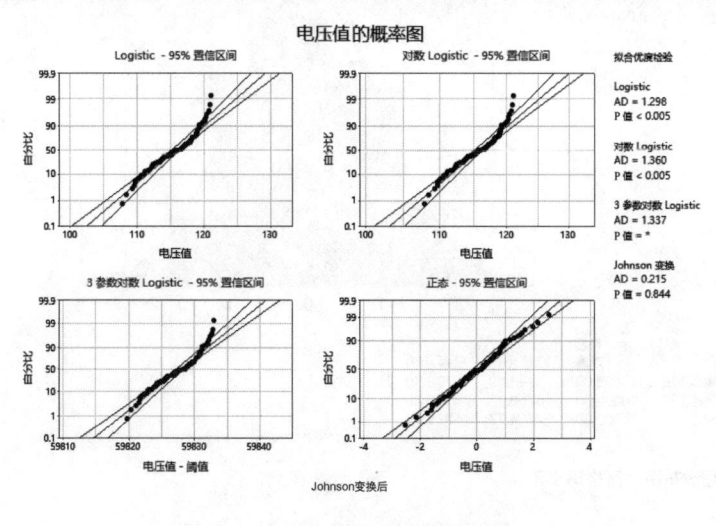

图 5-27 个体分布标识概率图

从拟合优度检验和输出的图形中可以看出，P 值最大的是 Johnson 变换，因此应当选择此变换。Johnson 变换函数：$-0.450371+0.848550\times \text{Ln}((X-106.606)/(121.532-X))$

（4）对数据进行 Johnson 变换，并求过程能力。操作步骤：选择"计算"→"计算器"命令，弹出"计算器"对话框，在"表达式"文本框中输入 Johnson 变换函数，将函数中的乘号"×"改为"*"，变量"X"分别用 C2 和 C3 代替，单击"确定"按钮，输出如图 5-28 所示的变换后电压值和变换规格。最后选择"统计"→"质量工具"→"能力分析"→"正态"命令，在打开的对话框中，选择变换后的电压值和规格，单击"确定"按钮，输出如图 5-29 所示的过程能力分析图。

图 5-28 对话框选项示意图

Johnson 变换电压值的过程能力报告

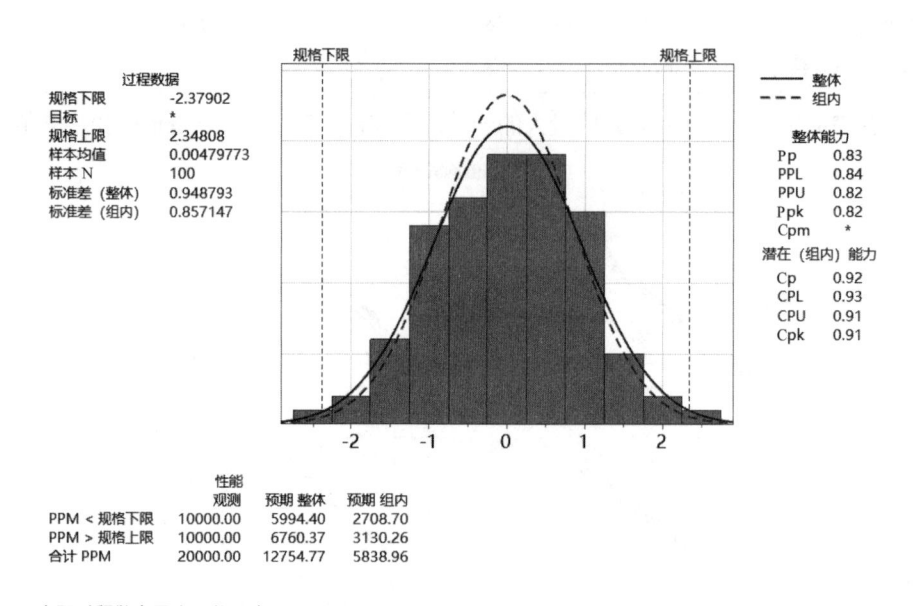

过程数据	
规格下限	-2.37902
目标	*
规格上限	2.34808
样本均值	0.00479773
样本 N	100
标准差（整体）	0.948793
标准差（组内）	0.857147

整体能力	
Pp	0.83
PPL	0.84
PPU	0.82
Ppk	0.82
Cpm	*

潜在（组内）能力	
Cp	0.92
CPL	0.93
CPU	0.91
Cpk	0.91

性能	观测	预期 整体	预期 组内
PPM < 规格下限	10000.00	5994.40	2708.70
PPM > 规格上限	10000.00	6760.37	3130.26
合计 PPM	20000.00	12754.77	5838.96

实际过程散布用六西格玛表示。

图 5-29 线路板电压值过程能力分析图

从图 5-29 中可以看出，经过 Johnson 变换后，数据呈现正态分布，Cpk（过程能力指数 C_{pk}）=0.91<1，说明过程能力不足。若生产 100 万台产品，则不合格品的数量有 12 755 台。制造商未满足客户的要求，应通过降低过程变异来改进其过程。

此外，过程能力分析的质量工具也可以选择 Capability Sixpack 工具进行，两者分析结果一致。

3．计量型过程能力的判定

在求出过程能力指数后，就可以对过程能力是否充分做出分析和判定，即判断 C_p 值为多少才能满足设计要求。

（1）根据过程能力的计算公式，若质量特性分布中心与标准中心重合，这时 K=0，则标准界限范围是±3σ（6σ），这时过程能力指数 C_p=1，可能出现的不良率为 0.27%，过程能力基本满足设计质量要求。

（2）若标准界限范围是±4σ（8σ），K=0，则过程能力指数 C_p=1.33。这时过程能力不仅能满足设计质量要求，而且有一定的富余能力，这种能力状态是理想的状态。

（3）若标准界限范围是±5σ（10σ），K=0，则过程能力指数 C_p=1.67。这时过程能力有更多的富余，也就是说过程能力非常充足。

（4）当过程能力指数 C_p<1 时，我们就认为过程能力不足，应采取措施提高过程能力。

根据以上分析，对过程能力指数 C_p 值（或 C_{pk}）的判断标准，如表 5-14 所示。

表 5-14　过程能力级别表

C_p 值的范围	级别	西格玛水平	过程能力的评价参考
C_p≥1.67	Ⅰ	5σ 以上	过程能力很充足
1.67>C_p≥1.33	Ⅱ	4σ～5σ	过程能力充足
1.33>C_p≥1	Ⅲ	3σ～4σ	过程能力基本上良好
1>C_p≥0.67	Ⅳ	2σ～3σ	过程能力不足
0.67>C_p	Ⅴ	2σ 以下	过程能力非常不足

4．提高计量型过程能力的对策

图 5-30 示意性地展示了过程控制、过程能力和过程改进的关键步骤。

（1）用控制图评估：在评估过程能力之前一定要先确认过程处于统计控制状态。收集 25 个子组大小为 4 或 5 的子组，计算中心线与控制限，绘制并审查控制图。

（2）过程未处于统计控制状态：主要表现为出现可查明原因，点子超出控制限，出现链、倾向、循环等，要剔除可查明原因。

（3）过程处于统计控制状态：点子在中心线周围随机散布，点子在控制限内，无链、倾向和其他模式，过程稳定，可预测。

（4）评估过程能力：计算 C_{pk}，当 C_{pk}<1 时，表明过程能力不足，需要进行管理决策；当 C_{pk}>1 时，表明过程能力充足，需要检查过程中心的对准情况。

（5）管理决策：改进过程，停止制造产品，按照目前情况生产并进行全检，改变规格。管理决策返回初始状态，重新评估。

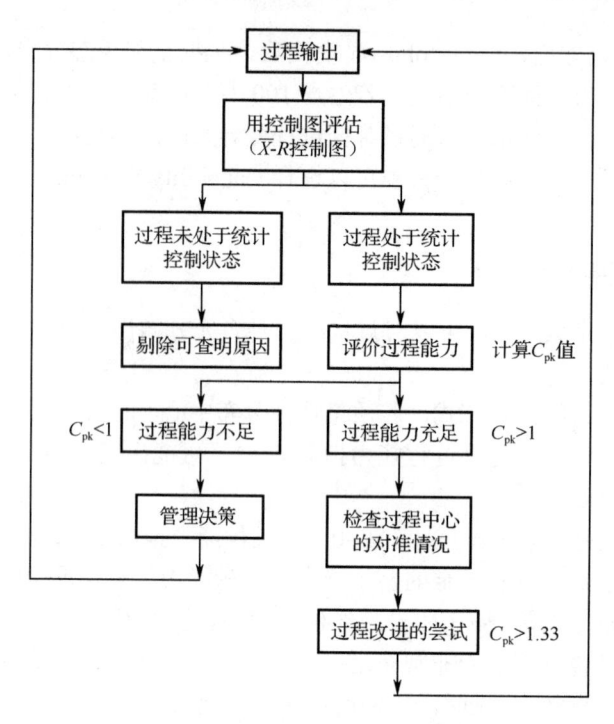

图 5-30 过程控制、过程能力和过程改进的关键步骤

（6）检查过程中心的对准情况：过程的离散程度可能与规格的离散程度相等，但个别的单位产品可能超出规格限，若如此，则重新确定过程均值的位置，重新计算控制限，继续用控制图监控。

（7）过程改进的尝试：$C_{pk}>1.33$，表明过程能力充足，技术管理能力已很好，这时就需要控制过程的稳定性，以保持过程能力不发生显著变化。

5．提高计量型过程能力的途径

（1）调整过程加工的分布中心和技术标准中心偏移的绝对值，即 $\varepsilon=|M-\mu|$。当过程存在偏移量时，会严重影响过程能力指数。假设两个中心重合时，过程能力是充足的，但由于存在偏移量，过程能力指数下降，造成过程能力严重不足。

（2）提高过程能力，减少分散程度。由公式 $B=6\sigma$ 可知，过程能力 B 是由人、机、料、法、环 5 个因素所决定的，是过程固有的分布宽度。当技术标准固定时，过程能力对过程能力指数的影响是十分显著的。由此看出，减少标准差 σ，就可以减少分散程度，从而提高过程能力，以满足技术标准的要求。一般来说，可以通过以下措施减少分散程度。

① 修订过程改进工艺方法；修订操作规程，优化工艺参数；补充增添中间过程，推广应用新工艺、新技术。

② 改造更新与产品质量标准要求相适应的设备，对设备进行周期点检，按计划进行维护，从而保证设备的精度。

③ 提高工具、工艺装配的精度，对大型的工艺装配进行周期点检，加强维护保养，以维持工装的精度。

④ 进行产品人员培训，提高操作人员的技术水平和质量意识。

⑤ 加强现场质量控制，设置关键、重点过程的管理点，开展 QC 小组活动，使过程处于统计控制状态。

（3）修订标准范围。标准范围的大小直接影响对过程能力的要求，当确信降低标准要求或放宽公差范围不致影响产品质量时，就可以修订不切实际的现有公差的要求。这样既可以提高过程能力指数，又可以提高劳动生产率，但必须以切实际不影响产品质量、不影响用户使用效果为依据。

5.3.4 计数型过程能力

1. 计数型过程能力指数

1）DPU

DPU（Defects Per Unit，单位产品缺陷数）的计算公式为

$$\text{DPU} = \frac{\text{缺陷总数}}{\text{生产的产品总数}}$$

2）DPMO

DPMO（Defects Per Million Opportunities，每百万机会的缺陷数）的计算公式为

$$\text{DPMO} = \frac{\text{单位产品缺陷数}}{\text{单位产品的缺陷机会}} \times 1\,000\,000$$

$$= \frac{\text{DPU}}{\text{单位产品的缺陷机会}} \times 1\,000\,000$$

2. 计数型过程能力指数的计算示例

（1）工厂刚生产完一批洗衣机共 40 000 台，其中发现 100 台洗衣机有缺陷，则 DPU、DPMO 和 σ 分别是多少？

解：DPU = 0.0025，DPMO = 2500，σ = 4.31。

（2）有 12 412 台 A 型电机被组装到干燥机中。每台电机有 3 个不良的机会（分别是功率、振动和总重）。在本月中，发现了 200 个缺陷，则 DPU、DPMO 和 σ 分别是多少？

解：DPU = 0.0161，DPMO = 5371，σ = 4.05。

（3）工厂刚生产出一批冰箱共 400 台（每台冰箱有 134 个部件）。在生产中，发现了 12 312 个不良（错组装或损坏）部件，则 DPU、DPMO 和 σ 分别是多少？

解：DPU = 30.78，DPMO = 229 701，σ = 2.24。

注：σ 值是通过查 σ 表得出的。DPMO 对应的 σ 值如表 5-15 所示。

表5-15 DPMO 对应的 σ 值（包括 1.5σ 的偏移）

Z	0.00	0.01	0.02	0.03	0.04	0.05	0.06	0.07	0.08	0.09
	DPMO									
1.5	500 000	496 000	492 000	488 000	484 000	480 100	476 100	472 100	468 100	464 100
1.6	460 200	456 200	452 200	448 300	444 300	4 404 000	436 400	432 500	428 000	424 700

续表

Z	0.00	0.01	0.02	0.03	0.04	0.05	0.06	0.07	0.08	0.09
					DPMO					
1.7	420 700	416 800	412 900	409 000	405 200	401 300	397 400	393 000	389 700	385 900
1.8	382 100	378 300	374 500	3 707 000	366 900	363 200	359 400	355 700	352 000	348 300
1.9	344 600	340 900	337 200	333 000	330 000	326 400	322 800	319 200	315 600	312 100
2.0	308 500	305 000	301 500	298 100	2 946 000	291 200	287 700	284 300	281 000	277 000
2.1	274 300	270 900	267 000	264 300	261 100	257 800	254 000	251 400	248 300	245 100
2.2	242 000	238 500	235 800	232 700	229 700	226 600	223 000	220 700	217 700	214 800
2.3	211 900	209 000	206 100	203 300	200 500	197 700	194 900	192 200	189 400	186 700
2.4	184 100	181 400	178 800	176 200	173 600	171 100	168 500	166 000	163 500	161 100
2.5	158 700	156 200	153 900	151 500	149 200	146 900	144 000	142 300	140 100	137 900
2.6	135 700	133 500	131 400	129 200	127 100	125 100	123 000	121 000	119 000	117 000
2.7	115 100	113 100	111 200	109 300	107 500	105 600	103 800	102 000	100 300	98 530
2.8	96 800	95 100	93 420	91 700	90 120	88 510	86 910	85 340	83 750	82 260
2.9	80 760	79 270	77 800	76 300	74 530	73 530	72 140	70 780	69 440	68 110
3.0	66 810	65 520	64 260	63 010	61 780	60 570	59 380	58 210	57 050	55 920
3.1	54 800	53 700	52 820	51 550	50 500	49 470	48 406	47 460	46 480	45 510
3.2	44 570	43 630	42 720	41 820	40 530	40 060	39 200	38 300	37 540	36 730
3.3	35 930	35 150	34 380	33 630	32 880	32 160	31 440	30 740	30 050	29 380
3.4	28 720	28 070	27 430	26 800	26 190	25 590	25 000	24 420	23 850	23 300
3.5	22 750	22 220	21 690	21 180	20 680	20 180	19 700	19 230	18 760	18 310
3.6	17 860	17 430	17 000	16 590	16 180	15 780	15 350	15 000	14 630	14 260
3.7	13 900	13 550	13 210	12 870	12 550	12 220	11 910	11 600	113 010	11 010
3.8	10 720	10 440	10 170	99 903	9642	9387	9137	8894	8656	8424
3.9	8198	7976	7760	7549	7344	7143	6947	6756	6569	6387
4.0	6210	6036	5868	5708	5543	5386	5234	5085	4940	4799
4.1	4661	4527	4396	4269	4145	4024	3907	3792	3681	3572
4.2	3467	3364	3264	3187	3072	2980	2890	2803	2718	2635
4.3	2555	2477	2401	2327	2256	2186	2118	2052	1988	1926
4.4	1866	1807	1750	1695	1641	1589	1538	1489	1441	1395
4.5	1350	1306	1264	1223	1183	1144	1107	1070	1035	1001
4.6	968	935	904	874	845	818	789	762	736	711
4.7	687	664	641	619	598	577	557	538	519	501
4.8	484	467	450	434	419	404	390	376	363	350
4.9	337	325	313	302	291	280	270	260	251	242
5.0	233	224	218	208	200	193	186	179	172	166

续表

Z	0.00	0.01	0.02	0.03	0.04	0.05	0.06	0.07	0.08	0.09
	DPMO									
5.1	159	153	147	142	136	131	126	121	117	112
5.2	108	104	100	96	92	89	85	82	79	75
5.3	72	70	67	64	62	59	57	55	52	50
5.4	48	46	44	43	41	39	38	36	35	33
5.5	32	30	29	28	27	26	25	24	23	22
5.6	21	20	19	18	17	17	16	15.3	14.7	14
5.7	13.4	12.9	12.3	11.7	11.3	10.8	10.8	9.9	9.3	9
5.8	8.6	8.2	7.9	7.5	7.2	6.9	6.6	6.3	6	5.7
5.9	5.4	5.2	5	4.8	4.6	4.4	4.2	4	3.8	3.6
6.0	3.4	3.3	3.1	3	2.9	2.7	2.6	2.4	2.3	2.2

5.3.5 西格玛水平

1. Z 值的含义

Z 值是指满足关键顾客要求条件下的合格率对应的标准正态分布的分位数，Z 值大小为西格玛水平。Z 值是均值与某一个特定取值（通常为关键顾客要求的规格限）之间能容纳的标准差的数目，代表在某特定关键顾客要求下过程的西格玛表现，如图 5-31 所示。

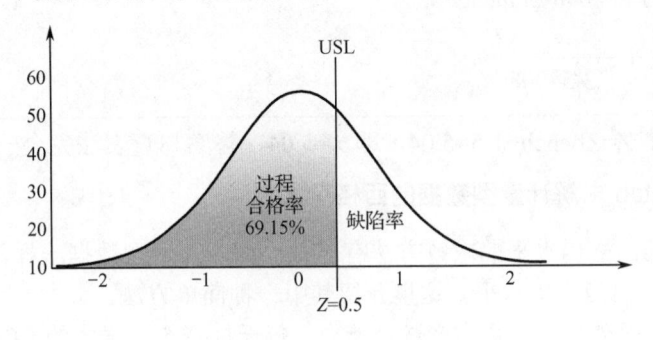

图 5-31 Z 值示意图

2. 运用 Minitab 求解计数型数据的西格玛水平

对于计数型数据，其过程能力分析可以通过计算其西格玛水平对过程能力进行评价。评价方法是首先计算其合格率，合格率=1-DPMO×10^{-6}，然后在 Minitab 中选择"计算"→"概率分布"→"正态"命令，弹出"正态分布"对话框，单击"逆累积概率"和"输入常量"单选按钮，在"输入常量"文本框中输入合格率数据。注意，"正态分布"对话框中的均值 0.0 和标准差 1.0 保持不变，单击"确定"按钮，在输出窗口中得到 x 值，即 Zbench（用来衡量过程水平的一个重要指标，代表长期西格玛水平），最后计算西格玛水平：Z=Zbench+1.5。

例：某一车间刚生产完一批光电传感器共 50 000 台，每个光电传感器有 10 个不良机会，发现了 100 不良发生，则 DPU、DPMO 和 σ 分别是多少？

解：DPU=100/50 000=0.002，DPMO=0.002/10×1 000 000=200，合格率=1-200×10^{-6}=0.999 8。

按以下步骤进行操作：在 Minitab 中选择"计算"→"概率分布"→"正态"命令，弹出"正态分布"对话框，单击"逆累积概率"和"输入常量"单选按钮，在"输入常量"文本框中输入合格率 0.9998，单击"确定"按钮，如图 5-32 所示。在输出窗口中得到 x=3.54008，即 Zbench。

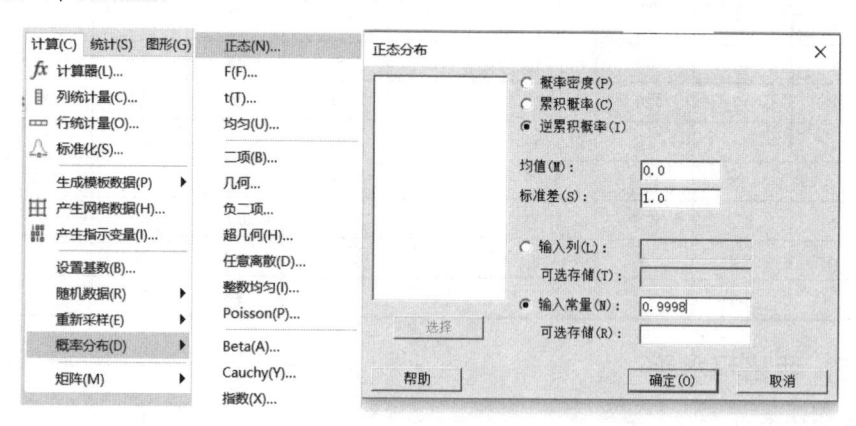

图 5-32 Zbench 的求解过程

输出结果：

正态分布，均值= 0 和标准差= 1

P(X ≤ x)	x
0.9998	3.54008

Zbench=3.54，Z=Zbench+1.5=5.04，即 σ=5.04，答案与查表法完全一致。

3. 运用 Minitab 求解计量型数据的西格玛水平

计量型数据的西格玛水平的求解方法有多种，如同计数型数据一样，先求合格率，再求 Zbench，最后得出西格玛水平。这里介绍其中一种简单方法。

例：某照明有限公司为了解生产过程能力，每天抽查 5 个样本的 LED，测量其关键特性——光通量，测量数据如表 5-16 所示。技术规格：光通量>1600lm，请问这个过程能力是多少 σ，过程能力是否充足？

表 5-16 LED 光通量　　　　　　　　　　　　　　　　　　单位：lm

时间	日期					
	星期一	星期二	星期三	星期四	星期五	星期六
09:00	1688.06	1677.23	1666.82	1664.14	1642.59	1692.70
10:00	1678.98	1643.83	1658.05	1674.96	1661.04	1695.17
11:00	1694.86	1677.23	1662.18	1672.28	1679.91	1677.02
15:00	1682.70	1666.82	1652.80	1693.52	1682.39	1712.08
16:00	1654.34	1683.52	1680.22	1652.07	1705.27	1660.94

按照计量型过程能力的求解方法求解：在工作表中输入数据后，选择"统计"→"质量工具"→"Capability Sixpack"→"正态"命令，在弹出的"Capability Sixpack（正态分布）"对话框中单击"选项"按钮，在弹出的"Capability Sixpack（正态分布）：选项"对话框中单击"基准 Z 值（西格玛水平）"单选按钮，单击"确定"按钮，输出图形如图 5-33 所示。

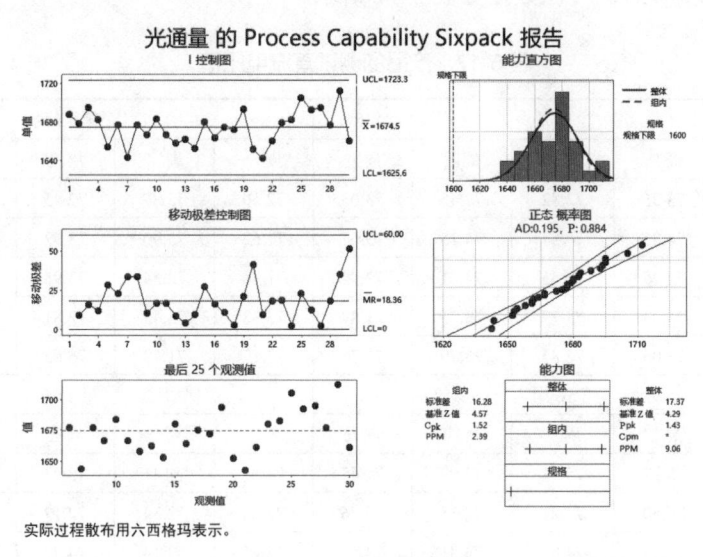

图 5-33 光通量过程能力

从图 5-33 中可以看出，基准 Z 值为 4.29，即 Zbench=4.29，Z=Zbench+1.5=5.79，即 σ=5.79，表明过程能力充足；也可以看到基准 Z 值与 Ppk 的关系：基准 Z 值=3×Ppk=3×1.43=4.29；还可以通过图中的 PPM 按照计数型数据方法进行过程能力西格玛水平的求解。

任务实施

1. 实验目的

学会对过程能力进行分析，求出过程能力指数，判断过程能力。同时要求能够处理非正态分布数据并求解其过程能力指数。

2. 实验准备

（1）联网计算机（Windows 操作系统）。
（2）Office 软件。
（3）Minitab 20 软件。

3. 实验过程

1）集成电路过程能力指数的求解

某集成电路的测试数据 IthH 如表 5-2 所示，若要求将 IthH 控制在 13～26mA，求其过程能力指数。

2）数据正态分布、非正态分布过程能力指数的求解

（1）某电子有限公司有一种产品的重要特性是直流电压值，该公司为控制该项目的特性，每天从制造过程中随机抽取 5 个样本，测定直流电压，共得到 25 组数据。请根据这些数据绘制 $\bar{X}$-R 控制图，调查此制造过程的控制情形，并检查过程能力西格玛水平。已知该产品的特性规格为 75V±5V，数据如表 5-17 所示。

表 5-17 产品的测试直流电压值　　　　　　　　　　　　　单位：V

样本	第 14 周					第 15 周				
	周一	周二	周三	周四	周五	周一	周二	周三	周四	周五
X1	71.52	73.06	72.82	72.45	73.03	72.50	73.87	72.45	73.11	72.27
X2	72.62	74.06	74.57	74.15	73.67	72.52	73.90	73.92	73.43	69.78
X3	72.58	74.95	72.35	74.41	72.92	71.98	72.54	73.95	73.20	72.35
X4	73.33	73.03	73.77	73.75	71.89	73.33	73.43	72.81	73.94	73.44
X5	73.23	73.06	72.83	75.79	71.76	73.17	71.42	75.05	73.07	73.49
样本	第 16 周					第 17 周				
	周一	周二	周三	周四	周五	周一	周二	周三	周四	周五
X1	72.86	75.27	75.31	73.07	71.45	74.83	71.41	73.82	75.09	74.02
X2	75.41	74.60	74.21	72.38	73.76	72.23	72.34	72.17	75.32	72.76
X3	72.42	74.45	74.05	74.31	73.48	72.71	72.14	74.77	73.86	74.43
X4	75.48	74.14	73.73	72.23	74.13	71.95	74.30	74.04	72.52	73.10
X5	75.12	74.49	72.68	72.47	74.70	74.32	74.33	73.01	72.64	74.63

（2）某电子公司 STM 车间对高速贴片机的贴装压力进行测试，测试结果如表 5-12 所示，要求根据提供的数据，为了确保贴装压力为 0.9～1.4N，试对过程能力进行分析。

3）用 Minitab 求计数型数据的西格玛水平

某一车间刚生产完一批手机共 50 000 台，其中发现 100 台手机有缺陷，则 DPU、DPMO 和 σ 分别是多少？

4）用 Minitab 求计量型数据的西格玛水平

某照明有限公司为了解生产过程能力，每天抽查 1 个样本的 LED，测量其关键特性——光效，测量数据如表 5-18 所示。技术规格：光效>137lm/W。请问这个过程能力是多少 σ，过程能力是否充足？

表 5-18 LED 光效　　　　　　　　　　　　　单位：lm/W

日期	第 1 周	第 2 周	第 3 周	第 4 周	第 5 周	第 6 周
星期一	139.509	138.141	139.017	139.726	139.321	140.823
星期二	139.104	139.544	140.275	139.697	139.233	139.750
星期三	140.071	139.769	139.328	139.357	140.226	139.520
星期四	140.694	139.250	138.309	139.845	140.316	139.876
星期五	139.020	139.943	139.785	140.842	139.662	139.575

4. 提交实验报告

将已经完成的实验报告提交至作业平台（职教云或学习通平台等）。

练 习

一、名词解释

1．过程能力；2．短期能力指数 C_p、C_{pk}；3．长期能力指数 P_p、P_{pk}；4．Z 值。

二、填空题

1．当过程能力处于稳定状态时，它的特点是中间高、两边低，呈左右基本对称，或者说呈_____分布状态。

2．在进行过程能力分析时，首先要求对所收集的数据进行_____检验，若数据没有通过检验，则需要对数据进行变换。

3．在用 Minitab 对数据进行正态性检验时，当 P 值（填大于或小于）_____0.05 时，该数据满足正态分布要求。

4．过程处于统计控制状态是指点子在中心线周围随机散布，点子在控制限_____。

5．Z 值是指满足关键顾客要求条件下的合格率对应的标准正态分布的分位数，大小即西格玛水平。

6．过程能力 $B=6\sigma$，是由人、机、料、法、环 5 个因素所决定的。这是过程固有的分布宽度。当技术标准固定时，过程能力对过程能力指数的影响十分显著。减少_____，就可以减少分散程度，从而提高过程能力，以满足技术标准的要求。

三、选择题

1．表明过程能力充足，技术管理能力已经很好，应继续维持的 C_p 值范围为（   ）。
A．$C_p \geq 1.67$　　　　　　　　　　B．$1.67 > C_p \geq 1.33$
C．$1.33 > C_p \geq 1.0$　　　　　　　D．$0.67 > C_p$

2．表示技术管理能力已很差，应采取措施立即改善的 C_p 值范围为（   ）。
A．$0.67 > C_p$　　　　　　　　　　B．$C_p \geq 1.67$
C．$1.0 > C_p \geq 0.67$　　　　　　　D．$1.33 > C_p \geq 1.0$

3．有一电路板共有 300 个缺陷机会，现生产 1200 块共发现 360 个缺陷，则 DPMO=（   ）。
A．300　　　　B．360　　　　C．1000　　　　D．1200

4．$C_p=(USL-LSL)/6\sigma$，则六西格玛水平的过程对应的 C_p 值为（   ）。
A．1.67　　　　B．1.33　　　　C．1.0　　　　D．2.0

四、简答题

1．长期能力指数 P_{pk} 与短期能力指数 C_{pk} 有何区别？
2．简述计量型过程能力分析的步骤。
3．使用 Minitab 求西格玛水平的方法有哪些？

任务 5.4 评价产品设计与制造过程中测量系统的适宜性

任务描述

产品的质量水平是固有的,而测量系统是存在变差的,因此在对电子产品检验结果进行分析及处理前首先要确认测量系统是适宜的。

理想的测量系统在每次测量时,应只产生"正确"的测量结果,每次测量结果总应与一个标准值相符。一个能产生理想测量结果的测量系统,应具有零方差、零偏移和对所测的任何产品错误分类为零概率的统计特性。

本任务主要应用 Minitab 统计软件,以电子信息企业产品为对象,通过测量系统分析,进行测量系统评价,以便判定测量系统的适宜性,评估测量系统的变差,确保测量系统能够满足测量产品的要求,对不可接受或风险较大的测量系统,提出相应的改进措施并实施,努力减少测量的变差。测量系统包括计量型数据和计数型数据的测量系统。

知识准备

5.4.1 测量系统的定义、组成与变异的来源

1. 测量系统的定义

测量(Measurement)被定义为"对某具体事物赋予数字(或数值),以表示它们对于特定特性之间的关系",该定义由 C.Eisenhart(1963 年)首次提出。赋予数字的过程被定义为测量过程,而指定的数值被定义为测量值。测量系统是指用来对被测特性赋值的操作、程序、量具、设备、软件及操作员的集合,是指用来获得测量结果的整个过程。而测量系统分析就是运用统计学的方法来了解测量系统中的各个波动源,以及它们对测量结果的影响,最后给出测量系统是否合乎使用要求的明确判断。

测量系统分析的目的是确定所使用的数据是否可靠。测量系统分析还可以:①评估新的测量仪器;②将两种不同的测量方法进行比较;③对可能存在问题的测量方法进行评估;④确定并解决测量系统误差问题。

2. 测量系统的基本要求

如图 5-34 所示,建立测量系统的目的在于确保人员或仪器测量与判定的准确性及精确度。

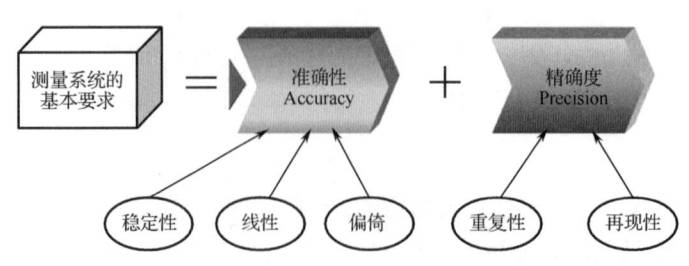

图 5-34 测量系统的基本要求示意图

模块 5　控制图、过程能力和测量系统分析

3. 测量系统的组成及变异原因

如图 5-35 所示，测量系统主要由人、机、料、法、环组成。因此，影响测量系统的变异原因有：①测量操作员的熟练程度、感觉、气氛；②测量设备不稳定性，配件磨损，电力不稳定性；③被测的样本管理，包括标准样本、量产样本、良品样本和不良样本；④测量方法问题：测量位置、测量次数、测量条件、标准次序；⑤测量环境问题：湿度、清洁度、震动、电压变化、气温变化、灰尘及噪声。

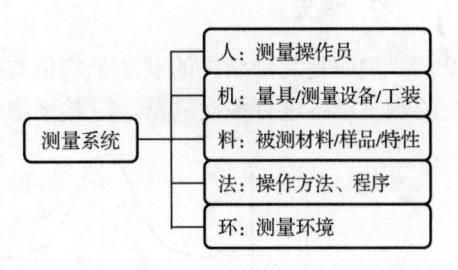

图 5-35　测量系统的组成

4. 测量系统变异的来源

测量系统分析主要评估测量系统的变异占过程总体变异的比例。过程总体变异包括由部件之间的差异引起的流程变异和测量系统的变差引起的测量变异。

$$\sigma_T^2 = \sigma_P^2 + \sigma_M^2$$

式中　σ_T——总体变异（观测到的过程变差）；
　　　σ_P——流程变异（实际的过程变差）；
　　　σ_M——测量变异（测量系统的变差）。

测量系统变异的来源如图 5-36 所示。从图 5-36 中可以看出，测量系统变异的来源有稳定性、偏倚、线性、分辨力、重复性和再现性。其中偏倚是测量系统准确性的度量，重复性与再现性构成了测量系统的精确度。一个测量系统是否足够好，它的关键指标有准确性和精确度两个方面。

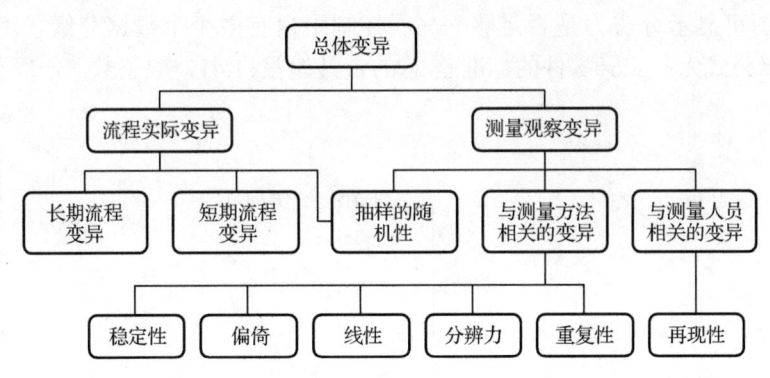

图 5-36　测量系统变异的来源

5.4.2　测量系统 6 个评估项目

1. 稳定性

稳定性是指在一段较长时间内，用相同的测量系统对同一基准或零件的同一特性进行测量所获得的总变差，也就是说，稳定性是这整个时间的偏倚变化。稳定性示意图如图 5-37 所示。

可将数据按时间顺序画在 $\bar{X}$-R 或 $\bar{X}$-s 控制图上来评估。

2. 偏倚

偏倚是测量结果的观测平均值与基准值的差值。基准值的取得可以通过采用更高级别的测量设备进行多次测量，取其平均值来确定，如图 5-38 所示。

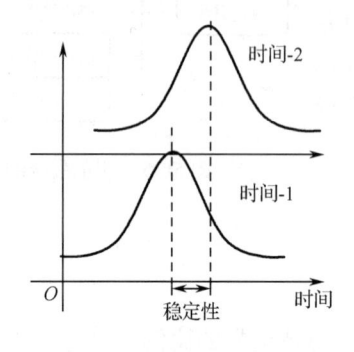

图 5-37 稳定性示意图

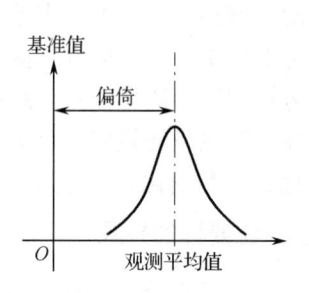

图 5-38 偏倚示意图

3. 线性

线性是指在量具预期的工作范围内，偏倚值的变化量，如图 5-39 所示。

4. 分辨力（率）

分辨力是指测量仪器最小刻度可以测量到被测对象的小数点的位置，如图 5-40 所示。

（1）测量系统的有效分辨力：①测量仪器分辨力至少是被测范围的 1/10，即其最小刻度应能读到 1/10 过程变差或规格公差较小者。例如，过程中所需量具读数的精确度是 0.01mm，则测量应选择精确度为 0.001mm。②零件之间的差异必须大于最小测量刻度。③极差控制图可显示分辨力是否足够——看控制限内有多少个数据分级。不同数据分级（ndc）的计算公式为：ndc=零件的标准差/总的量具偏差×1.41，取整数。一般要求它大于 5 才可接受。

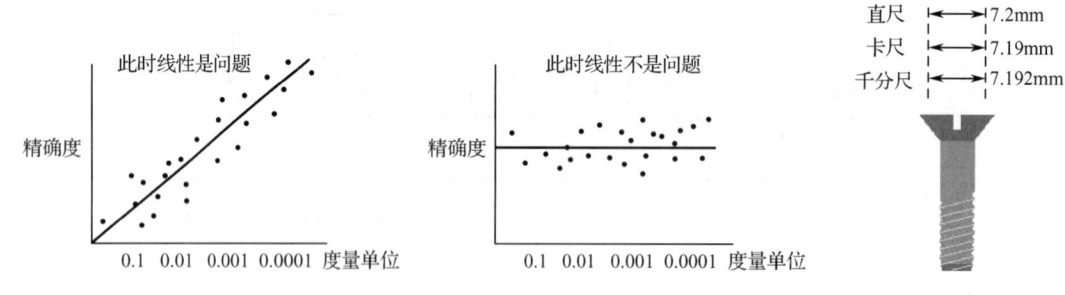

图 5-39 测量系统线性示意图

图 5-40 分辨力示意图

（2）分辨力不足的表现在过程变差的 SPC 极差控制图上可看出：当极差控制图中只有 1、2 或 3 个极差值在控制限内时，或者可能 4 个极差值在控制限内且超过 1/4 以上的极差值为零，都反映测量系统没有足够的分辨力。

5. 重复性

重复性是指由一个评价人，采用一种测量仪器，多次测量同一零件的同一特性时获得的测量值变差。它是在固定的和已定义的测量条件下，连续（短期内）多次测量中的变差，通常被称为 EV（Equipment Variation，设备变差），即设备（量具）能力或潜能、系统内部变差。重复性示意图如图 5-41 所示。

6. 再现性

再现性是指由不同的评价人，采用相同的测量仪器，测量同一零件的同一特性时测量平均值的变差。通常被称为 AV（Appraiser Variation，评价者变差），即系统之间（条件）的误差。再现性示意图如图 5-42 所示。

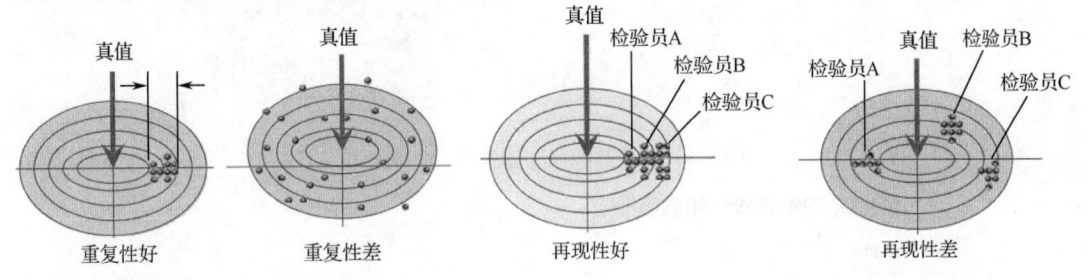

图 5-41　重复性示意图

图 5-42　再现性示意图

5.4.3　量具线性和偏倚研究

量具线性通过预期测量值范围指出测量值的准确性，它回答"对于所测量的所有大小的对象，我的量具的准确度是否都相同"这一问题。量具偏倚检查实测平均测量值和参考值或主要值之间的差，它回答"与主要值比较，我的量具偏倚程度如何"这一问题。

某公司采用新测量系统，需要评价测量系统的线性和偏倚。基于已证明的过程变差，在测量系统操作量程内选择了 5 个零件。每个零件经过全尺寸检测测量以确定其基准值，然后由测量人员分别测量每个零件 12 次。该过程中零件是随机选择的，测量数据如表 5-19 所示。具体操作如下：选择"统计"→"质量工具"→"量具研究"→"量具线性和偏倚研究"命令，弹出"量具线性和偏倚研究"对话框，按图 5-43 所示输入相关信息，单击"确定"按钮即可输出结果，如图 5-44 所示。

表 5-19　量具线性和偏倚数据表

部件	参考值	测量值	部件	参考值	测量值	部件	参考值	测量值	部件	参考值	测量值	部件	参考值	测量值
1	2	2.7	2	4	5.1	3	6	5.8	4	8	7.6	5	10	9.1
1	2	2.5	2	4	3.9	3	6	5.7	4	8	7.7	5	10	9.3
1	2	2.4	2	4	4.2	3	6	5.9	4	8	7.8	5	10	9.5
1	2	2.5	2	4	5.5	3	6	5.9	4	8	7.7	5	10	9.3
1	2	2.7	2	4	3.8	3	6	6	4	8	7.8	5	10	9.4
1	2	2.3	2	4	3.9	3	6	6.1	4	8	7.8	5	10	9.5
1	2	2.5	2	4	3.9	3	6	6	4	8	7.8	5	10	9.5
1	2	2.5	2	4	3.9	3	6	6.1	4	8	7.7	5	10	9.5
1	2	2.4	2	4	3.9	3	6	6.4	4	8	7.8	5	10	9.6
1	2	2.4	2	4	4	3	6	6.3	4	8	8.5	5	10	9.2
1	2	2.6	2	4	4.1	3	6	6.5	4	8	7.6	5	10	9.3
1	2	2.4	2	4	3.8	3	6	6.1	4	8	7.7	5	10	9.4

图 5-43 "量具线性和偏倚研究"对话框

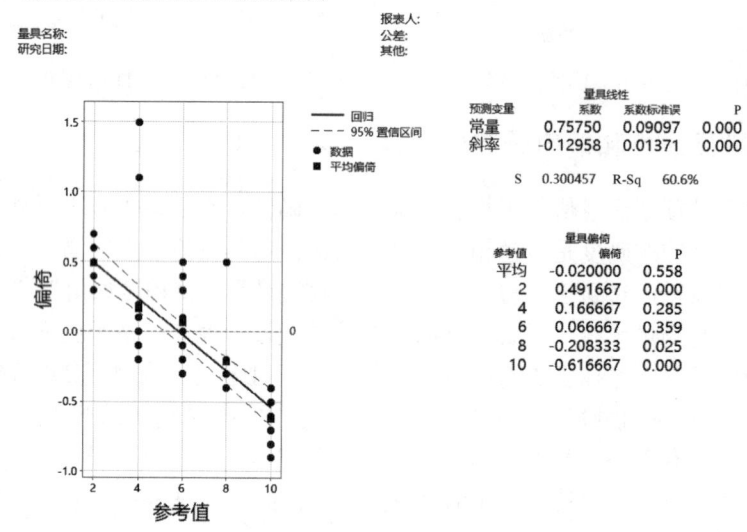

图 5-44 量具线性和偏倚研究输出结果图

从图 5-44 中可以看出，量具线性的 P 值=0.000<0.05，线性关系是显著的，特别是量程在 2~4 时，随着量程的增大，偏倚减少。从偏倚来看，量程为 4、6 时，P 值>0.05，不存在显著偏倚，而量程为 2、8、10 时，存在显著偏倚，但从图中可以看出量程为 4 时波动很大。像这样随着量程的增大偏倚减少的量具一般不采用。

5.4.4　重复性与再现性的度量指标与判断标准

1. Gage R&R

Gage R&R（GRR）是重复性和再现性合成变差的一个估计。换句话说，Gage R&R 等于系统内部和系统之间的方差的总和，即

$$\sigma^2_{GRR}=\sigma^2_{重复性}+\sigma^2_{再现性}$$

它说明了有多少百分比的总变差是由测量系统变差所带来的。Gage R&R 示意图如图 5-45 所示。

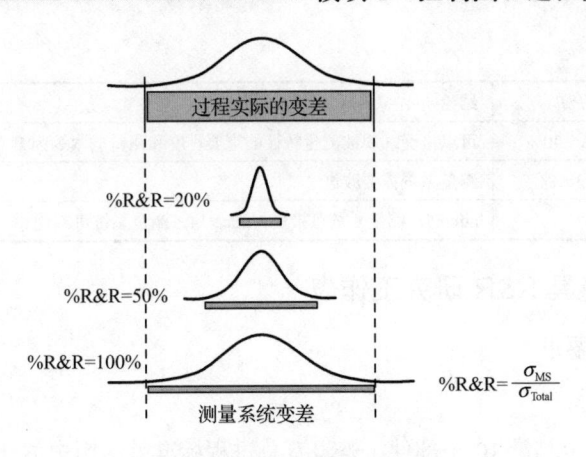

模块 5　控制图、过程能力和测量系统分析

图 5-45　Gage R&R 示意图

2. P/T 比

将测量系统的变差与产品容差进行比较是常用的方法,称 P/T 比,P/T 图如图 5-46 所示。P/T 比可以表达与产品规格进行比较时的好坏程度。一般来说,当测量系统只是用来检验生产线样本是否合格时,P/T 比是很有效的。因为这时,即使过程能力 C_{pk} 不足,P/T 比也可以给足够的信心来判断产品的好坏。测量系统变差与过程变差的比较(%R&R)更适合于研究过程的能力与过程改进。

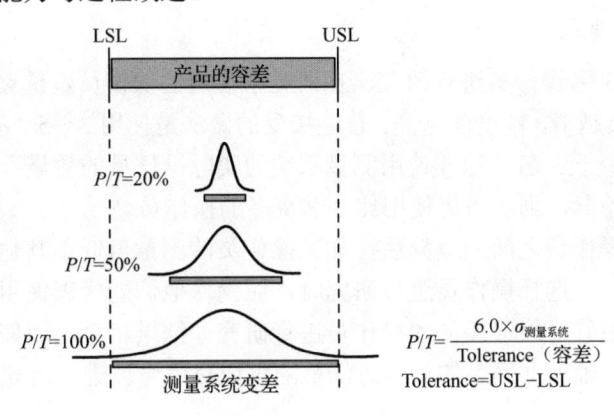

$$P/T = \frac{6.0 \times \sigma_{测量系统}}{\text{Tolerance(容差)}}$$

$$\text{Tolerance} = \text{USL} - \text{LSL}$$

图 5-46　P/T 图

注意：6.0 标准差占测量系统散布的 99.73%。

P/T 图说明有多少百分比的公差是由测量系统变差所占据的。

3. Gage R&R P/T 判断原则

Gage R&R P/T 判断原则如表 5-20 所示。

表 5-20　Gage R&R P/T 判断原则

%R&R	P/T	结论
<5%	<5%	很好
≤10%	≤10%	好

续表

%R&R	P/T	结论
10%～30%	10%～30%	可以接受，视被测量特性的重要程度和测量成本等因素而定
>30%	>30%	测量系统需要改进
可区分类别数（ndc）		ndc≥5，测量系统可接受；ndc≥14，测量系统可判优

5.4.5 创建量具 R&R 研究工作表

1. 设置研究的要求

1）对部件的要求

（1）操作员应至少测量 10 个部件；若没有总过程标准差的历史估计值，则应测量更多部件。要确定测量系统是否能够评估过程性能，需要对过程变异进行很好的估计。可以从大量历史数据或研究中的部件估计过程变异。如果拥有过程变异历史估计值，通常需要 10 个部件即可。如果没有历史估计值，应考虑使用 10 个以上的部件。尽管需要大量部件才能获得非常精确的过程变异估计值，但使用 15～35 个部件获得的估计值比使用 10 个部件要好得多。

（2）选择代表典型的长时间过程输出的部件。若部件的变异不是典型的过程变异，则研究结果可能不准确。例如，不要测量连续部件、来自单个班次或单个生产线的部件或来自一批拒绝品的部件。

2）对操作员的要求

（1）选择至少 3 名操作员进行研究。在研究中使用的操作员数量会影响再现性要素的精度；使用的操作员越多，精度就越高。普遍接受的做法是使用 3～5 名操作员。在研究中，操作员的数量不应少于 3 名，除非使用测量系统的实际操作员的数量不到 3 名。若怀疑操作员之间存在较大差异，则应考虑使用比 3 名更多的操作员。

（2）在识别出操作员之间的差异后，如某操作员的测量值低于其他操作员，通常可通过培训提高一致性。在选择操作员进行研究时，应确保他们能代表使用测量系统的所有操作员。如果只使用最好（或最差）的操作员进行研究，结果将会出现偏倚，不能提供操作员差异的准确估计。确保准确度的最佳方法是随机选择操作员进行研究。

3）对操作次数的要求

操作员应测量每个部件 2 次。如果使用至少 10 个部件和至少 3 名操作员，应让每名操作员以随机顺序测量每个部件 2 次，这样才能获得足够的重复性估计值。

2. 执行研究

（1）操作员应在典型条件下测量部件。为了确保结果能准确表示过程，应在正常操作的相同条件（如研究允许的测量环境和时间）下执行研究。

（2）让操作员以随机顺序测量部件以减少偏倚。为了确保数据收集顺序不影响结果，操作员应以随机顺序测量部件。在设置工作表时，Minitab 将随机指定测量的顺序。

3. 前提条件

（1）应正确校准测量设备。在使用测量设备之前，应检查其在一段时间内的线性、偏倚和稳定性。

（2）从稳定过程中选择部件。理想情况下，选择研究用的部件时，过程应是稳定的。这个假设很难验证，因为只有在确定了测量系统是可靠的之后，才能评估过程稳定性。

（3）为了确定测量系统是否能够用于接受或拒绝部件，必须至少提供一个规格限。

5.4.6 量具 R&R 研究方法与案例

1．研究方法

（1）当每名操作员测量每个部件时，可使用"交叉量具 R&R 研究"评估测量系统中的变异。要进行此研究，研究人员必须具有包含随机因子的平衡设计。例如，一名研究人员选择了 10 个表示过程变异预期极差的部件。对于此研究，3 名操作员将按随机顺序测量 10 个部件，每个部件测 3 次。

（2）当每名操作员不能测量所有部件时，可使用"嵌套量具 R&R 研究"评估测量系统中的变异。例如，有 3 名操作员和 15 个部件。操作员 A 测量部件 1~5 两次，操作员 B 测量部件 6~10 两次，操作员 C 测量部件 11~15 两次。每个部件对于操作员而言都是唯一的，因此，不能有多名操作员测量同一部件。

（3）当存在以下一种或多种情况时，可使用"扩展量具 R&R 研究"评估测量系统中的变异：①有两个以上因子，如操作员、量具和部件；②希望将一些因子声明为固定因子；③既有交叉因子又有嵌套因子；④具有非平衡设计。例如，一名研究人员选择了 10 个表示过程变异预期极差的部件，且每个部件与两个子分量之一拟合。这两个子分量是固定因子。该研究人员希望确定子分量是否会产生部件间变异。对于这次研究，3 名操作员测量了 10 个部件，按随机顺序对每个部件测量了 4 次（每个子分量测 2 次）。

（4）使用"属性量具研究（分析法）"评估属性量具中的偏倚数和重复数，并提供二进制响应，如通过或失败。例如，某汽车制造厂的生产主管要确保所有属性测量系统都满足校准标准。为了评估将用于接受或拒绝长度值（以毫米为单位）的量具的偏倚和重复性，操作员通过属性量具检验了 8 个部件。

在某种程度上，方差分析法比 $\bar{X}$ 和 R 法更准确，因为它考虑了操作员与部件之间的交互作用。使用量具 R&R 研究（交叉）可以在 $\bar{X}$ 和 R 法与方差分析法之间选择，而量具 R&R 研究（嵌套）和（扩展）只使用方差分析法。

2．应用案例

某光电企业为进行测量系统分析，使用仪器对一产品光电参数进行测试。在生产线终端有代表性地抽取 10 件产品并编号，随机挑选 3 名操作员用同一台仪器进行测试，将产品的顺序打乱后再测一次。要求试做测量系统的精密度分析，已知产品规格公差为 350。

解：（1）数据排列预处理。将测试数据填入表 5-21，并对数据进行处理，以方便分析。在 Minitab 中，将 3 名操作员的测试数据按照测试顺序排成 A、B、C 三列，然后选择"数据"→"堆叠"→"堆叠行"命令，弹出"堆叠行"对话框，将左侧列表框 A、B、C 数据列选入"需堆叠的行在以下列中"列表框中，在"将堆叠后的数据存储在"文本框中输入"c14"，单击"确定"按钮，如图 5-47 所示。

表 5-21　测试数据

操作员	次别	部件编号									
		1	2	3	4	5	6	7	8	9	10
A	1	3431	3545	3496	3393	3551	3541	3541	3518	3558	3530
	2	3432	3534	3477	3385	3544	3518	3528	3504	3537	3534
B	1	3439	3524	3479	3407	3544	3533	3554	3526	3549	3516
	2	3436	3521	3470	3405	3561	3534	3535	3510	3563	3510
C	1	3432	3534	3477	3385	3550	3528	3530	3509	3547	3524
	2	3434	3536	3479	3387	3544	3533	3551	3520	3548	3518

图 5-47　数据堆叠示意图

（2）创建量具 R&R 研究工作表。

选择"统计"→"质量工具"→"量具研究"→"创建量具 R&R 研究工作表"命令，弹出"创建量具 R&R 研究工作表"对话框，"部件数"选择"10"，"操作员数"选择"3"，"操作员"选择"A""B""C"，"重复数"选择"2"，单击"选项"按钮，弹出"创建量具 R&R 研究工作表：选项"对话框，单击"不随机化"单选按钮，单击"确定"按钮，如图 5-48 所示。

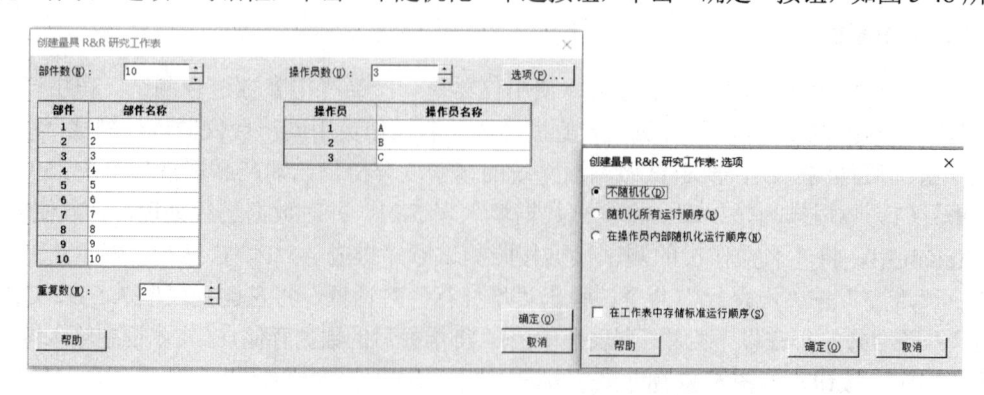

图 5-48　创建量具 R&R 研究工作表过程示意图

在输出的研究工作表中,填上预先处理的"测量值"数据。

(3)选择"统计"→"质量工具"→"量具研究"→"量具 R&R 研究(交叉)"命令,弹出"量具 R&R 研究(交叉)"对话框,进行以下操作。

部件号:输入包含部件名或部件号的列。

操作员:输入包含操作员姓名或编号的列。

测量数据:输入包含观测到的测量值的列。

方差分析:选择此项以使用方差分析法。

单击"选项"按钮,弹出"量具 R&R 研究(交叉):方差分析选项"对话框,单击"规格上限-规格下限"单选按钮并在文本框中输入"350",如图 5-49 所示,单击"确定"按钮两次,输出测量系统分析结果。

运行序	部件	操作员	测量值
1	1	A	3431
2	1	B	3439
3	1	C	3432
4	2	A	3545
5	2	B	3524
6	2	C	3534
7	3	A	3496
8	3	B	3479
9	3	C	3477
10	4	A	3393
11	4	B	3407
12	4	C	3385
13	5	A	3551
14	5	B	3544
15	5	C	3550
16	6	A	3541
17	6	B	3533
18	6	C	3528
19	7	A	3541
20	7	B	3554
21	7	C	3530
22	8	A	3518
23	8	B	3526
24	8	C	3509

图 5-49 "量具 R&R 研究(交叉):方差分析选项"对话框

(4)测量系统分析结果。

包含交互作用的双因子方差分析表

来源	自由度	SS	MS	F	P
部件	9	150553	16728.1	191.995	0.000
操作员	2	64	31.8	0.366	0.699
部件×操作员	18	1568	87.1	1.353	0.226
重复性	30	1932	64.4		
合计	59	154118			

用于删除交互作用项的 α = 0.05

不包含交互作用的双因子方差分析表

来源	自由度	SS	MS	F	P
部件	9	150553	16728.1	229.362	0.000
操作员	2	64	31.8	0.437	0.649
重复性	48	3501	72.9		
合计	59	154118			

量具 R&R 方差分量

来源	方差分量	方差分量贡献率
合计量具 R&R	72.93	2.56
重复性	72.93	2.56
再现性	0.00	0.00
操作员	0.00	0.00
部件间	2775.87	97.44
合计变异	2848.80	100.00

过程公差= 350

量具评估

来源	标准差（SD）	研究变异（6×SD）	%研究变异（%SV）	%公差（SV/Toler）
合计量具 R&R	8.5401	51.241	16.00	14.64
重复性	8.5401	51.241	16.00	14.64
再现性	0.0000	0.000	0.00	0.00
操作员	0.0000	0.000	0.00	0.00
部件间	52.6865	316.119	98.71	90.32
合计变异	53.3741	320.245	100.00	91.50

可区分类别数= 8

（5）结果分析。

在输出窗口中可以看出，部件 P 值=0.000<0.05，说明部件对变差的影响非常显著，此时量具 R&R 研究有意义。%研究变异（%SV）=16.00 <30，%公差（SV/Toler）=14.64<30，说明量具对于变差的测量能力是可以勉强接受的。可区分类别数= 8 > 5，说明测量系统能可靠地对过程变差进行分级，测量系统是可以接受的。由此，基于对给定规范公差的比率及可区分类别数，测量系统是可以接受的。

从图 5-50 可以看出，①变异分量图表明：过程大部分变异来自部件与部件之间，来自测量系统的偏差很小；②R 控制图（重复性极差控制图）表明：3 名操作员对各样机的测试结果都在极差控制限内，说明他们进行试验的方式是一致的；③Xbar 控制图（部件评价人均值图）表明：只有 6 个点子在控制限内，有 90%的测量结果在控制限之外，说明测量系统能够检测到各部件代表的过程的变差，且没有明显发现操作员与操作员之间的差异；

④测量值×部件图（部件链图）中 10 个部件之间存在很大的变差，没有奇怪读数或不一致的零件；⑤测量值×操作员图（评价人比较图）表明，A、B、C 三名操作员之间无差异，也就是说来自评价人之间的变差为 0；⑥部件×操作员交互作用图（部件评价人交互图）表明：交互作用曲线基本上是平行的，也就是说在评价人与零件之间没有显著的交互作用。

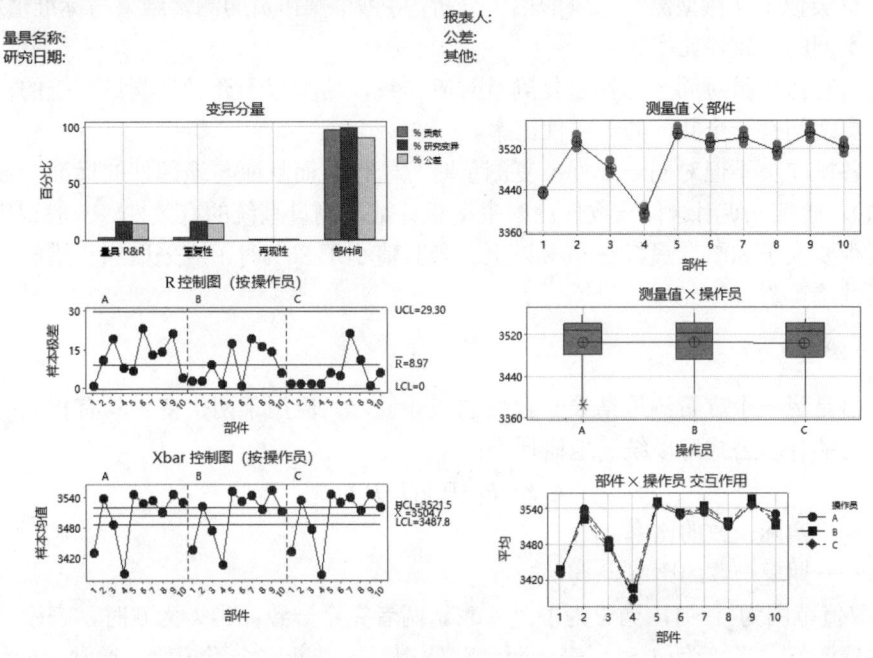

图 5-50　测量系统分析输出图

5.4.7　计数型测量系统分析

测量系统分析（MSA）是指对每个零件能够重复读数的测量系统进行分析，评定测量系统的质量，判断测量系统产生的数据可接受性。测量系统分析可分为两种类型：计量型（值）和计数型（值）。

计数型测量系统分析：重点分析测量系统中检验员自身，检验员之间与标准一致性评估（卡帕值），以及检验员及测量系统的误判风险及漏检风险的评估。

误判风险：将良品当成不良品，会导致制造成本增加。

漏检风险：将不良品当成良品，会导致客户抱怨、上线使用不良率增加。

1．基本概念

计数型测量系统分析的最大特征是其测量值是一组有限的分类数，如合格、不合格、优、良、中、差、极差等。计数型测量系统分析与计量型测量系统分析有所不同，一般可以从一致性比率和卡帕值两个方面着手考虑。

1）一致性比率

一致性比率是度量测量结果一致性最常用的一个统计量，它的计算公式可以统一地概括为：一致性比率=一致性的次数÷测量的总次数。根据侧重点和比较对象的不同，一致性比率又可以分为四大类。

（1）操作员对同一部件重复测量时应一致，这类似于计量型测量系统的重复性分析。每个操作员内部都有各自的一致性比率。

（2）操作员不但对同一部件重复测量时应一致，而且应与该部件的标准一致（若标准值已知），这类似于计量型测量系统的偏倚分析。将每个操作员的测量结果与标准值相比较，又有各自不同的一致性比率。

（3）所有操作员对同一部件重复测量时应一致，这类似于计量型测量系统的再现性分析。操作员之间有一个共同的一致性比率。

（4）各操作员不但对同一部件重复测量时应一致，而且应与该部件的标准一致（若标准值已知）。通常，使用这种一致性比率来衡量计数型测量系统的有效性。一般说来，一致性比率至少要大于80%，最好在90%以上。当其值小于80%时，应采取纠正措施，以保证测量数据准确可靠。

2）卡帕值（k）

卡帕值是另一个度量测量结果一致性的统计量，只应用于两个变量具有相同的分级数的情况。它的计算公式可以统一地概括为：

$$k=(P_0-P_e)/(1-P_e)$$

式中　P_0——实际一致的比率；

P_e——期望一致的比率。

k的取值范围为-1～1，当k为1时，表示两者完全一致；当k为0时，表示一致程度不比偶然猜测好；当k为-1时，表示两者截然相反，判断完全不一致。通常，k为负值的情况很少出现，表5-22归纳了常规情况下k的判断标准。在计数型测量系统中研究一操作员重复两次测量结果之间的一致性，一个操作员的测量结果与标准结果之间的一致性，或者两个操作员的测量结果之间的一致性时，都可以使用k。

表5-22　计数型测量系统的合格标志

k	测量系统能力
大于0.9	良好
0.7～0.9	可接受
小于0.7	不合格

在实际应用过程中仍可以使用Minitab来求解，方法是首先创建属性一致性分析工作表，然后选择"统计"→"质量工具"→"属性一致性分析"命令，弹出"属性一致性分析"对话框，选择或填写相关数据，单击"确定"按钮，依据输出窗口的卡帕值进行判断。

2．计数型测量系统评估时机

1）新品开发签样前

生产班组/QC班组需确定对应项目的外观检验关键岗位人员清单，并进行对应的培训，在新品转量产前,组织人员进行测量系统的首次分析。

2) 项目进入量产过程后

(1) 量产 1 个月后进行测量系统的二次认证、分析工作。

(2) 每 3 个月进行一次例行测量系统的认证、分析工作。

3) 新员工正式上岗前

对新员工自身进行测量系统的首次认证。

4) 新员工上岗 1 个月后

进行测量系统的二次认证、分析工作。

3. 测量系统评估步骤

(1) 收集 30 个样品。其中,良品、易判断的不良品、不易判断的不良品各占三分之一,而当样品不便收集也可自定数量,较常用的是收集 10 个样品。

(2) 对样品进行随机编号并记录标准(需包括 OK/NG,针对 NG 品要描述具体不良情况)。

(3) 将需要测试的人员进行分组,3 人一组(甲、乙、丙),也可以 2~5 人一组,并准备好测量结果记录表格,准备开始测试。

(4) 甲、乙、丙分别对 10 个样品进行判断测试并记录,10 个样品测试完成后,甲、乙、丙 3 人更换样品后再进行测试,以此顺序直至 30 个样品甲、乙、丙全部测试完成。

(5) 重复步骤(4),将剩余的测试人员 3 人一组完成第 1 次样品测试。

(6) 对样品次序打乱重新编号,重复步骤(4)和步骤(5),完成所有人员的第 2 次样品测试(每个人需要进行两次测试,测试时间间隔需超过 1h)。

(7) 将 2 次测试结果进行整理并输入计算机中,利用 Minitab 进行数据分析。

(8) 依据 Minitab 的分析结果确认下一步计划。

4. 应用举例

某手机制造商为了确保检验员自身、检验员之间与标准一致性,以及预防检验员与测量系统的误判风险及漏检风险,进行测量系统分析。测量系统研究小组决定随机从过程中抽取 10 个零件样本,使用 3 名检验员,每名检验员对每个零件评价 3 次。指定 1 为可接受判断,0 为不可接受判断。计数型数据检验结果如表 5-23 所示,试对此测量系统进行分析。

表 5-23 计数型数据检验结果

零件	检验员 A			检验员 B			检验员 C			基准
	第1次	第2次	第3次	第1次	第2次	第3次	第1次	第2次	第3次	
1	0	0	0	0	0	0	0	0	0	0
2	1	1	1	1	1	1	1	1	1	1
3	1	0	0	0	0	0	0	0	0	0
4	0	0	0	0	0	0	0	0	0	0
5	1	1	1	1	1	0	1	1	1	1

续表

零件	检验员 A			检验员 B			检验员 C			基准
	第1次	第2次	第3次	第1次	第2次	第3次	第1次	第2次	第3次	
6	0	0	0	0	0	0	0	0	0	0
7	1	1	1	1	1	1	1	1	1	1
8	1	0	0	0	0	1	0	0	0	0
9	1	1	1	1	1	1	1	1	1	1
10	0	0	0	0	0	0	0	0	0	0

解：（1）在 Minitab 工作表 1 中输入"零件"和"基准"数据列。

（2）选择"统计"→"质量工具"→"创建属性一致性分析工作表"命令，弹出"创建属性一致性分析工作表"对话框，在下拉列表中选择"工作表中的样本标准/属性"选项（选择此选项可根据工作表中存储的样品名称和已知标准生成列），在"样本"中选择"零件"数据列，在"已知标准"中选择"基准"数据列，设置"检验员人数"为"3"，"检验员姓名"为"A""B""C"，"重复数"为"3"，单击"选项"按钮，弹出"创建属性一致性分析工作表：选项"对话框，单击"不随机化"单选按钮，如图 5-51 所示，单击"确定"按钮两次，完成工作表的创建。

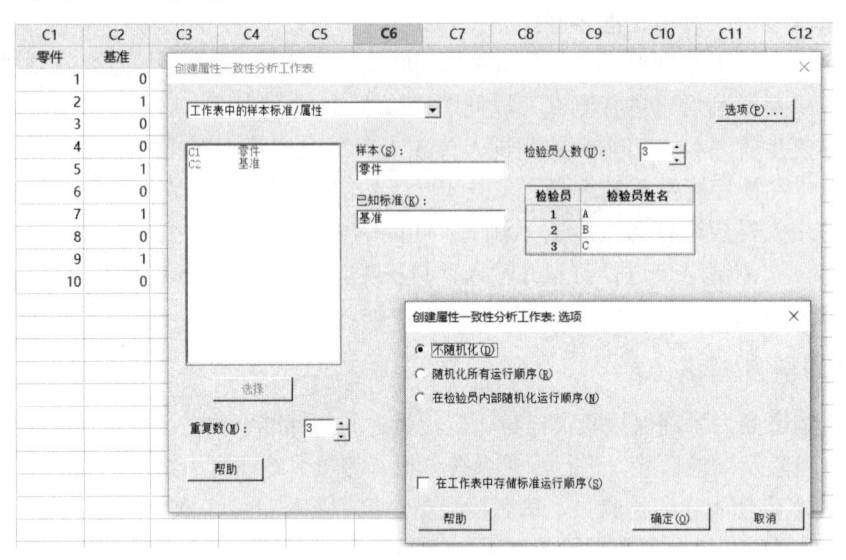

图 5-51 "创建属性一致性分析工作表"对话框和"创建属性一致性分析工作表：选项"对话框

（3）在刚创建的工作表中，依据表 5-23 中的检验员实测数据，按"样本"和"检验员"一一对应，在"评估"数据列中填入相应数据，注意次序。

（4）完成评估数据填写后，进行一致性分析。选择"统计"→"质量工具"→"属性一致性分析"命令，弹出"属性一致性分析"对话框。

（5）在"属性列"中选择"评估"数据列，在"样本"中选择"样本"数据列，在"检验员"中选择"检验员"数据列，如图 5-52 所示，单击"确定"按钮，输出以下结果及图形（见图 5-53）。

图 5-52 "属性一致性分析"对话框

输出结果：

评估的属性一致性分析

① 检验员自身（重复性的一致性比率）

评估一致性

检验员	#检验数	#相符数	百分比	95% 置信区间
检验员 A	10	8	80.00	(44.39，97.48)
检验员 B	10	8	80.00	(44.39，97.48)
检验员 C	10	10	100.00	(74.11，100.00)

#相符数：检验员在多个试验之间，他/她自身标准一致。

② 每个检验员与标准（偏倚的一致性比率）

评估一致性

检验员	#检验数	#相符数	百分比	95% 置信区间
检验员 A	10	8	80.00	(44.39，97.48)
检验员 B	10	8	80.00	(44.39，97.48)
检验员 C	10	10	100.00	(74.11，100.00)

#相符数：检验员在多次试验中的评估与已知标准一致。

③ 检验员之间（再现性的一致性比率：70%）

评估一致性

#检验数	#相符数	百分比	95%置信区间
10	7	70.00	(34.75，93.33)

#相符数：所有检验员的评估一致。

④ 所有检验员与标准（总体有效性一致性比率：70%）

评估一致性

#检验数	#相符数	百分比	95%置信区间
10	7	70.00	(34.75，93.33)

#相符数：所有检验员的评估与已知的标准一致。

输出的分析图如图 5-53 所示，它是一张二合一图，其中左图是显示各检验员重复性的区间图，右图是显示各检验员偏倚的区间图，生动地展示了输出窗口中的计算结果。

解释结果：检验员 C 的评估水平最佳，检验员 A 和检验员 B 的评估水平相当。整体而言，总体有效性的一致性比率=70%<80%，为了保证测量数据的一致性，改进该计数型测量系统必不可少。

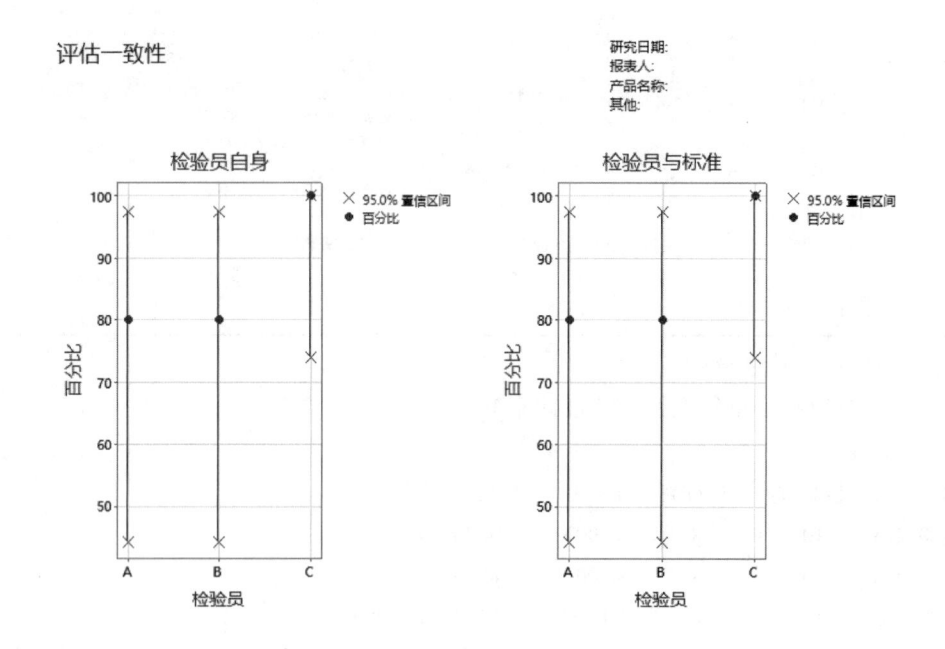

图 5-53　计数型测量系统的分析图

任务实施

1. 实验目的

学会采取测量系统数据，对计量型数据或计数型数据能够创建相应的工作表，能够依据不同情形选择不同的工具对测量系统进行分析，并对结果进行判定。

2. 实验准备

（1）联网计算机（Windows 操作系统）。
（2）Minitab 20 软件。

3. 实验过程

（1）某传感器企业对某一产品性能测试数据进行 R&R 研究。公司 3 名检验员 A、B、C 对 10 件该产品分别进行 3 次性能测试，测量的数据如表 5-24 所示，其规格公差为 0.50。试用 Minitab 分析量具重复性和再现性。

表 5-24 R&R 研究数据

部件号	检验 A			检验 B			检验 C		
	第1次	第2次	第3次	第1次	第2次	第3次	第1次	第2次	第3次
1	5.32	5.32	5.32	5.34	5.34	5.36	5.30	5.34	5.30
2	5.44	5.40	5.44	5.46	5.46	5.48	5.46	5.40	5.42
3	5.48	5.48	5.50	5.50	5.46	5.48	5.50	5.50	5.50
4	5.20	5.22	5.20	5.24	5.26	5.26	5.22	5.22	5.24
5	5.24	5.24	5.24	5.24	5.24	5.26	5.28	5.24	5.24
6	5.52	5.50	5.50	5.54	5.52	5.56	5.58	5.54	5.56
7	5.38	5.38	5.38	5.40	5.42	5.44	5.40	5.36	5.38
8	5.34	5.34	5.36	5.36	5.38	5.38	5.36	5.34	5.36
9	5.44	5.44	5.42	5.46	5.44	5.44	5.44	5.46	5.42
10	5.40	5.40	5.40	5.40	5.42	5.40	5.40	5.42	5.40

（2）某光电企业为检验新员工感官评估的培训效果，特取了包含良品和不良品的 10 个产品，由 5 位受训的检验员进行检验，每人检验 2 次。然后按照测量系统的评估步骤进行评估，取得的检测数据如表 5-25 所示。试对此测量系统进行分析，即分析四大类的一致性比率、卡帕值，以此判定新员工培训效果。

表 5-25 受训新员工判定结果

部件号	检验员 A		检验员 B		检验员 C		检验员 D		检验员 E		标准
	第1次	第2次	第1次	第2次	第1次	第2次	第1次	第2次	第1次	第2次	
1	NG	NG	NG	NG	NG	NG	NG	NG	NG	NG	NG
2	OK	OK	OK	OK	OK	OK	OK	OK	OK	OK	OK
3	NG	NG	NG	NG	NG	NG	NG	NG	NG	NG	NG
4	NG	NG	NG	NG	NG	NG	NG	NG	NG	NG	NG
5	OK	OK	OK	OK	OK	OK	OK	OK	OK	OK	OK
6	NG	NG	NG	NG	NG	NG	NG	NG	NG	NG	NG
7	NG	NG	NG	NG	NG	NG	NG	NG	NG	NG	NG
8	NG	NG	NG	NG	NG	NG	NG	NG	NG	NG	NG
9	OK	OK	OK	OK	OK	OK	OK	OK	OK	OK	OK
10	OK	OK	OK	OK	OK	OK	OK	OK	OK	OK	OK

4．提交实验报告

将已经完成的实验报告提交至作业平台（职教云或学习通平台等）。

练 习

一、名词解释

1．稳定性；2．偏倚；3．线性；4．重复性；5．再现性；6．分辨力。

二、填空题

1．测量系统的稳定性是表示测量系统随_____的偏倚值，测量系统的线性是表示在量具正常_____内的偏倚变化量。

2．测量系统的_____通常被称为测量设备的变差，_____通常被称为评价人的变差。

3．测量系统处于统计控制状态意味着在重复测量条件下，测量系统中的变差只能由_____造成，而不能由特殊原因造成。

4．通常，使用一致性比率来衡量计数型测量系统的有效性。一般说来，一致性比率至少要大于_____，最好在_____以上。

三、选择题

1．重复性是由（　　）个评价人，采用同一种测量仪器，多次测量同一零件的同一特性时获得的测量变差。

A．1　　　　　　B．2　　　　　　C．3　　　　　　D．4

2．位置误差通常是通过分析（　　）和线性来确定的。

A．偏倚　　　　B．精密度　　　　C．重复性　　　　D．再现性

3．在测量系统分析中，由不同的评价人，采用相同的测量仪器，测量同一零件的同一特性时测量平均值的变差，称为（　　）。

A．稳定性　　　B．重复性　　　　C．再现性　　　　D．线性

4．测量系统的稳定性分析通常是通过（　　）控制图来实现的。

A．$\bar{X}$-R　　　B．p　　　　　C．np　　　　　D．c

5．可区分类别数（ndc）作为判断分辨力足够与否的标准。当可区分类别数为（　　）时，测量系统具备起码的分辨力。

A．1　　　　　　B．3　　　　　　C．4　　　　　　D．5

6．测量系统的重复性和再现性对于公差的百分比可以勉强接受的标准是（　　）。

A．必须小于10%　　　　　　　　　B．必须小于5%

C．可以大于30%　　　　　　　　　D．必须小于30%

四、简答题

1．写出总体变异、流程变异和测量变异三者之间的关系式。

2．简述计数型测量系统评估时机。

模块 6　六西格玛管理及 DMAIC 常用工具的应用

能力目标

1. 知道六西格玛管理的核心价值观，能够运用 VOC-CTQ 矩阵选择课题；
2. 学会假设检验条件验证，能够运用假设检验对过程改进效果进行评估；
3. 学会制订试验计划，能够对影响生产效率、合格率等响应变量进行全因子试验设计；
4. 能够使用质量屋（QFD）工具将客户的需求进行转化以寻找产品技术或质量改进点；
5. 能够运用 FMEA 工具对产品设计与制造过程进行潜在失效模式及后果分析。

知识目标

1. 理解六西格玛基本理念和价值观，了解项目组织架构，掌握 DMAIC 的基本内容、常用工具和实施步骤；
2. 理解假设检验的定义、应用条件、操作步骤，掌握针对不同对象选择假设检验的方法；
3. 掌握试验设计常用的术语、试验设计一般实施步骤、全因子试验设计流程及方法。
4. 理解质量屋的定义及组成，以及质量屋矩阵驱动过程，掌握质量屋的应用方法。
5. 理解 FMEA 的定义、严重度（S）、频度（O）、探测度（D）、措施优先级（AP）的内涵，掌握 FMEA 的项目规划、七步法及产品设计与过程的评估方法。

任务 6.1　运用 VOC-CTQ 矩阵选择六西格玛项目或质量改进课题

任务描述

六西格玛管理是从质量管理的思想发展而来的。六西格玛是一种能够严格、集中和高效地改善企业流程管理质量的实施原则和技术。它包含了众多管理前沿的先锋成果，以"零缺陷"的完美商业追求，带动质量成本的大幅度降低，最终实现财务成效的显著提升与企业竞争力的重大突破。国内许多先进企业都在实施六西格玛管理、做六西格玛项目。而做六西格玛项目的第一步是通过学习六西格玛基础理论，从关注客户的需求出发选择课题或项目。本任务以一家生产 PCBA 的公司为例，该公司生产的产品由于存在各种缺陷，因此常被客户投诉。本着为客户提供满意产品的宗旨，该公司成立了跨部门的质量管理团队，通过流程分析，并运用 VOC-CTQ 矩阵选择质量改进项目以解决长久以来存在的问题。作为团队成员请依据任务实施条件和六西格玛项目选择方法，确定研究课题。

知识准备

6.1.1 六西格玛基本概念

1. 什么是六西格玛

1) σ 的含义

σ（西格玛）是希腊字母，用来描述任一过程参数的平均值的分布或离散程度。它在统计学上是指"标准差"。对于制造过程而言，σ 值是指示过程作业状况良好程度的标尺。σ 越高，过程作业状况越好。

$$\sigma = \sqrt{\frac{\sum(X-\bar{X})^2}{n-1}} \qquad \bar{X} = \frac{x_1 + x_2 + x_3 + x_4 + \cdots + x_n}{n}$$

$$\sigma = \sqrt{\frac{\sum(X-\bar{X})^2}{n-1}} = \sqrt{\frac{(X_1-\bar{X})^2 + (X_2+\bar{X})^2 + (X_3+\bar{X})^2 + \cdots + (X_n+\bar{X})^2}{n-1}}$$

2) 什么是西格玛水平（Z_0、Z）

西格玛水平（通常用英文字母 Z 表示）是过程满足顾客要求能力的一种度量，即将过程输出的平均值、标准差与顾客要求的目标值（规格限）联系起来并进行比较，得出的结果。若过程无偏移为 Z_0，有偏移为 Z，则：

$$Z_0 = \frac{T_U - T_L}{2\sigma}$$

$$Z = Z_0 + 1.5$$

举例：3 个西格玛能力，如图 6-1 所示，从图中可以看出，拐点与平均值之间的距离是一个标准差。如果 3 倍的标准差都落在目标值和规格的上下限内，我们就称这个过程具有"3 个西格玛能力"。σ 前面的数字越大说明过程能力越好、越高。

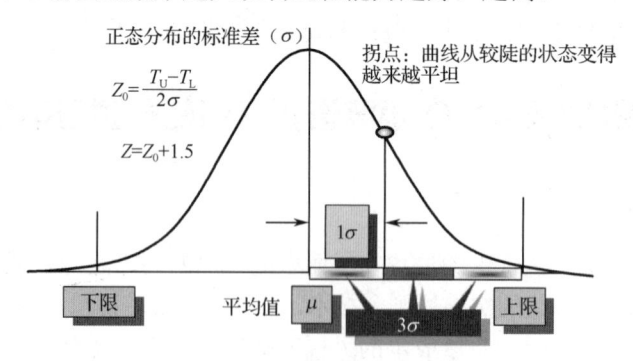

图 6-1 3 个西格玛能力的图形表示

3) 六西格玛的含义

6σ（六西格玛）代表的是理想化的高质量水平，在考虑了平均值可能含有的 1.5σ 的偏移后，半个公差限内可以包含 6 个 σ，这时，每百万次机会中出现缺陷的个数只有 3.4（相当于正态分布超过 4.5 个 σ 外的单侧概率）。如图 6-2 所示，其中 LSL 表示下规格限；USL

表示上规格限；ppm 表示百万分之一。表 6-1 为西格玛水平、合格率和 DPMO 的对照表。

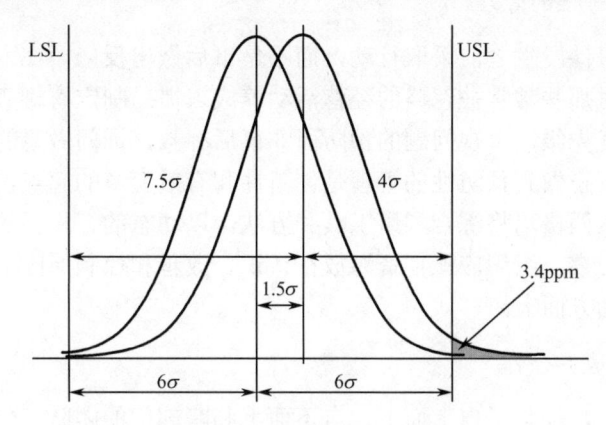

图 6-2　六西格玛的图形表示

表 6-1　西格玛水平、合格率和 DPMO 的对照表

西格玛水平	合格率（%）	DPMO（百万分之缺陷数 ppm）
1	30.85	691 500
2	69.15	308 500
3	93.32	66 800
4	99.3790	6210
5	99.976 70	233
6	99.999 660	3.4

2. 六西格玛的六大主题

1）主题一：真正关注顾客

在六西格玛中，以顾客为关注的焦点最为重要。举例来说，对六西格玛业绩的测量从顾客开始，通过分析 SIPO（供应方、输入、过程、输出、顾客）模型，来确定六西格玛项目。因此，六西格玛改进和设计是以对顾客满意所产生的影响来确定的。其中，顾客已经不再是狭义的顾客，它包括外部顾客和内部顾客。

2）主题二：以数据和事实驱动管理

六西格玛把"以数据和事实为管理依据"的概念提升到一个新的、更有力的水平。虽然全面质量管理在改进信息系统、知识管理等方面投入了很多注意力，但很多经营决策仍然以主观观念和假设为基础。其原理是从分辨什么指标对测量经营业绩是关键的开始，收集数据并分析关键变量。这样能够更加有效地发现、分析和永久解决问题。

3）主题三：采取的措施应针对过程

无论把重点放在产品和服务的设计、业绩的测量、效率和顾客满意度的提高上或业务经营上，六西格玛都把过程视为成功的关键载体。六西格玛活动的最显著突破之一是使得领导和管理者确信过程是构建向顾客传递价值的途径。六西格玛是一种流程管理的科学方法。

4）主题四：预防性的管理

预防意味着在事件发生之前采取行动，而不是事后做出反应。在六西格玛管理中，预防性的管理意味着对那些常常被忽略的经营活动养成习惯：制定有雄心的目标并经常进行评审，设定清楚的优先级，重视问题的预防而非事后补救，询问做事的理由而不是因为惯例就盲目地遵循。真正做到预防性的管理是创新性和有效变革的起点，而绝不会令人厌烦地觉得分析过度。六西格玛将综合利用工具和方法，以动态的、积极的、预防性的管理风格取代被动的管理习惯。组织应该把资源放在认识、改善和控制原因上而不是放在售后服务、质量检查等活动方面上。

5）主题五：无边界合作

六西格玛的推行，加强了自上而下、自下而上和跨部门的团队工作，改进公司内部的协作及与供应方和顾客的合作，可以避免大量的资金浪费在组织间缺乏沟通及相互竞争上，为顾客提供价值。跨部门工作方式的改善是六西格玛对"无边界"的巨大贡献。

6）主题六：力求完美，但又容忍失败

六西格玛管理的实质就是要在努力提供完美的、高水平服务的同时，努力降低企业的不良质量成本。完美的服务就是要朝着 3.4ppm 的方向努力，为此要进行探索，要采取一些措施对企业生产、服务系统进行改进甚至进行全新设计，要建立六西格玛企业文化等。在这个追求卓越的过程中，不见得每一种方法、手段、措施都非常正确、得力和有效，有可能有些尝试是失败的。六西格玛管理强调追求完美，但也能坦然接受或处理偶发的挫败，从错误中总结经验、吸取教训，进行长期的、持续的改进。

由此可见，六西格玛价值观为：以顾客为中心，聚焦于过程改进，基于数据和事实的管理，有预见的积极管理，无边界合作，追求完美（追求"零缺陷"），但容忍失败。

3. 参与六西格玛项目需要培养的五项技能

1）把握全局的能力

在六西格玛中所谓的被赋权的员工是那些有广阔视野的人，他们根据最终顾客的利益及整个过程的利益做出决策。

2）收集数据的能力

收集数据并不意味着精妙的统计运算。它是指把事实从观点和猜测中剥离出来，并且能准确地记录和解释事实。在六西格玛活动中，必须以数据和事实说话。

3）突破旧观念的能力

六西格玛变革活动中可能遇到的最大的、隐性的障碍就是：我们目前对一些事情的看法，这些看法大部分被证明是错的。坚持这些看法会阻碍变革和导致自满。而自满是断送企业前程的常见病。

4）合作能力

六西格玛项目和结局不断证实：双赢的方法比一赢一输的方法能创造出更高的价值。

接受这个理念,并且以此寻求更好的方法来组成团队,分享成果,承担责任,倾听,重视别人的意见,以及寻求产生最大收益的解决方法。

5)在变革中发展的能力

变化总会发生,没有好的理由的变化是糟糕的,但是,那些能把事情做得更好的变化却是很棒的。最重要的技巧是:使变化为个人、顾客和组织服务。

6.1.2 六西格玛组织的构成

六西格玛的组织机构图如图 6-3 所示,主要由集团公司六西格玛管理委员会、公司总倡导者、六西格玛推进办公室、部门六西格玛推进小组和六西格玛项目小组等组成。各组织的组成、职责如下。

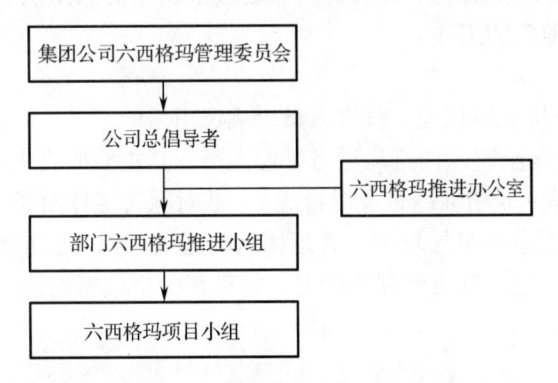

图 6-3 六西格玛的组织机构图

1. 集团公司六西格玛管理委员会

(1)组成:一般由公司高层领导组成。

(2)职责:①六西格玛推行初始阶段的各种职位设置和架构搭建;②选择项目分配资源;③定期评估各项目进程,指出过程的优点和问题。

2. 公司总倡导者

(1)组成:一般由公司高层领导担任(行政管理人员或者一个关键的管理人员)。

(2)职责:①为六西格玛项目提供各种所需的人力、物力、信息等各方面资源,支持六西格玛项目,管理项目小组,清除项目实施时的各种障碍,化解纠纷;②推进项目进程,帮助项目组解决问题。

通常,黑带项目是由倡导者发起的。倡导者的工作是战略性的,即部署实施战略、确定目标、分配资源、监控过程等,倡导者的支持和激励是企业内六西格玛改进成功的重要驱动因素。

3. 六西格玛推进办公室

(1)组成:一般由各部门推举的骨干人员组成。

(2)职责:①根据公司的六西格玛工作目标,协助各部门制订分解计划;②协助各部门策划六西格玛工作,系统推进质量持续改进;③支持和加强各部门六西格玛工作,协调跨部门项目的沟通与合作；④协助财务部门对六西格玛项目进行效益审核，监控六西格玛项目实际收益及效果；⑤负责公司六西格玛项目日常管理工作，包括组织、记录、协调六西格玛培训和教材选编，组织公司六西格玛项目立项审批、项目实施监控、成果发表、考核和奖励，定期总结各部门六西格玛项目的进程和质量改善效果，协调并记录各部门六西格玛工作奖励情况；⑥负责公司黑带大师、黑带、绿带的资格认证和管理工作；⑦负责公司六西格玛宣传、推广及其他相关工作。

（3）黑带大师（MBB）。

① 组成：黑带大师是从高层管理、技术人员中挑选出来的。

② 职责：主任黑带是全职六西格玛项目管理人员，其主要职责为：a.与倡导者共同协调六西格玛项目的选择及项目组成人员培训；b.挑选、培训和指导黑带，对黑带实施技术支持；c.组织人员、协调和推进项目实施，保证黑带和他们的团队工作保持在一定的轨道上，能够正确地完成他们的工作。

（4）黑带（BB）。

① 组成：黑带是从中层管理、技术人员中挑选出来的。

② 职责：黑带也是全职六西格玛项目管理人员，其主要职责为：a.负责具体的六西格玛项目及其团队的管理；b.培训绿带及项目成员；c.对绿带工作给予支持；d.负责使团队开始运作，树立信心，观察和参加培训，管理团队的进展，以及使项目最终获得成功；e.黑带必须拥有多种能力，包括解决问题的能力、收集和分析数据的能力、沟通与团队管理的能力。

（5）绿带（GB）。

① 组成：一般由基层骨干人员组成。

② 职责：绿带是兼职六西格玛项目管理人员，其主要职责为：a.负责具体执行和实施六西格玛项目；b.对项目组成员进行培训和指导；c.把六西格玛心得理念和工具带到企业日常活动中。

4．部门六西格玛推进小组

（1）组成：一般由各部门指定的黑带、绿带人员组成。

（2）职责：①执行本单位六西格玛工作及推行质量改善工作；②执行本单位策略任务；③负责各部门的项目协调，解决合作中出现的问题；④定期总结本单位六西格玛项目的进程、业绩及效果；⑤参加公司六西格玛推进办公室组织的跨部门项目；⑥监控项目实际收益及效果；⑦负责本单位六西格玛的奖励和考核；⑧向本单位倡导者汇报六西格玛推进工作的进展和实际收益的改进绩效。

5．六西格玛项目小组

（1）组成：主要由绿带及一线员工组成。

（2）职责：六西格玛项目小组成员为六西格玛项目的具体实施人员，其主要职责为：①按 DMAIC 流程运用适当工具实施六西格玛项目；②参加项目会议，与小组其他成员合作，完成会议决议及组长安排的工作。

6.1.3 VOC-CTQ 矩阵与六西格玛项目的选择

六西格玛管理法通过获取客户心声而得到关键质量 CTQ（Critical To Quality），再通过实施多个六西格玛改善项目以 DMAIC 模式来达到突破性改善的目标，那么如何选择六西格玛项目？选择项目时必须考虑哪些因素？这对于改善能否成功、改善效果是否显著非常重要。

1．项目选择的基本着眼点

（1）对客户满意度产生影响。
（2）与组织发展战略相符。
（3）项目财务收益（按项目结束后一年内的收益计算，收益底线视公司的具体规模及销售额而定）。
（4）成功机会大。
（5）项目范围大小适当。
（6）项目需由高层管理、支持并批准。

2．选择六西格玛项目的标准

（1）对公司和客户利益有重大影响：①首先选择的项目应是客户关注的，与客户满意度密切相关的；②所选择的项目应对组织业绩有显著影响，组织存在的目标在于追求收益，若所选的六西格玛项目对组织的生存和发展关系不大，则其价值不大。

（2）所选的项目应为原因尚未搞清楚，解决方案未知的项目。若原因已经很清楚，只是改善需要投入的成本过高，而暂未进行，则没有必要作为六西格玛项目，如公司 PCBA 焊接品质差的原因已知为手工插件弯脚所致，根本改善对策为购买自动插件机来代替人工插件，但公司出于发展战略考虑暂未购买，此改善项目就没有必要作为六西格玛项目；若解决方案已知，同样不必作为六西格玛项目。因为六西格玛系统在推行时需要资源投入，如果问题很简单，没有必要投入资源去按照项目的模式实施，可以用较简单的六西格玛思想和方法解决。

（3）所选的项目应可实施：①项目的复杂性应在适当范围；②项目的范围应可管理；③项目所需的资源应可得到；④项目实施应取得高层支持和认同。

3．六西格玛项目选择的一般流程

选择六西格玛项目时，一般按以下流程来进行，如图 6-4 所示，共有 11 个步骤。

（1）确定提供的产品和服务。

（2）确定客户及客户范围。六西格玛项目始于"客户的心声"（Voice Of Customer，VOC），因此，找准客户是关键的第一步。客户分为外部客户和内部客户两种，一般以外部客户为主，某些支持性部门（如后勤）一般与外部客户关系不大，其客户可定位为内部客户，人事部门面对的也是内部客户。

（3）获得 VOC。获取 VOC 的渠道很多，如正式会谈、市场调查、客户满意度调查、客户投诉、服务部门的报告等。例如，通过调查客户对光电传感器产品的要求，得到客户的关注点为：可控范围必须在满足基本要求条件下，控制距离远，开关控制回差稳定，距离随时间变化小；抗干扰能力强，能够抗阳光直射、抗静电，安全距离有保障；安装方便，美观，体积小，操作简单。

```
(1) 确定提供的产品和服务  →  (2) 确定客户及客户范围
         ↓                              ↓
(4) 制作VOC展开表  ←  (3) 获得VOC
         ↓
(5) 列出VOC对应的CTQ  →  (6) 建立VOC-CTQ矩阵
                                ↓
                        (7) 确定VOC的重要程度
                                ↓
(9) 确定VOC与CTQ的关系  ←  (8) 确定CTQ的重要程度
         ↓
(10) 对CTQ进行综合评价  →  (11) 根据各个CTQ的优先级
                              别选定要实施的六西格玛项目
```

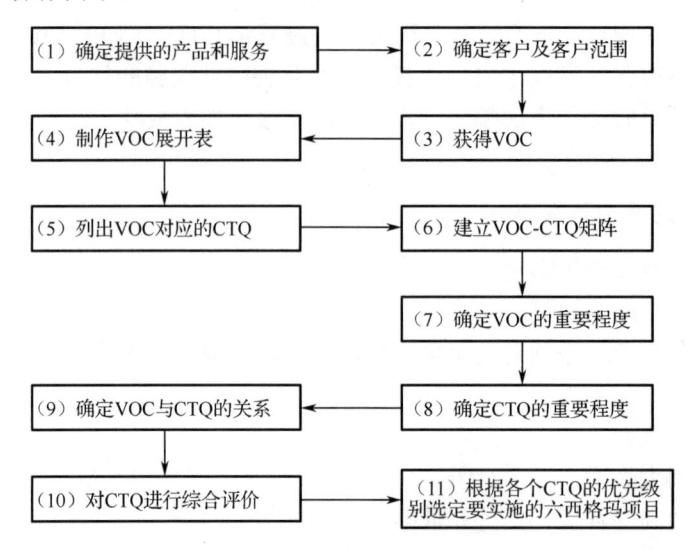

图 6-4 六西格玛项目选择流程图

（4）制作 VOC 展开表。展开表是将经过整理的 VOC 分层次进行展开，以便直观察看的一种表格。

（5）列出 VOC 对应的 CTQ。每一个 VOC 对应着一个或数个产品的技术要求，即关键质量指标（CTQ）。

（6）建立 VOC-CTQ 矩阵。在列出 VOC 展开表和 VOC 对应的 CTQ 后，可将 VOC 展开表与 CTQ 相对应建立 VOC-CTQ 矩阵。以光电传感器为例，VOC-CTQ 矩阵如表 6-2 所示。

表 6-2 VOC-CTQ 矩阵

VOC				CTQ					
				设计				材料		工艺
				光路设计	结构设计	接口设计	电路设计	电子元器件	注塑材料	焊接装配
				9	3	1	3	3	3	3
稳定性好，可靠性高	稳定	控制距离远	5	◎			○	◎	○	▲
		开关控制回差稳定	1				◎			
		距离随时间变化小	3					◎		
	抗干扰	抗阳光能力强	4	◎	○			◎		
		抗静电能力强	3				◎			○
		安全距离有保障	3	○	◎				▲	
	易安装	美观	1		◎		◎			
		体积小	1		◎			◎		
		操作简单	2		◎	◎			▲	

（7）确定 VOC 的重要程度。对各项客户的 VOC，根据客户认为的重要程度进行评分，按从重要的到不重要的分为 5 档进行评分，分别是 5、4、3、2、1。

（8）确定 CTQ 的重要程度。各项 CTQ 的重要程度是指技术上实现的难易度，按由难到易分 3 档进行评分，分别是 9、3、1。

（9）确定 VOC 与 CTQ 的关系。VOC 与 CTQ 的相关关系可在 VOC-CTQ 矩阵中确定，其相关关系可分为 3 级，从相关性强至相关性弱分别为 9、3、1，用符号表示为：◎=9，○=3，▲=1。

（10）对 CTQ 进行综合评价。评分的方法如下："控制距离远"与"光路设计"相关关系为"◎"，则其关系程度为 9，"控制距离远"之 VOC 的重要程度为 5，"光路设计"之 CTQ 的难易度为 9，则"◎"对应的分数为(5+9)×9=126。依次可计算出各 VOC 与 CTQ 相关点的分值，如表 6-3 所示。从表 6-3 中可以看出，"光路设计"之 CTQ 的综合评分为 279 分，其他 CTQ 的分数计算方法与此相同。

表 6-3 "光路设计"之 CTQ 综合评分表

VOC	光 路 设 计	
	相 关 符 号	分　　值
控制距离远	◎	126
抗阳光能力强	◎	117
安全距离有保障	○	36
合计分数		279

同时还需根据所有 CTQ 综合评分分值的大小对各个 CTQ 进行排序，确定各个 CTQ 的优先级别。

（11）根据各个 CTQ 的优先级别选定要实施的六西格玛项目。

六西格玛项目是一个系统工程，往往需要跨部门功能小组来实施，但有些六西格玛项目涉及范围小，实施部门大多为支持部门，目标客户也大多为内部客户，此时可以简化项目选择流程来选择六西格玛项目。

6.1.4 六西格玛 DMAIC 改进流程方法

1. 什么是 DMAIC

DMAIC 是六西格玛管理中流程改善的重要工具。六西格玛管理不仅是理念，还是一套业绩突破的方法。它将理念变为行动，将目标变为现实。这套方法就是六西格玛改进方法 DMAIC 和六西格玛设计方法 DFSS。

DMAIC 是指由定义（Define）、测量（Measure）、分析（Analyze）、改进（Improve）、控制（Control）5 个阶段构成的过程改进方法，一般用于对现有流程的改进，包括制造过程、服务过程及工作过程等。

DFSS（Design For Six Sigma）是指对新流程、新产品的设计方法。

2. DMAIC 的主要工作

DMAIC 的主要工作如表 6-4 所示。

表 6-4　DMAIC 的主要工作

阶　段	主　要　工　作
定义阶段→测量阶段→分析阶段→改进过程?（NG→重新设计过程；OK→改进阶段）→控制阶段	（1）定义阶段（D）：确定客户的关键需求并识别需要改进的产品或过程，将要改进项目界定在合理的范围内
	（2）测量阶段（M）：通过对现有过程的测量，确定过程的基线及期望达到的目标，识别影响过程输出 Y 的关键输入 X_s，并对测量系统的有效性做出评价
	（3）分析阶段（A）：通过数据分析确定影响输出 Y 的关键输入 X_s，即确定过程的影响因素
	（4）改进阶段（I）：寻找优化过程输出 Y 并且消除或减少关键输入 X_s 影响的方案，使过程的缺陷或变异（或称为波动）降低
	（5）控制阶段（C）：使改进后的过程程序化并通过有效的监测方法保持过程改进的成果

3. DMAIC 各阶段的常用工具

DMAIC 各阶段的决策均是基于数据做出的。为此，六西格玛管理法的各个阶段均有系统地处理数据的方法和工具，各阶段常用工具如下。

1）定义阶段常用工具

柏拉图、箱图、流程分析、KANO 分析、质量功能展开、质量成本分析、因果图。

2）测量阶段常用工具

散布图、直方图、基本统计、正态性检验、时间序列图、条形图、箱图、测量系统分析、失效模式和影响分析、过程能力分析。

3）分析阶段常用工具

多变量分析、假设检验、置性区间与参数估计、回归分析、方差分析、直方图、柏拉图、箱图。

4）改进阶段常用工具

试验设计、头脑风暴法。

5）控制阶段常用工具

控制图、预控图、防错程序、统计过程控制、标准作业程序。

4. DMAIC 的实施步骤

1）定义阶段

问题或机会和目标的陈述→将 VOC 转换成客户关键要求→确定项目的范围、计划及预期效益→绘制和分析流程图→识别"快赢"并改进流程→完善项目授权书→制定团队指导方针和基本准则。

2）测量阶段

IPO（输入、过程和输出）指标分析→制订运作定义和数据收集计划→测量系统分析→收集并分析数据→过程稳定性分析→过程能力分析→收集相关指标数据。

3）分析阶段

流程分层→定性识别和筛选潜在根本原因→制订根本原因的验证计划→验证根本原因。

4）改进阶段

针对确认的根本原因提出改进方案→评估并筛选改进方案→制订并实施经确认的改进方案计划→按计划验证实施结果。

5）控制阶段

制订控制计划→实施控制计划→固化改进方案→推广项目成果→项目结题并移交→团队总结经验及制订下一步措施和计划。

任务实施

1. 实验目的

学会六西格玛项目的选择方法，能够根据生产实际的需要，对项目选择的相关数据进行处理，依据项目选择原则和数据处理结果选择六西格玛项目。

2. 实验准备

（1）联网计算机（Windows 操作系统）。

（2）Minitab 20 软件。

3. 实验过程

某电子公司专门为下游厂商设计与加工成品电路板，该公司生产的成品电路板经常出现各种缺陷，虽然经过生产部管理人员和质量管理进行分析查找原因，并采取应对措施，但是效果不明显。为此，公司成立跨部门的合作团队，成员包括设计、生产、品管、采购等部门的工程技术人员，要求以项目的形式彻底解决此问题。

（1）团队成员根据成品电路板的设计、采购、加工工序流程，结合目前的产品缺陷及客户的投诉，经过调查研究和头脑风暴法，得出成品电路板出现的问题如下：①电路板组件不工作；②元器件损坏；③焊接少锡；④功能测试不良；⑤在线测试不良；⑥板裂。

（2）成品电路板质量问题的重要程度赋值如表 6-5 所示。

表 6-5 成品电路板质量问题的重要程度赋值

关键输出变量名称	赋 值	关键输出变量名称	赋 值
电路板组件不工作	5	功能测试不良	5
元器件损坏	4	在线测试不良	5
焊接少锡	2	板裂	4

（3）作为团队成员，请依据表 6-6 选择需要优先实施的项目，以便为客户提供满意的产品。表 6-6 中，◎=9，〇=3，▲=1。

表 6-6 VOC-CTQ 矩阵

VOC				CTQ					
				设计		生产制造			材料	工艺
				可制造性设计	设计参数	回流参数设置	波峰参数设置	员工作业能力	元器件供货质量	过程控制
				9	3	9	9	1	9	3
组件零缺陷	测试	电路板组件不工作	5	◎	◎				〇	〇
		功能测试不良	5		〇	▲	▲	◎	▲	〇
		在线测试不良	5			▲	▲	◎	▲	▲
	装配	元器件损坏	4	◎	〇	〇	〇		◎	
		焊接少锡	2	◎		◎	◎	◎		
		板裂	4	◎				◎		▲

4. 提交实验报告

将已经完成的实验报告提交至作业平台（职教云或学习通平台等）。

练 习

一、名词解释

1. 六西格玛；2. 黑带大师（MBB）；3. 绿带（GB）；4. DMAIC；5. CTQ。

二、填空题

1. _____用来描述任一过程参数的平均值的分布或离散程度。

2. 西格玛水平（通常用英文字母 Z 表示）是过程满足_____要求能力的一种度量，即将过程输出的平均值、_____与顾客要求的目标值（规格限）联系起来并进行比较，得出的结果。

3. DMAIC 是指由定义（Define）、测量（Measure）、分析（Analyze）、_____、控制（Control）5 个阶段构成的过程改进方法。

三、选择题

1. VOC（Voice Of Customer）是（　　）。
   A．质量特性　　　　B．客户需求　　　　C．质量水平　　　　D．标准差
2. 六西格玛的质量水平与百万机会缺陷数的对应值是（　　）。
   A．66 807　　　　　B．6210　　　　　　C．233　　　　　　　D．3.4
3. 负责具体的六西格玛项目及其团队的管理是（　　）的职责。
   A．倡导者　　　　　B．黑带大师　　　　C．黑带　　　　　　D．绿带
4. 六西格玛项目选择的一般流程的第一步是（　　）。
   A．确定提供的产品和服务　　　　　　B．获得 VOC
   C．评估 CTQ　　　　　　　　　　　　D．制作 VOC 展开表

四、简答题

1. 六西格玛管理的价值观是什么？
2. 六西格玛项目的组织架构是由哪几部分构成的？
3. 六西格玛项目的选择有哪些标准？
4. 简述 DMAIC 各阶段的实施步骤。

任务6.2　运用假设检验工具评估试验效果

任务描述

在质量工程项目中，往往需要对试验效果进行评估。这就要先把某个结论当成一种假设，然后根据样本观测值的情况，运用统计分析的方法对假设进行检验并做出判断。本次的任务有 3 个：一是某刀具供应商为了能够成为一家大型模具加工刀具的供应链成员，积极配合模具企业对刀具进行加工测试，通过与现有供应商的加工数据进行对比，判定是否存在差异（注：测量数据在任务实施中，下同）；二是有 3 个测试人员，分别使用不同的仪器对同一批集成电路进行测试，请对 3 种仪器测试结果进行判断；三是考察温度对某产品成品率的影响，选了 4 种不同的温度进行试验，在同一温度下进行了 5 次试验，请判断温度对产品成品率是否有显著的影响。

知识准备

6.2.1　假设检验的定义、类别和步骤

1. 假设检验的定义

假设检验是评估有关总体的两个互斥语句的过程，它使用样本数据来确定数据对哪个语句提供最佳支持。这两个语句被称为原假设和备择假设。它们始终是有关总体属性的语句，如参数值、多个总体的对应参数之间的差异。可以使用假设检验回答的问题示例包括：女大学生的平均身高是否等于 1.68m？女大学生身高的标准差是否等于 12cm？男大学生和

女大学生的身高是否相等?女大学生的身高是否服从正态分布?

假设检验是一种常用的统计工具。在质量管理活动中,熟练地应用假设检验会取得事半功倍的效果。例如,某公司加工一批零件,外圆直径的目标值为 5.5mm,过去的标准差为 0.016,要判断该批零件外圆直径均值是否超出目标,只需从加工的零件中抽取样本,通过 Minitab 假设检验即可得出结论。

2．假设检验的类别

假设检验依据不同的条件和用途,可分为 3 类:比较一个样本与目标、相互比较两个样本、比较两个以上的样本,具体内容如表 6-7 所示。

表 6-7 假设检验的类别

类别 1: 比较一个样本与目标	类别 2: 相互比较两个样本	类别 3: 比较两个以上的样本
μ 单样本 t	μ 双样本 t	μ 单因子方差分析
σ 单样本标准差	μ-μ 配对 t	σ 标准差检验
p 单样本不良率	σ 双样本标准差	p 卡方不良率
卡方拟合优度	p 双样本不良率	相关卡方检验
	卡方拟合优度	

3．假设检验的步骤

假设检验的一般操作步骤如下。

(1) 建立原假设和备择假设。原假设:H_0,说明总体参数等于所需值,如 $\mu=5$。备择假设:H_1 或 H_A,说明总体参数不同于原假设中的总体参数的值,如 $\mu<5$ 或 $\mu>5$ 或 $\mu\neq5$。

(2) 选择显著性水平(一般为 0.05)。

(3) 选择检验方法。

(4) 计算关于样本数据的 p 值(同 Minitab 软件输出数据及图形中的 P 值)。

(5) 比较 p 值和显著性水平导出的结论。当 p 值>0.05 时,接受原假设,拒绝备择假设;当 p 值<0.05 时,接受备择假设,拒绝原假设。

6.2.2 均值检验

1．假设检验所需要验证的条件

由于在推导各种检验方法时都假定了一些条件,因此在进行假设检验前,必须验证所有的数据是否满足以下 3 个条件:

(1) 数据观测值是相互独立的。

(2) 数据必须服从正态分布。

(3) 数据必须来自同一总体,没有异常的观测值。

模块 6　六西格玛管理及 DMAIC 常用工具的应用

2．单、双正态总体均值检验

例如，某电子公司为了提高生产效率、降低成本对某一产品进行可制造性的改进，形成另一种产品。现需评估：①改进前均值是否低于 4.90mm；②改进前后两种产品的主要指标是否有差异。该产品的主要性能是传感距离，分别从两种产品批量生产中随机抽取的样本的测量数据如表 6-8 所示。

表 6-8　样本的测量数据　　　　　　　　　　　　　　单位：mm

改进前测量值				改进后测量值			
4.93	4.89	4.84	4.97	4.85	4.87	4.85	4.90
4.90	4.88	4.92	4.93	4.96	4.89	4.81	4.84
4.88	4.87	4.87	4.93	4.88	4.90	4.87	4.91
4.90	4.88	4.93	4.91	4.85	4.92	4.96	4.95
4.93	4.91	4.95	4.95	4.90	4.85	4.91	4.86

1）对改进前的数据进行独立性分析

（1）选择"统计"→"质量工具"→"运行图"命令，弹出"运行图"对话框，单击"单列"单选按钮，选择"改进前测量值"数据列，在"子组大小"文本框中输入"1"，单击"绘制子组均值运行图"单选按钮，如图 6-5 所示。

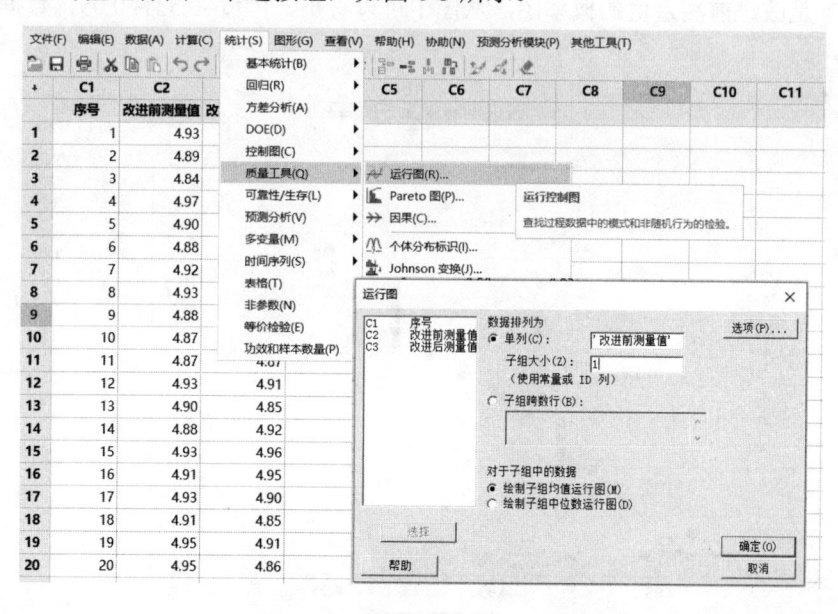

图 6-5　运行图制作过程示意图

（2）单击"确定"按钮，输出如图 6-6 所示的运行图。从运行图中可以看出，4 个 P 值都比 0.05 大，因此可以判数据是独立的。

改进前测量值 的运行图

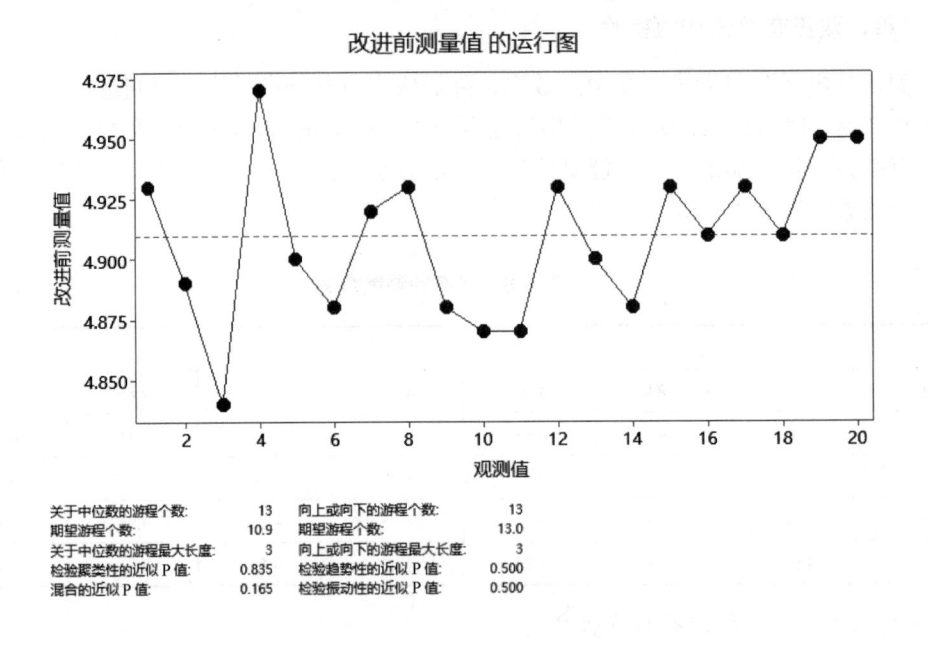

图 6-6　改进前测量值的运行图

2）正态性检验

图 6-7 是改进前测量值的概率图，从图中可以看出，P 值=0.531>0.05，数据满足正态性的要求。

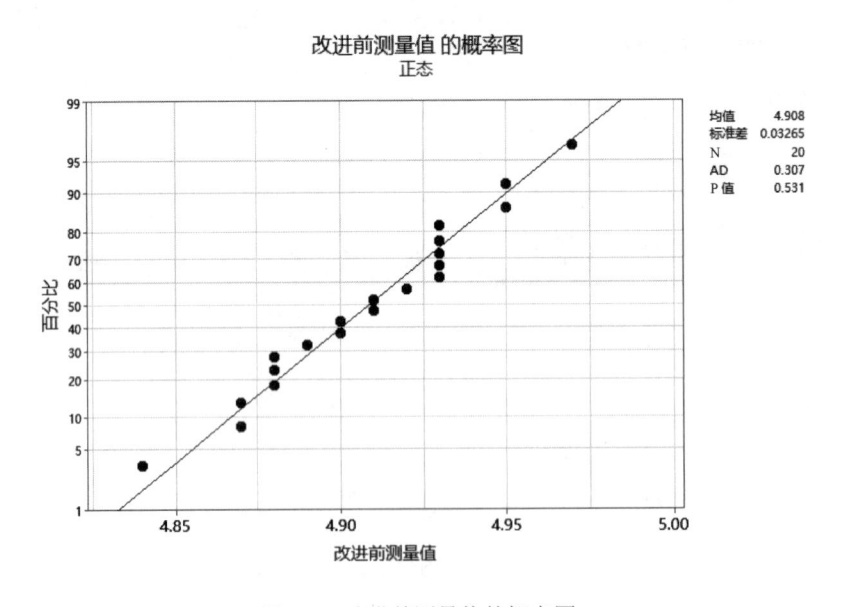

改进前测量值 的概率图
正态

图 6-7　改进前测量值的概率图

3）异常值检验

在进行统计分析时，常常需要假定所有数据都来自相同的总体。"相同的总体"通常是指在同样条件下得到的数据总体，比如在生产环节中相同的供应商、同批次原材料、同样的生产条件、同样的生产工艺等。在进行参数估计或者假设检验时,对那些来自相同总体的数据进行估计和检验得出的结果才是有意义的。当样本数据中的某些观测值远离大多数观测值时,暗示这些观测值可能来自不同的总体或者明显超出测量者的预期,这些数值称为异常值(Outlier)。

异常值检验通常包括 3 个步骤:第一步,设定检出异常值个数的上限;第二步,对异常值进行检验;第三步,对异常值进行处理。

(1) 第一步:设定检出异常值个数的上限。

在进行具体的异常值检验之前应先设定样本中检出异常值个数的上限(与样本量相比应非常小),当检出异常值个数超过这个上限时,表示样本所在的总体可能已出现新的数据规律或"正态总体"的前提假设已不成立,此时对样本应做谨慎研究和处理。

(2) 第二步:对异常值进行检验。

判断异常值的统计检验法目前有很多种,针对正态样本的异常值检验的方法有 Grubbs(格拉布斯)法、Dixon(狄克逊)法、偏度-峰度法、Nair(奈尔)法等。Grubbs 法、Dixon 法可用于正态样本的总体方差未知情形下的异常值检验;Nair 法适用于正态样本的总体方差已知的情形;偏度-峰度法适用于大数量的正态样本,异常值个数大于 1,而且可疑值应明显偏离样本总体的情形。

Grubbs 法检出异常值的功效最优,而当异常值多于 2 个时,用偏度-峰度法及 Dixon 法功效更优。

(3) 第三步:异常值的处理。

首先,应将检验出的异常值个数与第一步中设置的检出异常值个数的上限相比较,若异常值个数已超出上限,则需要对整个样本数据进行谨慎研究,找出导致异常值过多的原因并进行后续的改进及处理;若异常值个数没有超出上限,则按照以下处理方式和规则进行处理,在进行异常值的处理时,最常遇到的问题就是这些异常值是否应剔除。在国标中是这样规定的:从统计上判定异常值是否需要剔除时,通常选择 0.01 作为数据剔除的显著性水平,检验出的异常值称为统计异常值;在显著性水平为 0.05 时检验出的异常值如果在显著性水平为 0.01 时不显著,那么这类值叫作歧离值。它应该是我们处理异常值的指导原则。

异常值的处理方式有以下几种。

① 保留异常值,并用于后续处理。
② 在找到实际原因时修正异常值,否则予以保留。
③ 剔除异常值,不追加观测值。
④ 剔除异常值,并追加新的观测值或用适宜的插补值代替。

在 Minitab 20 中的操作过程如下:选择"统计"→"基本统计"→"异常值检验",弹出"异常值检验"对话框,在"变量"中选择"改进前测量值"数据列,单击"选项"按钮,弹出"异常值检验:选项"对话框,在"异常值检验"下拉列表中选择"Grubbs"选项,在"显著性水平"文本框中输入"0.05",在"您要确定什么(备择假设)"下拉列表中选择"最大数据值为异常值"选项,单击"确定"按钮。在"异常值检验"对话框中单击"图形"按钮,在弹出的"异常值检验:图"对话框中勾选"异常值图"复选框,如图 6-8 所示。

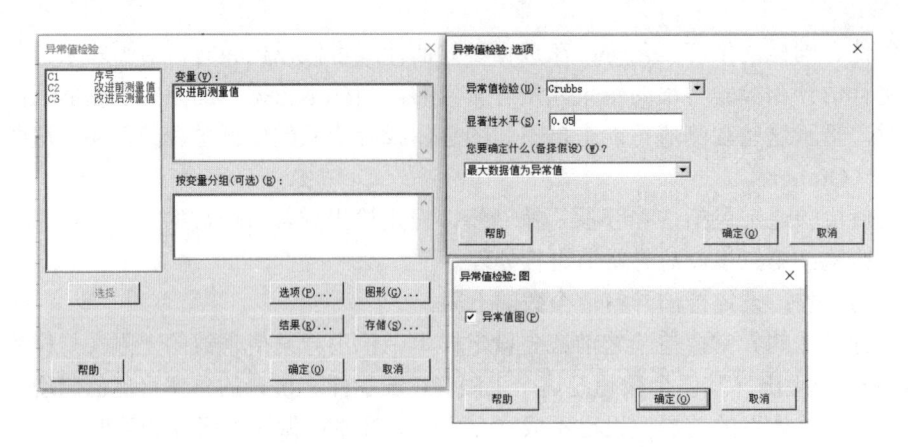

图 6-8 异常检验操作图

单击"确定"按钮两次,输出以下结果及图形(见图 6-9)。
输出结果:

方法

原假设　　　　所有数据值均来自相同的正态总体
备择假设　　　最大数据值为异常值
显著性水平　　α = 0.05

Grubbs 检验

变量	N	均值	标准差	最小	最大	G	P
测量距离	20	4.9085	0.0327	4.8400	4.9700	1.88	0.502

结论:在 5%显著性水平下无异常值,改进前测量值的异常值图如图 6-9 所示,P 值=0.502>0.05。

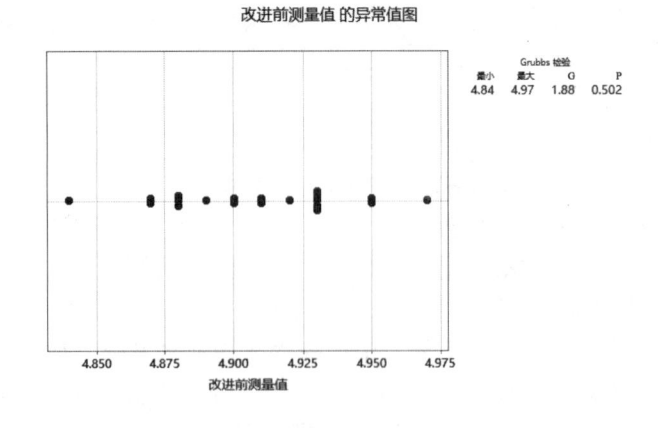

图 6-9　改进前测量值的异常值图

4)改进前均值与目标值 4.9 的差异

① 在 Minitab 中,选择"协助"→"假设检验命令",在弹出的"协助-假设检验"对

模块 6　六西格玛管理及 DMAIC 常用工具的应用

话框中选择"比较一个样本与目标中的单样本 t 检验",弹出"单样本 t 检验"对话框。②在"数据列"中选择"改进前测量值"数据列,在"目标"文本框中输入"4.9",单击"改进前测量值的均值小于 4.9 吗"单选按钮,单击"确定"按钮,如图 6-10 所示。③输出单样本 t 检验汇总报告,如图 6-11 所示,报告中显示 P 值=0.871>0.05,说明均值并不显著小于目标值。

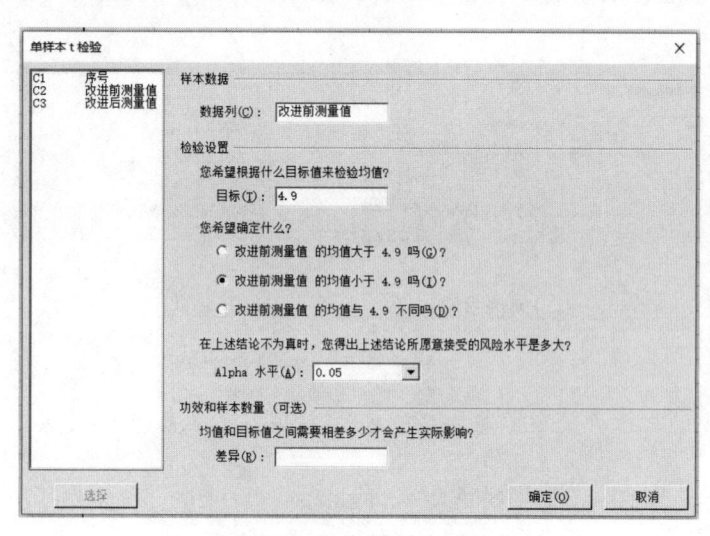

图 6-10 "单样本 t 检验"对话框

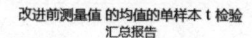

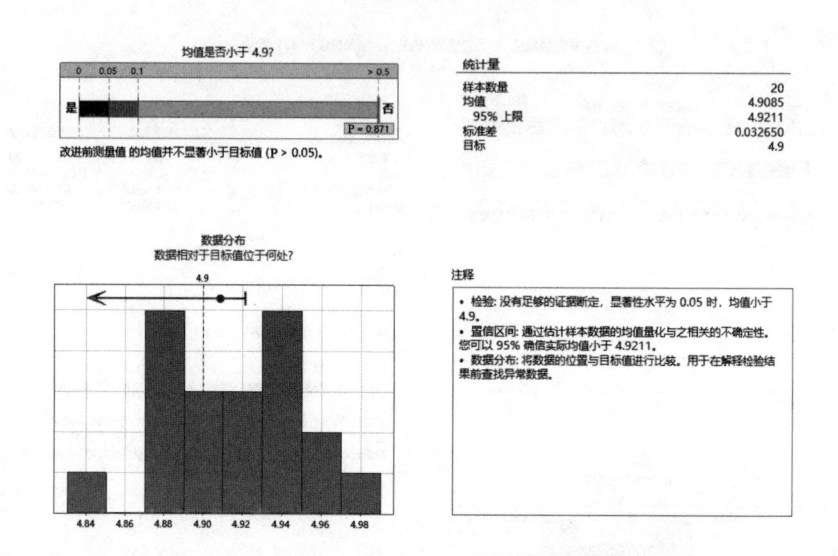

图 6-11 均值的单样本 t 检验汇总报告

5) 改进前后数据均值比较

按照与改进前的方法对改进后的数据进行独立性分析、正态性检验、异常值检验,得出结论:改进后的数据满足进行假设检验所需的 3 个条件。

电子产品质量工程技术与管理

选择"协助"→"假设检验"命令,在弹出的"协助-假设检验"对话框中单击"双样本 t"按钮,弹出"双样本 t 检验"对话框,如图 6-12 所示,在"样本 1"中选择"改进前测量值"数据列,在"样本 2"中选择"改进后测量值"数据列,单击"改进前测量值的均值与改进后测量值的均值不同吗"单选按钮,单击"确定"按钮,输出均值的双样本 t 检验汇总报告,如图 6-13 所示,报告中显示 P 值=0.069>0.05,说明改进前后均值之间并不存在显著差异。

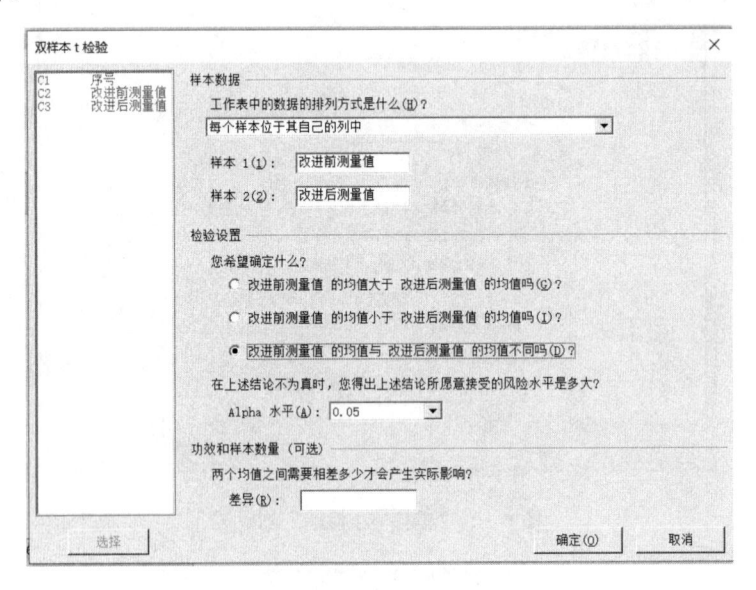

图 6-12 "双样本 t 检验"对话框

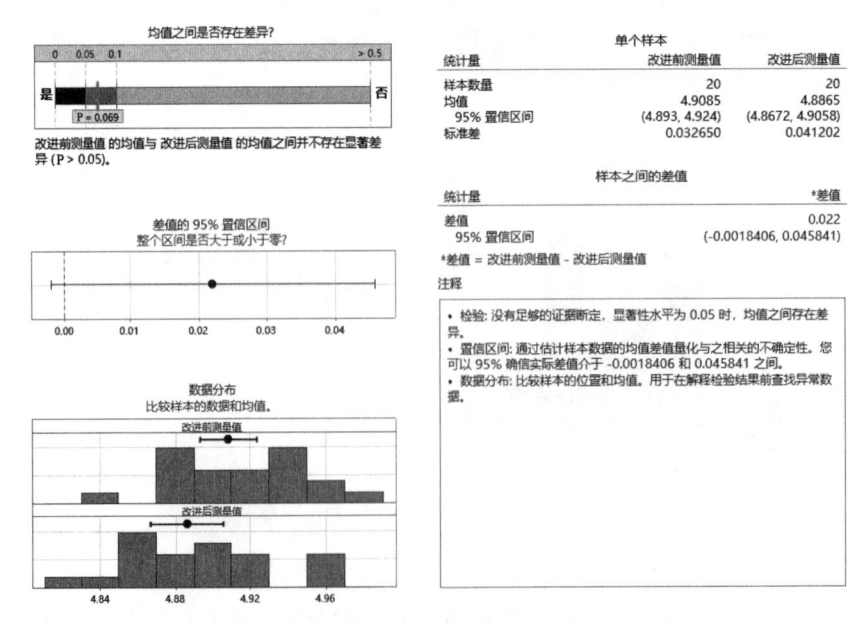

图 6-13 均值的双样本 t 检验汇总报告

使用同样的方法对标准差进行检验，P 值=0.276>0.05，改进前后标准差也没有显著差异。

6.2.3 方差分析

1．什么是方差分析

方差分析（ANOVA），又称"变异数分析"或"F 检验"，是英国统计与遗传学家、现代统计科学的奠基人之一的罗纳德·艾尔默·费希尔（R.A.Fisher）发明的，用于 2 个及 2 个以上样本均值差别的显著性检验。

2．方差分析的主要作用

方差分析用来分析响应变量（连续型数据）与一个或多个预测变量（离散型数据）之间的关系。实际上，方差分析将用于检验 2 个总体均值相等性的双样本 t 检验扩展到比较 2 个以上均值相等性的原假设，以及对应的均值并非全都相等的备择假设。

3．方差分析的基本原理

方差分析的基本原理是方差的可加性原则。作为一种统计方法，方差分析把实验数据的总变异分解为若干不同来源的分量。一是表示本组内数据间的随机误差的大小，用 SS_E 表示，称为组内离差平方和；二是表示不同组数据间的差异，用 SS_A 表示，称为组间离差平方和。因此，数据总的离差平方和 $SS_T=SS_A+SS_E$。

方差分析的基本思想就是求出组间离差平方和 SS_A 与组内离差平方和 SS_E 的比值。该比值越大，说明因子越显著。为了消除样本个数及水平数的影响，在计算比值时，还要除以各自的自由度，得到其均方和——MS_A 和 MS_E，而 MS_A 和 MS_E 的比值称为 F 统计量，如表 6-9 所示。检验的基本思想是：若 F 值足够大，则可以判断因子是显著的。

表 6-9 各种离差平方和的关系式

来　源	离差平方和	自　由　度	均　方　和	F
因子	SS_A	$df_A=K-1$	$MS_A=SS_A/df_A$	$F=MS_A/MS_E$
误差	SS_E	$df_E=n-K$	$MS_E=SS_E/df_E$	
总的离差平方和	$SS_T=SS_A+SS_E$	$df_T=n-1$		

表 6-9 中，K 表示试验条件下的个数；n 表示每种试验条件下的被试个数。

4．方差分析的假设检验

（1）方差分析的假定条件。

① 正态假定：假定因子有 K 个水平，每一水平服从均值为 μ_i，方差为 σ^2 的正态分布，$i=1,2,\cdots,K$，每一水平下的指标便构成一总体。

② 方差相等：因子在每一水平下服从正态分布且方差相等。

③ 数据相互独立：在第 i 个水平下收集的数据是相互独立的。

（2）在上述 3 个条件成立的前提下，建立检验假设。

H_0：多个样本总体均值相等，即 $\mu_1=\mu_2=\cdots=\mu_i$。

H_1：多个样本总体均值不相等或不全相等，即 $\mu_1,\mu_2,\cdots,\mu_i$ 中至少有一组不相等。

5．使用 Minitab 进行方差分析的举例

某团队要考察温度对某一产品硬度的影响，选择了 300℃、500℃、800℃、8000℃来进行实验，希望评估温度对产品硬度是否存在显著影响，其数据如表 6-10 所示。

表 6-10 各种温度条件下的硬度测量值

温度（℃）	300	500	800	8000	总和
硬度（N）	90	95	91	96	
	92	93	90	96	
	88	91	93	97	—
	89	92	89	94	
	92	95	88	92	
和	451	466	451	475	—
均值	90.2	93.2	90.2	95	92.15

因子是温度，因子的不同取值：水平（300℃、500℃、800℃、8000℃）是离散型数据。响应变量是硬度，是连续型数据。因此，选择只有一个因子的方差分析——单因子方差分析。

1）验证是否满足方差分析条件

（1）正态性检验。在 Minitab 20 中选择"图形"→"概率图"→"多个"命令，弹出"概率图：多个"对话框，在"图形变量"中选择"硬度（N）"数据列，在"用于分组的类别变量（0-3）"中选择"温度（℃）"数据列，勾选"图形变量构成组"复选框，如图 6-14 所示，单击"确定"按钮，输出如图 6-15 所示的概率图。由于概率图中各种温度下的 P 值>0.05，因此，满足了方差分析的正态分布要求。

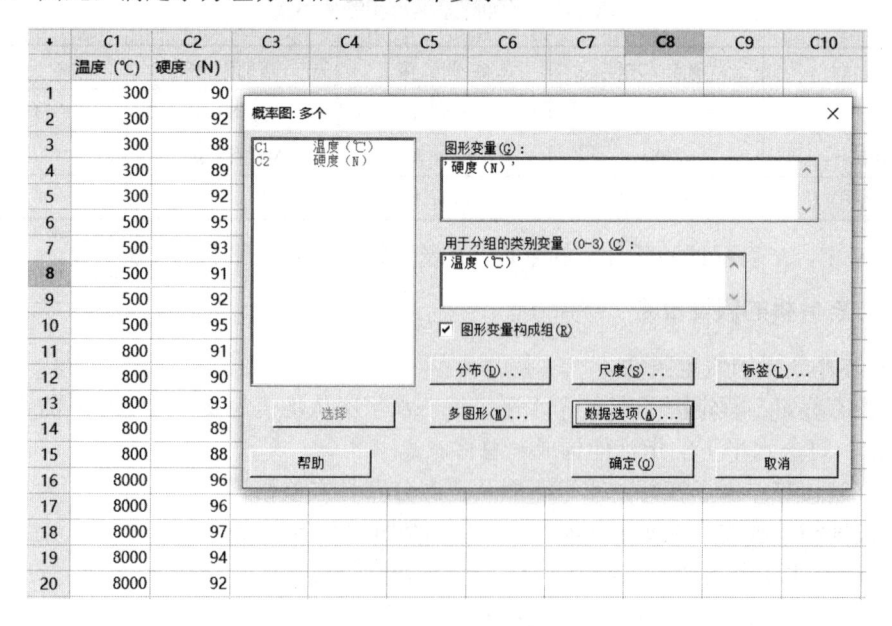

图 6-14 "概率图：多个"对话框

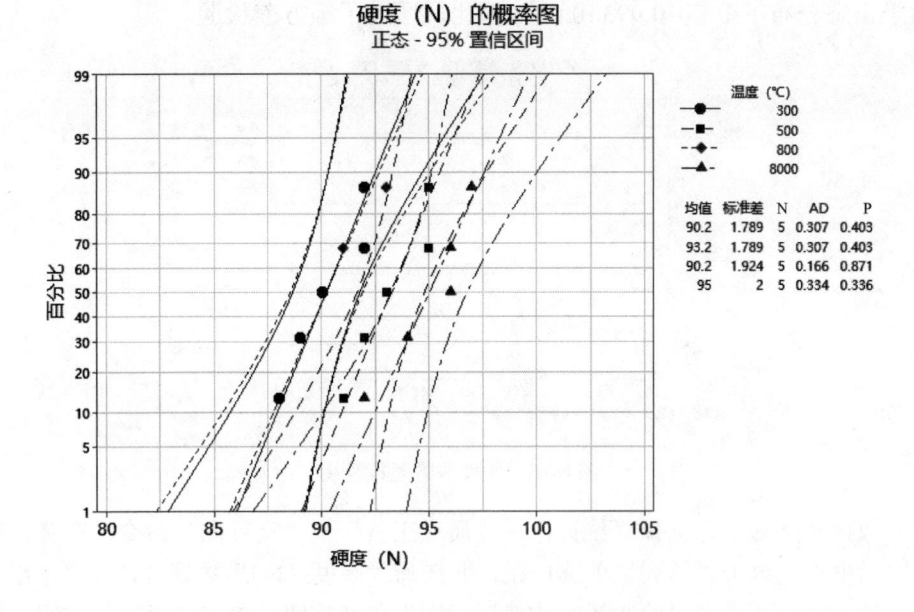

硬度（N）的概率图
正态 - 95% 置信区间

图 6-15　正态分布检验的概率图

（2）等方差检验。选择"统计"→"方差分析"→"等方差检验"命令，弹出"等方差检验"对话框，在"响应变量"中选择"硬度（N）"数据列，在"因子"中选择"温度（℃）"数据列，单击"确定"按钮，输出以下结果及图形（见图 6-16）。

输出结果：

方法	
原假设	所有方差都相等
备择假设	至少有一个方差不同
显著性水平	$\alpha = 0.05$

95% Bonferroni 标准差置信区间

温度（℃）	N	标准差	置信区间
300	5	1.78885	（0.717645，8.9099）
500	5	1.78885	（0.717645，8.9099）
800	5	1.92354	（0.562562，13.1420）
8000	5	2.00000	（0.597091，13.3860）

单组置信水平 = 98.75%

检验

方法	检验统计量	P 值
多重比较	—	0.993
Levene	0.00	1.000

由于正态分布下 P 值=0.993>0.05，因此，通过了等方差检验。

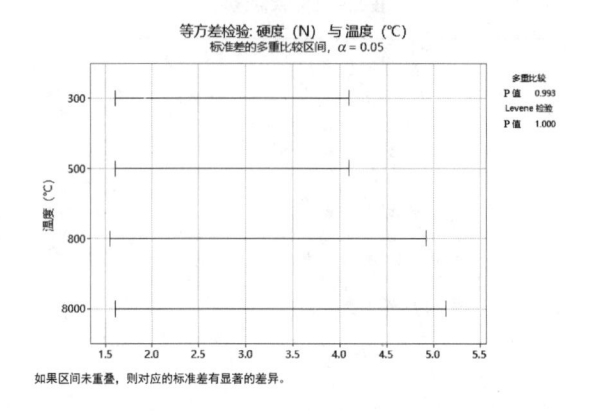

图 6-16　硬度等方差检验图

（3）数据相互独立。选择"统计"→"质量工具"→"运行图"命令，在弹出的"运行图"对话框中，单击"单列"单选按钮，并选择"硬度（N）"数据列，在"子组大小"文本框中输入"1"，单击"绘制子组均值运行图"单选按钮，单击"确定"按钮，输出如图 6-17 所示的运行图，4 个 P 值都比 0.05 大，因此可以判数据是独立的。

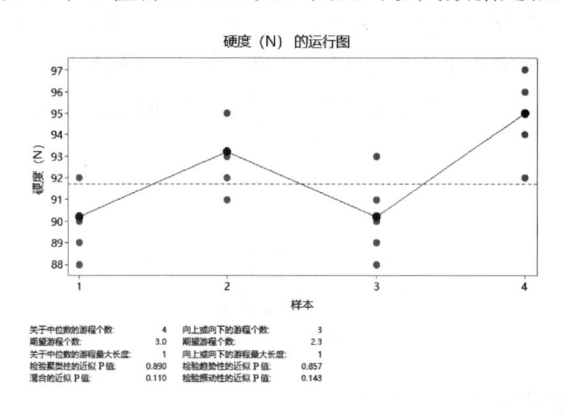

图 6-17　硬度数据运行图

2）建立假设检验

H_0：4 种温度条件下硬度总体均值相等，即 $\mu_1=\mu_2=\mu_3=\mu_4$。

H_1：4 种温度条件下硬度总体均值不相等或不全相等，即 $\mu_1, \mu_2, \mu_3, \mu_4$ 中至少有一组不相等。

3）方差分析

选择"统计"→"方差分析"→"单因子"命令，弹出"单因子方差分析"对话框，选择相应的变量，如图 6-18 所示，单击"图形"按钮，弹出"单因子方差分析：图形"对话框，勾选"数据箱线图"复选框，单击"单独示图"单选按钮，单击"确定"按钮，输出以下结果及图形（见图 6-19）。

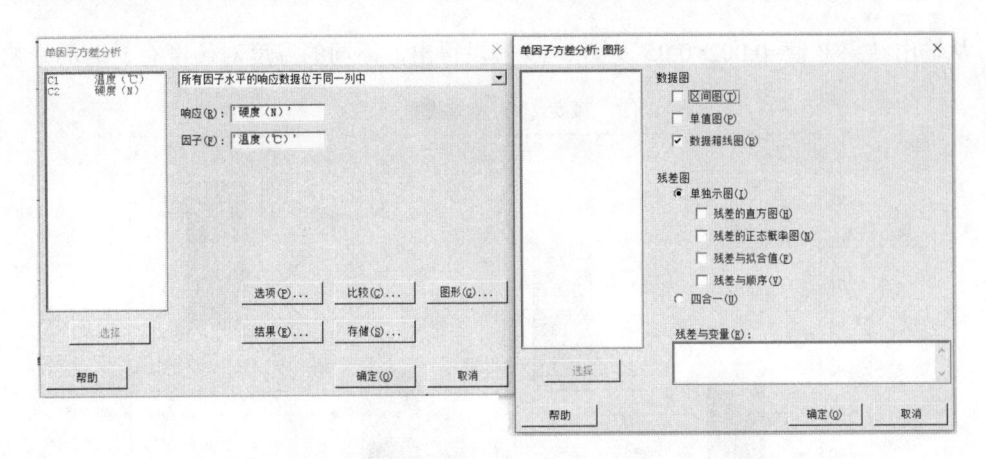

图 6-18 "单因子方差分析"对话框和"单因子方差分析：图形"对话框

输出结果：

方法

原假设	所有均值都相等
备择假设	并非所有的均值都相等
显著性水平	α = 0.05

已针对此分析假定了相等方差。

因子信息

因子	水平数	值
温度（℃）	4	300，500，800，8000

方差分析

来源	自由度	Adj SS	Adj MS	F 值	P 值
温度（℃）	3	84.15	28.050	7.96	0.002
误差	16	56.40	3.525		
合计	19	140.55			

模型汇总

S	R-Sq	R-Sq（调整）	R-Sq（预测）
1.87750	59.87%	52.35%	37.30%

均值

温度（℃）	N	均值	标准差	95%置信区间
300	5	90.200	1.789	（88.420，91.980）
500	5	93.200	1.789	（91.420，94.980）
800	5	90.200	1.924	（88.420，91.980）
8000	5	95.000	2.000	（93.220，96.780）

合并标准差=1.87750

从输出结果 P 值=0.002<0.05 及图 6-19 可以得出，不同的温度对硬度有显著的影响。

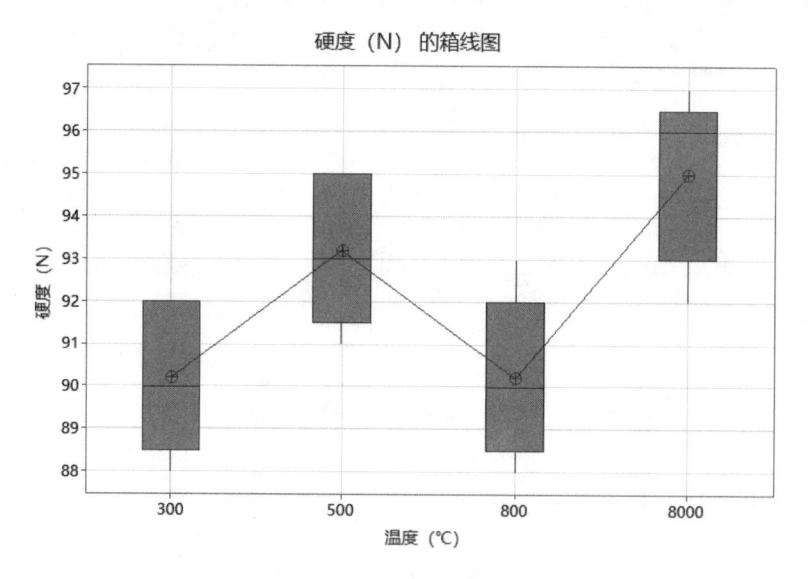

硬度（N）的箱线图

图 6-19 硬度的箱线图

任务实施

1. 实验目的

学会验证数据观测值是否相互独立、数据是否服从正态分布、数据是否来自同一总体没有异常的观测值；学会验证方差分析的假定条件；能够根据生产实际的需要，对项目改进效果的相关数据进行判定；能够改变状态的因素，分析因素对指标（结果）的影响程度。

2. 实验准备

（1）联网计算机（Windows 操作系统）。

（2）Minitab 20 软件。

3. 实验过程

（1）某刀具供应商为了能够成为一家大型模具加工刀具的供应链成员，积极配合模具企业对刀具进行加工测试，模具厂原来使用进口刀具，现要使用国产刀具，让两种刀具分别加工 6 个同一类产品，然后进行测试，其结果如下：

使用进口刀具：35.1、35.2、35.3、35.4、35.2、35.3；使用国产刀具：35.4、35.3、35.4、35.2、35.3、35.4。问：换刀具前后加工效果是否有显著的差异？

（2）某电子有限公司 3 位测试人员 A、B、C 分别使用不同的仪器对同一批集成电路的 10 个样本进行测试，其数据如下：

A：3.97、3.87、4.06、3.87、3.95、3.93、3.85、3.90、3.86、4.05。

B：4.01、3.97、4.04、3.86、4.02、3.97、3.91、3.96、3.89、4.12。

C：3.99、3.94、4.05、3.84、4.02、3.95、3.93、3.97、3.87、4.11。

问：3 种仪器的测量结果是否存在显著的差异？

(3) 在电子产品的制造过程中,考察温度对某产品成品率的影响,选取了 4 种不同的温度进行试验,在同一温度下进行了 5 次试验,数据如表 6-11 所示,请判断温度对产品成品率是否有显著的影响。

表 6-11　各种温度条件下的成品率测量值

温度(℃)	180	200	230	260	总和
成品率(%)	90	95	91	96	
	92	93	90	96	
	88	91	93	97	—
	89	92	89	94	
	92	95	88	92	
均值	90.2	93.2	90.2	95	92.15

4. 提交实验报告

将已经完成的实验报告提交至作业平台(职教云或学习通平台等)。

练　习

一、名词解释

1. 假设检验；2. 异常值；3. 方差分析。

二、选择题

1. 假设检验中的显著性水平是(　　)。
A. 推断时犯第 I 类错误的概率　　B. 推断时犯第 I 和第 II 类错误的概率
C. 推断时犯第 II 类错误的概率　　D. 推断时犯第 III 类错误的概率

2. 假设检验的分类不包括(　　)。
A. 比较一个样本与目标　　B. 相互比较两个样本
C. 比较两个以上的样本　　D. 比率检验

3. 方差分析的主要目的是判断(　　)。
A. 各总体是否存在方差
B. 各样本数据之间是否有显著差异
C. 分类型自变量对数值型因变量的影响是否显著
D. 分类型因变量对数值型自变量的影响是否显著

4. 在方差分析中,检验统计量 F 是(　　)。
A. 组间平方和除以组内平方和　　B. 组间均方除以组内均方
C. 组间平方除以总平方和　　D. 组间均方除以总均方

5. 在下面的假定中,(　　)不属于方差分析中的假定。
A. 每个总体都服从正态分布　　B. 各总体的方差相等
C. 观测值是独立的　　D. 各总体的方差等于 0

三、简答题

1. 简述进行均值检验的条件。
2. 简述进行方差分析的条件。

任务 6.3 响应变量为生产效率与合格率的全因子试验设计

任务描述

许多项目在形成改进方案时面临的一个重要问题是：在相当多的可能影响最终结果的因素中定哪些因素确实显著地影响着最终结果，怎样去改变这些因素或如何设置这些因素的取值将会使最终结果达到最佳值。这时，我们可以使用的最主要的手段和工具就是计划安排一批试验，并严格按计划在设定的条件下进行这些试验，获得新数据，然后对其进行分析，获得我们所需要的信息，从而找到改进的途径。本任务学习利用 DOE 工具解决某电子科技公司制造过程中的瓶颈工序，提高生产效率，然后以影响半导体制造合格率的主要因子——反应温度、浓度和压力为例，通过 DOE 掌握合格率与反应温度、浓度和压力的关系，选定使合格率最大化的最合适工程条件。

知识准备

6.3.1 试验设计的定义与用途

1. 试验设计的定义

试验设计（Design Of Experiments，DOE）是一种安排试验和分析试验数据的数理统计方法，是通过选定对输出变量（Y）产生影响的若干输入变量（X），为得到输出变量的最佳输出，通过试验人为地设定和改变输入变量的条件以调查和研究输出变量和输入变量之间的相互关系并找出决定输入变量的最佳设定条件的一系列的系统试验。

2. 试验设计的用途

试验设计方法对产生或形成最佳改进方案起着关键的作用。试验设计所要达到的主要目的是分析出"哪些输入变量显著地影响着输出变量，这些输入变量取什么值时将会使输出变量达到最佳值"。

试验设计的用途如下。

（1）描述工程的特征。决定哪个输入变量对输出变量的影响最大，包括可控和不可控的输入变量。明确关键性的工程变量、噪声变量，以及工程中需要仔细控制的变量，为控制输入而不是为输出的管理图提供方向。

（2）优化工程。决定关键性输入应该设置在什么地方、决定"真实的"规格限。

（3）产品设计。在早期设计阶段帮助理解输入变量为"强健的"设计提供方向。

6.3.2 试验设计的基本原理和常用术语

1. 试验设计的基本原理

1）随机原理

原有数据如果经人调整或处理就会产生误差：抽样有抽样误差，试验有试验误差，分析有分析误差，误差随处存在。但如果这样的误差偏向于某一侧时就会导出与试验毫不相关的怪结论。而如果这样的误差均匀地分配到试验中，就能避免因误差导致的错误结论。这种方法称为随机化。

2）反复的原理

反复的原理有两个目的：第一，验证试验本身的信赖性。我们可以同样的条件反复试验两次，如果两次试验结果差异很大，我们就可以怀疑试验结果，从而避免得出错误的结论。第二，检验因子之间的交互作用。两个水平以上的阶乘试验要经过反复才能检测出交互作用。另外，实行反复试验就能使误差项的自由度增大，从而提高误差分散的信赖性和试验结果的信赖性。但如果增加试验的次数，所需的费用又会增加，所以要力求设计出以较少的试验次数获得满意结果的试验计划。

3）项目化原理

项目化原理是指当我们做试验时在总体上不能随机化的情况下，应把试验环境按照不同的类别分成几个项目，在各自的项目（子群）内进行随机试验的原理。

4）交互原理

交互原理是指把没有必要检出的高次交互作用与项目（Block）交错，以提高试验效率性的原理。

5）直交性原理

直交性原理是指通过因子之间直交组合的方法进行试验以避免不必要的交互作用的检出，并对多个因子用较少的试验次数来检验其影响力的原理。

2. 试验设计的常用术语

（1）响应变量：关注的可测量的输出结果，如良品率、强度等。

（2）因子：可控变量通过有意的变动可以确定其对响应变量的影响，如计量因子（温度、压力等）、计数因子（原料种类等），常用 X 表示。

（3）水平：因子的取值或设定，如时间因子的水平1：5s，时间因子的水平2：10s。

（4）处理：各因子单一水平的组合，如处理1：100℃温度下，0.101 325MPa，处理2：150℃温度下，0.202 65MPa。

（5）重复：在不重新组合试验设定的情况下，连续进行试验并收集数据。

（6）复制：复制一个时间序列的整个试验，每次运行时采用不同的设置（重新设置因子水平）。

（7）随机化：适当安排试验次序，使每个试验被选出的机会都相等。

(8) 全因子试验：组合所有的因子和每个因子水平的试验。

(9) 部分因子试验：当没有全部资源和时间时，采用的一种只运行全因子试验中的部分组合的试验。

(10) 主效果：一个因子在多水平下的变化导致输出变量的平均变化。

(11) 交互作用：改变其他因子的不同水平，使一个因子水平的主效果有所改变。在这种情况下，因子间具有的作用是交互作用。

(12) 中心点：检查一个两水平因子试验的主效果在两个水平之间是否是线性的。

(13) 区组：一组同质齐性的试验单元称为区组。例如，假定在白班、夜班时段内差异不大，而白班、夜班差异可能较大，就把白班、夜班当作两个区组。这时在分析中就可以消除白班、夜班间差异的影响，或尽可能把试验全都安排在白班（或夜班）进行。

(14) P 值：检查一个因子效果是否显著的概率值。

(15) 曲率：检查中心点是否显著的值。

(16) 失拟：检查简化模型过程是否合适。

(17) 残差分析：检查分析结果是否可用，主要从正态、随机这两个角度进行分析。

(18) 确定系数 R-Sq、R-Sq（预测）、R-Sq（调整）：检查模型准确性，3 个数值应尽量接近。

(19) 系数：$Y=f(X)$ 中各 X 的系数，决定方程的系数，为模型化做准备。

(20) 响应优化器：基于 $Y=f(X)$ 进行望大、望小、望目的对 X 的预测。望大：希望输出 Y 越大越好。望小：希望输出 Y 越小越好。望目：希望输出 Y 与目标值越接近越好。

6.3.3 试验设计的常用类型

试验设计的常用类型主要有 6 类：筛选试验设计、部分因子试验设计、全因子试验设计、混料试验设计、田口试验设计和响应曲面试验设计，如表 6-12 所示。注：考虑试验的目的和预算等来选择试验设计的类型。

表 6-12 试验设计的常用类型比较表

试验设计类型	筛选试验设计	部分因子试验设计	全因子试验设计	混料试验设计	田口试验设计	响应曲面试验设计
适用因子数	6 以上	4~10	1~5	2~10	2~13	2~3
主要目的	选别重要因子	选别重要因子	找出因子与 Y 的关系	寻找组分与 Y 的关系	寻找因子的最佳条件组合	设定因子的最佳条件
作用	区分主效果	主效果和局部交互作用	所有的主效果和交互作用（线性效果）	组分/工艺条件的优化	设计或工序参数优化	反映变量的预测模型（曲线效果）
效果	低 ←——————————— 现在工序知识状态 ——————————→ 高					

6.3.4 试验设计的一般步骤

试验设计主要包括以下 3 个阶段。

1. 计划阶段

(1) 阐述目标。所有团队成员都要投入讨论，明确目标及要求：究竟是为了筛选因子还是为了求解关系式，以及最终要达到什么目标。

（2）选择响应变量。在一个试验中若有多种响应，则要选择起关键作用的且最好是选择连续型指标作为响应变量。

（3）选择因子及水平。用流程图及因果图先列出所有可能对响应变量有影响的因子清单，根据数据和各方面的知识及专业经验，也可以借助些工具（如 FMEA 等）进行细致分析并做初步的筛选。不能确定是否应该删除的因子就应该保留，"宁多毋漏"。对于水平的选择也要仔细处理，一般来说，各水平的设置应足够分散，这样效应才能检测出来，但也不要太分散以至于将其他的物理因素都包括进来，这会使统计建模和预测变得困难。在实际工作中，选择因子及水平才是真正最关键的工作。

（4）选择试验计划。根据试验目的，选择正确的试验类型，确定区组状况、试验次数，并按随机化原则安排好试验顺序及试验单元的分配，排好计划矩阵。

2．实施阶段

严格按计划矩阵的安排进行试验，除了记录响应变量的数据，还要详细记录试验过程的所有状况，包括环境（室温、湿度、电压等）、材料、操作员等。试验中的任何非正常数据也应予以记录，以便后来分析时使用。

3．分析阶段

对数据的分析方法应与所应用的设计类型相适应。分析中应包括拟合选定模型、残差诊断、评估模型的适用性并设法改进模型等。当模型最终选定后，要对此模型所给出的结果做必要的分析、解释及推断，从而获得重要因子的最佳设置及响应变量的预测。当认定结果已经基本达到目标后，给出验证试验的预测值，并做验证试验以验证最佳设置是否真的有效。

6.3.5 全因子试验设计

1．实际问题描述

某电子科技公司专业生产光电产品，为了提高生产效率，通过测定和分析，得出影响生产效率的主要原因是光机调整时间长。而影响光机调整时间的主要因子有 3 个，分别是底板、光机板、反射板。现希望掌握调整时间与底板、光机板、反射板的关系，选定使调整时间最小化的最合适工程条件。

2．确定每个因子的水平数和各水平的实际取值

A 底板：变形（-1）＆无变形（+1）；B 光机板：变形（-1）＆无变形（+1）；C 反射板：变形（-1）＆无变形（+1）。

3．选择试验用表，使其能适应所选择的因子和水平数，并确定试验次数、制订试验计划和实施试验

（1）选择"统计"→"DOE"→"因子"→"创建因子设计"命令，弹出"创建因子设计"对话框，单击"两水平因子（默认生成元）"单选按钮，在"因子数"下拉列表中选择"3"选项，单击"设计"按钮，弹出"创建因子设计：设计"对话框，选择"全因子"，

单击"确定"按钮,如图 6-20 所示。

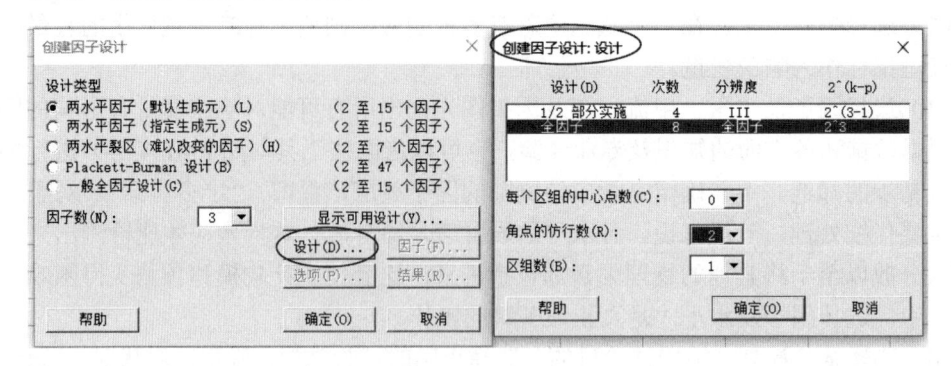

图 6-20 "创建因子设计"对话框和"创建因子设计:设计"对话框设置示意图

(2) 在"创建因子设计"对话框中,分别单击"选项""因子"和"结果"按钮,在弹出的对话框中设置相关选项,如图 6-21 所示。

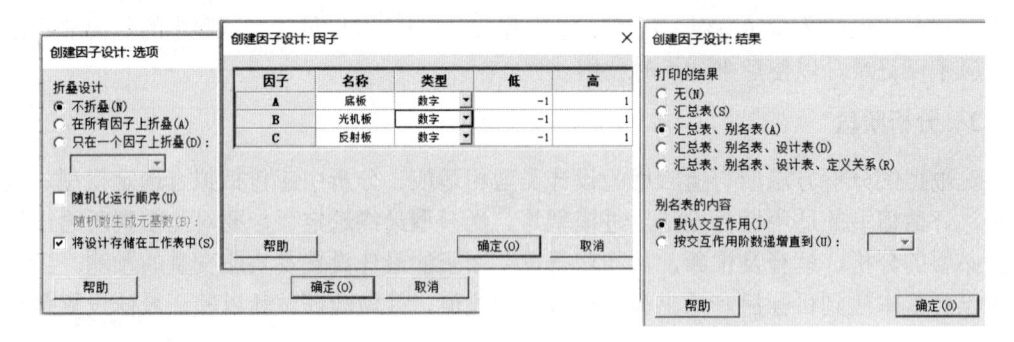

图 6-21 "创建因子设计:选项"对话框、"创建因子设计:因子"对话框和"创建因子设计:结果"对话框设置示意图

(3) 单击"创建因子设计"对话框中的"确定"按钮,生成全因子试验设计表,如表 6-13 所示。根据试验设计表的要求进行试验并把试验结果输入 Minitab 数据窗口"调整时间"数据列中。

表 6-13 全因子试验设计表

标准序	运行序	中心点	区组	底板	光机板	反射板	调整时间
1	1	1	1	−1	−1	−1	531
2	2	1	1	1	−1	−1	517
3	3	1	1	−1	1	−1	302
4	4	1	1	1	1	−1	257
5	5	1	1	−1	−1	1	350
6	6	1	1	1	−1	1	393
7	7	1	1	−1	1	1	384
8	8	1	1	1	1	1	217

模块 6 六西格玛管理及 DMAIC 常用工具的应用

续表

标准序	运行序	中心点	区组	底板	光机板	反射板	调整时间
9	9	1	1	−1	−1	−1	253
10	10	1	1	1	−1	−1	412
11	11	1	1	−1	1	−1	332
12	12	1	1	1	1	−1	200
13	13	1	1	−1	−1	1	233
14	14	1	1	1	−1	1	435
15	15	1	1	−1	1	1	306
16	16	1	1	1	1	1	221

4．通过筛选来识别影响效应的少数关键变量

筛选的主要目的是识别影响效应的少数"重要"因子或关键变量。Minitab 中识别这些影响因子的 3 个图形有正态图、半正态图和柏拉图。通过这些图形，可以比较效应的相对大小并评估其统计显著性。

（1）选择"统计"→"DOE"→"因子"→"分析因子设计"命令，弹出"分析因子设计"对话框，在"响应"中选择"调整时间"数据列，单击"图形"按钮，弹出"分析因子设计：图形"对话框，勾选"正态"和"Pareto"复选框，单击"正规"和"单独示图"单选按钮，如图 6-22 所示。

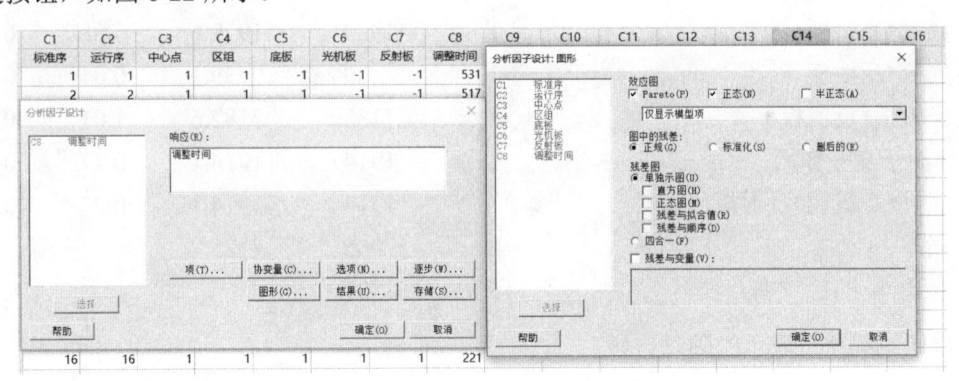

图 6-22 分析因子设计图形选择示意图

（2）单击"确定"按钮，单击"分析因子设计"对话框中的"项"按钮，在弹出的对话框中，"检查模型中包含项的阶数"选择"3"，单击"确定"按钮，输出以下结果及图形（见图 6-23）。

输出结果：

已编码系数

项	效应	系数	系数标准误	T 值	P 值	方差膨胀因子
常量		333.9	21.1	15.82	0.000	
底板	−4.9	−2.4	21.1	−0.12	0.911	1.00
光机板	−113.1	−56.6	21.1	−2.68	0.028	1.00

反射板	−33.1	−16.6	21.1	−0.78	0.455	1.00
底板*光机板	−102.4	−51.2	21.1	−2.43	0.041	1.00
底板*反射板	3.1	1.6	21.1	0.07	0.943	1.00
光机板*反射板	42.4	21.2	21.1	1.00	0.345	1.00
底板*光机板*反射板	−21.9	−10.9	21.1	−0.52	0.618	1.00

模型汇总

S	R-Sq	R-Sq（调整）	R-Sq（预测）
84.4138	65.18%	34.72%	0.00%

方差分析

来源	自由度	Adj SS	Adj MS	F 值	P 值
模型	7	106731	15247.3	2.14	0.154
线性	3	55673	18557.7	2.60	0.124
底板	1	95	95.1	0.01	0.911
光机板	1	51189	51189.1	7.18	0.028
反射板	1	4389	4389.1	0.62	0.455
2 因子交互作用	3	49144	16381.4	2.30	0.154
底板*光机板	1	41923	41922.6	5.88	0.041
底板*反射板	1	39	39.1	0.01	0.943
光机板*反射板	1	7183	7182.6	1.01	0.345
3 因子交互作用	1	1914	1914.1	0.27	0.618
底板*光机板*反射板	1	1914	1914.1	0.27	0.618
误差	8	57005	7125.7		
合计	15	163737			

以未编码单位表示的回归方程

调整时间=333.9−2.4 底板− 56.6 光机板− 16.6 反射板− 51.2 底板*光机板+ 1.6 底板*反射板+ 21.2 光机板*反射板− 10.9 底板*光机板*反射板

异常观测值的拟合和诊断

观测值	调整时间	拟合值	残差	标准化残差
1	531.0	392.0	139.0	2.33R
9	253.0	392.0	−139.0	−2.33R

R 残差大

（3）解释结果：使用效应的柏拉图可以确定效应的量值和重要性。该图显示效应的绝对值并在图上绘制一条参考线。任何延伸超出此参考线的效应都可能是显著的。从图 6-23 中可以看出，显著的有 B、AB。在效应的正态图中，不在拟合线附近的点通常表示重要效应。与不重要效应相比，重要效应更大，且一般离拟合线较远。不重要效应往往比较小，且分布在0附近。

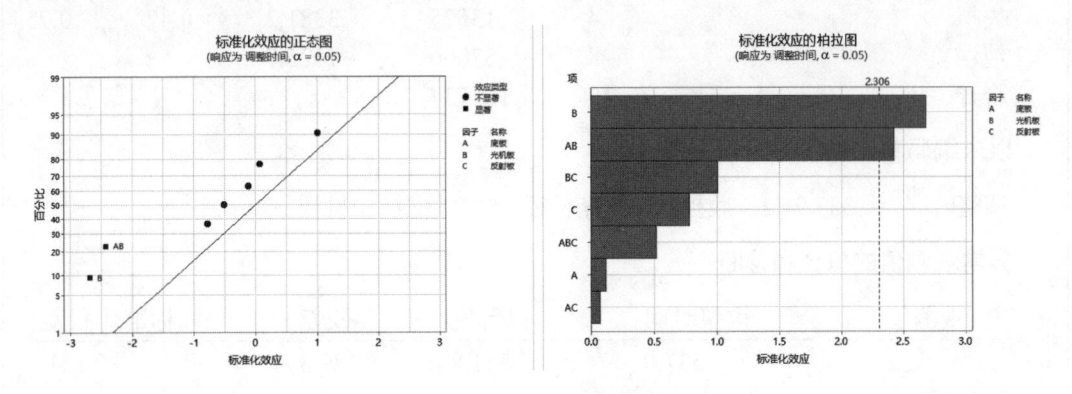

图6-23 标准化效应的正态图与柏拉图

5. 优化组合因子，缩小模型

由于B、AB的影响比较显著，而C（反射板）的影响不显著，因此，只对A、AB、B进行分析。

（1）选择"统计"→"DOE"→"因子"→"分析因子设计"命令，弹出"分析因子设计"对话框，在"响应"中选择"调整时间"数据列，单击"项"按钮，在弹出的对话框中将C、BC、AC、ABC从右边移入左边，单击"确定"按钮，输出以下结果及图形（见图6-24）。

输出结果：

已编码系数

项	效应	系数	系数标准误	T值	P值	方差膨胀因子
常量		333.9	19.2	17.42	0.000	
底板	-4.9	-2.4	19.2	-0.13	0.901	1.00
光机板	-113.1	-56.6	19.2	-2.95	0.012	1.00
底板*光机板	-102.4	-51.2	19.2	-2.67	0.020	1.00

模型汇总

S	R-Sq	R-Sq（调整）	R-Sq（预测）
76.6650	56.92%	46.16%	23.42%

方差分析

来源	自由度	Adj SS	Adj MS	F值	P值
模型	3	93207	31068.9	5.29	0.015
线性	2	51284	25642.1	4.36	0.038
底板	1	95	95.1	0.02	0.901
光机板	1	51189	51189.1	8.71	0.012
2因子交互作用	1	41923	41922.6	7.13	0.020

底板*光机板	1	41923	41922.6	7.13	0.020
误差	12	70530	5877.5		
失拟	4	13525	3381.2	0.47	0.754
纯误差	8	57006	7125.7		
合计	15	163737			

以未编码单位表示的回归方程

调整时间 = 333.9 − 2.4 底板 − 56.6 光机板 − 51.2 底板*光机板

异常观测值的拟合和诊断

观测值	调整时间	拟合值	残差	标准化残差
1	531.0	341.8	189.3	2.85R

R 残差大

（2）解释结果：从图 6-24 中可以看出，显著的有 AB 和 B，优化后的 R-Sq=56.92%，R-Sq（调整）=46.16%，两者比优化前更接近。两者之差越小，说明模型越好。因此，优化后的模型优于优化前的模型。

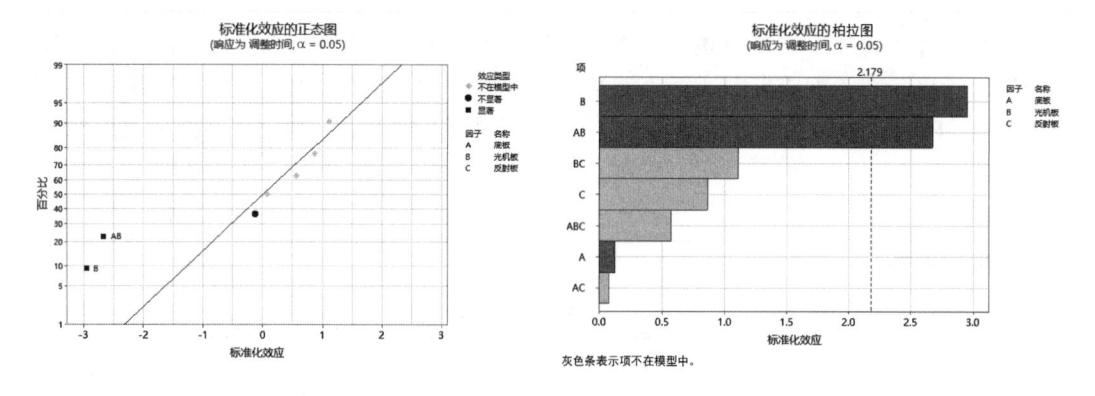

图 6-24　优化后的标准效应正态图与柏拉图

6. 分析残差图，确认模型的适合性

残差图用于检查回归和方差分析中模型的拟合优度。检查残差图有助于确定是否满足普通最小二乘假设。若满足这些假设，则普通最小二乘回归将产生方差最小的无偏系数估计。

（1）选择"统计"→"DOE"→"因子"→"分析因子设计"→"图形"命令，在弹出的对话框中单击"四合一"单选按钮，输出如图 6-25 所示的残差图。

（2）解释结果：进行残差诊断的目的是基于残差的状况来诊断模型是否与数据拟合得很好。若数据拟合正常，则残差是正常的。

① 残差的正态概率图。若残差呈正态分布，则此图中的点一般应该形成一条直线。若图中的点不能形成一条直线，则正态性假设可能不成立。本例 P 值=0.067>0.05。注：要在残差图中显示正态性 P 值，操作步骤如下：选择"文件"→"选项"→"线性模型"→"残差图"命令，在弹出的对话框中勾选"包括带有正态概率图的 Anderson-Darling"复选框即可。

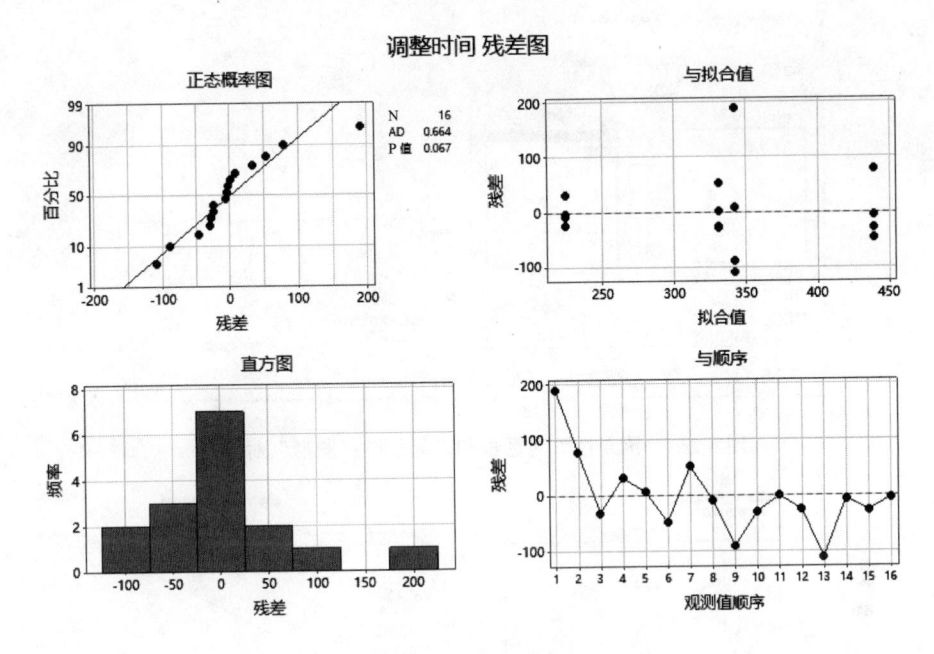

图 6-25 调整时间残差图

② 残差的直方图。使用残差的直方图可确定数据是偏斜的还是存在异常值的。一侧的长尾可能表示偏斜分布。如果有一个或两个条形与其他条形距离较远,这些点有可能是异常值。

③ 残差与拟合值。此图应显示残差在 0 两侧的随机模式。如果某个点远离大多数点,则该点可能是异常值。一般认为:如果残差图满足所给出的基本假设,所有残差应该随机分布(没有明显的趋势)在一条变化分布幅度不大的带子内。但是在实际中残差往往不是随机分布的,而是趋势分布的,主要形状有喇叭形状、抛物线形状、折线(锯齿)形状。喇叭形状:表明 Y 的观测值的方差并不相等,而是随着 X 的增加而增加的。抛物线形状:表明 Y 和 X 的关系并不是线性关系,而是曲线关系,可以用曲线方程去拟合。也有可能是 Y 存在自相关。

锯齿形状:表明 Y 具有自相关特性。

④ 残差与顺序。这是一个所有残差以收集数据的顺序排列的图,可以用于找出非随机误差,特别是与时间相关的效应。此图有助于检查残差彼此不相关这一假设。从图 6-25 中可以看出,残差满足正态性、随机性要求。

7. 分析主效果和交互作用效果

(1)选择"统计"→"DOE"→"因子"→"因子图"命令,弹出"因子图"对话框,在"响应"下拉列表中选择"调整时间"选项,单击"图形"按钮,在弹出的"因子图:图形"对话框中勾选"主效应图"和"交互作用图"复选框,单击"显示左下方矩阵"单选按钮,如图 6-26 所示,单击"确定"按钮两次,输出主效应图和交互作用图,如图 6-27 所示。

(2)解释结果:主效应图表明"底板"这个因子从低水平移动到高水平时,调整时间基本不变;"光机板"这个因子从低水平移动到高水平时,调整时间显著减少。

调整时间交互作用图显示"底板"与"光机板"有较强的交互作用,当底板和光机板均为高水平时,调整时间最小。

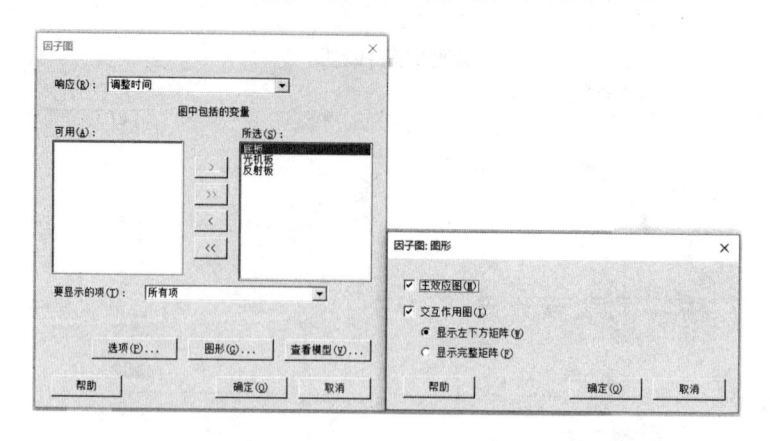

图 6-26 "因子图"对话框和"因子图：图形"对话框

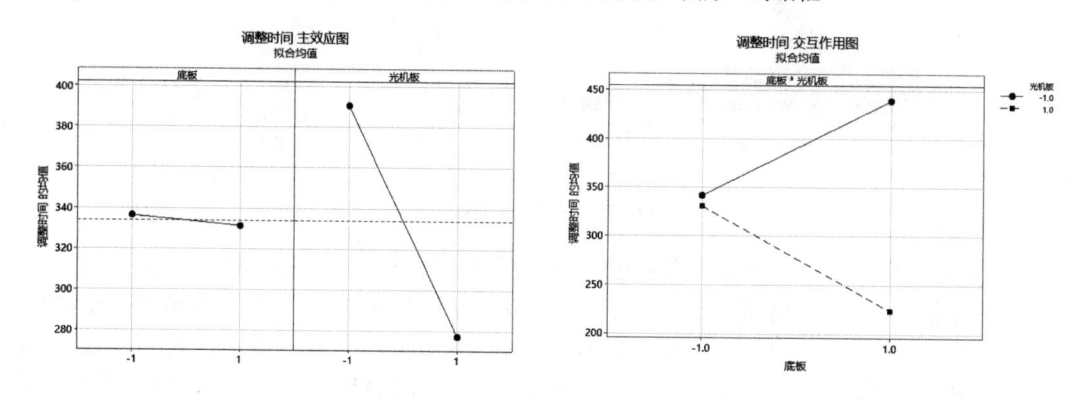

图 6-27 调整时间主效应图和调整时间交互作用图

8. 等值线图和曲面图

等值线图和曲面图对于建立合意的响应值和操作条件非常有用。等值线图提供了一个二维视图，它将所有具有相同响应的点连接到一起，形成恒定响应的等值线。曲面图提供了一个三维视图，它是一个更为清晰的响应曲面图。

（1）选择"统计"→"DOE"→"因子"→"等值线图"命令，弹出"等值线图"对话框，"响应"选择"调整时间"，单击"为单个图选择一对变量"单选按钮，"X 轴"选择"底板"，"Y 轴"选择"光机板"，其余默认设置，单击"确定"按钮，输出等值线图，如图 6-28 左图所示。

（2）选择"统计"→"DOE"→"因子"→"曲面图"命令，弹出"曲面图"对话框，"响应"选择"调整时间"，单击"为单个图选择一对变量"单选按钮，"X 轴"选择"底板"，"Y 轴"选择"光机板"，其余默认设置，单击"确定"按钮，输出曲面图，如图 6-28 右图所示。

（3）解释结果：等值线图表明，当光机板水平高且底板水平也高时，获得的调整时间最小。此区域出现在图的右上角。曲面图也表明，当光机板水平高且底板水平也高时，获得的调整时间最小。此外，可以看到响应曲面的形状并大致了解使用光机板和底板设置时的调整时间。

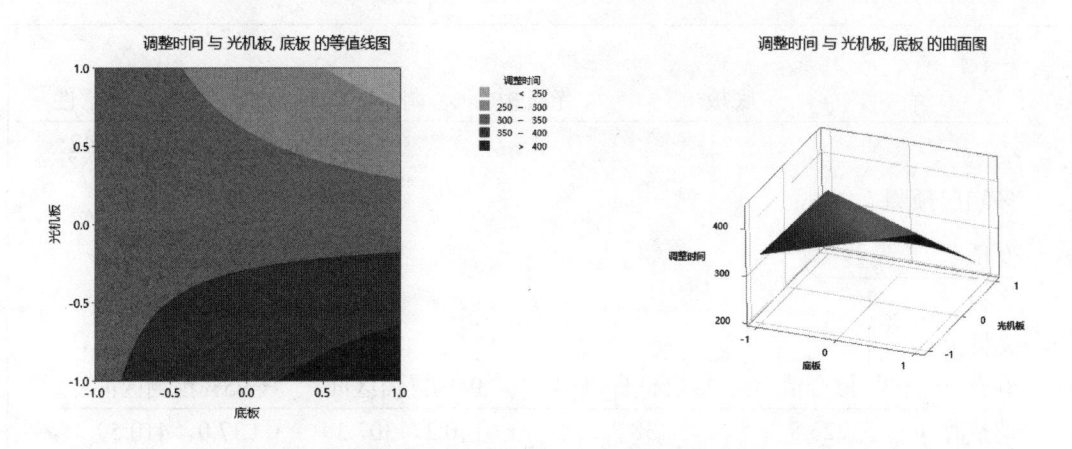

图 6-28　调整时间与光机板、底板的等值线图和曲面图

9．确定将产生"最佳"响应值的最优条件

使用响应优化器可以标识优化单个响应或一组响应的输入变量设置组合。使用 Minitab 计算最优解并绘制优化图。

（1）选择"统计"→"DOE"→"因子"→"响应优化器"命令，弹出"响应优化器"对话框，在"目的"下拉列表中选择"目标"选项，在"目标值"文本框中输入"220"，如图 6-29 所示，单击"确定"按钮，输出以下结果及图形（见图 6-30）。

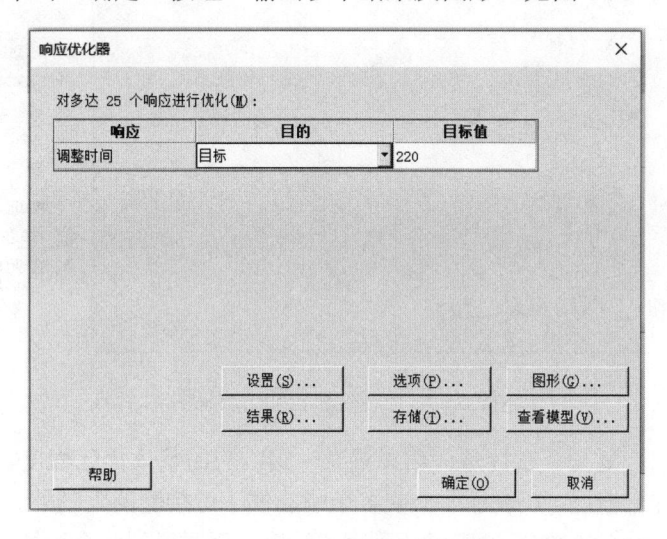

图 6-29　响应优化器目标选择示意图

输出结果：

参数						
响应	目的	下限	目标	上限	权重	重要度
调整时间	望目	200	220	531	1	1

解

解	底板	光机板	调整时间拟合值	复合合意性
1	1	1	223.75	0.987942

多响应预测

变量	设置
底板	1
光机板	1

响应	拟合值	拟合值标准误	95%置信区间	95%预测区间
调整时间	223.8	38.3	（140.2，307.3）	（37.0，410.5）

（2）用鼠标选中响应优化器输出图形，单击右上角的"v"按钮，选择"交互式模式"命令，如图 6-30 所示，就可以用鼠标移动红色垂直条形以更改因子设置，并观察响应的单个合意性，以及复合合意性如何变化。

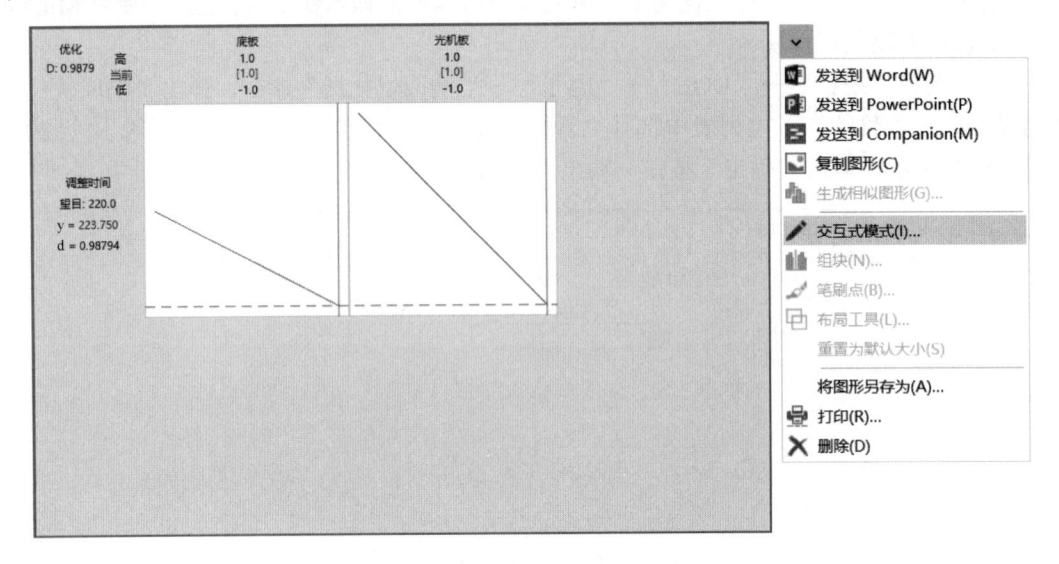

图 6-30 响应优化器输出结果图

（3）解释结果：复合合意性是评估设置对一组响应的整体优化程度。合意性值的范围为 0~1，1 表示理想情况，0 表示一个或多个响应位于可接受的限制外。从图 6-30 中可以看出，复合合意性为 0.98794，说明已达到理想情况。而要得到此合意性，要将因子水平设置为会话窗口中"响应优化"下显示的值。也就是说，在将底板和光机板水平均设为 1 时，调整时间最小。

10．全因子试验设计总结

全因子试验设计也称完全要因试验设计，其定义是：所有因子的所有水平的所有组合都至少要进行一次试验的设计。由于包含了所有的组合，全因子试验所需试验的总次数会较多，但它的优点是可以估计出所有的主效应和所有的各阶交互效应。所以在因子个数不太多，且确实需要考察较多的交互作用时，常常选用全因子试验设计。全因子试验设计的

模块 6　六西格玛管理及 DMAIC 常用工具的应用

思想很简单，用全面搭配的方法来安排试验也是容易实现的，因此全因子试验设计的计划阶段很容易。

全因子试验设计主要分为两个阶段：一是全因子设计的计划阶段；二是全因子的设计分析阶段。而全因子设计分析方法共有五大步骤，如图 6-31 所示。

任务实施

1. 实验目的

学会试验设计方法，能够通过全因子试验设计解决制造过程品质难题，提高成品率和生产效率。

2. 实验准备

（1）联网计算机（Windows 操作系统）。
（2）Minitab 20 软件。

3. 实验过程

1）问题描述

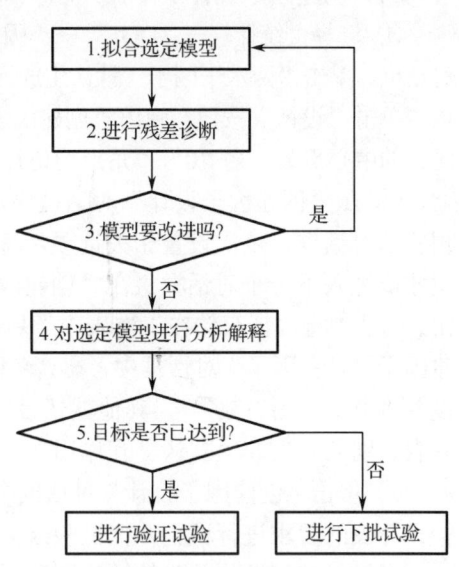

图 6-31　试验设计五步法

通过测定和分析，知道影响半导体制造合格率的主要因子是反应温度、浓度和压力，现希望掌握合格率与反应温度、浓度和压力的关系，选定使合格率最大化的最合适工程条件。

2）要因及水平的决定

A 反应温度（℃）：160℃（-1）&　180℃（+1）。
B 浓度（%）：20%（-1）&　40%（+1）。
C 压力（Psi）：5Psi（-1）&　10Psi（+1）。

3）依据试验计划表进行试验

试验计划表如表 6-14 所示。

表 6-14　试验计划表

试 验 顺 序	反应温度（A）	浓度（B）	压力（C）	合格率（%）
1	-1	-1	-1	60
2	1	-1	-1	72
3	-1	1	-1	54
4	1	1	-1	68
5	-1	-1	1	52
6	1	-1	1	83
7	-1	1	1	45
8	1	1	1	80

4）解题步骤

（1）创建因子设计工作表。

① 选择"统计"→"DOE"→"因子"→"创建因子设计"命令，弹出"创建因子设计"对话框，单击"两水平因子（默认生成元）"单选按钮，在"因子数"下拉列表中选择"3"选项，单击"设计"按钮，弹出"创建因子设计：设计"对话框，选择"全因子"，设置"每个区组的中心点数"为"0"，"角点的仿行数"为"1"，"区组数"为"1"，单击"确定"按钮。

② 在"创建因子设计"对话框中，分别单击"选项""因子"和"结果"按钮，进入相应的对话框，依次设置相关选项，每设置一个对话框内容需单击该对话框的"确定"按钮才能进入下一个对话框。在"创建因子设计：选项"对话框中，单击"不折叠"单选按钮，勾选"将设计存储在工作表中"复选框，取消勾选"随机化运行顺序"复选框。在"创建因子设计：因子"对话框中，在"名称"文本框中分别输入"反应温度""浓度""压力"，设置"类型"为"数字"，其他默认设置。在"创建因子设计：结果"对话框中，单击"汇总表、别名表"和"默认交互作用"单选按钮。

③ 单击"创建因子设计"对话框中的"确定"按钮，生成全因子试验设计表。根据试验设计表的要求进行试验并把试验结果输入 Minitab 20 数据窗口"合格率(%)"数据列中。

（2）创建标准化效应的柏拉图和标准化效应的正态图。

选择"统计"→"DOE"→"因子"→"分析因子设计"命令，弹出"分析因子设计"对话框，在"响应"中选择"合格率（%）"数据列，单击"图形"按钮，弹出"分析因子设计：图形"对话框，勾选"正态"和"Pareto"复选框，单击"正规"和"单独示图"单选按钮。

（3）优化组合因子，缩小模型。

选择"统计"→"DOE"→"因子"→"分析因子设计"命令，弹出"分析因子设计"对话框，在"响应"中选择"合格率（%）"数据列，单击"项"按钮，在弹出的对话框中将 AB、BC、ABC 从右边移入左边，单击"确定"按钮，输出优化后标准化效应的柏拉图和标准化效应的正态图。

（4）分析残差图，确认模型的适合性。

选择"统计"→"DOE"→"因子"→"分析因子设计"→"图形"命令，在弹出的对话框中单击"四合一"单选按钮，输出合格率（%）残差示意图。

（5）分析主效果和交互作用效果。

选择"统计"→"DOE"→"因子"→"因子图"命令，弹出"因子图"对话框，单击"图形"按钮，弹出"因子图：图形"对话框，勾选"主效应图"和"交互作用图"复选框，单击"显示左下方矩阵"单选按钮，单击"确定"按钮两次，输出主效应图和交互作用图。

（6）等值线图和曲面图。

① 选择"统计"→"DOE"→"因子"→"等值线图"命令，弹出"等值线图"对话框，"响应"选择"合格率（%）"，单击"为单个图选择一对变量"单选按钮，"X 轴"选择"反应温度"，"Y 轴"选择"压力"，其余默认设置，单击"确定"按钮，输出等值线图。

② 选择"统计"→"DOE"→"因子"→"曲面图"命令，弹出"曲面图"对话框，"响应"选择"合格率（%）"，"X 轴"选择"反应温度"，"Y 轴"选择"压力"，其余默认

设置，单击"确定"按钮，输出曲面图。

（7）确定将产生"最佳"响应值的最优条件。

选择"统计"→"DOE"→"因子"→"响应优化器"命令，弹出"响应优化器"对话框，在"目的"下拉列表中选择"最大化"选项，单击"确定"按钮，输出响应优化器输出结果图。

请按照以上操作步骤进行作业，要求每个步骤都要对输出结果或输出图形进行解释，最后写出试验设计结论。

4．提交实验报告

将已经完成的实验报告提交至作业平台（职教云或学习通平台等）。

练　习

一、名词解释

1．响应变量；2．因子；3．水平；4．交互作用；5．残差分析；6．响应优化器。

二、选择题

1．下列对试验设计说法有误的是（　　）。
A．试验设计方法能减少试验成本
B．试验设计方法能缩短产品开发时间和生产时间
C．试验设计方法能提高员工的积极性
D．试验设计方法能改善流程绩效水平

2．全因子试验设计一般是在（　　）条件下进行的。
A．4因子以内　　　　B．7因子以内　　　　C．5因子以内　　　　D．7因子以上

3．用来确定 Y 与 X 间关系式的试验设计，我们会用（　　）。
A．筛选试验设计　　　B．回归设计　　　　C．稳健设计　　　　D．混料试验设计

三、简答题

1．对3因子时间、温度、催化剂进行全因子试验，分析试验结果，用 Minitab 软件计算，结果如下：

```
拟合因子：产出，时间，温度，催化剂
产出的效应和系数的估计（已编码单位）
项           效应      系数       系数标准误     T         P
常量                   45.5592    0.09546       477.25    0.000
时间         2.9594    1.4797     0.09546       15.50     0.000
温度         2.7632    1.3816     0.09546       14.47     0.000
催化剂       0.1618    0.0809     0.09546       0.85      0.425
S = 0.381847           PRESS = 5.33236
R-Sq = 98.54%          R-Sq（预测）= 92.36%     R-Sq（调整）= 96.87%
```

请问对产出有显著影响的因子是什么?

2. 简述全因子试验的步骤。

任务 6.4　运用质量屋工具将客户需求转化为关键技术方案

任务描述

质量功能展开过程是通过一系列图表和矩阵来完成的。这些矩阵和图表很像一系列房屋,称为质量屋。质量屋是用于质量设计、改进产品和服务质量的一种图示方法。本任务通过分析"某电子科技有限公司为了使本公司的模拟量传感器改进后能够占有较高的市场份额,在进行模拟量传感器设计改进时采用了质量屋工具,从而确定模拟量传感器改进的关键技术要求和能够实现企业目标的设计方案"案例,完成自己熟悉的圆珠笔设计质量屋的技术要求重要度、市场竞争力指数、技术竞争力指数计算,确定关键技术要求和设计方案。

知识准备

6.4.1　质量功能展开的定义

质量功能展开(QFD)是顾客驱动的产品开发方法。它从质量保证的角度出发,通过一定的市场调查方法获取顾客需求,并采用矩阵图解法将顾客需求分解到产品开发的各个阶段和各职能部门中,协调各部门的工作以保证最终产品质量,使得设计和制造的产品能真正地满足顾客的需求。它也是一种在产品设计阶段进行质量保证的方法,以及使产品开发各职能部门协调工作的方法。它的目的是使产品能以最快的速度、最低的成本和最优的质量占领市场。

6.4.2　质量屋

1. 质量屋的组成

质量屋是驱动整个质量功能展开过程的核心,是一个大型的矩阵,由 7 个不同的部分组成,如图 6-32 所示。这 7 个组成部分分别是:

(1)屋顶:技术要求之间的相关关系。

(2)天花板:由顾客需求转换得到的可执行、可度量的技术要求。

(3)房间:关系矩阵,顾客需求和技术要求之间的相关关系。

(4)左墙:顾客需求及其重要程度值。顾客需求是指由顾客确定的产品和服务特性。不同的产品有不同的顾客需求。例如,对于汽车来说,顾客需求可能是车门容易开启;对于银行来说,顾客需求可能是取款不用排队等。顾客需求的重要程度有 5 级,包括:1 级的"不影响功能实现的需求",2 级的"不影响主要功能实现的需求",3 级的"比较重要的、影响功能实现的需求",4 级的"重要的、影响功能实现的需求",5 级的"基本的、涉及安全的、特别重要的需求"。

(5)右墙:市场竞争力评估矩阵,从顾客角度来评估产品在市场上的竞争力,具体包含本企业竞争力评价和对手企业竞争力评价。

(6) 地板：技术要求指标。

(7) 地下室：技术竞争力评估矩阵，它是企业内部相关人员对满足顾客需求的技术要求的先进程度所做的评价。

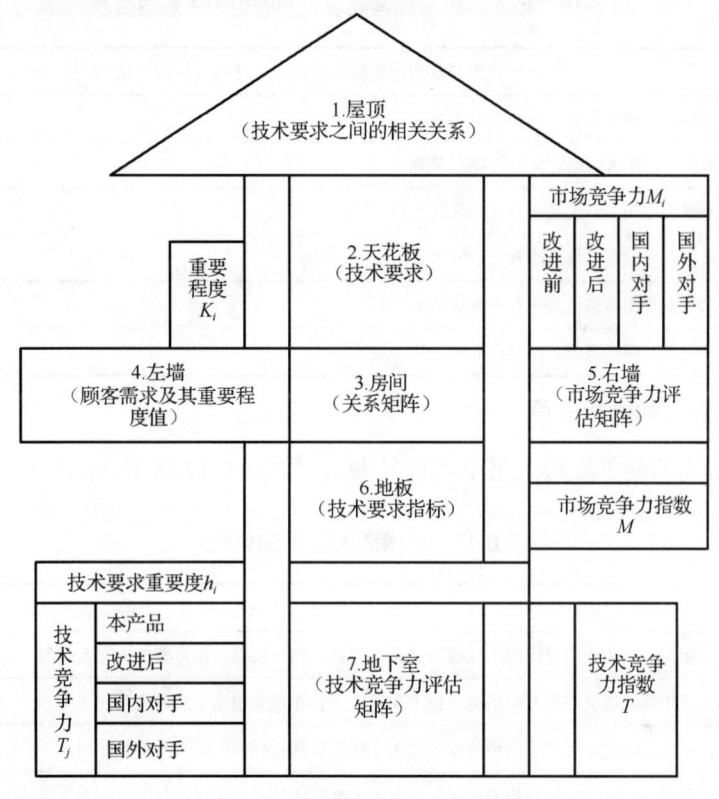

图 6-32　质量屋的组成示意图

2. 顾客需求重要程度

对顾客需求的重要性进行评估，顾客需求重要程度由 K_i（$i=1,2,3,4,\cdots,m$）表示，其可取下列 5 个等级，具体如表 6-15 所示。

表 6-15　顾客需求重要程度等级表

等　级	顾客需求重要程度评估数值的含义
1	表示不影响功能实现的需求
2	表示不影响主要功能实现的需求
3	表示比较重要的、影响功能实现的需求
4	表示重要的、影响功能实现的需求
5	表示基本的、涉及安全的、特别重要的需求

3. 技术要求与顾客需求之间的相关度

技术要求与顾客需求之间的相关关系通常用关系矩阵 r_{ij} 表示，建议 r_{ij} 采用 0、1、3、5、7、9 等关系度等级，具体如表 6-16 所示。

根据实际情况，必要时也可以采用中间等级。2介于1和3之间，4介于3和5之间，6介于5和7之间，8介于7和9之间。

表6-16 技术要求与顾客需求之间的相关关系程度表

r_{ij}	技术要求与顾客需求之间关系评估数值的含义
0	表示技术要求与顾客需求之间不存在关系
1	表示技术要求与顾客需求之间存在微弱关系
3	表示技术要求与顾客需求之间存在较弱的关系
5	表示技术要求与顾客需求之间存在一般关系
7	表示技术要求与顾客需求之间存在密切关系
9	表示技术要求与顾客需求之间存在非常密切的关系

4．技术要求之间的相关度

技术要求之间的相关度可采用下列符号表示，如表6-17所示。

表6-17 技术要求之间的相关度

符　号	表　示　意　义
○	表示正相关，该交点所对应的两项技术要求之间存在相互加强、相互叠加的交互作用
◎	表示强正相关，该交点所对应的两项技术要求之间存在很强相互叠加的交互作用
×	表示负相关，该交点所对应的两项技术要求之间存在相互减弱、相互抵消的作用
#	表示强负相关，该交点所对应的两项技术要求之间的作用相互排斥，有很大的矛盾

5．市场竞争力评估

市场竞争力用 M_i 表示，M_i 可取值为1、2、3、4、5，具体数值代表的含义如表6-18所示。

表6-18 市场竞争力表

M_i	市场竞争力评估数值的含义
1	表示无竞争可言，产品积压，无销路
2	表示竞争力低下，市场份额递减
3	表示可以进入市场，但并不拥有优势
4	表示在国内市场中拥有竞争优势
5	表示在国内市场中拥有较大的竞争优势，可以参与国际市场竞争，且占有一定份额

6．技术竞争力评估

技术竞争力是企业的技术水平，具体包括产品设计能力、工艺水平、制造水平和测试水平等，用 T_j 表示，T_j 可取值为1、2、3、4、5，各数值的含义如表6-19所示。

表 6-19 技术竞争力表

T_j	技术竞争力评估数值的含义
1	表示技术水平低
2	表示技术水平一般
3	表示技术水平达到行业先进水平
4	表示技术水平达到国内先进水平
5	表示技术水平达到国际先进水平

质量功能展开是一个非常结构化（Structured）的、矩阵驱动（Matrix-driven）的过程，其运行包括以下 4 个阶段。

（1）将顾客需求转化成产品特性。

（2）将产品特性转化成零件特性。

（3）将零件特性转化成关键工艺操作。

（4）将关键工艺操作转化成生产要求。

7．质量屋适用事项

质量屋量化分析了顾客需求与转化顾客需求的技术要求和方法之间的关系程度，经过数据处理后找到满足顾客需求贡献最大的技术要求，从而改进原有产品，以更好地满足顾客需求。质量屋主要适用于以下两种情况。

（1）分析顾客对老产品的新需求，以便找出产品质量改进点。

（2）将顾客需求转化为可执行、可度量的技术要求与方法。此外，质量屋还可以用于新产品设计与开发过程。

6.4.3 质量屋的应用

某电子科技有限公司为了使本公司的模拟量传感器改进后能够占有较高的市场份额，在进行模拟量传感器设计改进时采用了质量屋工具，从而确定模拟量传感器改进的关键技术要求和能够实现企业目标的设计方案。

案例分析：该公司通过制作如图 6-33 所示的质量屋，分析顾客需求和产品技术指标的关系、市场竞争力、技术竞争力和技术要求的重要程度。顾客对模拟量传感器的主要要求有 6 个方面：测量距离准确、输出线性好、可靠性高、使用方便、价格适中、外形美观。

模拟量传感器设计要求的指标主要有 7 个：振荡电路设计、电源电路设计、控制程序设计、安装方式设计、外形设计、成本控制和材料。

通过计算市场竞争力指数，可知该公司改进后的模拟量传感器市场竞争力提高了 0.18，即改进模拟量传感器后，能获得更高的市场占有率。模拟量传感器经过设计改进后，技术竞争力提高了 0.22，与国外竞争对手在技术方面还存在一定的差距，但就国内市场来说，该模拟量传感器在技术方面已经达到了较高水平。同时从质量屋中也可以看出，模拟量传感器设计的关键技术要求为控制程序设计和振荡电路设计。

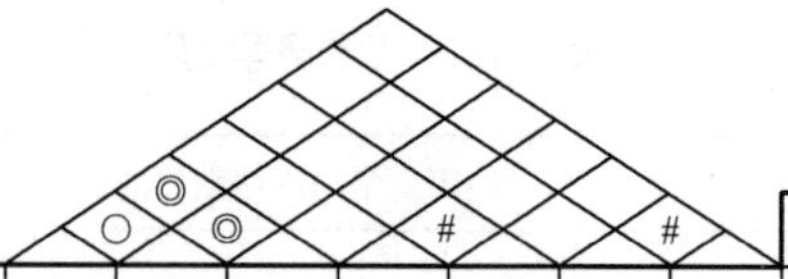

技术要求 \ 顾客需求		重要程度 K_i	1 振荡电路设计	2 电源电路设计	3 控制程序设计	4 安装方式设计	5 外形设计	6 成本控制	7 材料	市场竞争力 M_i			
										本产品	改进后	国内对手	国外对手
1	测量距离准确	5	9	5	5	0	0	1	2	4	5	4	5
2	输出线性好	4	0	1	9	0	0	1	0	3	4	3	4
3	可靠性高	3	5	7	5	3	0	1	7	4	5	5	5
4	使用方便	3	0	0	0	9	1	0	0	4	5	5	5
5	价格适中	1	1	0	3	1	0	9	3	4	5	4	4
6	外形美观	2	0	0	0	5	9	1	1	5	5	5	5
										0.78	0.96	0.84	0.94
$h_j=5×9+4×0+3×5+3×0+1×1+2×0=61$			磁芯及线圈线径与匝数合理选择	静态功耗低、输出电压稳定、纹波小	程序设计稳定性好、调试方便	用户安装简单、无须特殊工具	美观大方、工艺水平高	售价不高于同行水平	选择可靠性好的电子器件	市场竞争力指数 M $M=(5×4+4×3+3×4+3×4+1×4+2×5)÷[5×(5+4+3+3+1+2)]≈0.78$			
技术要求重要度 h_j			61	50	79	47	21	23	36				
技术竞争力 T_j	本产品		4	4	3	3	5	4	3	0.71	技术竞争力指数 T		
	改进后		5	5	4	5	5	5	4	0.93			
	国内对手		4	4	3	4	5	4	4	0.76			
	国外对手		5	5	5	5	5	4	5	0.99			

图 6-33 开发电压模拟量传感器的质量屋

任务实施

1．实验目的

学会利用质量屋分析设计的关键技术要求，确定设计方案。

2．实验准备

（1）联网计算机（Windows 操作系统）。
（2）Office Excel 软件。

3．实验过程

某圆珠笔制造商为了使本公司的产品改进后能够占有较高的市场份额，在进行产品设计改进时采用了质量屋工具，如图 6-34 所示，作为该公司的质量工程技术人员，请通过数据处理、分析，确定产品改进的关键技术要求和能够实现企业目标的设计方案。

4．提交实验报告

将已经完成的作业提交至作业平台（职教云或学习通平台等）。

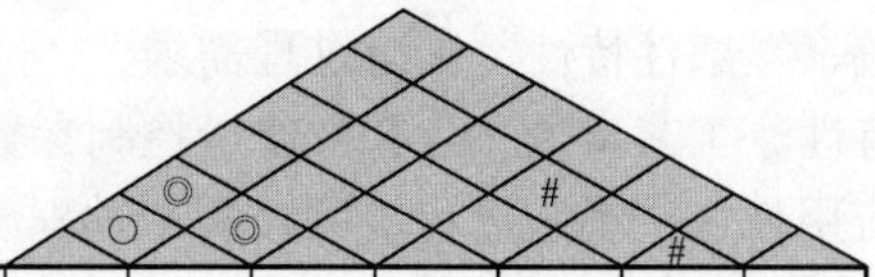

模块6 六西格玛管理及DMAIC常用工具的应用

	技术要求	属性	↑	%		↑	↓	⊙	市场竞争力M_i			
		单位	cm	%		次						
		工程措施	笔尖组件设计	油墨浓度	油墨成分	收放机构	外形设计	成本控制	材料				
顾客需求		重要程度K_i								本产品	改进后	国内对手	国际对手
1	书写流利	5	9	5	5	0	0	2	4	5	4	5
2	永不褪色	4	0	2	9	0	0	1	0	3	4	3	5
3	外形美观	3	1	0	0	3	9	0	0	4	5	4	5
4	使用方便	3	1	0	0	8	1	0	0	4	5	5	5
5	价格适中	1	1	0	2	2	0	9	0	4	5	4	4
6	适度耐用	2	2	0	0	3	0	1	7	5	5	5	5
			圆珠与珠座间隙适当	将浓度目标控制在X%	选择合理的配方	收放简便,可无故障收放X次	美观大方,适合不同消费者	售价不高于1美元	选用合适的笔尖和笔杆材料	市场竞争力指数M			
		技术要求重要度h_j											
技术竞争力T_j	本产品		4	4	3	3	5	4	3	技术竞争力指数T			
	改进后		5	4	4	5	5	5	4				
	国内对手		4	4	3	4	5	4	4				
	国际对手		5	5	5	5	5	4	5				

图6-34 开发圆珠笔产品的质量屋

练 习

一、名词解释

质量屋

二、选择题

1. QFD的含义是（ ）。
   A. 质量屋　　　　B. 失效模式　　　　C. 因果矩阵　　　D. 质量功能展开
2. QFD瀑布式分解模型按顾客需求可分解为4个质量屋矩阵,即（ ）。
   A. 供货商详细技术要求、系统详细技术要求、子系统详细技术要求、制造过程详细技术要求

B．技术要求、子系统、零部件特性、制造过程需求

C．产品需求、零件特性、工艺步骤、工艺及质量控制参数

D．工程技术特性、应用技术、制造过程步骤、制造过程质量控制步骤

3．QFD 最基本的输入是（　　）。

A．顾客需求　　　　B．产品需求　　　　C．技术要求　　　　D．工艺特性

4．质量屋的主体部分是（　　）。

A．顾客需求　　　　B．竞争分析　　　　C．技术特性　　　　D．关系矩阵

5．质量屋的关系矩阵是指（　　）之间的相关关系矩阵。

A．顾客需求与技术要求　　　　　　　　B．顾客需求与竞争分析

C．顾客需求与工艺特性　　　　　　　　D．顾客需求与其权重

6．用单圆圈表示各技术要求之间的相关关系为（　　）。

A．无关系　　　　　B．正相关　　　　　C．负相关　　　　　D．强相关

任务 6.5　电子产品设计及制造过程潜在失效模式及后果分析

任务描述

"磨刀不误砍柴工"，失效模式与影响分析即"潜在失效模式及后果分析"，或简称为 FMEA。FMEA 是一种标准，其最新版本是 2019 年第 5 版 FMEA（AIAG&VDA）标准。本任务主要是学习 FMEA 的应用方法，对产品设计或制造过程进行 FMEA。

知识准备

6.5.1　FMEA 的定义、分类与任务

1．FMEA 的定义

FMEA（Failure Mode and Effects Analysis，潜在失效模式及后果分析）是在产品或过程的策划阶段，对构成产品或过程的各环节逐一进行分析，找出潜在的失效模式，分析其可能的后果，从而预先采取必要的措施，以提高产品或过程的质量和可靠性的一种系统化活动。

FMEA 的特点如下。

（1）目的：预防。

（2）潜在：可能发生的或已经发生的。

（3）时机：在产品设计或过程开发阶段前开始。

（4）合作：小组由各种有经验和专业知识的人构成。

（5）文件化：FMEA 分析结果要形成文件。

（6）评价：对潜在失效模式的风险和影响进行评价。

（7）持续：是持续进行的，贯穿整个产品、过程和服务的周期。

2．FMEA 的分类

新版的 FMEA 标准将 FMEA 分为三类。

（1）设计 FMEA（DFMEA）。设计 FMEA 是一种主要由设计责任工程师团队使用的分析技术，用于确保在将零件交付生产之前，尽可能考虑并解决潜在失效模式及其相关失效起因或机理。

（2）过程 FMEA（PFMEA）。过程 FMEA 分析的是制造、装配和物流过程中的潜在失效，以确保生产的产品符合设计目的。其总体目标是在生产开始之前分析过程并采取措施，以避免与制造和装配有关的不必要缺陷及这些缺陷产生的后果。

（3）监视及系统响应的补充 FMEA（FMEA-MSR）。监视及系统响应的补充 FMEA 对顾客操作条件下可能出现的潜在失效起因进行分析。

3．FMEA 的任务

七步法提供了 FMEA 的任务框架和交付成果。另外，FMEA 团队应当按照要求准备好管理层和顾客对其工作的评审。FMEA 可由内审员、顾客审核员或第三方注册机构进行审核，以确保每个任务都按要求完成。

6.5.2　FMEA 方法

FMEA 的方法主要是七步法，如表 6-20 所示。

表 6-20　FMEA 七步法

系统分析			失效和风险分析			风险沟通
步骤一 规划和准备	步骤二 结构分析	步骤三 功能分析	步骤四 失效分析	步骤五 风险分析	步骤六 优化	步骤七 结果文件化
项目确定	分析范围的可视化	产品或功能可视化	建立失效链	对现有和/或计划的控制进行分配，并对失效进行评级	确认降低风险的必要措施	对结果和分析结论进行沟通
项目规划：目的、时间安排、团队、任务和工具（简称 5T）	DFMEA：结构树或其他（方块图、边界图、数字模型、实体零件）。 PFMEA：结构树或其他（过程流程图）	DFMEA：功能树/图或者功能分析表格和参数图（P 图）。 PFMEA：结构树/网或过程流程图	DFMEA：确认每个产品功能的潜在失效影响、失效模式和失效起因（失效链）。 PFMEA：每一过程功能的潜在失效影响，失效模式和起因	针对失效起因制定预防控制，针对失效起因和/或失效模式准备探测控制	为措施实施分配职责和任务期限	建立文件内容
分析边界：FMEA 分析中包括什么，不包括什么	DFMEA：设计接口、相互作用和间隙的识别。 PFMEA：确定过程步骤和子步骤	DFMEA：将相关要求与顾客功能关联。 PFMEA：将要求或特性与功能关联	DFMEA：用参数图（P 图）或失效网来识别产品失效起因。 PFMEA：用鱼骨图或失效网来识别过程失效起因	针对每个失效链进行严重度、频度和探测度评级	实施措施并将其形成文件，包括对所实施措施的有效性的确认，以及采取措施后的风险评估	记录采取的措施，包括对所实施措施的效果进行确认、采取措施后进行风险评估
利用以往的经验确认基准 FMEA	顾客和供应商工程团队之间的协作（接口职责）	工程团队（系统、安全和组件）之间的协作	顾客和供应商之间的协作（失效影响）	顾客和供应商之间的协作（严重度）	FMEA 团队、管理层、顾客和供应商在潜在失效方面的协作	在组织内部，以及与客户和/或供应商之间如需针对降低风险的措施进行沟通

续表

系 统 分 析			失效和风险分析			风险沟通
步骤一 规划和准备	步骤二 结构分析	步骤三 功能分析	步骤四 失效分析	步骤五 风险分析	步骤六 优化	步骤七 结果文件化
结构分析步骤的基础	功能分析步骤的基础	失效分析步骤的基础	为在 FMEA 表格中记录失效和风险分析步骤提供基础	产品或过程优化步骤的基础	为改进产品要求和预防、探测控制提供基础	记录风险分析和风险降低到的可接受水平

6.5.3 DFMEA 七步法

1. 步骤一：规划和准备

设计规划和准备的目的是确定项目将要执行的 FMEA 类型，并根据正在进行的分析类型（系统、子系统或组件）定义每个 FMEA 类型中包含和不包含的内容。

设计规划和准备的主要目标是：①项目确定；②项目规划：目的、时间安排、团队、任务和工具（简称 5T）；③分析边界：FMEA 分析中包括什么，不包括什么；④利用以往的经验确认基准 FMEA；⑤结构分析步骤的基础。

在规划和准备阶段，应该填写 DFMEA 文件的表头。表头可根据组织的需要修改。表头包含了一些基本的 DFMEA 范围的信息，如下：①公司名称：负责设计 FMEA 的公司名称；②工程地点：地理位置；③顾客名称：顾客名称或产品名称；④年型/项目：顾客应用或公司型号（风格）；⑤项目：DFMEA 项目的名称（系统、子系统或组件）；⑥DFMEA 开始日期：开始的日期；⑦DFMEA 修订日期：最新修订日期；⑧跨职能团队：所需的团队成员；⑨ID 编号：由公司确定；⑩设计责任人：DFMEA 所有者的姓名；⑪保密级别：商业使用、专有、保密。DFMEA 表头如表 6-21 所示。

表 6-21 DFMEA 表头

规划和准备（步骤一）					
公司名称		项目			
工程地点		DFMEA 开始日期		ID 编号	
顾客名称		DFMEA 修订日期		设计责任人	
年型/项目		跨职能团队		保密级别	

2. 步骤二：结构分析

1）目的与目标

设计结构分析的目的是将设计识别和分解为系统、子系统、组件和零件，以便进行技术风险分析。设计结构分析的主要目标是：①分析范围的可视化；②结构树或其他（方块图、边界图、数字模型、实体零件）；③设计接口、相互作用和间隙的识别；④顾客和供应商工程团队之间的协作（接口职责）；⑤功能分析步骤的基础。

2)系统结构

系统结构由系统要素组成。根据分析的范围,设计结构的系统要素可以由系统、子系统、装配件和组件构成。复杂的结构可以分为若干子结构(工作包)或不同层次的方块图,并根据组织起因分别进行分析,或确保足够清楚。系统有一个边界,将自身与其他系统和环境分开,其与环境的关系由输入和输出决定。系统要素是功能项目的独特组件,而不是功能、要求或特性。结构分析方法:方块图(边界图)和结构树法。DFMEA 结构分析如表 6-22 所示。

表 6-22 DFMEA 结构分析

结构分析(步骤二)		
1. 上一较高级别	2. 关注要素	3. 下一较低级别或特性类型

(1)上一较高级别:分析范围内最高集成层次。
(2)关注要素:受关注的要素,也是考虑失效链的主题项目。
(3)下一较低级别或特性类型:结构中处于关注要素下一低级别的要素。

3. 步骤三:功能分析

1)目的与目标

设计功能分析的目的是确保要求规范中规定的功能被适当地分配给系统要素。无论 DFMEA 使用什么工具创建,其分析都要用功能术语编写,这一点至关重要。

设计功能分析的主要目标是:①产品或过程功能可视化;②功能树/网或者功能分析表格和参数图(P 图);③将相关要求与顾客功能关联;④工程团队(系统、安全和组件)之间的协作;⑤失效分析步骤的基础。

2)功能

功能描述了项目/系统要素的预期用途。一个功能被分配给一个系统要素,一个结构要素也可以包含多个功能。功能的描述需清晰准确。推荐的短语格式为:一个"行为动词"后加一个"名词",表示可测量的功能。功能应该是"现在时态",并使用动词的基本形式(交付、包含、控制、组装、传输)。例如,传输动力、包含液体、控制速度、传递热量、标记黑色。功能描述了一个项目/系统要素的输入和输出之间的关系,目的是完成一个任务。

注:一个组件(零件清单中的零件或项目)在没有输入/输出的情况下,也可能有一个目的/功能。例如,密封件、润滑脂、夹具、支架、外壳、连接件、焊剂等都有功能和要求,如材料、形状和厚度。一个项目除其主要功能外,可以评估的其他功能包括接口功能、诊断功能和可服务性功能等辅助功能。

3)功能分析

应利用功能树/网或 DFMEA 表格展示若干系统要素功能之间的交互作用。功能分析表如表 6-23 所示。

表 6-23 功能分析表

功能分析（步骤三）		
1. 上一较高级别功能及要求	2. 关注要素功能及要求	3. 下一较低级别功能及要求或特性

（1）上一较高级别功能及要求：在分析范围内的功能。

（2）关注要素功能及要求：在结构分析中识别的相关系统要素的功能（关注项目）。

（3）下一较低级别功能及要求或特性：在结构分析中识别的相关组件的功能。

4．步骤四：失效分析

1）目的与目标

设计失效分析的目的是识别失效起因、模式和影响，并显示它们之间的关系，以便能进行风险评估。设计失效分析的主要目标是：①建立失效链；②确认每个产品功能的潜在失效影响、失效模式和失效起因（失效链）；③用参数图（P 图）或失效网来识别产品失效起因；④顾客和供应商之间的协作（失效影响）；⑤为在 FMEA 表格中记录失效和风险分析步骤提供基础。

2）失效

功能的失效由功能推导而来。潜在失效模式包括但不限于以下几种：①功能丧失（无法操作、突然失效）；②功能退化（性能随时间损失）；③功能间歇（操作随机开始停止/开始）；④部分功能丧失（性能损失）；⑤非预期功能（在错误的时间操作、意外的方向、不相等的性能）；⑥功能超范围（超出可接受极限的操作）；⑦功能延迟（非预期时间间隔后的操作）。

3）失效链

FMEA 中对失效的分析包括 3 个方面：失效影响（FE）、失效模式（FM）、失效起因（FC），如图 6-35 所示。

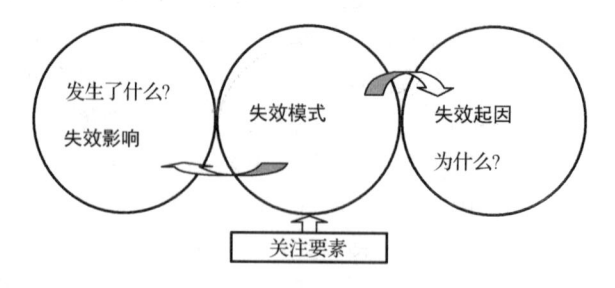

图 6-35 理论失效链模型

（1）失效影响。

失效影响定义为失效模式产生的后果。

（2）失效模式。

失效模式定义为一个项目可能无法满足或交付预期功能的方式。失效模式源于功能。

失效模式应该用技术术语来描述,而不一定是顾客注意到的症状。在编制 DFMEA 时,假设设计将按照设计目的进行制造和组装。如果历史数据显示制造过程中存在缺陷,团队可以自行决定是否进行例外处理。

(3) 失效起因。

失效起因是指失效模式发生的原因。失效起因造成的后果是失效模式。应尽可能识别每种失效模式的所有潜在起因。无法稳健应对噪声因素也可能是引起失效的起因。失效起因应尽可能简明、完整地列出,以便针对具体起因采取适当的补救措施。

4) 失效分析

根据分析是在系统、子系统还是组件级别进行的,失效可以视为失效影响、失效模式、失效起因。失效模式、失效起因和失效影响应该与 FMEA 表格中的相应列对应,如表 6-24 所示。

表 6-24 失效分析表

失效分析(步骤四)			
1. 对于上一较高级别要素和/或最终用户的失效影响(FE)	失效影响的严重度(S)	2. 关注的失效模式(FM)	3. 下一较低级别要素或特性的失效起因(FC)

(1) 失效影响(FE):功能分析中与"上一较高级要素和/或最终用户"相关的失效影响。

(2) 失效模式(FM):功能分析中与"关注要素"相关的失效模式(或类型)。

(3) 失效起因(FC):结构树中与"下一较低级别要素或特性"相关的失效起因。结构分析、功能分析和失效分析可按照失效分析表记录。

5. 步骤五:风险分析

1) 目的与目标

设计风险分析的目的是通过评估严重度、频度和探测度来估计风险,并对需要采取的措施进行优先排序。设计风险分析的主要目标是:①对现有和/或计划的控制进行分配,并对失效进行评级;②针对失效起因制定预防控制,针对失效起因和/或失效模式准备探测控制;③针对每个失效链进行严重度、频度和探测度评级;④顾客和供应商之间的协作(严重度);⑤产品或过程优化步骤的基础。

2) 当前预防控制(PC)

当前预防控制描述了如何使用现有的和计划中的行为来减轻导致失效模式的潜在起因的影响,为确定频度评级提供基础。预防控制与性能要求相关。对于不是在该背景下设计的项目或从供应商购买的作为库存或目录项的项目,预防控制应具体说明该项目如何满足要求。可以引用目录中的规范表。

3) 当前探测控制(DC)

当前探测控制在项目交付生产前探测失效起因或失效模式是否存在。FMEA 中列出的当前探测控制表示计划的活动（或已完成的活动），而不是可能永远不会实施的潜在活动。

DFMEA 中的预防与探测如图 6-36 所示。

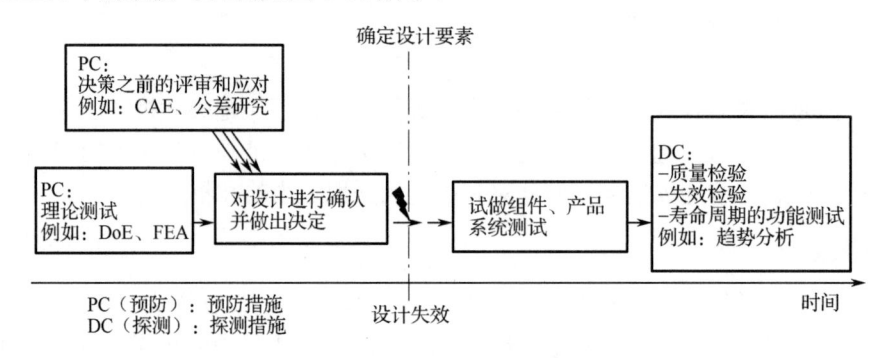

图 6-36　DFMEA 中的预防与探测

4）评估

评估：应评估每个失效模式、失效起因和失效影响，以便对风险进行估计。评估风险的级别标准如下。

严重度（S）代表失效影响的严重程度。

频度（O）代表失效起因的发生频率。

探测度（D）代表已发生的失效起因和/或失效模式的可探测程度。

5）严重度（S）

严重度是潜在失效模式发生时，对下序零件、子系统、系统或顾客影响后果的严重度的评价指标。严重度仅用于后果，要减少严重度级别的数值，只能通过修改设计来实现，如结构、材料、工艺方法。严重度的评估指标分为 1~10 级，如表 6-25 所示。

表 6-25　严重度评估表

影　响	影响严重度的标准	分　值
非常高	与安全相关	10
	与法律相关	9
高	操作无法进行，丧失主要功能	8
	操作可实施，但降低了性能，客户不满意	7
中	操作可实施，但在舒适与方便方面有损失，客户实践证明不舒适	6
	操作功能可实现，但在舒适与方便方面降低，客户有些不满意	5
	舒适程度不够这类缺点被大多数客户发现	4
低	舒适度、方便性等项目不合适被部分客户发现	3
	舒适度、方便性等项目不合适被个别客户发现	2
非常低	无影响	1

模块 6 六西格玛管理及 DMAIC 常用工具的应用

6）频度（O）

频度是指某一特定失效起因或机理出现的可能性。通过设计更改来消除或控制一个或更多的失效起因或机理是降低频度的唯一途径，包括修改过程设计（如工艺方法、工艺参数）、修改控制方法。一般措施方法为防错技术。频度的评估指标分为 1～10 级，如表 6-26 所示。

表 6-26 频度评估表

对失效起因的预测	可能不良率	C_{pk}（过程能力）	分　值
极高	≥1/2	<0.33	10
非常高	1/3	≥0.33	9
非常高	1/8	≥0.51	8
高	1/20	≥0.67	7
高	1/80	≥0.83	6
中	1/400	≥1.00	5
中	1/2000	≥1.17	4
低	1/15 000	≥1.33	3
非常低	1/150 000	≥1.50	2
极低	1/1 500 000	≥1.67	1

7）探测度（D）

探测度是指在零部件、子系统或系统投产之前，用现行的控制方法来探测潜在的失效原因或机理能力的评价指标。降低探测度的一般措施原则为增加控制手段，加大控制力度。一般措施方法为监视过程、SPC、参数监控和检验。探测度的评估指标分为 1～10 级，如表 6-27 所示。

表 6-27 探测度评估表

探　测　度	设计或过程探测出的可能性	分　值
非常低	不能探测或没有检查	10
非常低	只能通过间接或随机检查来实现控制	9
低	只能通过目测检查来实现控制	8
低	只能通过双重目测检查来实现控制	7
中等	用控制图的方法，如 SPC（统计过程控制）来实现控制	6
中等	控制基于零件离开工位后的计量测量，或者零件离开工位后 100%的止/通测量	5
高	在后续工位上的误差探测，或在作业准备时进行测量和首件检查	4
高	在工位上的误差探测，或利用多层验收在后续工序上进行误差探测	3
高	在工位上的误差探测（自动测量并自动停机），不能通过有差异的零件	2
非常高	由于有关项目已通过过程/产品设计采用了防错措施，因此有差异的零件不可能产生	1

8) 措施优先级（AP）

团队完成失效模式、失效影响、失效起因和控制的初始确认（包括严重度、频度和探测度的评级）后，他们必须决定是否需要进一步努力来降低风险。由于资源、时间、技术和其他因素的固有限制，他们必须选择如何最好地将这些工作进行优先排序。措施优先级（AP）方法提供了所有 1000 种严重度、频度、探测度的可能组合。该方法首先着重于严重度，其次为频度，最后为探测度。其逻辑遵循了 FMEA 的失效预防目的。AP 表建议将措施分为高、中、低三种优先级。公司可使用一个体系来评估 AP，而不是使用多个顾客要求的多个体系。

（1）高优先级（H）：评审和措施的最高优先级。团队需要确定适当的措施来改进预防和/或探测控制，或证明并记录为何当前的控制足够有效。

（2）中优先级（M）：评审和措施的中等优先级。团队应该确定适当的措施来改进预防和/或探测控制，或由公司自行决定，证明并记录当前的控制足够有效。

（3）低优先级（L）：评审和措施的低优先级。团队可以确定措施来改进预防或探测控制。

对于潜在的严重度为 9~10 且措施优先级为高和中的失效影响，建议至少应由管理层评审，包括所采取的任何建议措施。FMEA 的 AP 表如表 6-28 所示。

表 6-28 FMEA 的 AP 表

影响	严重度	对失效起因发生的预测	频度	探测能力	探测度	AP	备注
非常高	9~10	中→极高	4~10	高→非常低	2~10	H	
非常高	9~10	中→极高	4~10	非常高	1	M	
非常高	9~10	非常低→低	2~3	中	5~6	M	
非常高	9~10	非常低→低	2~3	非常高→高	1~4	L	
非常高	9~10	极低	1	非常高→非常低	1~10	L	
高	7~8	高→极高	6~10	非常低→高	2~10	H	
高	7~8	高	6~7	非常高	1	M	
高	7~8	中	4~5	低→非常低	7~10	H	
高	7~8	中	4~5	非常高→中	1~6	M	
高	7~8	非常低→低	2~3	非常高→高	1~4	L	
高	7~8	极低	1	非常高→非常低	1~10	L	
中	4~6	非常高→极高	8~10	中→非常低	5~10	H	
中	4~6	非常高→极高	8~10	非常高→高	1~4	M	
中	4~6	高	6~7	高→非常低	2~10	M	
中	4~6	高	6~7	非常高	1	L	
中	4~6	中	4~5	低→非常低	7~10	L	
中	4~6	中	4~5	非常高→中	1~6	L	
中	4~6	极低→低	1~3	非常高→非常低	1~10	L	
低	2~3	非常高→极高	8~10	中→非常低	5~10	M	
低	2~3	非常高→极高	8~10	非常高→高	1~4	L	
低	2~3	极低→高	1~7	非常高→非常低	1~10	L	

模块 6　六西格玛管理及 DMAIC 常用工具的应用

9）风险分析表

风险分析表如表 6-29 所示。

表 6-29　风险分析表

风险分析（步骤五）				
对失效起因的当前预防控制（PC）	失效起因的频度（O）	对失效起因或失效模式的当前探测控制（DC）	对失效起因或失效模式的当前探测度（D）	设计 FMEA 措施优先级（AP）	筛选器代码（可选）

6. 步骤六：优化

1）目的与目标

设计优化的目的是确定减轻风险的措施，以及评估这些措施的有效性。设计优化的主要目标是：①确认降低风险的必要措施；②为措施实施分配职责和任务期限；③实施措施并将其形成文件，包括对所实施措施的有效性的确认，以及采取措施后的风险评估；④FMEA 团队、管理层、顾客和供应商在潜在失效方面的协作；⑤为改进产品要求和预防、探测控制提供基础。

2）优化顺序

优化的最有效顺序如下。

（1）修改设计以消除或减少失效影响。

（2）修改设计以降低失效起因的频度。

（3）提高探测度、失效起因或失效模式的能力。

在发生设计修改的情况下，所有受影响的设计要素都要重新评估。

3）持续改进

DFMEA 是设计的历史记录。因此，初始严重度、频度和探测度的编号需显示可见，或至少可作为历史记录的一部分使用和访问。分析完成后将形成一个存储库，能够记录过程决策和设计改进的进展。然而对于基础、系列或一般 DFMEA，初始的严重度、频度和探测度评级可能被修改，因为这些信息在特定应用中被用作特定应用分析的起点。风险优化表如表 6-30 所示。

表 6-30　风险优化表

风险优化（步骤六）										
DFMEA 预防措施	DFMEA 探测措施	负责人姓名	目标完成日期	状态	采取基于证据的措施	完成日期	严重度（S）	频度（O）	探测度（D）	DFMEA（AP）

7. 步骤七：结果文件化

DFMEA/PFMEA 的结果栏需要向管理层和客户报告内部情况。"结果文件化"的目的是针对 FMEA 活动的结果进行总结和交流。

"结果文件化"的主要目标是：①对结果和分析结论进行沟通；②建立文件内容；③记录采取的措施，包括对实施措施的效果进行确认、采取措施后进行风险评估；④在组织内部，以及与客户和/或供应商之间如需针对降低风险的措施进行沟通；⑤记录风险分析和风险降低到的可接受水平。

6.5.4 PFMEA 的结构分析与功能分析

PFMEA 与 DFMEA 一样也有七步法，内容有较多的相似之处。这里仅对它们区别较大的两部分进行说明。

1. 结构分析

1）目的

过程结构分析旨在确定制造系统并将其分解为过程、过程步骤和过程工作要素。过程结构分析的主要目标是：①分析范围的可视化；②结构树或其他（过程流程图）；③确定过程步骤和子步骤；④顾客和供应商工程团队之间的协作（接口职责）；⑤功能分析步骤的基础。

过程流程图或结构树可帮助定义流程，并为结构分析提供基础。具体形式可因公司而异，包括使用符号、符号类型及其含义。PFMEA 旨在展示"走流程"时实际存在的过程流程，其描述了整个产品过程的流程。在结构分析（步骤二）结束前不得开始进行功能分析（步骤三）。

2）过程流程图

过程流程图是一种工具，可被用作结构分析的输入，如图 6-37 所示。

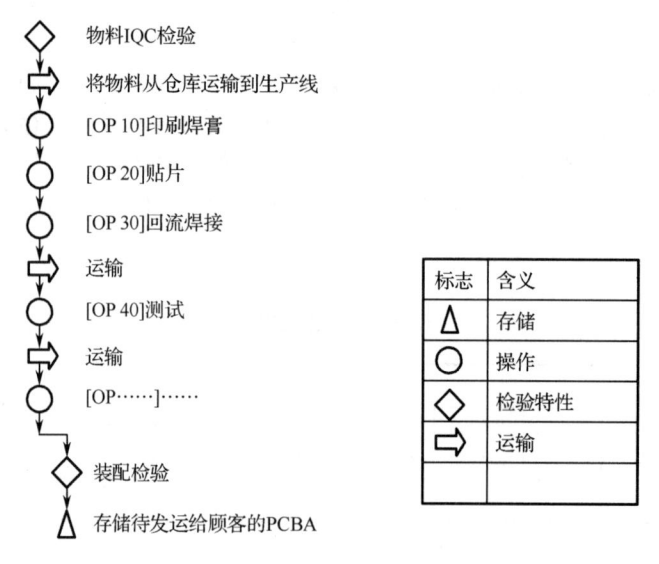

标志	含义
△	存储
○	操作
◇	检验特性
⇨	运输

流程：物料IQC检验 → 将物料从仓库运输到生产线 → [OP 10]印刷焊膏 → [OP 20]贴片 → [OP 30]回流焊接 → 运输 → [OP 40]测试 → 运输 → [OP……]…… → 装配检验 → 存储待发运给顾客的PCBA

图 6-37 过程流程图

3）结构树

结构树按层次排列系统要素，并通结构连接展示依赖关系。这种图形结构可帮助理解不同过程项过程步骤和过程工作要素之间的关系。每个元素都是一个构建块，随后会增添相应的功能和失效。

PFMEA 过程项是结构树或过程流程图和 PFMEA 的最高级别。它也可以被视为成功完成所有过程步骤后的最终成果。过程步骤是分析的焦点。过程步骤指制造工站或工位。

过程工作要素是过程流程或结构树的最低级别。每个工作要素都是一个可能影响过程步骤的主要潜在原因类别的名称。类别数量可能因公司而异，即 4M、5M、6M（人、机、料、法、环、测）等，这通常被称为石川法。过程步骤可能包括一个或多个类别，每个类别都会单独进行分析。PFMEA 结构分析如表 6-31 所示。

表 6-31 PFMEA 结构分析

结构分析（步骤二）		
1. 过程项 系统、子系统、组件要素或过程名称	2. 过程步骤 工位编号和关注要素名称	3. 过程工作要素 6M 模型
SMT 生产线	[OP 10]印刷焊膏过程	操作人员

2．功能分析

1）目的

过程功能分析旨在确保产品过程的预期功能/要求得到妥善分配。

过程功能分析的主要目标是：①产品或过程功能可视化；②结构树/网或过程流程图；③将要求或特性与功能关联；④工程团队（系统、安全和组件）之间的协作；⑤失效分析步骤的基础。

2）功能

功能描述了过程项或过程步骤的预期用途。每个过程项或过程步骤可能具备多个功能。

在功能分析开始前，需收集的信息可能包括但不限于：产品和过程功能、产品/过程要求、制造环境条件、周期、职业或操作人员安全要求、环境影响等，在定义功能分析所需的"正面"功能和要求时，此类信息至关重要，功能的描述需清晰准确。

3）要求（特性）

特性是产品的区别特征（或量化属性），如轴的直径或表面处理状态。PFMEA 的要求被描述为产品特性和过程特性。PFMEA 功能分析如表 6-32 所示。

表 6-32 PFMEA 功能分析

功能分析（步骤三）		
1. 过程项 系统、子系统、组件要素或过程的功能	2. 过程步骤的功能和产品特性 （量值为可选项）	3. 过程工作要素的功能和过程特性

任务实施

1. 实验目的

学会对产品设计或制造过程进行 FMEA。

2. 实验准备

（1）联网计算机（Windows 操作系统）。
（2）Office Excel 软件。

3. 实验过程

FMEA 是质量工程的重要内容之一，图 6-38 所示为某传感器企业光电开关产品设计 FMEA 项目，请依据 DFMEA 七步法所对应的表格，对该产品进行潜在失效模式分析。图 6-38 中，Sn 是指光电开关的标准距离。

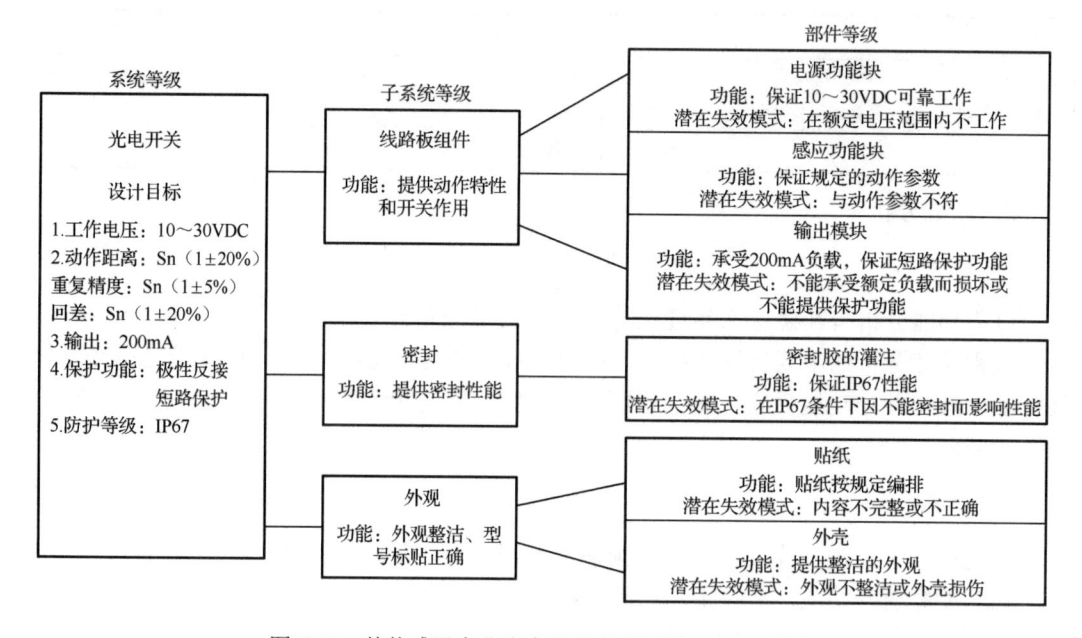

图 6-38　某传感器企业光电开关产品设计 FMEA 项目

4. 提交实验报告

将已经完成的电子文档提交至作业平台（职教云或学习通平台等）。

练　习

一、名词解释

1. 潜在失效模式；2. 严重度；3. 频度；4. 探测度。

二、填空题

1. FMEA 依据产品实现阶段不同可分为：设计 DFMEA 和过程_____；依据产品复

杂程度不同可分为：系统 FMEA、_____、零件 FMEA、材料 FMEA。

2. AP 有 3 种：高优先级（H）、中优先级（M）、_____。

3. 严重度评级是一种度量，它关系到被评估功能的既定失效模式的最严重失效影响程度。严重度评级用于确定某个 FMEA 范围的优先级，并在不考虑_____和探测度的情况下确定。

4. DFMEA 项目明确后，应当立即制订 PFMEA 的执行计划。建议使用_____方法（目的、时间安排、团队、任务、工具）。

三、选择题

1. 关于何时开始 FMEA，下列描述错误的是（   ）。
   A. 当进行新系统、产品与过程设计时
   B. 当收到一新产品订单时
   C. 当现有设计或生产过程更改时
   D. 当引进的设计或过程需用于新用途或新环境时

2. 当发生（   ）情况时不需要更新 FMEA。
   A. 设计更新   B. 应用环境更改
   C. 培训合格员工上岗   D. 制造过程更改

3. DFMEA 作为一份动态文件，以下（   ）情况发生时，需及时进行修改。
   A. 在产品设计开发阶段设计有变化时   B. 在批量生产阶段进行工艺更改时
   C. 收到客户投诉时   D. 以上都正确

4. 频度是指（   ）。
   A. 失效模式发生的频率   B. 失效模式对顾客的影响后果的严重程度
   C. 失效起因机理发生频率   D. 现行控制措施的严格程度

5. 若需降低 DFMEA 中的严重度，可通过以下（   ）方式来达到。
   A. 增加检测次数   B. 工艺更改，如防错技术
   C. 进行设计更改   D. 现行控制措施的严格程度

四、判断题

（   ）1. DFMEA：开始早于过程设计，完成时间在早期的图样完成及任何工装的制造开始之前。

（   ）2. PFMEA：开始于基本的操作方法讨论完成时，完成时间早于制订制造计划和制造批准。

（   ）3. 高优先级（H）：最高级别的改进优先级，团队必须确定适当的行动以改进预防和/或探测控制；如果没有改进措施，不需要文件化的理由说明。

（   ）4. 严重度值的降低只有通过改变设计才能实现。

（   ）5. "结果文件化"步骤的目的是针对 FMEA 活动的结果进行总结和交流。

参考文献

[1] 国家市场监督管理总局，国家标准化管理委员会. 控制图 第2部分：常规控制图. [S] GB/T 17989.2—2020.

[2] IPC产品保证委员会（7-30）IPC-A-610任务组（7-31b），IPC-A-610任务组-欧洲（7-31b-EU），IPC-A-610任务组-中国（7-31b-CN）. IPC-A-610H CN 电子组件的可接受性[S]. IPC-A-610H CN.

[3] 马逢时，周暐，刘传冰. 六西格玛管理统计指南. 北京：中国人民大学出版社，2018.

[4] 谭洪华.五大质量工具之FMEA（2019第五版）详解及运用落地[M].北京：中华工商联合出版社，2021.

[5] 许耀山. 电子产品质量控制与改进技术. 北京：电子工业出版社，2017.

[6] 丁向荣，刘政，饶瑞福. 电子产品检验技术. 北京：化学工业出版社，2017.

[7] 中华人民共和国国家质量监督检验检疫总局，中国国家标准化管理委员会. 质量管理体系要求[S]. GB/T 19001—2016/ISO 9001：2015.

[8] 中华人民共和国国家质量监督检验检疫总局，中国国家标准化管理委员会. 计数抽样检验程序. 第1部分：按接收质量限（AQL）检索的逐批检验抽样计划[S]. GB/T 2828.1—2012.

[9] 闵亚能. 实验设计（DOE）应用指南. 北京：机械工业出版社，2011.

[10] 杨鑫，刘文长. 质量控制过程中的统计技术. 北京：化学工业出版社，2014.

[11] 徐明达. 创新型QC小组活动指南. 北京：机械工业出版社，2012.

[12] 江艳玲，何应成. 现场与5S管理实操应用全案. 北京：中国工人出版社，2013.

[13] 姚小凤，姜巧萍. 88个优秀品质管控方法. 北京：人民邮电出版社，2011.

[14] 马逢时，吴诚鸥，蔡霞. 基于MINITAB现代实用统计. 2版. 北京：中国人民大学出版社，2013.